九型人格

[美]杰罗姆·瓦格纳 著
王新博 彭淦 张志华 译

经典版

哈尔滨出版社
HARBIN PUBLISHING HOUSE

献给伯尼·凯特和玛丽·凯特

导读　作为“范式”的九型人格

杰罗姆·瓦格纳是当今九型人格界的四大旗手之一。1971 年他接触到九型人格，此后一直致力于将这一体系学术化、规范化。作为美国罗耀拉大学的心理学系和神学系教授，他开风气之先，撰写了有关九型人格的学术论文，由此将九型人格正式引入学术殿堂。他基于多年研究，提出了一个标准化的评价表单，即《瓦格纳九型人格类型量表》(WEPPS)，大大提高了九型人格评测体系的精度和效用。

作为杰罗姆曾经的共学者和多年好友，对于他的经典著作如今得以登陆中国，我倍感欣慰，愿更多朋友能领略到他关于人格类型的创见和洞察力。

这里，我想重点阐述一下本书的一个重要概念，它包含着杰罗姆整合现有理论概念的一种重大努力，即“范式”。

“范式”是一个科学概念，源自 20 世纪中叶美国科学哲学家托马斯·库恩的现象级畅销书《科学革命的结构》。书中指出，科学界的大多数研究者对自己研究的课题持有一套统一的假设或理念，即范式。科学进步的历史，便是范式不断转换的过程。比如古人多信奉地心说，这就是一种范式。进入近代，越来越多的科学家发现地心说无法解释很多新问题，于是转向了新的范式，即日心说。科学由此前进一大步。《科学革命的结构》一书出版后，在西方学界引发了广泛的关注和争议，“范式”这个词也随之传播到了其他领域。

在社会和个人生活中，“范式”与“模式”的含义有相通之处。不过细究起来，我们会发现，范式更强调对于本质规律、原理的认识和把握，具有基础性、稳定性和一贯性；而模式的流动性更强，往往会随着环境的变化而不断发展调整，或者开创出新的模式。

杰罗姆在本书中，首次将“范式”与九型人格联系起来，将每一种人格类型称为一种范式。在人们的成长过程中，由于先天和后天因素的综合影响，逐渐形成了九种不同的应对世界的方式，即范式，它们植根于并表现出不同的心理、情绪和行为特质。九种范式并没有好坏之分，或者说，它们都有积极面和消极面，我们需要做的是强化积极面，弱化消极面。而且，在特定条件下，某种范式会按照特定路径，向着其他范式转换。杰罗姆以有条不紊的笔触，勾画出九种范式的形成、强化和转换过程，带领读者洞察人格类型的真谛。

这本书能顺利出版，我的几位同道李博文、高源、裴宇晶、耿涛功不可没。他们在繁忙的工作之余，热心承担起译稿审校的工作，字斟句酌修订译文，不厌其烦推敲译名。尤其是“范式”一词的敲定，便来源于他们与我在线上线下的多次讨论。最终，在一次有编辑老师与会的线上讨论会上，大家经过激烈争论，终于达成共识，确定了最佳译名。这种精益求精的态度，大大提高了本书的专业性，增强了本书的可读性。对此，我表示深深的谢意。

我衷心希望，读者朋友可以借助本书提供的视角和工具，更清晰地判断出自己的性格类型，了解这种类型如何影响自己对自身和对周围世界的认知，并且有足够的勇气突破它所设立的限制。

国际九型人格协会中国分会主席

熊淑宜（Gloria）

前言

地球上很少有哪种生物，如人类的人格一般迷人而有趣。所以毫不奇怪，小说家津津乐道于各色人物故事；心理学家喜欢撰写各种有关人格的作品；即使是普通人，也热爱观察和八卦别人。如果说托尔斯泰所著的《安娜·卡列尼娜》和威尔伯（Wilber）所著的《整合心理学》（*Integral Psychology*，2000），体现了这种兴致的高雅形式，那么电视真人秀节目则代表了这种兴致的通俗形式。

很久以前，我就已经对人格和人格类型感兴趣。显而易见，我并不是特例，因为在大多数文化、大多数时间以及大多数地方，都存在着很多基本而复杂的人格理论和类型学。

类型学以及更多类型学

在东方传统中，类型学起源于中国、日本和印度，以及佛教或印度教等。在中东传统中，类型学诞生于美索不达米亚、埃及、巴比伦和波斯，以及犹太教、基督教、伊斯兰教等的正慧学校（wisdom schools）。在西方传统中，类型学可以追溯至伪科学的血型说（它认为人格是由血型所决定的），经由古希腊、古罗马和中世纪的类型学，最终发展为现代的人格心理学理论。

在当代西方心理学领域，我们可以从精神分析理论流派中找到类型学的身影，它由弗洛伊德（Freud，1925）发端，包括荣格（Jung，1933）、阿德勒（Adler，1956）、苏利文（Sullivan，1953）、霍妮（Horney，1945）、弗洛姆

（Fromm，1947）等人物。而在人本主义理论流派中，则有马斯洛（Maslow，1954）和利里（Leary，1957）提出类型学，并通过肖斯特（Shostrom，1968）发扬光大。米隆（Millon，1977）提出了一种基于行为原则的类型学。另外，还有一些建立在气质基础上的类型学。谢尔顿（Sheldon，1940）提出了体格与人格之间的关系，德洛浦（DeRopp，1974）对此进行了详细阐述。约翰逊（Johnson，1944）基于气质和发展的相互作用，对人格类型进行了理论化的阐释。卡特尔（Cattell，1946）、艾森克（Eysenck，1947）、博尔兹（Bolz，1977）以及威金斯（Wiggins，1996）分别利用因子分析统计程序，对人格类型进行了分类。

有关这些类型学的更多信息，读者可以阅读心理学家麦兹那（Metzner）所著的《了解你的类型：身份地图》（*Know Your Type: Maps of Identity*，1994）以及弗雷格（Frager）的《我是谁？自我发现的人格类型》（*Who Am I? Personality Types for Self-Discovery*，1994）。

为什么我们要对彼此分类

既然本书讲的是人格类型，那么我们有必要先思考一下，我们究竟为什么愿意花费这么多时间对彼此进行评价和分类？这里涉及的就是预见性。

人类生来就乐于发现规律。认知理论学家在1983年指出，我们的大脑不仅喜欢规律性，而且天生倾向于寻找重复模式。我们需要发现或创造某种秩序，以便对所处环境中将要发生的事情进行预测和控制，甚至评估自己的行为会对周围的环境产生怎样的影响。

在身处的环境中，我们面对的最重要的对象就是其他人。因此，很自然，我们想要找到人群中的规律，尝试进行分类。了解自己和他人，不仅为我们提供了某种可预测性、掌控性和愉悦感，也帮助我们更好地与他人建立关系。千百年来，我们一直在对彼此进行分类，甚至形成了一些刻板印象。

有些人会很随意地对其他人进行分类，比如“白肤、金发、碧眼的人更有趣”。有一些人则会采用比较正式的方式，比如外胚层体型、内胚层体型和中胚层体型。有一些分类方式是可以挽救生命的，比如，为了防止在输血过程中出现溶血风险，我们对血型进行了分类。然而，另一些方式却是致命的，例如，为了维护血统或信仰的纯洁而杀死其他部落或种族的人。类型学就是这样好坏参半。

像其他任何人，不像任何人，像一些人

萨尔瓦多·麦迪（Salvatore Maddi，1976）提出了一种研究各种人格理论的方法。他注意到人格理论学家通常会做出两类表述。一类是描述所有人的共同之处，也就是人类的固有属性。这些共同特征在人的一生之中变化不大，对我们的行为产生了广泛而普遍的影响。我们都在追寻亚里士多德眼中的美好的、哲学化的世界；或者，我们都拥有弗洛伊德所剖析的超我、自我和本我；又或者，正如卡尔·罗杰斯（Carl Rogers）所提出的，我们都容易受到自我实现倾向的影响。

另一类关于人格的表述则涉及更具体化、更表面的特性，因此也更容易为人们所观察到。这些特征表明了人与人之间的差异，而且通常是经由后天习得的，不是遗传而来的。它们对我们的行为产生了较为片面而有限的影响。个体特征（individual traits）的概念就属于这一类。在过去或将来活着的亿万人之中，只有一个安妮，她是约翰和玛丽·琼斯的小女儿，她的身上散发着独特的气质，拥有特殊的经历和反应。

对于每一位读者所独有的那些性格特点，我们期待它们能够在他们的自传中得到适当颂扬。

在共同特征和不同特征之间，还存在着一部分特征，即我们与一部分人共有，但不与所有人共有的特征。我们只和一些人共享金发碧眼，而不是黑发碧眼；或者，我们和相同星座而非不同星座的人处于同一个生日范围；或者，我们和外向的人而非内向的人具备一些共同的特点。这些都属于“类型”的范畴。类型学对任何可能的不同生活方式进行了分类。

我们可以用无数种方式将人们进行分类，矮个子或高个子、胖子或瘦子、佛教徒或基督徒、民主党人或共和党人、肤色浅的或肤色深的、A 型成就型或 B 型懒惰型、思想开阔的或思想封闭的，诸如此类。

我们对人类特征进行分类的方式，是约定俗成的。我们对别人的看法并没

有所谓的正确或错误之分，而只有有用或没用的区别。我们会在脑海中建立一些特定的原型，然后再据此将其他人进行归类。既然原型是一种精神层面上的抽象形象，那么，这个世界根本不存在真正活生生的原型，也没有人能够完全符合它。现实中的人们只能在不同程度上接近这些原型。

因此，人格类型学是一种实用的虚构作品，而其中一些要比另一些更有启发性。

九型人格的视角

我发现了一个特别实用的图案，即涵盖了九种性格类型的九型图（Enneagram）。在概括每个人的共同特性方面，它提供了一个相当全面的框架；在描绘我们与一部分人共有的九种人格类型方面，它也具有显著的洞察力；而对于我们独特自我的细节之处，它更留下了许多余地。九型人格理论不仅在个人成长、治疗、灵性、教育、商务等方面有着广泛的应用，还催生了许多有利的假设。

在希腊语中，Ennea 是“九”的意思，gram 是“点”的意思。Enneagram 指的是一个由九个点构成的圆圈，可以用来排列和描绘九种性格。在现今的阐述中，九型人格综合了永恒智慧的见解和现代心理学的发现。如果说数字本身是由算术推导出来的，那么九型人格则是通过经验型的观察和最新的实验研究来确定的。

关于九型人格的源头，众说纷纭。一种说法认为，在毕达哥拉斯学派的神圣几何学中就存在九型人格符号的变体。2000 多年前，毕达哥拉斯学派就已经在关注数字的深层意义和重要性。这条神秘的数学之路，经由柏拉图（他提出了高级形式和低级形式的概念，这后来演变成九型人格体系中的本体 / 小我或真实自我 / 补偿人格）、柏拉图的弟子普罗提诺（Plotinus，他在著作《九草集》中，提出了人类本性中显现的九种神性品质），以及随后的新柏拉图派哲学家们，一路传承下来。

一些人认为，这个传统通过犹太哲学家、新柏拉图派斐洛（Philo）而进入犹太教神秘派中。而后，它又出现在卡巴拉生命之树[①]的结构中。（显而易见，正是因为这个传统，犹太人的名字必须以“P”开头！）

九型人格符号的变体也出现在伊斯兰苏菲派的传统中，也许是拜阿拉伯哲学家阿尔－加扎利（al-Ghazzali）所赐。据称，在14世纪，一群苏菲派教徒建立了纳克什班迪教团（Naqshbandi Order），后来被称为“蜜蜂兄弟会”（因其收集和存储知识而得名）和“符号学派”（因其使用符号传播知识而得名），他们保留并传承了九型人格符号。

也有人推测，九型人格通过深受新柏拉图派影响的伪狄奥尼修（Pseudo-Dionysius），进入基督教神秘派中，并经由埃瓦格里乌斯（Evagrius）和他的恶习清单，以及方济各会的神秘人物拉曼·鲁尔（Ramon Llull，为了让伊斯兰教、犹太教和基督教三教合一，他从哲学和神学中提炼出九大原则），延续下来。

17世纪耶稣会的数学家、算术系学生阿塔纳斯·基歇尔（Athanasius Kircher）曾著有一本教材，封面上就有一个近似九芒星的符号。

时间拉近一点，19世纪70年代出生在今俄罗斯高加索地区的乔治·葛吉夫（George Gurdjieff）——一位与弗洛伊德同时代的、满腹经纶的老师——用九型人格来解释宇宙创造和演变的法则。他曾提及，他在20世纪20年代探访阿富汗的苏菲·萨穆尼修道院期间，了解了九型人格，而这个修道院就是前面提到的纳克什班迪教团的所在地。非常巧合的是，它就靠近古丝绸之路，那里经常交汇的不仅有货物，还有思想。

而在地球的另一端，在另一种文化中，奥斯卡·伊查索（Oscar Ichazo）将九型人格作为自己在南美洲阿里卡城教学的一部分（1976，1982）。他认为九型人格（或者他所说的“九边形”）综合了人类运作的各种法则。因此，当葛吉夫将九型人格应用到现实生活方方面面，包括初步运用到人类身上时，伊查索则利用九芒星的图像，更加全面地解释了人类心理的功能。他还声称，自己是通过独立的学习和研究，才获得对九型人格的认识。

智利精神病学家克劳迪奥·纳兰霍（Claudio Naranjo）借鉴了奥斯卡·伊查索的研究成果，并利用当代心理学语言进行了阐述，从而将九型人格进一步引

① 卡巴拉生命之树是犹太教神秘派所提出的一个概念，指上帝创造宇宙的蓝图。——译注

入西方心理学之中（1990，1994）。

九型人格谱系

毕达哥拉斯学派

↓

柏拉图

↓

普罗提诺

↓

新柏拉图派哲学家

↙ ↓ ↘

斐洛 → 犹太教神秘派 → 卡巴拉生命之树

埃瓦格里乌斯 → 基督教神秘派 → 拉曼·鲁尔

阿尔－加扎利 → 苏菲派 → 纳克什班迪教团

乔治·葛吉夫

奥斯卡·伊查索

↓

克劳迪奥·纳兰霍

到了20世纪70年代初，罗伯特·奥克斯（Robert Ochs）、海伦·帕尔默（Helen Palmer，1988，1995）、阿玛斯（A.H. Almaas，1986，1998，2004），桑德拉·马特里（Sandra Maitri，2000，2005）等人与纳兰霍一起研究了九型人格。奥克斯又将九型人格介绍到许多基督教社团之中，由此本书的作者杰罗姆·瓦格纳（1996）、玛利亚·毕思宁（Maria Beesing）、罗伯特·诺格斯克（Robert Nogosek）、帕特里克·奥利里（Patrick O'leary，1984）、唐·里索（Don Riso，1987，1990）、理查德·罗尔（Richard Rohr）、安德烈亚斯·艾伯特（Andreas Ebert，1990，1992）、凯瑟琳·赫尔利（Kathleen Hurley）、特德·唐森（Ted Donson，1991，1993），苏珊娜·祖赫（Suzanne Zuercher，1992，1993）等人开始认识九型人格，并将它更加广泛地推广到大众精神、心理、教育、商务领域。

尽管在奥斯卡·伊查索之前的九型人格发展轨迹并不是很明显，而且当时这个符号的确切含义还不是很清晰，但是显而易见，历经多个世纪，从九型人格理论这个棱镜来看人的特征，在不同文化、种族、性别中都已得到了某种形式的认可。九型人格揭示了有关人类本质和功能的一些普遍现象。事实上，生活在非洲、欧洲、南北美洲以及亚洲的人们，都能够在自己的本土文化中识别出这九种性格，而这也足以说明九型人格系统的普世性。

本书的结构

本书从九型人格角度来审视个性的差异。对于那些想了解自己以及生命中重要的人的读者来说，本书是非常适合阅读的。它不仅展示了健康的人格类型是如何发挥作用的，还介绍了它们如何出现故障，以及如何才能复原到初始状态。

首先，我们要来看看最激励自己的是什么，也就是那些对自己来说真正重要的东西——核心价值观。你认为值得尊重和追求的是什么？是知识，还是人际关系？是公正，还是声望或者权力？

然后，再来看看基本价值观如何影响我们对生活的看法。我们来到世间是为了什么？我们是想让世界变得更加安全，还是更漂亮，或者更和平？

我们的目标或者使命是什么？如果我们看重真理，并且希望世界变得更开明，那么我们可能认为自己有必要成为一名教师或研究人员。如果我们重视选择权和乐观主义，想让世界充满更多乐趣，那么我们可能会成为一名艺人或导游。如果我们重视效率，希望这个世界运转得更顺畅，那么我们可能会成为一名经理或顾问。

接下来讲述的是，愿景如何聚焦我们的注意力。它让我们具备了直觉和行动上的双重优势，即对周遭的事物有特别的洞察力，并具有一定的解决问题的能力。例如，那些看重爱、想要让世界充满爱的人，可能会从事帮助他人或人力资源类的工作，他们很容易对他人的需要和感受产生共鸣，积极主动地解决他人的问题。

我们应该留意到这种情况的发生：当我们过度重视或夸大价值观，以至于理想变成理想化，那么我们就不再是单纯地追求它们，而是成为它们的奴隶。价值观从我们的引导者和激励者，转变成独裁者，它让我们从真实自我走向了补偿人格。例如，我们不想把事情做得很好，也不会为好的工作感到骄傲，而是深受身上的期望和责任的困扰，对自己所作所为永远不会感到满意。

一旦高估自己的某个品质，我们会看不上它的对立面，甚至切断与其关系。就像我们拒绝开着 8 缸车去兜风，而坚持使用 4 缸车。我们将自己无法接受的部分扔给了别人，却发现自己被自身的阴影所包围。例如，如果我们过分认同自己"聪明"的形象，就会对于自己的无知感到不安，将自己的小傻瓜形象藏起来，并向外投射自己的愚蠢，最后发现自己被一群白痴所包围着。我们最终会错过与生俱来的"小教授"的睿智，以及来自周围人的智慧。

接下来，我们来看看与价值观伴随而来的脆弱点。对于自己看重的部分，我们会很敏感，于是它就变成我们的致命脆弱点。我们的人格可以成为敏感地带的防御盾牌，保护我们免受伤害。然而，在它们保护我们的同时，我们却没有得到自己真正需要的东西。例如，如果我们重视人际关系，那么我们对于拒绝就会很敏感，很脆弱。因此，我们可能表现出一种人格：让自己成为别人不可或缺的人，从而减少被抛弃的可能性。然而，在成为服务者的过程中，我们会回避被他人服务（因为这不符合我们的自我定位），因而得不到自己所需要的支持。

再接下来，我们会着重看一下我们用来观察世界的棱镜。通常，我们会透过棱镜来看事物，而不是直接看向事物。性情和学习相辅相成，锻造了我们解释自己经历的范式或范本。从九型人格的角度来看，每种人格类型都代表了一种不同的范式，而每种范式都有其独特的观点和视角。

我们的范式可能是对现实的准确表达，也可能是扭曲的；它们可能加强我们与世界的互动，或者让互动变得更加困难；它们可能提供敏锐的洞察力和机智解决问题的能力，或者会模糊我们的视角，让我们很是头疼。

我们的范式可能是灵活的、适应环境的，或者是麻木的、无法适应环境的。我们可能扩充范式来开阔自己的视野，或者缩小范式而受到禁锢。下述情况会让我们困在自己的方式和感知里：寻找有利于范式的证据并做出强化它们的选择；避免那些可能会违背范式、让自己感到不舒服的数据和情境；通过补偿策略和行为来覆盖和弥补我们认为自己缺失的部分。

关于我们如何感知和认识这个世界，后现代主义或社会建构主义认识论为我们提供了很好的回答。费施曼（Fishman，1999）对后现代主义进行了概述：

> 后现代主义的一个核心思想是，我们经常通过一副概念眼镜来解释自己所经历的现实。这副眼镜建立在下述因素之上：比如特定情况下我们的个人目标，我们过去的经验，我们的价值观和态度，我们的知识体系，我们的语言天赋，当代流行文化，等等。我们永远不可能摘掉这副眼镜，以一种纯粹的客观性来看待“真实”的世界。我们所能做的就是换一副眼镜，而且发现不同的眼镜提供了不同的世界面貌和视角。（第 5 页）

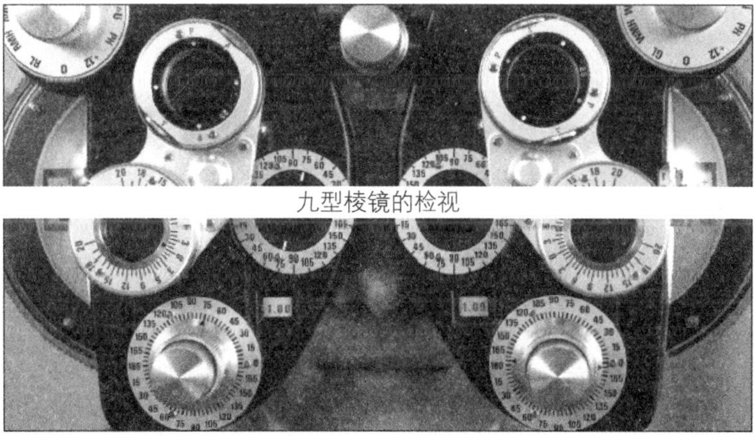

九型棱镜的检视

本书的第一篇列举了关于人格的基本概念原则，第二篇则罗列了这些原则是如何在九种不同的人格类型中表现出来的。它也提供了一些建议和方法，说明如何放大每种类型的优点，或者减弱它们的缺点，以调整我们的棱镜，扩展每个范式焦点来涵盖更多信息、感觉和行为（增加三焦点或四焦点）。

本书将九型人格当作验光师的屈光检查仪来审查我们的范式，这是一种个人视角的检测，为我们提供了看待世界的正确棱镜，扩充我们所必需的棱镜。经过检验的人生远比未经检验的人生更有智慧。如果你想更清楚地了解自己和他人，就请继续阅读吧。

目录
Contents

第一篇

从神学、哲学或者心理学角度出发，可以将这些价值观看作是每种人格类型所表现出来的特定神性，或者代表了每种类型参与到生命体的特点，又或者与每种类型所拥有的优势和能力有关。

第 1 章　价值观和愿景

我们所标榜的、看重的价值观影响着我们看问题的视角和行为的动机。我们会寻找、靠近对自己来说重要的事物。透过九型人格的棱镜进行观察，便有了九种价值观。

从神学、哲学或者心理学角度出发，可以将这些价值观看作是每种人格类型所表现出来的特定神性，或者代表了每种类型参与到生命体的特点，又或者与每种类型所拥有的优势和能力有关。

从神学的角度来看，神性在世俗界有九种不同的体现。作为造物主之子，我们每一个人都具备所有神性的特点。但我们注定会更清晰地呈现出其中某一个或多个特点。就像我们经常会谈到人类的血脉相承：“他长得真像他的爸爸”或者“她长得像她的妈妈”，接着进一步强调，“他像他爸爸一样幽默”或者“她像她妈妈一般仁慈”。我们也以同样的方式来评论我们的神性源泉。

在大多数宗教中，造物主被赋予了各种各样的特征，如善良、慈爱、有创造力、创新、明智、忠诚、快乐、强大、和平等。虽然每个人都具有这些神性禀赋，但某类型的人会格外喜欢并自然地表现出某种禀赋。例如，有些人天生热爱善良和完美，因为他们认为造物主是完美的；而另一些人会表现出或者追求慈爱、富有成效、独特、聪明、忠诚、顽皮、强壮或和谐等。

在接下来的章节中，我们会详细地探讨每种人格类型，也会发现，其实每一种人格类型都是神性的某种特质的显现。

从哲学的角度来看，存在（Being）是通过九种基本特征来显露的。我们每一个个体都在参与并力图回归到存在。长久以来，哲学家们一直认为存在是合一、真、善、美的。除了这“四大要素”之外，九型人格视角还发现了存在所具备并与人类共有的至少九种属性。我们将在下一章中对此进行更深入的研究。

从心理学的角度来看，人性有九种基本的表现方式，而每一种都代表了一种存在于世界的方式，有其特定的世界观，以及伴随而来的体验、感知、理解、评判和回应世界的行为。

核心价值观

天资和才能是一个人得以在世界上立足的核心。我们将这些催人奋进的魔法视作价值观和理想。尽管这些天赋和价值观代表了核心自我的潜力，而且我们也有能力理解并实现它们，但是从气质方面来说，我们往往更偏爱其中的一些。于是，一个分层级的价值观体系便出现了，其中一个或几个比其他的更有效。这些价值观是我们的驱动和组织趋向，成为每个人格范式的中心，影响着我们的能量、知觉、态度、情绪反应和行为。我们围绕着这些价值观组织自己的生活，它们植根于“我们是谁”以及“我们努力成为谁”这两个问题。

为了找到自己的核心价值观，你可以问自己：当生命只剩下一年的时间，你会选择做些什么？你愿意付出时间和精力的事物就是你所看重的。

价值观和愿景

价值观会决定、聚焦我们的愿景。它指出了对我们来说什么是最重要的，我们又是为了什么而活的。

在九种人格类型及其看世界的棱镜的中心，存在着九种价值观和愿景：

1 号：你看重正确，被正确所吸引。你期望这个世界变得更加宜居。你不仅想要实现自己的所有潜能，也愿意帮助别人去实现。

2 号：你看重爱，被爱所吸引。你期望这个世界变得更加充满爱。你愿意帮助他人，促进人际关系。

3 号：你看重效率、勤奋和能力。你期望这个世界变得更加富有成效，更有条理性，更高效，运转得更顺畅。你希望它成为一个宇宙，一个和谐有序的系统。

4 号：你的个性很强，也看重原创和独特性。你希望能够完全投身于参与的一切之中。你也看重美，希望这个世界变得更加美好。

5号：你看重智慧、理解、知识、真理。你希望能够发现真实和真理的所在，并了解这个世界，让它更容易被人理解。你想让这个世界变得更加文明。

6号：你看重忠诚，被忠诚所吸引。你信守承诺，并期望这个世界变得更加安全，更加可靠，更加值得信赖。

7号：你想要享受生活，体验人生的各种可能性。你看重快乐，是个天生的玩家。你想让这个世界变得更愉快。

8号：你被权力所吸引，欣赏并有效地使用权力。你期望自己的优势能够影响他人，并且创造一个权力和资源都得到了公平分配的世界。你想过一种充实而自由的生活。

9号：你重视平和、和谐和团结。你会努力让这个世界变得更和谐，更无私，更舒适。你想要拥有一种宾至如归的感觉。

如果你想知道自己的愿景，那么扪心自问一下：你的人生目的是什么？你的回答便是你关于自己存在意义的信念。

价值观和专长

价值观和愿景为我们提供了感知和行为上的边界。每一种人格类型都拥有某种与生俱来的能力，能够清楚地看到某些领域，感知到某些事物，并且在这些领域施展出某种天赋。我们成为自己所关心、狂热追求事物的专家。这是一个相辅相成的过程：我们看重自己擅长的事情，同时也擅长做自己看重的事情。

1号：正确的人有着很高的标准和崇高的理想。他们直觉地感知事物的可能，认识到事物的现状，本能地将不够完美的现实推进到更完美的状态。他们天生追求卓越。

2号：有爱的人天生善解人意。他们敏锐地察觉他人的需求，慷慨地付出时间和精力。在你开始行动之前，他们已经知道你需要的是什么。

3号：高效的人天生条理清楚。他们知道如何制定目标并为之努力，能有效地完成任务。对于包装和营销自己的形象与产品，他们有着非同寻常的灵感。

4号：独创的人在欣赏和表达美方面天赋异禀。他们天生就有品质意识，而且他们的敏感让他们轻易感受到自己和他人的情绪。他们对痛苦和苦难尤为敏感。

5 号：智慧的人很容易抽离现实并善于观察。他们很自然地分析问题，找到问题的核心，然后综合起来，得到事物的全貌。他们能够直观地看到事物之间的关联。

6 号：忠诚的人信守诺言。他们坚守自己的信仰，并信守自己的承诺。他们凭直觉就能知道哪里可能出错，对危险有着第六感应。

7 号：快乐的人很容易看到事情好的一面。他们凭直觉就知道什么是对的。孩童般的反应能力、乐观和自发性是他们与生俱来的品质。他们也善于预见未来，畅想可能性。

8 号：强大的人能够直觉地感觉到力量的存在。他们不仅懂得权力，也知道如何获得、保留和使用权力。他们对公正与否尤为敏感，天生自信，宽宏大量，也是弱者的保护伞。

9 号：和平的人对于事物是否和谐很有直觉。他们很容易感受到冲突，也是天生的调解人，却容易随波逐流。他们拥有一种与周围人打成一片的神奇能力。

当走进一个房间时，你会习惯性地寻找什么：出了什么问题，谁能解决它？谁需要帮助，谁又需要你？机遇在哪里，你能和谁交流，别人对你的期望是什么？这个房间美在哪里，团队精神是什么，谁会理解或误解你？谁会向你提出要求，大家期待你付出多少时间和精力，你能藏在哪里？哪里有危险，出口在哪里，你能信任谁？谁会比较有趣，哪里有聚会？谁拥有权力，谁被控制了，你需要和谁打交道？哪里有冲突，你在哪里可以放下戒备？对这些问题的回答暗示了你的注意力会自动关注到哪里，以及你会对什么特别敏感。

价值观、愿景与职业

价值观和愿景往往决定了我们对职业和工作的选择。反过来，我们的职业或者冥冥之中的选择又实现了我们的价值观，传递出我们的愿景。

1 号：那些看重正确，致力于卓越、理想主义和高尚道德标准，希望世界变得更美好的人，可能会从事质量控制、管理和利他动机的工作。

2号：那些看重爱，推崇付出、同情和慷慨，希望这个世界变得更有爱的人，天生就适合从事社会服务、劳动协助、人类福利、医疗保健、咨询等工作。

3号：那些看重成效，追求勤奋、效率和目标实现，希望这个世界运转得更平稳、更顺畅的人，往往会承担领导、管理、营销和宣传类的岗位。

4号：那些注重真实和美感，关注内心世界，希望世界变得更美好的人，往往在艺术、文学、设计、文化、人际关系和表达方面比较擅长。

5号：那些崇尚智慧，追求理解、真理和客观观察，希望这个世界变得更易于理解的人，可能会对科学、研究、哲学、理论和系统兴趣有加。

6号：那些看重忠诚和责任，为人忠贞，有良心，有奉献精神，希望这个世界变得安全可靠的人，可能会作为团体、机构或家庭的管理者或维护者。他们可能会做警察、消防员、城市巡视员以及教会或社会基层方面工作。

7号：那些崇尚快乐，追求乐观主义、热情和展望，希望这个世界变得更加令人兴奋愉快的人，可能会喜欢规划、咨询、表演、刺激性的社交互动类工作。

8号：那些崇尚权力和力量，追求自主和独立，希望这个世界变得更加公正的人，可能会愿意从事商业、工业、政治、社区组织、和平与正义领域、私营企业的领导工作。

9号：那些崇尚融合与和谐，追求接纳与不对抗，希望这个世界变得更和平的人，更愿意做一些推动世界发展进步的工作，往往成为优秀的法官、顾问和外交家。

写下你的任务：你想成为什么样的人？你想做些什么事情？这些回答就是你的使命或职业取向。

斯普朗格的类型和九型人格类型

20世纪20年代，爱德华·斯普朗格（Eduard Spranger）写了一本书《人类的类型》（*Types of Men*, 1966），书中提出，我们可以通过研究一个人的价值观来了解他的性格。斯普朗格提出6个价值观，这成为阿尔波特－韦农－林德赛价值观研究量表（Allport–Vernon–Lindzey Study of Values Inventory，1970）的基础。这些价值观导致了六种取向：

1. 理论型的人主要对发现真理感兴趣。这类人生存的主要目标，是让自己的知识体系变得有序和系统化。

2. 经济型的人通常对有用的东西感兴趣。他们是实用主义者，并且在生产、销售、购销等工作中，也会看重这种经营理念。

3. 审美型的人重视形式与和谐。正如英国诗人济慈所说，美等同于或高于真理。他们通过艺术这个参照系来体验生命。这类人倾向于个人主义。

4. 社交型的人把爱看得高于一切。他们将其他人看作目的本身，会以一种有爱、友善、同理心、无私的方式与他人联系在一起。

5. 政治型的人主要对权力感兴趣。这类人追求个人权力、影响力和名声，权力是他们最基本的动机，生活是处处充满竞争和斗争的竞技场。

6. 虔敬型的人重视统一完整。他们从宏观整体出发理解宇宙，并将自己与这个整体联系起来。一些“内在的神秘主义者”在追求生命的圆满和积极参与生命的过程中，找到了自己的宗教体验。而另一些“先验的神秘主义者”则试图通过从生命中抽离出来，来与更高层次的真实结合在一起。

斯普朗格并不认为，任何人都完全归属于这 6 个价值观。相反，他认为，我们是所有这些价值观的综合体，只不过某一些价值观在我们的理念体系中不如在其他人的理念体系中重要。

同样的，从九型人格的角度来看，九种类型可能被看作九种原型，每种人格类型的人都会接近相应的原型。尽管我们可能会以某种类型作为核心、根基，但是这并不意味着一个人就会完全符合原型的所有特征。另外，尽管某种类型会是我们组织和整合自我的核心，但我们是所有类型的综合体。

尽管斯普朗格和九型人格从未有过交集，但两者之间确实存在着明显的对应关系：

- 社交型的人类似于九型人格的 2 号——有爱的人。
- 经济型的人类似于九型人格的 3 号——高效的人。
- 审美型的人类似于九型人格的 4 号——独创的人。
- 在价值观方面，理论型的人与九型人格的 5 号——智慧的人相似。

· 在价值观方面，政治型的人与九型人格的 8 号——强大的人相似。
· 在价值观方面，虔敬型的人与九型人格的 9 号——和平的人相似。

斯普朗格的价值类型和九型类型

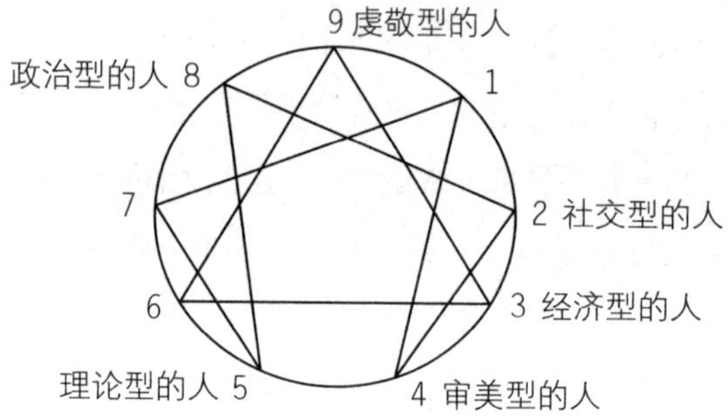

对照九型人格，斯普朗格并没有划分出正确的人（1 号）、忠诚的人（6 号）和快乐的人（7 号），所以他错过了完美、安全和冒险！

据我所知，还没有人研究过九种人格类型与他们在阿尔波特 - 韦农 - 林德赛价值观研究量表中的得分的相关性。这两种类型学显然在结构和表面上都有相似之处（两种理论是相似的，而且看起来也如此）。从某种程度上讲，斯普朗格对六个类型所贴的标签是符合九型人格中的对应类型的，而且相应的描述也与九型人格类型颇为相似。

总 结

从神学、哲学和心理学的角度来看，我们是神性的体现，是存在的参与者，是生活于这个世界的存在者，由一套价值观所驱动，这套价值观决定了我们的愿景或世界观，而且影响着我们的职业和事业。

一个健康的自我具有欣赏、追求和实践这九种价值观的可能性。它们不仅赋予生活以意义和激情，而且在维护和实现自我、以彼此满意的方式与他人进行互动方面，提供了我们所必需的视角和能力。

当某一种价值观和禀赋在线时，事实上所有的价值观都在线，因为每一种价值观其实都囊括了其他价值观。例如，那些具备正确这一价值取向的人，也是有爱的、高效的、敏感的。强大的人可以是有爱的，有爱的人也可以是强大的。正如弗朗西斯·德·萨莱斯（Francis De Sales）所言："没有什么比真正的温柔更强大，也没有什么比真正的力量更温柔。"快乐的人更真实，因为他们会像独创的人一样接受痛苦和失败。

为了能够适应这个世界，我们需要并拥有这些能力。在需要坚定、自信的时候，我们可以依靠自己的力量（强大的人）。当需要滋养的时候，我们可以呼唤心中的爱。当需要了解并做出正确判断的时候，我们可以咨询智慧的自我。当想要快乐的时候，我们可以靠近快乐的自我。当需要完成某件事的时候，我们可以唤醒高效的自我，诸如此类。

一个灵活多变、完美无缺的人需要具备所有这些适应性的态度和能力。但是，我们更愿意依赖并运用一种或几种最喜欢的运作方式。出于脾气秉性、命运或机遇，我们会受到某些价值观的吸引、滋养和引导，由此我们的自我也得到构建和表达。这些持久的价值观取向为自我提供了凝聚力、活力和延续性。如果没有这几个指导性的价值观，那么我们的人生之船就会漫无目的，原地打转（这是众所周知的）。

简而言之，价值观提供我们以方向，指引我们去判断对自己有益的部分。它们给予我们以动力，督促我们去实践自己所了解到的东西，去做自己擅长做的事情。

第 2 章　从价值观到理想，再到理想化

价值观本身也是有价值的。正确、爱、行动、美丽、真理、忠诚、快乐、力量、和平，诸如此类，都是生命体本身所值得钦佩和向往的地方。当我们想象这些价值观以最完美形式展现的时候，它们就会成为激发我们效仿的理想。我们想要变得正确、有爱、美丽、公正等，并且努力让这个世界变成如此，最终我们意识到，我们的真实自我和他人的自我其实都已经包含了这些理想的种子。

不幸的是，每当渴求某件东西时，我们往往会做过头。人类似乎具备一种得到并破坏任何美好事物的持久（如果不是讨人喜欢的话）能力，这显然要追溯到我们在伊甸园的短暂逗留。[①] 价值观也不例外，我们也会对它们施加物极必反的魔法。

当我们过度渴求、过度看重我们的价值观，过度认同我们的天赋时，这些理想就会演变成理想化。这时，我们欣赏它们，不是由于受到某种价值观的吸引，不是由于我们很乐意培养和践行它们，不是由于它们是优良的；我们也不再推崇别人身上这些特质但并不急于模仿。相反，我们将这种吸引力变成了一种强迫。我们想要做某件事，并非因为被它所吸引，而是因为这是必须做的。一旦做得不够好，我们就会变得焦虑、愤怒、沮丧或内疚。此时，我们原始的内在价值来自自己拥有和践行着某些自以为应该拥有的理想化和倾向。我们不是被我们的价值观所激励，而是被“应该”所支配。

我们从乐在其中的享受，变成了强迫性的尝试。理想从“本身就是有价值的”，变成了对我们来说的“必须如此”。理想化成为建立和支撑自我的机制。我们从欣赏他人有价值的品德，转变成羡慕或嫉妒别人拥有它们。我们的心态从富足变成了贫瘠。理想化就如同交易物品一样，我们相信如果拥有它，就会

---

① 根据《圣经》，上帝造出亚当和夏娃后，将他们安置在伊甸园。但后来两人偷吃禁果，被上帝赶出伊甸园，世世代代在人间繁衍生活，成为人类的始祖。——译注

在别人和自己眼中赢得应有的价值和尊重。理想有内在价值，而理想化则只有被赋予的价值。

因此，理想是人性（personhood）或真实自我的灵感和传承，而理想化却是我们人格或虚假自我的强迫性、限制性特征。

列出在生活当中，你认为"应该"的事物，包括应该做的事情以及应该成为的样子。在这些"应该"的旁边，再列一下产生的原因吧。是从你父亲还是你母亲那里继承的？是因为你的宗教信仰、你的文化，或是学校？通常，"应该"或理想化都是外部自我的投射。如果它真的是发自你内心的追求，那么这更有可能是一种理想或价值观。

理想和无条件的价值

我们的真实自我或本体（essence）——我们的价值观和理想的源泉——具有内在固有的价值，仅仅因为我们"在"（we are）。既然参与了这种"在"，我们的真实和价值就来自自己的存在。我们的价值是无条件的。在我们的本质状态中，价值源于"在"。从九型人格的角度来看，我们的性格类型是朝着如下方向进行真实表达的：

九种人格类型的理想

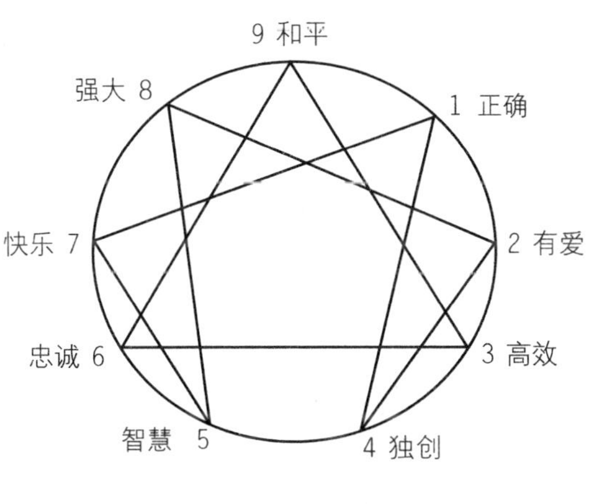

1 号：我在故我正确。存在是正确的，而正确又源于存在。

2 号：我在故我爱。存在即是爱，而爱源于存在。

3 号：我在故我行动。存在就是要行动，而行动源于存在。

4 号：我存在，所以我是独一无二的人，而且我根植于我存在的本源。真实和美是存在的两个方面。

5 号：我在故我知。存在是真实的，而理解来自存在。

6 号：我在故我是安全的。没有什么能伤害我的本体或危及我的生存。存在不能从生存中消失。

7 号：我在故我快乐。存在是光，生存就是要快乐。

8 号：我存在，所以我是公正的、有影响力的。凝聚的当下和力量是存在的特质。

9 号：我存在，所以我与其他的一切都是一体的。存在即合一。

理想化和有条件的价值

我们的自我或人格的价值来自外部条件和环境。我们之所以有价值，是因为自己做了某件事或拥有了某个事物，而不是因为自己“存在”；我们的价值是有条件的。针对人格理论和治疗法，卡尔·罗杰斯撰写了题为“价值条件化”（1961）的文章。从九型人格的角度来看，九种有条件的价值观造成了人格失序：

1 号：如果我正确、完美，那么我是个人物，是有价值的人。

2 号：如果我能提供帮助、被人需要，那么我是个人物，被人欣赏。

3 号：如果我表现得出色，有所斩获，功成名就，那么我是个人物，值得尊敬。

4 号：如果我很特别、敏感或者优雅，那么我是个人物，值得被考虑。

5 号：如果我洞察力强，能够领悟，那么我是个人物，值得为人知晓。

6 号：如果我忠诚、尽职、谨小慎微，那么我是个人物，值得拉拢。

7 号：如果我有趣、乐观或者给人启发，那么我是个人物，大家都乐于与我相处。

8 号：如果我很强大，能控制局面，那么我是个人物，能够得到别人的敬重。

9 号：如果我随和、平和而稳重，那么我是个人物，值得被人关注。

简而言之，我们相信，当人格及其理想化的自我形象表现得到位时，我们才会被他人所接受。

理想化是对脆弱点的防御

我们也期望，理想化的人格能够保护自己的脆弱点不受伤害，尤其是各人格类型特有的主要脆弱点。我们通常认为，人格越是根深蒂固，一个人就越发无懈可击。

理想为我们打开一扇通往这个世界的大门，而理想化则将我们圈禁起来，让我们与世间隔离。每种人格类型都有其策略来避免主要脆弱点受伤。

1 号：我是完美的，所以你不能批评我。

2 号：我爱你，而你又需要我，所以你不会拒绝我。

3 号：我是成功的、有能力的，所以你会钦佩我，也不会忽视我。

4 号：我是特别的，所以你不会抛弃我。

5 号：我知道游戏规则，所以你骗不了我。我保持沉默，将自己隐藏起来，所以你看不透我。你也不知道我在想什么，所以无法羞辱我。

6 号：我做了我应该做的，所以你不会谴责我或拒绝我。我有警惕性，所以你不能让我感到措手不及。

7 号：我很乐观，也能看到任何事情好的一面，所以你不会让我感到压抑，也没办法限制我。

8 号：我很强大，也会负起责任，所以你没办法恐吓我、控制我或利用我。

9 号：我变得麻木了，所以你不会让我感到心烦意乱。我和你融合在一起，所以不会有任何冲突。

理想化的自我形象

被扭曲、被夸张的理想固化为理想化的自我形象。我们错误地认为，这种对真实自我的片面的夸张性表达，实际上才是完整的自我。我们过度认同部分自我，以至于排斥了完整自我的其他方面。

理想化的过程将我们的人格分裂成两部分：一个是与自我形象相适应的、易于接受和受欢迎的那部分，另一个则是与“应该成为”的样子相排斥的、不可接受或者应该避免的部分。荣格将其命名为我们的人格面具（persona）和阴影（shadow）。理想化将我们的内心世界分裂成“我”和“非我”，两者彼此恐惧满盈、分崩离析、一决高下。理想则恰恰相反，它不仅会促使我们内在的完整和融合，还会鼓励我们爱他人，与他人交往和合作。

理想是我们自我的表达，而理想化则是我们的自我形象从自我实现后退到自我形象实现的铁证。

治疗师、理论家霍妮花了相当多时间来思考理想化的自我形象的本质。她在《我们内心的冲突》（*Our Inner Conflicts*，1945）一书中所谈及的自我形象，在七十多年后的今天仍然具有很大的启发性。

霍妮认为理想化的自我形象是指：

> 这样一种形象的构建——一个神经质的人自认为的样子，或者他认为此刻自己能够或应该成为的样子。不管有意识还是无意识，这个形象总是在很大程度上脱离现实，虽然它对人们生活的影响确实非常真实。更重要的是，它总是非常讨喜，就像《纽约客》杂志的一幅漫画中，一位肥胖的中年妇女在镜中看到的自己是一个苗条的年轻女孩。形象的具体特征各不相同，而且它是由人格架构所决定的；美丽可能会被看作杰出、力量、智慧、天才、圣洁、诚实，或者任何你所认为的。恰恰在这种程度上，形象是不真实的，它往往会使人傲慢（在傲慢这个词的原意上）；傲慢虽然与目空一切同义，却意味着一个人妄自认为自己拥有某种自己没有、或者只有潜力而并非事实拥有的特质。形象越不真实，一个人就越发变得脆弱，并渴望受到外界的肯定和认可。我们无需对自己已然确定拥有的特质进行确认，但当虚假的特质被质疑时，我们会非常敏

感。（第 96 ～ 97 页）

我们的理想化的自我形象意味着，我们是如何有意识或无意识地看待自己，以及我们希望别人如何看待我们。在九型人格理论中，九个自我形象皆有其“骄傲”。我们会为自己的正确、有爱心、成功、深刻的感情、洞察力、忠诚、乐观、强大、随和而骄傲。但是，正如霍妮所指出的那样，一旦妄自夸大自己的某些特质，而这些特质并没有像我们想象的那样成熟，那么这只是一种傲慢的表现。当我们的“骄傲”被忽视、被贬低或者以某种方式被践踏时，我们会做出愤怒、内疚、尴尬等反应。

九种人格类型的理想化的自我形象

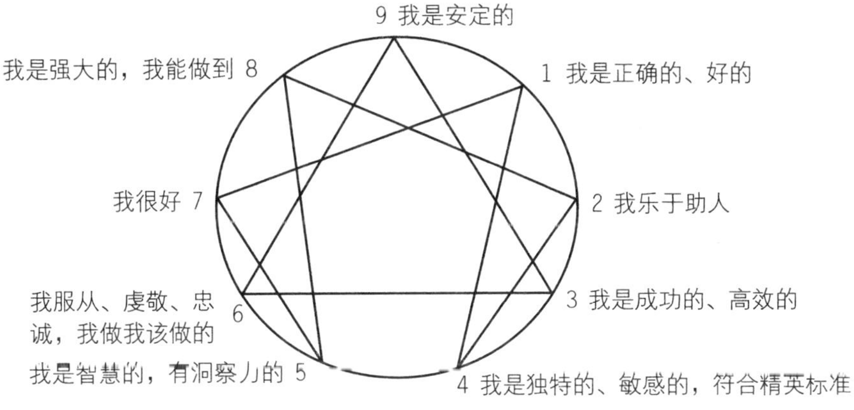

从九型人格的角度来看，人格是对我们真实个人特质的夸大。类似的，霍妮观察到理想化的形象部分取决于人的真实理想。

理想化的形象或许可以称为虚假的或虚幻的自我，但这只是一半的真相，因此具有误导性。在创造理想化的形象的过程中，一厢情愿的想法所起到的作用当然是惊人的，尤其因为它出现在那些其他时候坚定地秉持现实立场的人身上。但这并不意味着理想化的形象是完完全全虚构的。它是一个富有想象力的创作，交织着并且取决于多种十分现实的因素。它通常包含着一个人真实理想的线索。虽然它所标榜的宏大成就是虚幻的，但它内在蕴藏的潜力往往是真实的。更重要的是，它产生于非常真实的内在需要，履行着非常真实的功能，并且对它的创造者起着非常真实的影响。它的创建过程由一种明确的法则所决定：对某一特征的了解，使我们能够对特定人物的真实性格结构做出准确推断。（第108～109页）

人格伪装成我们的本质自我，欺骗我们去认同并相信自我的某个维度是完整的自我。我们认可了这种欺骗，将其作为保护真实自我的脆弱点免受伤害、弥补想象自我的某些缺陷的一种方式。

但无论理想化的形象中融入了多少幻想，对于神经质的人而言，它具有现实的价值。它建立得越牢固，他就越接近于理想化的形象，而他的真实自我也相应黯淡。这种对真实存在的反转必然存在，因为这恰恰就是形象的功能所在。每一种形象都旨在摒弃真实的人格，而将注意力转向自己。回顾许多患者的病史，我们可以相信建立形象通常是可以挽救生命的，同时也解释了患者在自己形象遭到破坏时所做出的反抗其实是完全合理的，或者至少是合乎逻辑的。只要他的形象对自己而言仍然是真实且完整无缺的，那么他就仍然认为这是有意义的、优越的、和谐的，即便这种情感具有虚幻性。（第109页）

保持理想化的自我形象并抵制对其破坏的方法是，躲避任何与之不相容的事物。我们越受到理想化的自我形象的吸引，我们就越将“我们是谁”缩小到一个狭小的范围，而余下的自我都被放进了回避区域。

回避区域

我们自身那些与理想化的自我形象不相符或相反的部分被剥离并归入回避区域。在这个禁区之中藏匿着的感受、思想、形象、记忆、恐惧、行为等，都是我们的看护人、社会、教会以及我们自己所不接受，或者深感尴尬与痛苦，甚至无法容忍的。因为它们与我们的人格或公开自我不一致，甚至对此产生了威胁，所以我们将这些不相宜的特征压制到了无意识之中，在那里，它们可能会以幻影的方式出现在我们的梦中。或者我们会将它们投射到其他人的身上，然后对其他人身上的这些特质感到发狂。

我们变得自我分裂，好的部分与不好的部分展开决斗。我们想象并允许自己变得狭隘。从心理学来看，“焦虑”（anxiety）这个词的词根意义是正确的。痛苦（angustia）意味着变窄、狭隘。当我们变得狭隘时，我们会显得焦虑；每当任何已经被我们狭隘化的东西要扩展到意识层面或者浮出水面时，我们就会变得焦虑。

为了找到你放置在回避区域内的特征，你可以列出两份清单。在一份清单的顶部写上“我”，在另一份清单的顶部写上“非我”。你在“我”的栏目下所写的特质，都将体现你的自我形象、公众形象以及你认同的那些特质。你在“非我”栏目下所写的特征会揭示出你所遮掩或回避的一面，也就是你自己并不认同的部分。

在九型人格中，九个回避区域与九个理想化的自我形象各据一极。由于各种人格的棱镜往往聚焦于看重的、愿意靠近的东西，所以我们可能会对自己不想看到的东西采取视而不见、竭力回避的态度。

1 号：由于 1 号的理想化的自我形象是“我是好的，我是正确的”，那么必然回避的就是任何不好的、错误的或不完美的表现。因为好孩子是不会生气的，所以愤怒是错误的做法。

2 号：既然 2 号的理想化的自我形象是乐于助人、乐于给予、慷慨大方，那么必然回避的是任何自私或有需求的表现。2 号认为他们不能同时既是助人者，又是被帮助者，所以他们必须回避自己的需求。

3 号：由于 3 号的理想化的自我形象是成功和高效的，所以必须回避失败和低效。任何不符合他们成功形象的东西都必须予以否认。

4 号：由于 4 号的理想化的自我形象是独特、敏感以及符合精英标准，所以必须回避的是平凡、普通、毫无特色。

5 号：由于 5 号的理想化的自我形象是“我是有洞察力的，我是智慧的”，所以必须避免看起来显得愚蠢和空虚，即，回避无知，或者被清空他们所拥有的。

6号：由于6号的理想化的自我形象是“我是忠诚的，我做了我应该做的”，所以恐惧型6号需要回避自己不服从、叛逆或过于独立的表现，而反恐惧型6号则需要回避无助、依赖和无处可逃的感受。

7号：既然7号的理想化的自我形象是“我很好”，那么他们需要避免自己出现任何不舒服的迹象，如痛苦和苦难。

8号：由于8号的理想化的自我形象是“我是强大的，我可以做到”，他们需要回避任何软弱的表现，如同情、爱、恐惧、内疚等。

9号： 由于9号的理想化的自我形象是“我是安定的”，所以他们会回避冲突、分歧或任何心烦意乱、不安的表现。

九种人格类型的回避区域

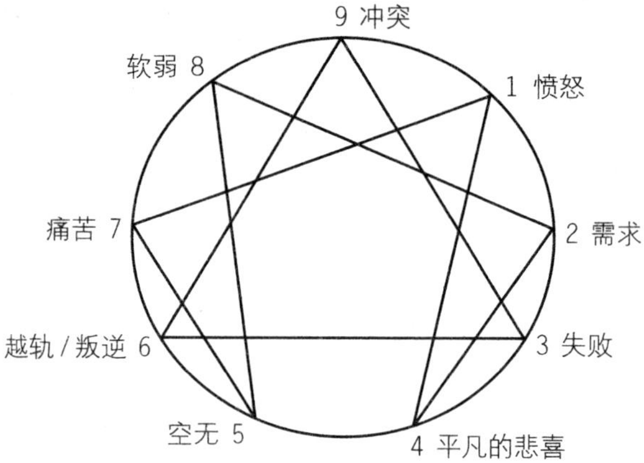

投射和投射认同

如果你想回避自身的某些特质，可以将它们压抑进你的无意识并深深掩埋。如果你想让自己远离不可接受的特质，可以将它们从地下室扔出去，丢入垃圾桶中。最触手可及的垃圾桶就是其他人，而这就是投射的艺术。

如果这看起来还不够，而且被投射的特质仍然令你感到沮丧和不安，那么你可以强化你的垃圾管理程序，处理你所扔掉的垃圾。也就是说，你将自己的混乱投射到他人身上，然后要么鼓励他人清理垃圾，要么自己来亲手处理。这就是投射认同（projective identification）的技巧。

从九型人格的角度看，有九种投射策略来处理回避区域。

1 号：由于 1 号回避了自己的愤怒和不完美，他们会把自己的愤怒和错误投射到别人身上，为之生气，加以批评，认为他人和这个世界是混乱不堪的、有缺陷的和不完美的。这时候就需要 1 号来清理、纠正、塑造，最终让其回到完美的轨道上。

2 号：由于 2 号回避自己的需要，他们会把自己的需要投射到别人身上，将他人视为需要帮助的。而 2 号的工作就是发现和感知他人的需要，为他人服务，从而让自己变得不可或缺。

3 号：由于 3 号回避失败和效率低下，他们会把这些不可接受的特征投射到他人身上，将他人和世界视为失败的原因，效率低下和拙劣的源头，导致自己陷入混乱危险的罪魁祸首。他人和世界需要从 3 号高效专家那里得到咨询和帮助。要搞定事情，那就必须得 3 号出手。

4 号：由于 4 号回避平凡，他们会把平凡投射到别人身上，将他人视为粗野无礼、缺乏教养、举止粗俗的。4 号自认为是落难士子或鹤立鸡群。他们如此与众不同，相信自己备受误解。因此，想要拯救世界的庸俗文化，让它重归典雅、优美和敏锐，舍 4 号其谁?

5 号：由于 5 号回避自己看起来愚蠢，他们会把自己的无知投射到别人身上，并感觉自己被一群笨蛋团团围住。其他人被认为是白痴、傻瓜，肤浅可鄙。5 号会选择完全脱离他人并退出这个领域，或者研究并发现真理，从而照亮他人。

6 号：由于 6 号回避越轨，他们会把自己的叛逆投射到别人身上，认为他人是无法无天、充满威胁、试图逃脱惩罚的。这个世界被看作一个充满危险的地方，需要 6 号带来法律、秩序、安全与保障。反恐惧型 6 号将他们的矛盾心理投射到其他人身上，尤其是权威人物身上，并体会到这些人的自相矛盾以及不值得信赖。因此，6 号需要对这些人加以斥责或约束，以求得一致和公正。

7 号：由于 7 号回避痛苦和磨难，他们会把这些因素投射到别人身上，将他人视为悲观的、扫兴的、沮丧的、缺乏想象力的、一触即发的、捣乱的存在。7 号会鼓舞他人，让他人开怀大笑，让他人看到事物的美好，为这个世界描绘出一个乐观的未来。

8 号：由于 8 号回避软弱，他们会把软弱投射到别人身上，感觉他人总是天真的、依赖的、哭哭啼啼的、多愁善感的、娇生惯养的、体弱多病的。8 号的责任就是纠正任何不公正，并保护他人，促使他们坚强起来，让他们看清现实。又或者，8 号会表现出邪恶的一面，威胁这些每分钟都在源源不绝产生的傻瓜，利用他们。

9 号：由于 9 号回避冲突，他们会把自己的不安稳投射到他人身上，感到他人满是冲突、烦恼和动荡。所以这世界需要 9 号让他人冷静下来，安抚和调解他们，并降低他们的期望和兴奋值。

如果你想朝着整合的方向努力，扩展你的自我形象，使之更接近完整的自我，那么请试着重新认同和收回那些“非我”的部分。不要说“我是这样的，但不是那样的”，而要说“我既会这样，也会那样”。例如，如果你曾习惯性地说“我人很好，但我不冷酷”，那么现在就说成“我人很好，而且我也很冷酷”，然后思考一下冷酷的好处。在冷酷中到底隐藏着什么可能的力量或财富？也许你会发现一些有用的愤怒、自信或批评的能力，而你曾经把它们和你的冷酷一起抛弃。如果你曾忽视了“不要把孩子和洗澡水一起倒掉”的古训，那么现在回头吧。承认内心小孩的天赋，纠正可能出现的扭曲，以此恢复你健康的内心小孩或能量。

重新联结回避区域，不仅会给你带来更多的能量、更多的能力、更广泛的基础，还会让你更好地了解自己是谁。你将是一个多维的、更真实的人，不再是“我”所代表的唯一刻板形象。如果你因为倒向一边而偏离了目标（或判断失误），那么你可以通过辩证地看待和整合两极来达到和实现目标。

另一方面，如果你只想展现出理想化的自我形象，及其狭隘的视角、疏离的情感以及局限的行为领域，那么你需要远离回避区域以及它的不良要素。为了做到这一点，你需要使用一些额外的防御机制。

防御机制

每当回避区域里的某些要素接近我们的意识，我们就会变得焦虑。焦虑是心理上的警报机制，它提醒着我们某些东西正在靠近，可能会污染我们理想化的自我形象，危及我们与他人的关系，进而危及我们的幸福。因此，我们的心理会调动防御机制，使这些不可接受的方面离开我们的意识，远离他人的关注。

防御机制是理想化的自我形象（或"人格面具"）与自我被回避的部分（或"阴影"）之间的缓冲阀。

这是个喜忧参半的命题。好的方面是，防御可以让我们远离自身攻击性、敌意的一面，从而保持自我形象的完整性。不好的方面是，它们同样阻挠着我们去接触和重新接纳自我中被回避的部分，而这些部分恰恰蕴含着珍贵的资源和盟友。

弗洛伊德认为，在我们自己的内心愿望、冲动与社会的要求、限制之间，始终存在着冲突。如果这个观点是正确的，那么我们总是需要采取一些防御策略。健康的人只是用更成熟、更少扭曲的防御（比如升华和合理化），替换了更原始的防御（比如反省、投射和否认）。

我们是否采取防御机制，取决于成长过程中与生命中重要的人的互动。我们的父母越是能够与我们感同身受，越是无条件地积极看待我们，我们就会变得越真实，越不用启用防御。我们的父母越是缺乏对我们的同理心，越是从负面看待我们，那么我们就变得越发需要适应和保护自己。

如果我们生长在一个平常的、可预期的环境中（海因茨·哈特曼，1939），并由足够好的父母（D.W. 温尼科特，1975）所抚养长大，那么我们就会轻装上阵（海伦·帕尔默，1988），并且轻松地驾驭自己的人生之舵（汤姆·科顿，Changeworks）。

所有人都拥有一整套防御机制。不过，有些防御似乎对某类型的人来说更自然、更适合，因此他们会更经常使用。

在九型人格中，有九种典型的防御机制发挥着缓冲作用。

1 号：反向形成。这是一种反方向思考、感受，并且做与你想做的事情相反的防御策略。1 号没有变得性感妖娆、富有侵略性，而是变成了清教徒式的、伪善的人。他们受到粗鄙或者不道德行为的诱惑，却总是选择采取最为积极向上的道路（偶尔也会尝试一下方便快捷的办法）。

2 号：压抑。每当自己的需求浮上心头，2 号就会约束它们，压抑它们，直到它们歇斯底里地爆发，并对那些曾被认为是漫不经心和不领情的人加以指责。

3 号：自居等同。为了避免失败的经历，3 号会将自己等同于自己目前扮演的任何成功角色或塑造的形象。他们认同任何有效的方法，像变色龙一样，改变自己的外表以适应环境。

4 号：内向投射。内向投射是指把本不属于自己的事物安放到自己身上。精英的标准必须保持。他们将自己所缺乏的特质视为原本拥有却丧失的，为之哀悼不已，而不是彻底悲痛后放手。忧愁、渴望、向往是 4 号最熟悉的伙伴，这些会让他们觉得自己很特别。

5 号：隔离和划分。隔离包括无意识地分离个人经历中的情感和观念。个人的情绪被压制，注意力于是转移到思想上。当你问 5 号的感受时，他们会告诉你他们在思考些什么。划分是指将生活的一个时间点或一段时间与接下来的分开。如果说“小别情更浓”指的是 4 号，那么“眼不见心不烦”指的就是 5 号。

6 号：投射。投射是指把属于自己的东西放在边界之外。6 号会将自己的无法无天、叛逆、侵略性等特征转移到他人身上，然后觉得自己处在一个充满威胁和危险的世界，瑟瑟发抖。他们会自然地找到万物的糟糕之处。如果事情可能出问题，那么它必然会出问题——或者已经出了问题。

7 号：合理化。为了让苦难和痛苦从意识中消失，7 号会美化自己的经历，把它们变成有趣、美好或愉快的事情。他们会自然地从每件事情中找到好的一面。他们透过玫瑰色的眼镜来看这个世界。一切都会好起来的。

8 号：否认。为了避免软弱和任何脆弱的感觉（如恐惧、尴尬、内疚、悲伤）或任何温暖的感觉（如爱、温柔、同情），8 号会批判、揭穿、否认以及禁止它们进入自我系统。只有坚强和冷峻的感情（如愤怒和攻击）才值得拥有。如果 8 号不喜欢，他们就不听也不看，因为他们会看向另一边，或者对着它大喊大叫。

9 号：麻醉。为了避免冲突，9 号会麻木自己的感觉、欲望和偏好。他们将自己的经历和这个世界同质化。没有什么是优先的，没有什么是脱颖而出或突出的。生活没有波澜。这是一种融合机制，一切都一模一样，一切都达成一致。9 号通过放弃自己、不让任何事物影响到自己来逃避痛苦。

九种人格类型的防御机制

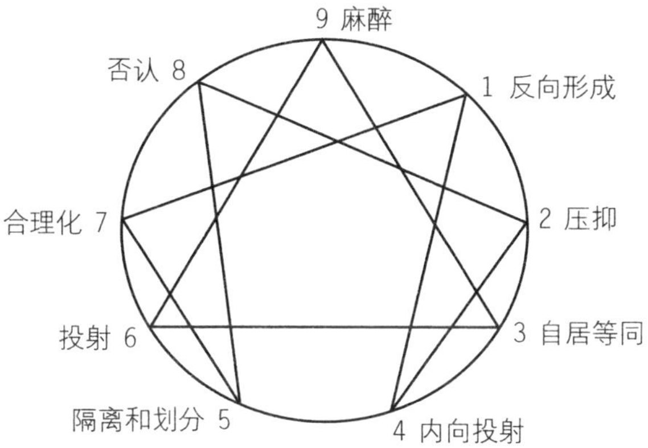

总　结

价值观本身以及它在理想中的表现是充满活力的，具有固有的、无条件的价值。但当理想变成理想化时，它们却会使人筋疲力尽，并使人生价值完全取决于拥有和实行这些理想化。例如，我们不想去爱，因为这是生存的自然反应；我们必须付出，才能让自己感觉良好，并让人们与我们联结。价值观和理想会促成内部的整合和外部的联系，而理想化则会导致内部的分裂和外部的隔离。当我们理想化自己的一部分时，我们就会妖魔化它的对应部分，这意味着，要么把恶魔藏起来（压抑），要么把恶魔扔进荒野（投射）。压抑使我们的家园开始自我分裂；投射将我们和别人的家园隔离开来。我们的回避区域保留着我们无法接受的自我的一部分。我们拥有一整套防御机制来缓冲这些阴影。防御在保持自我形象完整性的同时，又削弱了自我。

人之为人，就意味着脆弱。作为一种生物，敏感是我们与生俱来的一部分。有了价值观，一个人才能活得更有价值。但价值观本身也给我们带来了某些脆弱点。它们是我们为自己的价值观所付出的代价。我们将在下一章中看到，不同类型的人如何处理他们的脆弱点。

第 3 章　价值观和脆弱点

脆弱点是我们价值观的软肋。我们对自己的天赋和最为珍视的东西是最敏感的，因此哪里有我们的长处，哪里就有我们的脆弱点。当价值观受到攻击、轻视、嘲笑或以任何方式被侵犯时，我们会感到威胁和害怕。当我们的优势遭到挑战、责难、不信任或否定时，我们就会感到焦虑、内疚、羞愧和愤怒。

每个人都有一些共同的人类需求，比如安全感、一致性、尊重、接纳等。当这些基本需求得到满足时，自我实现和自我超越的更高需求就会出现，并牵引着我们的能量。如果某些基本需求得不到关注和满足，我们会感到脆弱，并伴随着失落、伤痛、恐惧和愤怒。我们的能量聚集在这些需求的周围，以积极主动的态度满足或者保护着它们，确保我们不会再次受到伤害或忽视。我们在脆弱区域经历的焦虑会伴随着我们的一生，而我们为保护自己的脆弱区域、避免再次受到同样伤害而建立的防御机制也或多或少是如此。就像身上的伤口周围会形成一个坚硬的保护痂一样，我们的人格类型也会在心灵脆弱点周围形成一个保护层。

例如，当贝蒂还是个小女孩的时候，她的父亲告诉她，他们要去冰淇淋店。然而，他们却驱车绕过了冰淇淋店，沿着街道一路来到了牙医的办公室！贝蒂认为自己是一个忠诚的人（6 号），她珍视值得信赖的东西，信守诺言，所以她对任何背叛或滥用信任的行为都特别敏感。对于父亲的欺骗，她深感失望和受到伤害，也因此磨炼了自己的人格，以确保自己不会再像以前那样措手不及。此后，贝蒂加强了自己警惕的特质，并养成了一种小心谨慎的生活方式。她会仔细地倾听别人的言论，以便发现背后的真正含义，比如：“你什么意思，这是冰淇淋店？”她围绕着自己的主要脆弱点发展出了一种补偿性的力量，成为一名非常忠诚、高度警觉的员工。

脆弱点与人际关系

英国对象关系分析师迈克尔·巴林特（Michael Balint，1979）将这些敏感区域归为基本错误。另一位对象关系理论家D.W.温尼科特（D.W. Winnicott，1986）称它们为主要痛苦。苏珊·内森·埃尔金德（Susan Nathanson Elkind，1992）认为它们是主要脆弱点。

这些脆弱点所涉及的就是我们的自我意识。我们想体验完整的、活泼的、有凝聚力的、连续的、有价值的自己。当我们感到自我是片面的、泄气的、支离破碎的、分散的或无用的时候，我们会感到脆弱和焦虑。

另一个普遍的脆弱点与我们的人际关系有关。我们努力维持、保护和强化自己与生活中重要的人之间的联系。当遭遇分离、遗弃、忽视、拒绝、背叛或不受欢迎时，我们就会感到脆弱和焦虑。

由于我们的自我是在关系中存在的，我们想要在保持人际关系的同时，努力分离和个性化自我。终其一生，我们都在力求平衡自主和交际这两极。

这种人人难逃的脆弱点，源自先天遗传因素（我们的性情、体质、性格、生物学禀赋）和环境（主要指我们的看护人）的综合影响。

通过我们带到这个世界的东西与我们在世界上遇到的人事之间的交互作用，我们懂得了什么样的行为、感情、思想和形象会维护和加强我们与别人的联系，保持连贯的自我意识，滋养和保护我们珍视的价值观。这些内心的客体关系，或者自我与他人互动的表现形式，成为指引我们后半生人际关系的模板或地图。

所有人都有这些基本的人类需求，我们都暴露在这些主要的脆弱点之下。它们有多尖锐、多令人不安、多具有破坏性、多令人焦虑，取决于我们的神经系统，以及我们是如何被养育的。

如果我们的性情是基本健康、健全的，那么我们可以协调这些脆弱点，并保持自身的完整和社会联系。

当我们出生在一个“平常的、可预期的成长环境”中，而且自己的父母或看护人是“足够好”的，我们仍然会体会到这些主要的脆弱点，但会在有爱的看护人和指导者的陪伴下体会。我们会带着韧性、信心和一定程度的焦虑来面对这些脆弱点。

但是，如果自身性情是孱弱的，或者我们的父母也有他们自己无力应对的脆弱点，那么我们将会暴露在这些脆弱点下，没有人能够帮助我们渡过难关，没有人能够支持我们，帮我们处理这些脆弱点，直到我们学会独立面对。

因此，健康并不意味着没有需求和脆弱点。它包括认识和承认自己的需求，进行有效的协调，以便这些需求得到满足。不那么明智的方法则是在脆弱点周围高筑壁垒，让自己活得安全而有保障，但这并不能满足我们的需求。最终，生活在壁垒里的人会精神崩溃或者百无聊赖。

在一些灵性派别中，例如那些曾经影响了九型人格观点的派别中，这种健康的或饱满的自我被称为“本体”，而贫瘠的自我则被称为“人格”。本体意味着我们本来的样子，即真实自我；人格指我们想要学习而成为的人，即补偿自我（compensatory self）。

本体是主动性的，它表达了一种内在的价值；而人格是被动性的，它在主要脆弱点的周围起着防护罩的作用，抵御伤害的发生，强化了我们不再以同样方式受到伤害的决心。

众多关于“内在小孩”的项目，目的都在于揭示和疗愈我们在成长过程中的创伤和脆弱点。我们发现自己的内在小孩藏在了哪里，他如何隐藏自己，他究竟在隐藏着什么，以及他真正需要的又是什么。九型人格通过定位我们的敏感区域在哪里，为我们提供了一个有效的指南，让我们寻找并关联到自己的“内在小孩”，以及他的恐惧、脆弱点和防御。

你心中有什么触碰不得的“按钮”，一旦按下会在你的内心拉响警报，导致强烈的情绪反应，如恐惧、悲伤、内疚、羞辱、愤怒等？这些“按钮”与你的主要脆弱点有关，并提醒着你所珍视的东西受到了侵犯。

脆弱点与人格类型

从九型人格的角度来看，有九种价值观，自然会有九类主要的脆弱点相随而来。以下总结了九种人格类型的价值观、脆弱点和补偿策略。关于每种类型如何处理这些脆弱点，读者可以在本书的第二篇中找到具体的描述。

1号珍视自己的正确，为自己的正确而自豪，因而对批评或者被指出错误尤为敏感。确保他们不会被批评的一种方法就是完美主义作风。如果他们表现完美，那你就无从责怪他们；或者，只要他们真的足够努力，你也不能责怪他们。

2号珍视人际关系，以有爱心和慷慨大方为荣，故很容易因为被拒绝、没有得到关注和欣赏而受伤。当感受到自己一无是处、不被需要时，他们会很敏感。他们的乐于助人作风是为了获得认可、感激和接纳，使得自己在他人的生活中变得必要和重要。

3号重视成功，为自己的成就而骄傲，他们会因为被拒绝和失败而受伤。他们的积极进取作风是为了通过努力表现和为他人做事来获得成功，维护人际关系。他们重视形象和外表，意在让人们喜欢自己。

4号珍视人际关系和归属感，为自己的与众不同而自豪，故他们很容易因为被抛弃、被遗忘或被忽视而受伤。当感受到自己有缺陷、不受欢迎、不被需求时，他们会很敏感。他们的特立独行作风是为了让别人关注他们，与他们保持联系。

5号重视隐私和个人空间，为自己的博学多识而感到自豪，他们很容易因为被侵犯、被要求和期望、被剥夺、被贬低或被嘲笑而受伤。他们的博学而独来独往作风，是为了避免别人的侵扰，自给自足，让自己看起来并不愚蠢。

6号重视忠诚、一致性和安全感，以忠诚为荣，他们害怕可以察觉的威胁和挑战。他们很容易措手不及，也容易滥用职权。他们的恐惧作风（忠诚和依赖）或反恐惧作风（反叛和独立）就像是同一枚硬币（寻求安全和保障）的两面。

7号重视快乐、自由和多样性，并以乐观和足智多谋为荣，故当选择受限时，他们会深受打击。气球突然破裂、游行队伍被大雨淋、派对上一片狼藉，都会让他们灰心丧气。他们的万事向好处看作风，是为了停留在生活的积极一面，并尽可能多地去体验生活所给予的一切。

8号珍视公正和自主权，并为自己的强大而自豪，因此他们最反感的是自己被忽视、被不公正地对待和感到无力。他们的坚定自信作风是为了让自己得到倾听，不会感到软弱，不会被利用。

9号珍视团结与和谐，并以安定为傲，他们尤为警惕和憎恨冲突。他们很容易因为被忽视而受伤。他们的懒散、顺天应命作风，是为了避免发现自己是个无人在意的小透明，也免得被迫力争自我——这是会打扰宇宙流动的。

九种人格类型的主要脆弱点

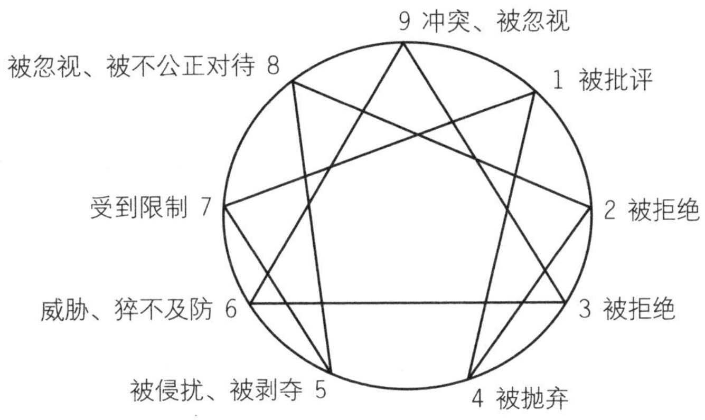

总　结

价值观告诉我们，对于自己来说最重要的是什么，自己应该寻找的是什么。脆弱点告诉我们，对于自己来说构成威胁的是什么，自己需要注意些什么。它们都会影响和引导我们的愿景，以及对世界的看法和取向。在价值观的激励下，愿景抓住了生活的目的和意义，并揭示我们的使命、感召或职业。

当被自己真正看重的东西所激发和驱动时，我们的愿景往往是清晰的、适应性的、反映现实的。我们的价值观本能地引导着我们接近真实的存在。

当我们专注于自己的脆弱点时，我们的愿景往往是不透明的、不适应环境的、歪曲现实的。我们幻想我们所害怕或者期待的东西在那里。

由价值观激发的生活方式会催生出与现实一致的客观视角，而恐惧或对生活的脆弱反应则会滋生出一种主观视角，灾难性的预期更是进一步助长它。

在下一章中，我们将更多地讨论这些适应性和非适应性的世界观。

第 4 章　范式：我们看待世界的棱镜

我们通过玫瑰色、蓝色、黄色等各种各样的有色眼镜来观察这个世界。我们从父母、同事以及文化、宗教那里得到镜片的配方，有时甚至会给自己开出一份如何看待事物的配方。通常我们都佩戴着同样的镜片，偶尔会因为光线（太亮 / 太暗）或透视（太近 / 太远）的条件而改变。

“范式（paradigms）”这一概念阐明了棱镜和世界观的性质和作用。这个词来源于希腊语 paradeigma，意为“模型、模式或范例”。它在科学、商业和人格等不同领域中是很有用的。

在科学领域，托马斯·库恩（Thomas Kuhn）利用范式，解释了科学思维中发生的各种革命。根据库恩的说法，大多数研究人员对他们的课题都有一套共同的假设或理念。他把这种被广泛接受的观点称为范式，即“某一特定社群成员所共有的一套信仰、价值、技术等”（1996，第 175 页）。对于那些接受范式的科学家来说，范式成为观察、分析他们感兴趣的事物的方式。他们遵循着特定范式，探索范式所定义的问题，并使用范式所建议的各种技术来探索这些问题。范式提供了某些法则，这些法则既限制了可接受的解决方案的性质，也限制了获得解决方案的步骤。不过，虽然范式限制了科学家研究现象的范围，但它也确实保证了他们能够透彻地研究某一事物。这种方式使得系统分析范式所关注的事件成为可能，却也使得科学家看不到其他现象，也看不到对他们正在研究的事物的更好解释。

我们很快就会详细地说明，如果用“人格类型”来代替“科学家”，我们就能很好地描述人格类型是如何像范式一样运作。这里套用库恩的一句话，每一种人格类型都有一套关于现实的共同假设和理念。对于那些有共同人格类型的人来说，棱镜成为他们看世界的首选方式。每种人格类型或范式都用自己的方式来定义问题、理解问题，并采取相应步骤来解决问题。每种人格类型都有自己必须遵循的处理问题的法则。这些分析和解决问题的方法可能是成功的，然而如果你只绑定了其中某一种，那么在处理事情时，可能会对其他更有效的解释方式和解决策略视而不见。

当研究人员观察和思考现象的方式发生变化时，新的科学发现和新的解释宇宙的方法就出现了。例如，当天文学家想到地球绕着太阳转而不是太阳绕着地球转时，一个重大的范式转换就发生了。类似的，当物理学家认为现实是不确定性的、波形的，而不是由固定而分散的粒子组成时，就出现了从牛顿物理学范式到海森堡物理学范式的转换。

我们将会发现，九型人格视角描述了九型在自身范围内可能发生的范式转换。这些转变可以开阔和清晰我们的视野，也可以缩小和扭曲它们。

在商业领域中，美国管理专家乔·阿瑟·巴克（Joel Arthur Barker，1992）利用范式的概念，对于商业上一些成功的和不那么成功的案例做出了阐释。例如，当钟表制造业的范式从机械机芯转向石英时，日本人看到了电子产品的未来并及时做出转变，从而自钟表业霸主瑞士那里夺取了 75% 的市场。

在性格与人格领域，美国著名管理学大师史蒂芬·柯维（Steven Covey，1990）通过范式，揭示了我们在世间感知和行动的方式。他指出，如果我们想要改变自己的行为，首先必须改变看待世界的方式。

为了更好地理解人格范式，让我们先来看看当今关于范式的性质、功能、发展和维持的一些观念。

从九型人格的角度看，有九种看待世界的范式。这些人格范式受价值观所启发和推动，成为我们的组织性假设和核心信念，影响着我们的知觉、思想、感觉和行为。它们是我们如何思考和感受自己、他人以及（我们可以想象和允许自己进行的）与他人进行各种互动的核心。也就是说，它们是我们人际交往类型的核心。

在前言中，我们提到过大脑喜欢并寻找规律。范式立足于并围绕着我们所留意到的这些循环模式。它们帮助我们理解自己的经历，让我们能够预测接下来会发生什么，以及我们的行为会对周围的环境产生什么样的影响。

我们的范式，可以建立在对世上自然发生的事件的客观评估上（适应性模式），也可以建立在对这些事件的错误评估上（非适应性模式）。我们根据自己的经历，在头脑中形成一些代表性模式，并假设它们是准确的，根据这些评估而采取行动。有某种解释框架或基础总比没有好。没有了范式，就会出现混乱、焦虑、不作为或随机的行为。使用不正确的范式至少会导致虚假的确定性和可预测的行为。虽然我们看到的一切仍然是一样的，虽然我们可能还在原地打转，但至少我们知道自己将会看到什么，自己将会在哪里结束！

现在让我们来看看这些范式如何运行，以及它们是如何形成的。

范式的性质和形成

婴儿时期，我们基于身体感觉，形成了对自己、他人以及与他人互动的印象。皮亚杰（Piaget）称之为感觉运动图式（sensory-motor schemas）。在身心和环境（主要指看护人）的互动中，我们发展出一种自我意识，包括需求、感觉、愿望、价值观和价值感。我们根据自己如何被对待、喂食、沐浴、穿衣等，形成了关于自己状况“好”或“不好”的印象。因此，我们如何被喂食与我们是否被喂食一样重要。我们形成了初步的关于自我，关于自己可以表述的冲动和欲望的观念。我们在学习：自己是否能够信任和表达生物自我，或者是否最好质疑和压制完整的自我？

与此同时，我们渐渐地对他人也有了感知。他们是好，还是不好？他们对待我们是温和的，还是严厉的？是慈爱的，还是不情愿的？是及时的，还是拖沓的？我们是可以相信他们，还是需要在他们身边格外小心？

与此同时，我们也逐渐积累各种我们能够拥有，也被允许拥有的与他人的互动类型。我们可以自发地、积极地伸出手来吗？还是应该试探性地、一点一点进行？我们可以哭、笑、害怕、生气、快乐或者悲伤吗？或者这些感觉和行为已经让看护人变得焦虑、紧张或生气，所以需要减少或完全压抑它们？

我们学会了如何来展示自己，来融入周边环境，以便获得生存所需。我们可能发现，依赖、顺从和讨好是与他人建立关系、暗暗掌控自己处境的最佳方式。这可能符合我们的性情，而且在我们看来，这也是别人想要的。另一方面，我们也可能采取独立姿态，寻求公开的掌控，对自己的周围环境提出要求，而不管别人是否喜欢。我们可能是主动的或被动的，快的或慢的，深思熟虑的或冲动的，抽离的或融入的，等等。

我们的人际交往风格，包括对自我的感知、对他人的感知，以及对自己和他人之间可能发生和允许发生的事情的感知，从一开始就形成了，甚至也许从在子宫的时候就已经形成了。如果面对的是微笑、轻声呼唤，以及紧紧的、温柔的、慈爱的拥抱，我们就会得到这样的印象：别人是喜欢和我们在一起的，我们是有价值的。那么，我们就会喜欢做真正的自己，喜欢和别人在一起，喜欢和他们交流。

如果在被喂食、换尿布、哄睡等的过程中，我们得到的是敷衍、心烦意乱或充满敌意的对待，那么我们就会产生这样的印象：也许我们是不受欢迎的，我们是累赘或负担。我们不够好，而其他人也不够热情。于是我们开始认为世界是一个充满敌意、威胁、剥夺或苛求的场所，而不是温暖或安全的所在。

这些早期印象是非逻辑的、非语言的、未经深思熟虑的、不合理的。它们在我们开始说话、产生逻辑和意象之前就已出现。在形成的过程中，以及在后续影响我们生活的过程中，它们都是无意识的、不经反思的。这些模式来源于我们的感官印象。围绕着这种感官印象，当我们逐渐从舒缓的共生囊中孵化出来，并将自己的身体与母亲的身体和外部环境区分开来，我们关于身体自我形式的意识就形成了。我们的感觉和感觉图式随之演化成一种关于我们自己和世界的心理印象。这些意象表征，将我们内在的自我形象（我）与内在的客体表征（你）区分开来，构成了我们的情感自我的基础。最终我们形成了象征和概念，即认知结构，它构成了我们的精神自我。这些不同的表征是一些基本范式，是我们相信自己是谁的核心。它们虽然在无意识的层面上运作，却深刻地影响着我们的世界观，以及我们相信自己在这个世界上能做什么。

我们都是科学家

认知疗法之父乔治·凯利（George Kelly，1963）提出，我们都是探索人生之路的新手科学家。像科学家一样，我们想了解周围的世界，这样就可以预测和掌控它。我们留意周围的事件，收集数据和证据，对正在发生的事情做出解释，然后通过实验来检验我们的假设，来看看当我们与周围环境互动时，它们是否能够准确地预测接下来会发生什么。如果实验结果证实了假设，我们就会保留它们。反之，就会修正它们，收集更多的数据，并对新的假设进行另一轮实验。

对于科学家来说，为了进行有效的实验，他们需要从整个群体中抽取有代表性的样本来获取数据。否则，研究人员就有可能面临这样的风险，即将只适用于样本的结论推广到整个人群。例如，可能某个结论对美国白人中产阶级男性来说是对的，但却不适合世界上的其他人。

年幼的时候，在形成自己的假设的过程中，我们所面临的问题是用来收集数据的样本规模非常小。我们有父母，也许还有几个兄弟姐妹，甚至一些亲戚或邻居。但是这样的样本并不大，也不具有代表性。尽管如此，从这个非常不充分的数据库中，我们仍然提炼出了生活中最基本、最持久和最深远的假设。

如果我们很幸运，家庭运转正常，那么我们的结论可以推广到其他正常人群的身上。然而，如果我们的家庭功能是失调的，我们就会根据错误的、扭曲的数据而得出结论。例如，一个酗酒或自恋的父亲或母亲不能代表整个群体。但我们可能从自恋的父母那里收集证据，并得出结论：其他人不重要，我们应该是任何人关注的焦点。而在一个成瘾的家庭中，否定机制在运作，我们被剥夺了一些数据，没能获得全部真相或事实。或者我们被给予的信息可能贴上了错误的标签。比如别人对我们大吼大叫，却称之为爱；或者当我们悲伤时，别人却告诉我们这只不过是疲乏而已。

当我们和邻居玩耍、拜访亲戚、去上学、访问国内其他地方、去国外旅行时，我们自然而然地扩大了自己的数据库。因此，如果最初的假设不能有效地预测人类的行为和互动，那么我们可以修正它们。纠正错误的假设和看法并非不可能。

然而，我们坚持最初假设的倾向会阻止这种趋势。因为它们形成得如此之早，而且大多是无意识的，所以我们会通过它们过滤掉新数据，甚至没有意识到我们正在这么做。这就是卓越实验者偏见（experimenter bias par excellence），也就是库恩在提及科学家们通过他们的范式来观察世界时所指的。我们的假设可以改变，但它们也有自我维护的倾向。

范式的适应和同化

根据皮亚杰的观点，我们可以将范式理解成我们所使用的过滤器，它可以帮助我们存放新接收的数据，并促进我们对这些数据做出反应。我们可以通过调整范式来适应数据，或者将数据整合进范式中。在前一种情况下，我们调整范式以适应新数据；在后一种情况下，我们调整数据以适应已经存在的范式。

假设你正在一边吞云吐雾，一边阅读着来自卫生局局长的警告，他认为抽烟行为会危害健康。那么，你可能会改变自己的行为，用停止吸烟来适应这个新的信息。或者你可能会得出这样的结论：卫生局局长是在满口胡言乱语，而你会继续抽着烟，改变和拒绝这个新信息。

范式的持久性

随着年龄的增长，我们倾向于改变数据，这是因为我们多年来都在关注和收集有利于自己假设的证据。改变事实看起来似乎要比改变范式容易得多。如果我们要改变一个假设，那么我们将不得不改变其他的，等等。

此外，我们的周围可能还聚集了一些志同道合的科学家，他们有着与我们相似的范式和假设。所以，我们能够从他们那里得到确认，相信我们的假设是正确的。例如，共和党人相信自己的假设是正确的，他们会在每四年一次的选举集会中再次确认这些假设。由于民主党人不太可能被邀请加入共和党的集会，所以他们相对立的、看来合理的假设必然不会被共和党人所考虑，也无法提供新数据来改变共和党人的立场。毋庸置疑，同样的情形也发生在民主党的集会中。

我们之所以会形成假设，是因为只有这样，我们才可以预测和掌控事件以及自己的行为。我们的信念越具有适应性和有效性，我们就越有信心和能力应对我们成长的各个阶段和变迁。我们的信念越不适应环境，我们在面对生活的挑战时所经受的苦难和不满就越多。范式是我们生活的导航仪。运转良好的导航系统能够让我们掌控好自己的人生之舵，而错误的导航系统不仅使我们的人生旅程变得更加艰难，而且常常会危及自身。

这些早期的范式是我们关于自我的信念，它们是内在的，被视为理所当然的。它们就像真理一样，不可改变，不可挑战，不可剥夺。无论我们做了什么，它们终归会发生作用。我们可能推迟或隐藏这一点，但它们必然迟早会到来。

这一点适用于适应性范式和非适应性范式。如果我们的核心信念是“宇宙是公正的”，那么公正终将到来，即使现在看起来不公正占上风。如果我们相信宇宙里的一切都是为了我们好，那么好事最终会降临到我们身上，尽管它可能只在来世才会呈现。在九型人格系统中，这些适应性信念被称为神性观念（divine ideas）。我把它们叫作阐明我们愿景的恰当棱镜，或者由现实所决定的客观范式。我使用“恰当的（appropriate）”和“正确的（proper）”这两个词，是基于它们的词源（proprius）的意义，即“某个人的自我”。阿尔波特（Allport，1955）描述自我时，就曾使用了“自我统一体（the proprium）”这个术语。当我们透过自己正确的、清晰的棱镜来看这个世界，我们实际上是从我们的真实自我或本体的角度来看待的。

如果我们的核心范式是非适应性的，那么坏运气最终会找上门来。根据范式所呈现的部分，我们迟早会被拒绝、被抛弃、被批评、被嘲笑、被宣布无能，甚至变得疯狂、残忍、丑陋、不可爱等。我们终将不可避免地经历着我们的范式所准确预测的任何可怕结果。因此，如果我们笃信自己会被拒绝，那么即使现在被大部分熟人所接纳，即使通过十年治疗提升了自尊心，我们的内心仍然有一个阴险的小鬼头在对自己说：“等着瞧吧，你最终会被抛弃的，即便到了天堂！”在九型人格的术语中，这些非适应性信念被称为“执念”。而我将它们称为折射我们愿景的扭曲棱镜，或者由幻觉所滋生的主观范式。当我们透过不恰当的、扭曲的棱镜看这个世界，我们是通过虚假自我或补偿人格来看待的。

在下一章中，我们将进一步探讨这些客观范式和主观范式之间的差异，它们的正确和扭曲棱镜，以及它们在九种人格类型中的体现。

第 5 章　客观和主观范式：正确和扭曲棱镜

禅宗和其他修行者追求的是更高的精神境界和对现实的直觉理解，但我们普通人的意识状态是无法直接理解世界的。我们对世界的认识并不像朴素实在论的认识论所以为的那样，与现实有着完美的对应。

尽管如此，大脑提供给我们的模拟确实与外部世界有着相似性。1983 年圭达诺（Guidano）和里奥蒂（Liotti）在《认知过程和情感障碍》（Cognitive Processes and Emotional Disorders）一文中说道："我们的感知器官无法为我们提供外部现实的精确再现，但它是现实世界的某种简化版本，基于功利主义标准来解释。"因此，我们的大脑提供了对生存有用的东西。

批判现实主义的哲学派别则认为，现实是脱离头脑而独立存在的，也是头脑试图解释或表现的东西。当我们完善自己对现实的建构时，就会在一次次对现实越来越近似的模拟中，逐渐接近真实。现实是我们努力趋近的终极目标，但永远不会真正抵达。

关于对此现代主义立场的批判，读者不妨翻阅威尔伯所撰写的《万物简史》（*A Brief History of Everything*，1996）一书。在"伟大的后现代革命"一章中，作者对后现代认识论和社会建构主义做了一视同仁的表述。

批判现实主义的派别把头脑看作是在试图描绘它周围的环境。我们形成了自己关于世界的假设和范式，而这些范式反过来又影响、指导着我们思考世界和与世界互动的方式。

我们的地图与现实相对应的程度因人而异、相差悬殊，既可能与现实毫不相关（精神病思维），也可能与现实一一对应（直觉的理解）。

如果我们不断地重新绘制心理地图以适应现实世界，我们就是在实践皮亚杰所说的"适应"。而当我们继续拿着过时的地图并试图让世界适应它，我们则是在练习皮亚杰所说的"同化"。当我们使地图与现实相一致时，我们的范式就是客观的（我们的模式是适应性的）。当我们通过改变现实来适应自己的地图时，我们的范式就是主观的（我们的模式是非适应性的）。客观范式及其正确棱镜建立在某些永恒价值的基础之上，例如我们天性所倾向的公正、真理、美等。客观范式以现实为中心，向未来的可能性敞开自我，服务于自我实现和自我超越。主观范式及其扭曲棱镜是围绕脆弱点而筑起的堡垒，有助于保护自我免受未来的伤害，有助于自我维护和自我保持。

客观范式为我们提供了对现实的准确感知，通常它也是世界上最具适应性的生存方式。但有时，现实对我们来说太过沉重，以至于在不超载大脑的情况下，无法消化它。在这种创伤性环境下，忽视、歪曲、调整、否认、逃避、缓解、衰减或压制现实可能更具有适应性。一旦我们遇到了自己无力处理的情况，在我们可以透彻地理解发生在自己身上以及周围的一切之前，麻木、进入恍惚状态、压抑或歪曲我们的经历，可能才是最明智的做法。

然而，在选择了主观范式之后，我们可能会忘记自己已经暂停了对现实的忠实反映，继续着自己扭曲的记忆或知觉。

也或许，我们在生活中并未经历大灾大难，而是持续遭受着日常的小创伤。我们可能每天遭到小小的怠慢；或者我们每天受到不为人知的侵扰；或者我们会受到无声无形的批评、遗弃、忽视、虐待、操纵、恐吓等。

例如，我们可能不会被称为有史以来最笨的人，然而，当我们丢失某样东西时，会得到一个赤裸裸的厌恶眼神；我们可能不会被遗弃在邻居家门口，但是，当我们表达诉求时会被忽视；我们可能不会被告知灌木丛中潜伏着半兽人，但总会有人建议我们穿得严严实实，以避免感冒或感染任何细菌。于是在这种不动声色的引导中，我们相信这个世界充满危险。

通过这些方式，我们形成了一种主观范式或错误模式，处于我们的意识和随后的任何有意识思考之外。

也许在成长的过程中，我们得到的信息是有失偏颇的，它来源于我们的看护人的主观范式。某种我们未曾意识到的扭曲被引入我们自己的感知器官中。

例如，我们的父母、看护人、老师可能会习惯性地将我们的注意力引导到某一情境的好的方面，而不认可我们的疼痛、恐惧或愤怒。然后，我们就会在实践中采用同样的乐观主义取向。或者，如果我们从小一直被提醒某件事可能会变糟，那么我们也就会形成一种悲观的人生观。

在我们成长的前反思、前逻辑阶段，我们形成了这些主观范式、非适应性模式，或者关于世界和自己的错误信念。它们是不准确的、扭曲的或片面的。然后，我们按照这些基本的假设行事，从未真正从一个更成熟的、反思的角度挑战过它们。

为了不再继续这个坏习惯，让我们深入反思一下客观范式和主观范式，以及它们的正确和扭曲棱镜之间的区别。

客观范式：适应性认知模式：正确棱镜

我们的身体要遵循一定的规律和流程，在这个范围内它的运行状态才是最佳的。它还有一个相当狭隘的容忍范围，在这个范围内它也可以正常运转而不会受损。例如，体温不能高或低于某个温度，否则人就会死亡。人体内的电解质必须保持一定的平衡，否则人就会生病。

同样的，人类的心灵、精神或本体也会感知到什么对它是好的，什么对它是坏的，并有一些必须尊重和维护的限制或边界，如果超出的话，我们就会情绪失常，意气消沉。与身体相比，心灵对于边界的扩张和入侵，具有更高的灵活性和容忍度。但它也只能承受有限的压力，超出就会扭曲崩溃。我们只能容忍一定程度的不公正、没有爱心、丑陋、不诚实等，否则自己的精神会生病，胃也会生病。

当我们在身体和灵魂的允许范围内运作时，当我们依循真实自我生活时，我们对于这些客观原则或自然法则，会有一种直觉的、也许是下意识的理解。我们的范式是客观的、符合现实的，我们内在的地图是现实的精准反映。它们是我们选择和行动的可靠指南，因为它们符合宇宙法则，符合我们的人性、身体和精神法则。当与这些普遍原则和谐相处时，我们的行为最高效。它们是内在的，引导我们自我实现、自我超越，与他人和世界交流。

在1990年出版的《高效能人士的七个习惯》一书中，作者史蒂芬·柯维这样描述范式和原则：

……存在着一些支配人类的效率的原则——人类维度上的自然法则，它们

就像物理维度上的重力法则一样真实、不变、无可争议。（第 32 页）

原则就像灯塔。它们是不可违背的自然法则。（第 33 页）

客观现实或领土本身，都是由支配人类成长和幸福的“灯塔”原则组成的。这些自然法则贯穿于历史上每个文明社会的肌理之中，构成每个经久不衰的家族和机构的根基。（第 33 页）

这些原则是每一个重要的、经久不衰的宗教、社会哲学和伦理体系的一部分。它们是不证自明的，且很容易被任何人所验证。这些原则或自然法则几乎是人类自身状态、人类意识以及人类良知的一部分。它们似乎存在于所有人类之中，而不管社会状况如何，是否信守它们，即便这些状况或者不信守可能会压抑、扭曲这些原则和法则。（第 34 页）

柯维列举了公平、正直、诚实、人类尊严、服务、质量、卓越、潜力、成长、耐心、培养、鼓舞等原则。

当这些真理被内化成习惯时，它们赋予人们能量，使人们能够创造各种各样的方案，来处理各种不同的情境。当我们珍惜正确的原则时，便拥有了真理，即对事物本来面目的认识。

我们的心理地图或范式越是符合这些原则或自然法则，就越准确和实用。正确的心理地图会极大地提升我们个人和人际关系，其收效远远超过我们用于改变态度和行为上的任何努力。（第 35 页）

这七个习惯是高效的习惯。因为它们建立在原则的基础上，它们能带来最大的长期收益。它们成为一个人性格的基础，创建了正确心理地图的赋能中心。由此出发，一个人可以有效地解决问题，最大限度地利用机遇，并不断学习和整合其他原则，螺旋式向上增长。（第 52 页）

从九型人格的角度来追踪这一过程，奥斯卡·伊查索在 1982 年提出了能够激发和改变心灵的神性观念（Divine Ideas），克劳迪奥·纳兰霍从伊查索那里学习了九型人格系统，而纳兰霍的弟子阿玛斯（1998）写了一本关于这些神圣观念（Holy Ideas）的书。

每一个神圣观念都代表着对现实的某种直接感知，是对“事物本相”的某个特定方面的清晰感知。从而，这九种观念为我们提供了对客观现实的全面认识。九型人格传达的观点是，每一种人格类型的执念都体现了对于现实的某种有限的心理视角，而丧失或者缺失某一神圣观念则直接造成了其以小我为中心的视角。九型人格的执念反映了对现实的迷惑性或自我主义看法，表明其缺乏以九型人格的神圣观念为代表的开放性观念。（第 6 页）。

那么，神圣观念是对现实的客观看法，也就是说，它是我们通过自然条件所看到的现实。我们称它们为“观念”，因为它对应的是头脑的觉醒中心，高等的理智中心的视角。它们是关于现实的九种不同视角，未经自我的主观过滤……理解神圣观念意味着从上帝的角度去感知事物。（第 62 页）

九型人格是一种可以帮助你理解和顺应现实的地图或设计。它就像一个棱镜，将九种关于现实的客观视角与九种相对应的扭曲视角区分开来。（第 71 页）

纳兰霍的另一名学生桑德拉·马特里（2000）在描述这些神圣观念时，与她的同事阿玛斯的观点别无二致。

九种神圣观念是在未经人格干扰的情况下进行感知，从而获得的关于现实的直接体验，所以它们是九种不同的开放性视角……用九型人格的语言来讲……观念意指对现实的某种特定的感知，是某个有利于观察、体验和理解现实的角度。重要的是，要清楚地认识到，神圣观念不是特定的精神体验或意识状态，而是一种摆脱了人格偏见的、对现实的看法。（第 10 页）

九型人格识别出了九种符合客观规律、并能再现现实本来面目的客观原则、假设、观念或观点。我认为，我所提及的客观范式或正确棱镜，以及柯维所称的灯塔原则，可以与这些概念互相对照，互相印证。当我们的基本的组织范式与宇宙、心灵的自然法则相一致时，我们才能和自然、和自己的本性和谐相处。那时，我们的感知是准确的，我们的地图是真实的可靠反映；我们的情绪反应是恰当的、可调节的；我们的行为是有效的、称职的，因为它基于现实。

以下是九种人格类型的客观范式，它们支配和指导着我们的真实自我做出明智的、适应性的表现。每个原则之后，亦会简单介绍此人格类型的错误的、非适应性信念。我们将在第二篇详细介绍。

九种人格类型的客观范式

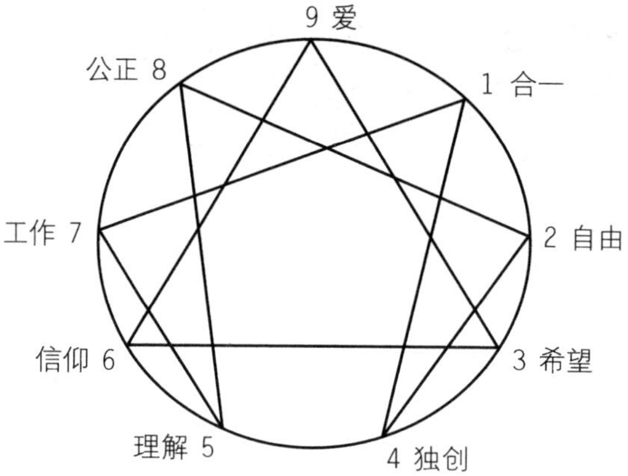

1 号：合一。这种理念或原则认为走向合一或完美是一个过程。只要你从真实自我出发行动，允许生物自我自行调节，并按照你真正的精神行事，那么你就是完美的。相信你自己的人生展开，相信宇宙正在以它应有的方式展开。

要注意的是：按照自己的理想化来生活并不会更完美——而 1 号可能抱有这种错觉。

2 号：自由。自由的真正含义包括生活在自然法则和现实的限制之中。它并不意味着不受这些法则的约束。相互依赖，而不是依赖、共同依赖或伪独立，才是为人处世的正确姿态。自由意味着可以自由地给予或不给予、接受或不接受。

要注意的是：认为自己可以免受各种自然法则的束缚无拘无束地生活，这种观念不会让你更自由、更有爱——而 2 号可能抱有这种错觉。

3 号：希望。这个原则认为，即使你无所事事，宇宙还是会继续平稳运转。你大可以相信，当你停下来的时候，世界不会也跟着停止。宇宙依循它自己的法则而运行。生而为人，最有效的行动方式是与自然人格和社会进程相协调一致。

要注意的是：按照自己的功利主义原则而生活并不会更高效——而 3 号可能抱有这一错误信念。

4 号：独创。这个原则认为，你与你自己的源头、你的“存在”的基础密不可分。你已经和真实自我紧密相连了。你已经是独一无二的，无须让自己变得与众不同。你属于你自己。你没有错过任何重要的东西。

要注意的是：按照自己的精英标准生活并不会让你变得更真实，也不会给你真正的认同——而 4 号可能抱有这种错觉。

5 号：理解。这个原则认为真正的智慧来自体验、参与和介入，而不是来自超然事外的观察。你看重自己身体和头脑的智慧。被知道、被看见和被展示（展露无遗）与知道、看见和展示一样重要。

要注意的是：按照自己独特的逻辑生活，隐遁世间，这既不明智，也起不到自保作用——而 5 号可能抱有这种误解。

6 号：信仰。这个原则认为，你已经站在“存在”这一边。原力与你同在。你没有必要害怕，也没有必要证明自己。宇宙是旨在造福于你，而不是想要吞噬你。宇宙终究是值得信赖的。当你接触到自己的本体和他人的真实精神世界时，不要害怕，因为没有什么能伤害你的本体。

要注意的是：遵循或背弃教条和规则而生活，并不能消除你的恐惧或不安全感——而 6 号急切地相信这一点。

7 号：工作。这个原则认为，现实存在于当下，现实是通过当下的行动来展现的，而不是通过对未来的幻想。按照放之四海而皆准的计划或事物本性生活，即意味着生活在现实中。幸福是行动的副产品。

要注意的是：按照自己的幻想、计划和方式来生活，不会让你更快乐——而 7 号可能抱有这一幻觉。

8 号：公正。这个原则认为，宇宙的内在法则是公正的，善有善报，恶有恶报。你不必过度执行或维护这些法律。“主说：伸冤在我，我必报应。”你可以相信整个宇宙最终会是公正的。

要注意的是：遵循自己的公正生活并不能带来公平和平等——而 8 号却错误地相信这一点。

9 号：爱。这种原则认为，宇宙法则归根结底是温暖和慈爱的，毕竟它们孕育了所有有机生命。宇宙不是冰冷的、贫瘠的，也不是漫不经心的。这意味着你会获得关注（“我从你母亲的子宫就认识你了”）和关心，讨人喜欢，有能力回报爱。

要注意的是：过一种安逸、悠闲、融合的生活，并不能带来团结与和谐，也不能让生活变得更轻松——而 9 号可能抱有这一错觉。

当你状态极佳，当你待在家里、身体放松，当你接触到自己真实的感觉，当你的头脑警觉而清明，当你与自己、与他人建立联结，当你完全活在当下，你对自己、他人以及这个世界产生了什么样的认知和理解？有哪些适应性的、有用的信念能够帮助你生存和发展？

美德：适应性情绪模式

当我们用客观范式、适应性模式和正确棱镜来理解世界时，我们自然会体验到一种良性（virtuous）的生活状态。它的拉丁语词根 virtus 的意思是“力量”，比如说性格的力量。在亚里士多德以及后来的托马斯·莫尔的思想中，美德（virtue）是一种“好习惯”，一种习得的力量，一种通过反复练习而变得“自然”（自发、自动、条件反射）的态度或行为。如果你想成为一个“谨慎”的人，那么你可以练习慎重地做出抉择，始终如一地圆滑行事，最终你会变得谨慎，就好像这是你的“第二天性”一样。

精神病学家和精神分析学家艾伦·惠里斯（Allen Wheelis）在他的富有洞见

的《人们是如何改变的》（*How People Change*，1973）一书中写道：

我们是我们所做的事……身份是行为的整合体……

……那些可以定义一个人、描述其性格的行为是一种不断重复的行为，因而随着时间流逝，它成为一种连贯的、相对独立的行为模式。起初，它可能是模糊不清的、不确定的，需要关注、努力和意志，就像一个人第一次开车、做爱、站出来反对不公正一样。如果一个人坚持下去，慢慢地它需要的努力、关注会越来越少，开始平稳运作。于是这个小小的动作行为会集成到一个更大的模式中，它有着持久的活力和凝聚力，并具有自己的权威性。随后这种模式浸润到整个人，渗透到其他模式，给其他品质打上自己的标签。即使在行为没有实施，甚至压根没有被纳入考虑的时候，这种模式从某种意义上讲，仍然是活跃的、可操作的……

这种行为模式倾向于维持自我，抗拒变化……人活着就有可能改变；但是行为持续的时间越长，它获得的力量和权威就越多，就越渗透到其他的类似模式中，就越加压制其他相冲突的模式；于是改变变得越来越困难……（第 11 ～ 12 页）

九型人格系统中的“美德”概念，除了包含行为的因素，也意味着一种在世间存在的态度和方式。我们的爱或生命能量通过美德，以一种干净、清晰、不扭曲的方式表达出来。与之鲜明对照的是“恶习”，它是一种坏习惯，在其中我们的生命力或精神能量以一种歪曲、被操纵的方式得到展现。

关于美德，桑德拉·马特里（2005）有过这样的评论：

也许思考美德最好的方法是把它看作一种内在的态度和取向。这种态度和取向表现为行动（无论是内在的还是外在的行动）的品质，反映了灵魂与存在的一致性。作为一个群体的美德，不是源自由人格所构成的灵魂特有的稀缺感，而是表现出内在的丰满和广阔，一种隐含在生活中的潜在的善和丰富。

因此，当我们在灵性上获得进步时，九型人格所指向的美德就越来越多地昭示出我们自己的内在经历，并反映在我们的外部行为中……对我来说有一点很清楚，美德是引导我们的灵魂日渐靠近存在本身的明灯。因此，理解美德所代表的态度，并以美德为指南，找到与我们内在进程的适当关系，以及应对外部情境的适当行为，这是智慧的一部分。（第 20 页）

美德是客观范式、适应性模式和正确棱镜的天然搭档。反之，恶习则是主观范式、非适应性模式和扭曲棱镜的邪恶同谋。

从九型人格的角度来看，每一种人格范式都有其典型的美德，当一个人用本体或真实自我活着时，这种美德就会显现出来。你可以从后面的分类中看到，每一种美德都有一种对应的恶习。美德是一种正确的（proper，来自词根"proprius"，与我们的自我相关）的立场或存在方式，而恶习或激情（passion，来自词根"passio"，意即我们所遭受的、发生在我们身上的和驱使我们的事情）则是不恰当的立场或在世界上的存在方式（之所以是不恰当的，是因为它来自我们的补偿人格，而不是正确的自我）。

体验美德的一种灵性训练方法是：当陷入恶习中时，观察它，但不要付诸行动。由此带来的状态就是美德。恶习的能量转化为美德的能量。这就是荣格关于能量在两极之间流动的"相反相成"原理："事物朝着自身对立面的方向发展。"后面我将简要说明这种现象是如何发生的。

从九型人格角度来看，典型的美德如下：

九种人格类型的美德

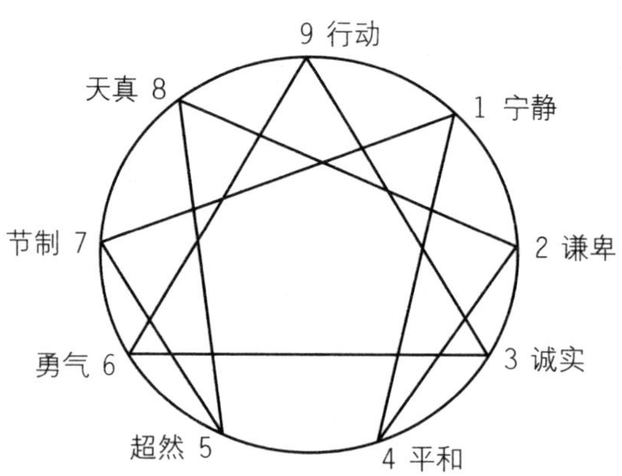

1 号：宁静来自以自我为中心的体验，来自一种整体感和自我支持感。在宁

静的状态下，我们与自己和他人保持联结，自在地相处，能够在当下放松。我们体验到对立事物之间的平衡和创造性张力。

当 1 号感到愤怒和怨恨，但不付诸行动时，他们就体会到宁静的存在。

2 号：谦卑这种美德允许爱自由地流向需要的地方，而不是由给予者随心所欲地操控其流动。谦卑是一种现实主义原则：承认自己的局限性，并设定自己的边界。它使我们可以说“是”，也可以说“不”。

当 2 号因为自己无限地给予、成为某人生命中不可或缺的存在而感到一种神祇般的傲慢，但并不曾自居造物主时，他们就体会到谦卑，以及他们作为有需求、能力有限的造物的自然状态。

3 号：诚实意味着如实地接受和表达我们内在本来的样子，而不是用外在的形象和角色来掩盖、夸大或自卖自夸。我们忠于自己，忠于自己的承诺，而不是戴上某种假面，让别人认为我们是成功人士。

当 3 号觉得自己很虚荣，但选择不欺骗自己或他人时，他们就体会到诚实的美德。

4 号：平和意指用平衡的方式来体验和表达生命。我们不会被内在或外在的刺激所过度影响。对人和事，我们采取的是一种现实的而非空想的应对方式。平和让我们在当下感到完整，而不是去追求想象中所失去的东西。

当 4 号嫉妒他人的人际关系、品德和幸福，但不实施这种恶念时，他们就在体验平和，并意识到当下他们已经拥有让自己圆满幸福的一切。

5 号：超然是指以一种持续流动着的，而非被禁止表现在外、只能深埋心底的方式来体验和表达爱。生命的能量自由自在地出入于自我之中。超然的人接受需要的部分，对其余部分听之任之。这个世界是为了他人和自己的共同充实而相互联系着、参与着。

当 5 号被贪婪和吝啬所操控，但不为其所动，他们就体会到超然的状态。

6 号：勇气意味着承认和接受每个人对自己存在的责任。没有其他人能够委托或剥夺我们做自己的权利。勇气是本体的赐予。我们不必让自己变得勇敢或刻意去证明自己。我们完全有能力保护自己和他人的生命。

当 6 号感到恐惧，但不允许自己被压制、囚禁或被驱使，他们就体验并表达了存在的勇气和自主行动的勇气。

7号：节制提供了一种分寸感。节制的人只接受所需要的东西，只消耗刚好需要的能量。生活需要节制与合理。幸福来源于当下的工作和生活，而非来自对美好未来的规划。

当7号陷于贪馋，并渴望着刺激和新奇事物，但仍然立足于自己的本体和当下，他们就体验并生活在节制的状态中。

8号：天真是一种不伤害的态度：为什么会有人想伤害你？你为什么要伤害别人？天真意味着对当下做出孩子般的反应，以不带有任何判断和无聊期待的方式体验生活和表达爱。

当8号感觉到欲望，却不去抢夺或压榨他人和自己的生活时，他们就展现了天真的美德。

9号：行动是出于对被爱的感激之情。爱希望能够把自己传递下去。活着就要行动。对于接触到真实自我的人来说，行动是一种自然表现，他们知道自己需要什么，寻找自己想要的东西。通过行动，他们才能不受小我干扰地区分和发展自我。

当9号发觉自己正在怠惰地对待自己，但不会因这种恶习而分心或麻木时，他们就觉醒了，并积极地追求自己的目标和命运。

当你体验到生命的能量自由地流入到你的体内，并在体内循环一圈后，又流出了体外，你是什么感觉？当你处于心流的状态时，你能体会到什么？你感受过内心的自由和外在的高效吗？

主观范式：非适应性认知模式：扭曲棱镜

如果我们失去了与核心自我的联系，从而失去了与真实自我内部的自然法则、指导原理、客观范式以及运转范围的联系，我们的感知就会变得主观、扭曲、不准确和不可靠；我们的情绪变得不稳定或受到压制，从而对自己所处的环境做出不恰当的反应；我们的行为变得低效且不令人满意。

我们对于自己是谁、他人是谁以及自己与他人的互动可能的样子，产生了错误的想法。

如果我们对生物体和宇宙本身的自我调节能力失去了信心，那么我们就需要形成自己的信念体系和一套假设，来替代上述缺失的客观真理和范式。我们渴望赋予自己一些意义和控制感，于是我们创造了自己对现实的主观版本。

为了运行良好，以便我们能够一直使用它，我们对现实的主观构建足够接近现实本身；但同时它也足够扭曲，让我们意识到某些东西缺失或出错了。由于我们的替代范式只能部分反映客观现实并满足我们的需求，因此仍然会有焦虑或不满存在。这些烦躁不安的情绪提醒我们有些事情是错误的，甚至可以指示我们应该前行的方向，以纠正我们的愿景、态度和相应的行为。主观范式倾向于缩小我们感知的范围，使我们的愿景变得狭隘。我们的世界观变得刻板僵化。我们身患乔治·凯利所说的“类型的僵化”。从九型人格的角度来看，我们不再拥有 360 度的全景视角，而是只有 40 度视角（360 度的九分之一）。我们通过狭窄的缝隙看向世界。

适应能力既是人类心灵的天赋，也是人类心灵的要害。人类社会和个体之所以能在其他物种曾经灭绝的地球生存下来，是因为人类具备适应自然和文化环境的非凡能力，更不用说人类消灭其他物种的能力了。

甚至在感知上，我们也能够适应周围的环境。在前些年进行的一项著名实验中，志愿者们被要求佩戴能够让世界变得完全上下颠倒的眼镜。通过镜片，受试者看到的是天花板上的椅子和地板上的枝形吊灯，左右两边也颠倒过来。在刚开始的几天里，这种情况着实令人烦心。但一周之内，志愿者们就能流利地、上下颠倒地写字了。更让人吃惊的是，有一个人甚至可以在交通高峰时段骑自行车。

好消息是：人类的大脑具有如此惊人的神经可塑性。坏消息是：我们运用了我们的适应性，然后忘记自己已经适应了环境。我们利用补偿模式进行调整，适应着主观范式，忘记了自己是通过扭曲的棱镜看世界的。我们采取非适应性姿势、感知、信念系统和一系列假设，使之准确而真实。难道不是每个人都像我们一样颠倒地看待事物吗？

正如柯维所言：“范式之所以强大，是因为它们创造了我们观察世界的棱镜。”九型人格让我们有机会看到自己的棱镜本身，而不是透过它们去看世界。当我们透过镜片看东西时，我们所看到的东西会因为镜片的折射而变得扭曲。由于我们很可能会通过我们特定的过滤器，甚至是九型人格为我们提供的过滤器去看世界，所以我们需要时间和耐心、自我反省和观察，来退后一步，捕捉到棱镜本身的运动。

以下是歪曲了九种棱镜的主观范式或非适应性模式。请注意它们都被称为“某某主义”。主义是偶像崇拜的一种形式，将某种平凡造物变成了绝对的。它们代替了真实的东西——存在、恩典和救赎。每一种主观范式都将自己标榜为最高权威或者上帝。

九种人格类型的主观范式

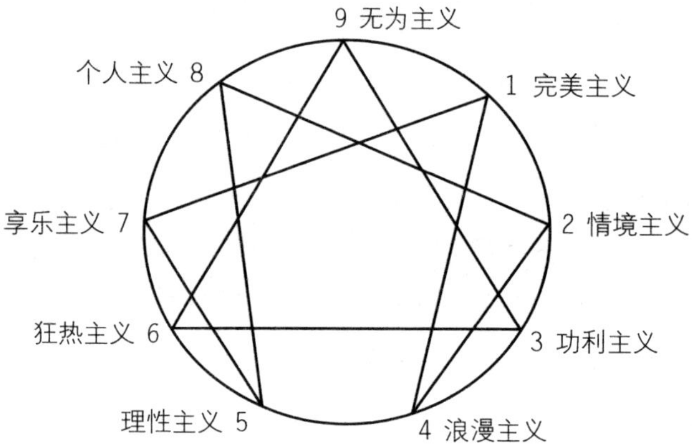

1号：完美主义。这意味着将完美看成绝对。一个错误的想法是：只有你达到完美，你才会被拯救、被接受以及远离非议。你把自己看成上帝，并宣布哪些是对的，哪些是错的。你决定什么是好的，同时又不断地干扰它，试图让它变得更好。我努力了，所以我是可敬的。

2号：情境主义。这意味着将爱看成绝对。在爱的名义下，做什么都可以。一个错误的想法是：如果你付出的爱够多，你就会得到别人的认可、赏识和爱。你把自己看作上帝，是宇宙中慈悲的拯救者。你决定着哪个人、如何、何时、何地需要帮助。我做出了牺牲，所以我是有价值的。

3号：功利主义。这意味着将成就看成绝对。如果某事物有效，那么它便是好的。功利主义认为，目的可以证明手段的合理性。一个错误的想法是：如果你表现得足够好，产出足够多，带给人们足够多想要的东西，那么你就理应被接纳和喜欢。你如上帝般勤奋和努力工作，工作狂是你的绝对写照。你决定了什么需要完成。我做了，所以我是有价值的。

4 号：浪漫主义。想象变成绝对。你所幻想的生活要比现实中的生活更令人向往和满足。一个错误的想法是：人格的浪漫会满足本体的渴望。这也涉及了一种错误的信念：一旦你让自己变得足够特别，你就永远不会被抛弃。你用忧郁代替了死亡和复活这种自然的悲痛过程。你决定了什么是真实的，什么是美的。我感觉，故我在。

5 号：理性主义。这意味着将理性变成绝对。你将通过自己的思想来拯救自己。思想已然超越了感知、感觉、体会和行为。理解才是真正重要的事。一个错误的想法是，当你以理智的方式弄清楚一切事情，或者至少表现出无所不知的样子，那么你就会被接纳，而不会遭到欺骗或者愚弄。你用你自己的思想来顶替更高层思想或上帝智慧。你决定了什么是真实的。我思故我在。

6 号：狂热主义。这意味着将信念和承诺变成绝对。一个错误的想法是，如果你热情、忠诚、勇敢，那么你就会被接纳，得到奖励，而不会受到惩罚或伤害。法律的文书高于法律的精神。权威被挟持，无论是以正面的还是负面的方式；你要么成为上帝的仆从，要么成为魔鬼的代言人。你用正统代替了信仰，你决定了哪项事业是值得做的。我信仰，所以我是值得赞扬的、可靠的。

7 号：享乐主义。这意味着快乐变成绝对。如果感觉不错，就去做吧。一个错误的想法是，只有令人兴奋、新奇和愉快的事情才是有价值的。这种信念认为，如果你躲避痛苦，表现得快乐些，并力求一线希望，那么你就会没事。你用自己的计划来代替真正的命运或上帝的旨意。你决定了未来的样子。我经历，故我在。

8 号：个人主义。这意味着权力和独立变成绝对。一个错误的想法是，救赎来自力量和自给自足。这种信念认为，如果你表现得咄咄逼人、自信满满，人们就会喜欢你、尊重你，或者至少不会惹你。你为自己加冕，并代替了上帝的主权，你决定了什么是公正，什么是正确的道路。我做我自己的事，所以我是无懈可击的。

9 号：无为主义。这意味着顺从和消极变成绝对。精神上的被动和冷漠取代了对上帝旨意的顺从。一个错误的想法是，什么都不做或尽可能少做就能得救。

顺其自然，沿着阻力最小的道路前行。你决定了不做任何决定。我融合和安定，因此我是完整的、一体的。

在第二篇中，我们将会更详细地讲述这些原则。

当你处于消极状态，当你与身体发出的信号失去联结，当你的情绪源于对事件的误解，当你的思想不集中、混乱或欲罢不能时，当你沉浸在彼时彼地，在这些情况下，你对现实的看法是什么？你有哪些能够扭曲视野、干扰生活的非适应性的、无益的信念？

恶习：非适应性情绪模式

除了歪曲我们的感知，主观范式也会歪曲我们的能量。当我们的生命力、我们必要的生理机能处于客观范式和现实评价的引导下，就会像良性的创造性行为一样，充分、自由、直接地流动。我们感受到一种振奋和开阔的力量。我们的能量指向了自我实现和超越。但是，当我们的主要能量处于主观范式和扭曲评价的引导下，那么它会以自我能量的形式存在，助长了操纵、成瘾和重复的行为。我们深感紧迫和压抑，而我们的能量指向对自我的满足和保护。

在神学心理学中，这些恶习对应着七宗罪或七种致命倾向。既然我们的大脑能够寻找规律，那么显然，它也能在无序中找到秩序。这种将罪恶进行分类的传统可以追溯到 4 世纪的基督教神秘派埃瓦格里乌斯。作为一个早期的认知理论家，埃瓦格里乌斯列举了八条“邪恶思想”。他认为它们并非罪恶，而是可能导致罪恶行为的自动自发的心理现象。我们无法控制或选择这些想法出现在脑海中，但我们可以控制它们是停留在脑海里，还是肆无忌惮表达出来。也就是说，我们可以自由地改变注意力的焦点，而不必身不由己地遵循自己的想法或感情冲动。依埃瓦格里乌斯之见，这八种普遍的思想各自代表着一种特定的情感，对应着贪馋、淫乱、贪婪、沮丧、愤怒、懒惰、虚荣和傲慢。在埃瓦格里乌斯的分类系统中，原罪是认知、情绪和行为模式的混合体。

这个分类几乎涵盖了九型人格的所有类型，唯独缺少了 6 号及其恐惧的激情。精神分析学家可能会忍不住猜测，这只是埃瓦格里乌斯故意忽视的特定错误。他认为，我们当然能够抵制恐惧这种激情。

约翰·卡西恩（John Cassian）将埃瓦格里乌斯的名单带到了西方，称之为八个主要的罪恶。

在一些传统流派中，可能是为了符合象征着完美和完整的“七”的数字命理学，原罪的个数只有七个。7 世纪，约翰·克里卡斯（John Climacus）和格里高利大教皇（Gregory the Great）均提出了七种罪恶，也就是将虚荣和傲慢归类到一起。14 世纪，乔叟在他的《坎特伯雷故事集》中回顾了这七宗罪。到了 20 世纪，奥斯卡·伊查索将七宗罪和另外两种倾向——恐惧和欺骗——放置在九型图上。

按照伊查索的解释，恶习意指以扭曲的表达方式展示着我们的生命力。美德是以自然、清晰、洁净的方式流淌的爱和精神力量，而恶习正相反，是以黑暗、迂回的方式被重新演绎的爱。

在世俗的心理学中，恶习或激情往往被形容为一种痴迷、强迫和上瘾。而事实上，它们确实拥有一种能够让人上瘾、重复、失控的驱动力。它们也可以概括为非适应性情绪模式，而美德则是适应性情绪模式。非适应性模式、恶习（坏习惯）或致命的原罪会导致一个人愈加狭隘和弄巧成拙，而适应性模式、美德或好习惯则让我们面对现实，并导向自我实现和超越的态度和行为。

九种人格类型的恶习

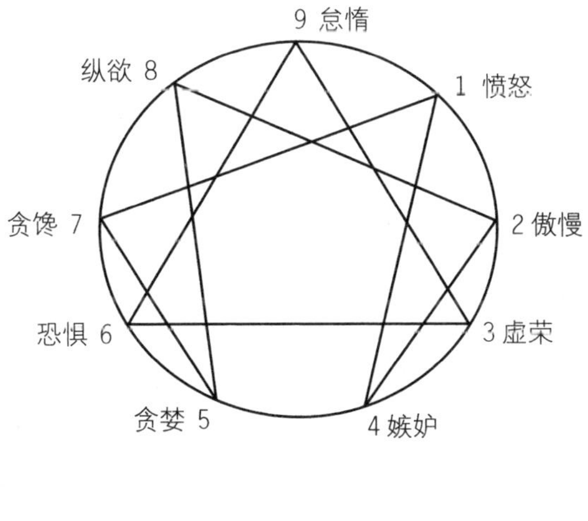

恶习与九种人格类型的主观范式或扭曲棱镜之间的相互强化，产生了如下结果：

1 号：完美主义的高标准和理想导致 1 号只看到缺憾，不满足于已有的东西。不论世界还是自我都没有达到他们的高标准和期望，这引发了他们的愤怒和怨恨。这是不公平的，所以 1 号会更加努力地提高自己及其处境，但是这反过来让他们更加气愤，然后他们又会更加努力，如此循环往复。

2 号：2 号认定自己是苦难世界的拯救者，他们相信自己拥有无限资源，足以帮助他人，而不需要别人帮助。他们没有需求，但他们需要被需要。这引发了傲慢的结果，使得 2 号更加乐于助人，更乐于付出，从而让自己在别人的生活中变得更加重要，他们也因此变得更加傲慢，继而提供更多帮助……

3 号：为了在别人面前展现出成功的形象，3 号必须维护自己的公众形象和人格面具。这就导致了虚荣的结果，因为 3 号会让别人看到他们认为对方想看到的或者看起来不错的方面。一个人的形象和人格面具与真实自我会有不一致，于是他们把精力投入到提高形象当中，而不是真实自我的成长。你所看到的要比你所得到的更重要。真正的感觉、欲望和意图都被抛到脑后，甚至可能消散殆尽。说谎可能变得比说实话更容易。

4 号：如果你想变得特别，那么你必须比别人更特别。因此，你会和别人进行比较，而且也会留意他们是否拥有你所没有的东西。这导致了嫉妒的结果。4 号不会欣赏别人的天赋和才能，而是为自己缺少的东西感到悲哀。这加剧了他们对于被抛弃、被甩在后面的恐惧，所以他们不得不让自己在现实和幻想中变得更特别。这也导致了他们身陷理想化的自我形象——恶习这个恶性循环之中，变得更加攀比，更加嫉妒，更加忧郁，更加需要表现得独一无二。

5 号：由于 5 号想表现得有洞察力和充满智慧，他们必须获得知识和信息。他们不想依赖他人，于是他们囤积自己可能需要的任何资源。囤积行为和对信息的渴求导致了贪婪的结果。5 号对自己的物质和精神财产也很吝啬，比如时间、思想、感情和自我。收集信息和资料的行为导致了贪婪地获取或储存更多东西。担心自己显得愚蠢或者表现得依赖他人的心理，也会导致进一步的获取和收集行为等。

6 号：6 号认同忠诚、恒心、效忠和尽责，他们必须在任何竞技场中检视和证明自己，这就造成了一种恐惧心理，担忧自己能否胜任和战胜面前的任务和挑战。这种恐惧可能会导致他们担心、压制和逃避自己害怕的东西；或者采取反恐惧的行为，攻击自己害怕的东西。两种方法都有助于集中精力证明自己，反击自己的恐惧。但是，这又会激发更多的恐惧，从而带来更多的勇敢行为。

7 号："我很好"的自我形象，加上乐观的心态，会给 7 号带来越来越多的快乐。少也不错，多则更好。这就滋生出贪馋的欲望，即一种积累越来越多的有趣又令人兴奋的体验的享乐主义。新的境遇取悦了自我，但不一定能满足真实自我，由此形成了一个让人上瘾的循环，其间充满乐趣，却缺乏成就感。

8 号：这是一种坚韧、严肃的生活方式，并伴随如下生活态度：抓住你所能抓住的一切，带着你所能积聚的全部热情去生活，捕捉机遇。因此，它助长了对万物的过度纵欲。这种贪得无厌的生活方式，反过来让 8 号变得更加强大，拥有更有能力的自我形象。力量所在之处也会牵引出更多的占有欲、贪婪、苛求的态度和行为，让一个人变得愈加过分，刺激自我膨胀等。

9 号：一种悠闲的生活方式，其自我形象是渴求安定的，它与怠惰联手，导致了自我遗忘和自我忽视。做决定和采取行动可能会引发 9 号所深恶痛绝的冲突。怠惰会干扰决策，拖延行动。漠不关心和不作为导致麻木和安定感，贪图安逸，甚至导致 9 号进一步脱离自己的真实感受、冲动、喜好和灵感，从而引来更多的懒散和拖延……

当你感到焦虑、不满、受限、被强迫时，你体会到的是什么？你的嗜好和不自由是什么？不是自主地将能量引向自己选择的地方，而是感觉到自己被驱使、失控，这是一种什么样的感觉？愤怒和正确，傲慢和乐于助人，控制和成功，悲伤和误解，贪婪和隐藏，恐惧和怀疑，贪婪和不安，紧张和贪婪，怠惰和安定，这些看起来是不可避免的吗？

人格的ABCDE模型

根据阿尔伯特·艾利斯（Albert Ellis）的说法，客观范式（适应性认知模式）、美德（适应性情绪模式）和行为（适应性行为模式）三者之间的循环关系，以及主观范式（非适应性认知模式）、恶习（非适应性情绪模式）和行为（非适应性行为模式）三者之间的循环关系，可以用字母表以线性的方式展开。

阿尔伯特·艾利斯（1961）是理性—情绪—行为心理治疗的创始人，他提出了一个基本的ABCDE模型，用来描述我们的认知—情绪—行为系统是如何运作和互动的。

A代表了先行的、引起我们反应的刺激或触发事件（外部或内部）。

B代表我们对这个先行事件的信念。认知理论学家的特殊贡献正是在此。他们观察到，影响我们反应的不是事件本身，而是我们如何感知、分析或解释事件。我们赋予事件以意义，继而引发了我们情绪和行为上的反应。我们的信念、假设、模式、地图等都属于B的范畴。

C代表我们所产生的情绪，它取决于我们如何看待A，而不是先行事件或刺激本身。因此，如果我感到悲伤，并不是因为我的朋友不和我一起出去，而是因为我认为这很糟糕，或者因为我认为我一个人不可能快乐，又或者因为我认为自己一定是有什么问题，等等。

暂且略过D，我们来看E。它代表了我们的认知—情绪过程所产生的行为结果。如果我们对事件的解释或建构是合理的、现实的，并准确地反映了情境，那么我们所产生的情绪就会适当调整，来适应情境，而我们所采取的行为就有机会有效解决问题。另一方面，如果我们误解了情境，如果我们的感知是扭曲的、不准确的，那么我们产生的情绪将是不适当的，可能过之或者不及，甚至我们采取的补救行为可能偏离目标，适得其反。

回过头看看D，我们需要怀疑自己的非理性或不恰当的解释、假设和信念（B），用更为理性、准确、现实和适当的假设、感知和评价来取代它们。

举个例子，某人收到了来自医学院的一封拒信（A：先行事件）。如果你将此看成生活的终结，看成是对你整个性格和人格的否定，或者你相信自己永远都没办法向一年级老师证明你自己（B：对事件的信念），那么你将会感到沮丧

（C：情绪）。根据沮丧的程度，你可能会幻想或尝试自杀；或者如果你知道是谁决定着入学资格，那么你可能会考虑杀人；或者你可能会搬到一个偏远的岛屿上；或者整个星期都躺在床上（E：认知—情绪过程所导致的行为结果）。这种思考、感觉和反应的结果形成了一个闭环。你陷入反反复复的认知、情绪和行为模式的困境之中，寸步未行。

另一方面，如果在收到拒信（A）时，你对自己说："这是令人失望的；这很麻烦；这对我来说是一个实实在在的损失"（B），那么你可能感到悲伤，确实因为这个损失而郁郁不乐（C）。你可能会告诉自己，这不是生命的毁灭和终结，而只是一个地地道道的失望（D）。然后，你也许会痛哭流涕，向自己的朋友大吐苦水，然后执行你的备用计划，想一想可以通过其他什么途径进入医学院，或者可能会选择与你的能力和兴趣相符的其他专业（E）。换句话说，你的认知、情绪和行为反应是基于现实、顺应当时情境的。而且，你最终的反应是富于建设性的、行之有效的，推动着你的生活向前。

下表展示了从九型人格的角度，如何使用艾利斯的模型来描绘内心的动态。

A	B	C	D	E
先行事件	信念 适应性模式 价值观 / 理想	情绪结果 美德	争执 取代	行为结果 自我实现 / 超越 现实导向 整合与联结
	非适应性模式 理想化	恶习		自我维持 / 保护 自我导向 分裂与失联

A 是先行事件，即来自外部、内部世界的刺激。

B 是我们所说的神性观念、客观范式、适应性模式、正确棱镜所在的地方，或者执念、主观范式、非适应性模式、扭曲棱镜所在的地方。

如果适应性模式在起作用，那么我们会在 C 阶段中践行美德，也就是我们的解释和信念所造成的情绪结果。

如果非适应性模式在起作用，那么我们在 C 阶段将实践恶习或激情。

如果我们在 B 和 C 阶段采取了客观范式 / 适应性模式 / 正确棱镜和美德，那么我们在 E 阶段做出的行为反应会是以现实为导向，能够有力地处理 A，即刺激或触发事件。我们的行为是自我整合的，有内聚力的，可以实现自我超越，与他人建立联结。

如果我们在 B 和 C 阶段采取的是主观范式 / 非适应性模式 / 扭曲棱镜和恶习，那么在 E 阶段，我们的行为很可能是机械的、狭隘的、不适应的、无创造性的和重复的。我们会做出自我导向的行为，更多地对 B 阶段中扭曲的信念，而非对 A 阶段中的现实情况做出反应。我们采取的行动是自我防御和自我保护，包括将自我的感知分裂成“我”（理想化的自我形象）和“非我”（阴影）。如果我们将自我中不可接受的特征投射到别人身上，那么我们就与他人失去联系了。

在 D 阶段，我们需要克服执念（非适应性认知模式）和恶习（非适应性情绪模式），以便用客观的假设、原则和信念来取代它们，后者将自然地导向美德和良性行为。在灵性传统中，这一过程被称为识别，即启动我们内在的“公正见证者”或“自我观察者”。

觉察的三个区域

如果你在审美上更喜欢同心圆而非直线，那么格式塔疗法之父弗里茨·佩尔斯（Fritz Perls，1972）提出的观点，将提供另一种看待客观范式和主观范式、适应性模式和非适应性模式、正确棱镜和扭曲棱镜之间差异的方式。

在佩尔斯的模型中，有机体的环境场由三个区域组成。

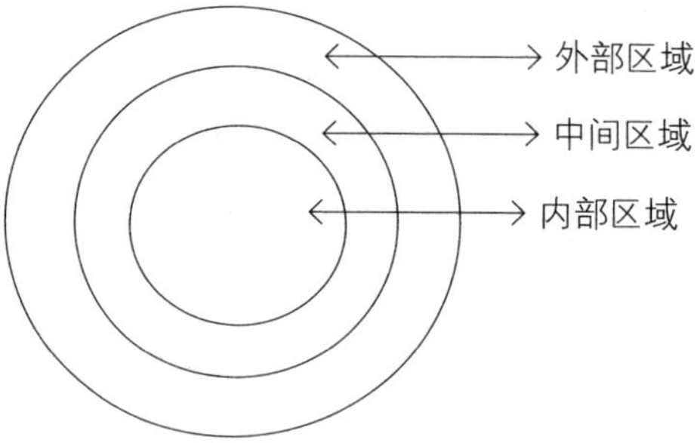

内部区域是我们的本能、感官雷达、直觉领域。这是自我的领地，聚焦感觉、驱动引擎就发生在此处。在九型人格体系中，这里是真实自我或本体的核心。在这里，我们能找到真正的价值、客观范式和正确棱镜。

外部区域即外部环境、我们周围的现实。一个本真的人既要接触代表真实自我的内在区域，也要接触代表真实世界的外部区域。在健康的生命体中，内部区域和外部区域是相互融通的。

中间区域位于内部区域和外部区域之间，是一个充满幻想的中间地带。它阻碍着我们与真实自我或真实世界的良好接触。这个中间区域充满了恐惧、大难来临的预测、记忆、幻想、假设、信念、文饰、偏见、情结、误解、扭曲、顽固的想法、痴迷、抹黑等。这是幻觉的区域，是我们的主观范式、非适应性模式、扭曲棱镜和理想化的安身之地，也是我们人格或替代性自我的停留之地。

失去本真的人接触的是中间区域，而不是外部或内部区域。当感到焦虑或压抑时，我们的大部分心理能量都流进这个区域，而不是真正接触自我及自己的能力，接触这个世界及其赐予和挑战。

当我们从中间区域出发采取行动，我们不会留意到周围的真实情况，而是留意自己的想法、恐惧、想象或假设；我们也不会接触真实自我，而是接触我们所相信的、解释的或惧怕的内心自我。我们与我们的人格面具相联结，它们将我们与真实自我分隔开来，我们也只将它而非真实自我展示给世界。就像九型人格大师唐·里索（Don Riso）和拉斯·赫德森（Russ Hudson）所说："我们的人格是在我们不展示的时候所展示出来的样子。"

格式塔疗法的目的是帮助个体清空这个中间区域，如此他才能恢复和环境之间的真正的接触，然后可以基于其真实自我的体验（内部区域）进行观察和选择，而这种体验是与真实世界（外部区域）一致的。

当这个中间区域被清空时，就会产生顿悟、觉醒。突然间，世界出现了。我们从恍惚中走出来，犹如大梦初醒。因此佩尔斯告诫我们要放弃理智，投身感觉，即与真实自我（内部区域）和真实世界（外部区域）接触，而非沉迷于恐惧、幻想、错觉和期望（中间区域），因为它们只会导致自我挫败的行为。

从九型人格的角度来看，我们需要放下自我，以及它的主观范式 / 非适应性模式 / 扭曲棱镜、恶习和自我挫败的行为，根据本体及其客观范式 / 适应性模式 / 正确棱镜、美德和自我表达的行为来生活。

在下一章中，我们将研究范式的更多特征，并探索它们是如何在九种人格类型当中表现出来的。

第 6 章　范式的更多应用

阿瑟尔·巴克在他的《未来边缘》（*Future Edge*，1992）一书中，为那些想要率先发现下一个新范式的人，提供了许多范式的含义和应用。他从认知理论和人格理论中汲取灵感，熟练地将其应用于商业领域。将巴克的精髓与九型人格的观点相交融，我们得到了以下范式—人格混合体：范式和掌控、范式和直觉、范式和盲点。

范式和掌控

巴克认为，范式建立和定义了边界，并告诉我们如何在这些边界内操作来获得成功。它们为我们提供了游戏规则。只要能够按照我们的范式的规则来玩，我们就是高手。如果我们被赋予了一套来自另一种范式的新规则，或者其他人不愿按照我们的规则行事，我们就变回新手，通常会变得愤怒、糊涂、困惑，并且很容易被操纵。

巴克列举了一个例子，即象棋大师非凡的记忆力和高超技巧。当对手按照游戏规则移动棋子时，象棋大师能够以惊人的准确性记住棋子的位置，因为他们知道棋子应该移动到哪里。然而，当他们面对一台以随机方式移动棋子的电脑时，大师们对棋子摆放位置的记忆并不比任何人好。

因此，人格范式让我们在自身的领域里成为主人。在我们自己人际交往风格的范围内，我们是自信的、舒适的、相对安全的。在自己的地盘上，他人无法与我们竞争。我们在这个领域里经营了多年，所以自己的行为已经变成自然而然的了。但如果我们进入了别人的领域，进入了他们的范式，我们就得听他们的了。这就是为何人际策略和行动都是为了让别人按我们的规则行事。否则的话，我们就会感到沮丧、困惑，并拒绝再玩下去。在这种语境下，《交互分析》（*Transactional Analysis*，1964）一书中对于“人们玩的游戏”的见解具有启发性和适用性。

那么，这些范式技能是如何在九种人格类型中表现出来的呢？

1 号擅长的是做正确的、好的事，以及做他们应该做的事情。如果你想知道如何做好一件事，那么就问问这一型的人。或者，如果你想得到一个好的评价或好的质量控制，那么就咨询他们。在“胜人一筹”的游戏中，他们会因为自己的正确性而胜出。

另一方面，如果你邀请他们出来和你一起玩，他们可能会感到不知所措。或者，如果你根本不重视原则和内疚，他们就不知道该如何对待你或激励你。

2 号善于感知人们的需求，并使自己适应这些需求。如果你想学会如何同情别人，帮助别人，让他们感到舒服，那么就咨询一下这一型的人。在“胜人一筹”的游戏中，他们会因为自己更加热心，也更加不可或缺的特点而胜出。

另一方面，如果你不需要他们，他们可能会不知道该如何与你相处。如果你想平等地对待他们，他们可能会感到害怕。或者，如果他们什么都没为你做，你就喜欢上他们，他们会感到非常困惑。

3 号善于把事情做好，完成任务，而且完成得非常漂亮。如果你想知道如何理顺现实情况，如何高效地做事，那么请咨询这一型的人。如果你想知道如何推销自己或你的产品，如何塑造成功的形象，那就咨询他们。反正，他们所从事的咨询行业通常做的也都是这些事。在“胜人一筹”的游戏中，3 号会因为自己更成功而脱颖而出。

然而，如果你没有给他们设定任何需要实现的目标，或者你无须他们为你做任何事情，那么他们可能因为得不到满足感而选择离开。或者，如果你想在情感层面上与他们建立私人关系，并且对他们的故作姿态或成就不感兴趣，他们可能会不知道如何与你相处。

4 号则堪称是戏剧大师。他们通常有着强烈的感受，频繁的情绪宣泄，在浓烈的情绪深海中如鱼得水。他们喜欢紧张、刺激和兴奋的感觉，因为这会使他们看起来与众不同。如果你想学着让自己的感受更深刻，学会过一种激情似火的生活，那就学学这一型的人吧。如果你想要感谢苦难并从苦难中发现价值，或者如果你想对别人的痛苦感同身受，那就向 4 号取取经吧。在“胜人一筹”的游戏中，他们通常会表现得更敏感、更容易被人误解，也更容易受伤害。

另一方面，如果你以一种超然且理智的方式与他们相处，他们可能会显得格格不入，就像树上的鱼一样。或者，如果你不认为他们很特别的话，那么他们要么会试图给你留下一些印象，好让你记住他们；要么直接抛弃你，转而去寻找更能欣赏他们的观众。

5 号都是些大师级的思想家和观察者。清晰而独特的思想世界是他们最擅长的领域。他们能在自己的头脑世界里找到家的归属感，找到安全感和自信心。如果你想学会看事情能统观全局，如果你想整合自己的所知所感，又或者你想挖掘你所知事物的本质，那么请咨询 5 号。如果你想知道如何摆脱自身情绪或处境的束缚，那么也问问他们吧。在“胜人一筹”的游戏中，他们总是因为明智而超然物外的表现而胜出。

但是，如果你不是特别沉迷于思想，而是相信感觉或行动才是根本；再或者，如果你试图让 5 号从他们自己的头脑世界中走出来，去体验感觉和身体，那么你可能会把他们带入一种无法言喻的混乱状态中。

6 号最擅长的是忧患和忠诚。他们生活在一个充满恐惧和阴谋的世界。在他们所寻找的事物周围，危险无处不在。他们对权威人物及其带来的潜在威胁尤为敏感。如果你想知道何谓责任、忠诚和履行义务，那么就问问这一型的人吧。如果你想知道如何在你的周围发现危险，那么观察一下 6 号即可。或者，如果你想知道一个权威人士是否值得信任，那么可以向这一型的人咨询一下。在“胜人一筹”的游戏中，他们是最具怀疑精神、最有忧患意识的，也是最忠诚的。

另一方面，如果你在对他们行使某种权威，或者你对他们所谓的身边的敌人既不感到害怕，也不与他们结盟，他们可能会把你看成敌对阵营里的人。

7 号代表着优秀的玩家、表演者、说书人、冒险家、梦想家、美食家。如果你想知道如何能拥有比你所追求的还要多的选择，那么请咨询 7 号。如果你想学会享受生活，学会在所有事物中发现美好的一面，学会接受现实，那就问问这一型的人吧。在“胜人一筹”的游戏中，他们总是以面带笑容而取胜。

然而，如果你信奉的是勤奋工作，或者不喜欢他们的传奇和冒险，你可能会发现自己在他们眼中成了讨人嫌的人，他们一飞冲天，留你在凡世间。在他们看来，选择无界限，但周而复始的事情绝对不做。

8 号是权力大师。他们知道如何获得权力，如何使用权力，如何把持权力以及如何避免别人的权力高过自己。他们懂得交易的艺术，知道如何施加足够的压力来获得自己想要的东西。如果你想了解什么是权力，怎样面对挑战，怎样把心事一吐为快，怎样嗅出虚伪的气息并将其扼杀在萌芽中，那就要咨询一下 8 号了。在“胜人一筹”的游戏中，他们会因为站在顶峰而获胜。

但是如果你用爱、平和和温柔的态度对待他们，那么迎接你的可能会是横加指责甚至迎头痛击，因为他们可能无法理解什么是无私，什么是体面。

9 号擅长谈判、妥协，善于解决或避免冲突。他们懂得如何实现和谐，如何调和矛盾的观点，如何在保持中立的同时又能融入双方，如何在动荡的局势中架起一座沟通的桥梁。如果你想学会放松，学会放手，学会顺其自然，不要总是杞人忧天或小题大做，那就可以咨询一下这一型的人。在“胜人一筹”的游戏中，9 号总是以轻松、安逸、舒适而自在的状态而获胜。

但是，如果你与这一型的人发生正面冲突，或者在他们还没准备好的情况下，你逼他们表明立场，采取行动，那么你可能会发现这是一个顽固的对手。此外，如果你太过关注他们，过度询问他们的需求和愿望，他们可能会不知道该如何回应你。

范式和直觉

巴克指出，范式的另一个特征是，它会帮助我们特别敏锐地观察到某些现实。在我们擅长的领域，或者在我们的范式的适用焦点上，范式为我们提供了一个微妙的视角，一个直观的优势。

正如乔治·凯利在《人格理论》（*A Theory of Personality*，1963）一书中所言：“一个概念可能在处理某些状况时最有用，这些状况就被称为它的适用焦点。”

如果我们把“概念”一词换成“范式”，那么每一个人格范式都能在处理某些情况时达到最佳效用。换句话说，每个人格范式都有自己的适用焦点。

适用焦点是能让概念发挥最大效用的精髓，是最有效的点。它涵盖了现实当中最受关注的那些方面，范式被阐释得最清晰、最直白的领域，以及位于聚光灯下的那部分区域。周围的区域也会被聚光灯所照亮，但它们不会那么显眼，那么突出。而那些距离焦点更远的区域仍将是不明确的、模糊的，甚至根本看不见的。此时，就需要其他的聚光灯或范式来照亮它们了。

九型人格中，每一种类型都对某些特定现实拥有一种直觉意识。海伦·帕尔默在有关直觉训练的工作坊、录像带和文章中，以及在她撰写的《九型人格》（1988）一书中，曾多次强调这九种直觉，并展示了它们如何引导人们进入到高等意识的更微妙层面。

范式所提供的清晰性，或者叫洞察力，为我们思考这一现象提供了另一种方式。

从九型人格的角度来看，九种人格范式找到并照亮了现实的一些特定层面，以及那些被认为对其很重要的某些领域。在某些领域，我们会比别人看得更清楚，理解得更好，某些问题解决得更容易，比别人更有能力。但这并不一定是因为我们更聪明，可能仅仅是因为范式的聚光灯使得我们能够更清晰或更容易地看到、掌握和处理某些现实。

在写到这部分时，我想起了电影《土拨鼠之日》（Groundhog Day）。在这部电影中，疲惫不堪的主人公被诅咒每天早上在同一时间、同一地点醒来，重复注定相同的一天。这样周而复始地生活了几个月之后，他终于有机会认识了镇上的每一个人。大家都惊叹于主人公对自己神一般的了解。于是他幡然醒悟："原来上帝并不是全知全能的，他只是存在的时间足够长而已！"

因此，并不是我们拥有神秘的直觉（尽管这也可能是事实），而是我们一直在寻找和观察相同的东西上花费了大量的时间。因为穷尽一生去搜寻某些信息，所以我们才能早于别人先看清某些事物。

当我们进入一个房间时，我们的范式总在提醒我们什么比较重要，应该寻找什么以及到哪里去找，而其他范式的人的目光正锁定另一个方向，或者正在滤过其他东西，所以我们才看得到他们视若无睹的东西。就好似我们在检查地板的时候，他们可能在检测天花板。我们是地毯专家，而他们却是吊灯专家！

九种范式的知觉敏锐度存在于以下区域：

当进入一个房间时，1号会首先留意到有缺陷、不完美以及出现问题的地方。当你笨嘴拙舌的时候，他们会为你提供正确的用词。

2 号会首先感觉到房间里有谁内心受到伤害，谁需要什么。你还没行动，他们就知道你想要什么。你刚感觉到口渴，他们就已经把水递到了你面前。

3 号能快速了解到别人对他们的期望。一进入房间，他们就下意识地知道自己要扮演什么角色，言谈举止该如何表现。他们还能告诉你如何高效地写出那篇你已经琢磨了好几个月的论文。

4 号能提前接收到被拒绝、被否定、被抛弃的信号。他们不仅能适应房间里整体性的审美倾向，聚在这个房间里的群体的感情基调，而且对房间里的任何痛苦都会特别敏感。如果你和他们之间存在任何隐秘性的感觉或交流，那么 4 号能够直觉地感受得到。

相较于其他人，5 号会更敏锐地感受到别人对他们的期望和要求，以及对其空间的微妙侵犯。当你正要为自己的项目招募志愿者时，他们已经离开了。

6 号会察觉到房间里潜伏的任何危险。他们能侦查并发现具有潜在威胁的人或事物。如果你心里有什么别的打算，他们会对你格外小心。

7 号总能嗅到哪里有乐趣可找，有刺激可寻，并被它们所吸引。他们总能从一屋子的人和物身上发现新奇性和潜在的趣味性、娱乐性。他们要么自己第一个站出来建议“我们开派对吧”，要么就是附和别人的类似提议。

8 号能感知到谁在掌控整个房间，他们会把这些人视为争夺主动权的竞争对手。如果他们能在房间里嗅出权力、权威或安全的味道，他们就会立即采取行动，夺得这个房间的控制权，以此来让自己获得安全感。如果你也想在这里发号施令的话，你会发现自己被 8 号逼到不起眼的角落里去。

9 号总能不动声色地融入人群里，并且感知到别人的内心世界。他们很容易同情别人的经历，因而能够直觉地感知到他人的需求、渴望和想法等。他们既能感知到事物契合的和谐之感，又能感知到发生冲突的不和谐之处。然而，当房间里的冲突加剧时，9 号的意识水平就会下降，有时甚至会进入昏睡状态。

因此，范式为我们的感知提供了一种个性化的直觉敏锐性。同时，它给了我们一套解决问题的能力和技能，以便我们能很好地处理某些情境和事件。我们之所以善于把控某些特定的现实情况，正是因为我们穷尽一生都在不断练习。

在九种人格范式中，每一种还具有以下能力：

1号能够轻而易举地掌握理念、程序、规则、道德和规范。他们具备求同思维。

2号善于处理他人的需求和感受，也乐于为他人的需要而服务。

3号在处理任务、确定优先级、设定目标和实施战略方面得心应手，这是因为他们拥有分层级的思维方式。

4号在款式和搭配方面拥有训练有素的审美眼光。在利用自己的想象力和感知方面，他们是很有经验的。

5号在掌握理念、概念和类别方面很是擅长。他们天生就擅长勾勒大局，提炼本质。

6号在处理灾难和紧急情况方面的表现出人意料的好，这是因为他们在日常生活中每天都为此随时待命。

7号善于制订计划和方案，因为他们具备发散性的思维。

8号很容易握有权力。他们擅长获得主动权，惯于说一不二的独裁思维。

9号能够巧妙地处理冲突，他们可以避免、缓和冲突的发生，能让对立的双方达成谅解，能让不协调的声音实现和谐。他们主张寡头思维，认为所有的事情就其重要性来说都是一样的。

我们特别能够感知，也擅长处理那些进入自身范式的适用焦点范围内的事情，而对于适用焦点范围之外的事情，我们的理解就没那么清晰，处理起来也没那么熟练了。

九型人格曾被批评是一种过于消极的理论，没有描绘出每一种人格类型的积极特征。在我第一次接触九型人格的时候，适用焦点理论实际上还只是一种病理学。九种人格类型所代表的扭曲和冲动都得到了最清晰、最直观的阐释。在这个领域，九型人格的描述出奇准确。与此同时，包括我在内的许多学者也致力于阐述每种人格类型的积极方面。即便如此，我仍然认为在九型人格理论中，对人格故障的表述是最清楚的。

这种情况可能一直存在，因为具有防御性限制的人格往往呈现出狭隘的、僵化的、封闭的特质，故而更容易被定义。要理解它只需要传统意识即可。而本体则以其更高层次的能力和功能，向外拓展，向外流动，跳出了框框，避开了传统智慧。要掌握它，我们需要在一种更高等的意识状态下去体验它。

我们自身的范式也只有在它的适用焦点范围内才能运转得最好。我们做起有些事情来如鱼得水，做起另一些事情却笨手笨脚；我们对有些问题头脑清楚，充满热情，对于别的一些问题却迷迷糊糊，模棱两可。当我们接触到自己的范式无力处理的数据和事件时，可能需要转换到另一种人格范式，因为它的组织形式能够更有效地处理此类情况。

我将在范式转换部分进一步阐述这个观点。但是首先，针对那些不在范式的适用焦点范围之内的因素和事件，我想从另一个角度来说明一下。

范式和盲点

前面我们已经看到，九型人格视角下，每个人格都会有某个特定的回避区域，原因是这个区域与我们的自我形象正相反。

我们也可以在每个范式的适用焦点的背景下考虑这些回避区域。

那些处在范式的适用焦点范围之外的区域，可能并没有得到很好的理解，甚至根本没有被感知到。我们之所以会忽视和偏离了现实的某些方面（例如感觉、关系、反思、痛苦、游戏等），是因为我们的范式从其自身的规则和边界出发，认为它们并不重要，或者根本不知道如何处理它们。

在 1 号的范式中，愤怒没有得到很好的处理，因为这一型的主观范式认为，愤怒的人都不是好孩子。

个人需求是不在 2 号范式的适用焦点范围之内的。他们的法则不允许他们同时既是给予者又是接受者。他们的主观范式难以调和医生和病人这对立的两极。他们只能站在助人者这一极。

失败不会被记录在 3 号的人生之幕中。它不属于追求成功的 3 号范式所认为的适用焦点范围，所以也就不会出现在那里。正如美国国家航空航天局的格言所说："失败不是一个选项。"失败被重新阐释为是一种"学习的经历"或"部分的成功"。

平凡不属于 4 号范式的范畴，这一范式要求他们必须是特别的、独一无二的。在 4 号的认知系统看来，普通或者大众化的表现既不值得欣赏，也难以容忍。

空虚在 5 号范式中没有立足之地，他们期望自己能满腹经纶。由于空虚已经超出了这一范式的适用焦点范围，所以不管是一个空容器，还是所谓“充实的留白”，他们都认为不会有任何潜在的好处可言。

恐惧型 6 号的范式不擅长处理个人权威或革命，因为这种范式要求他们做忠诚的臣民或追随者，不能违法，不能叛逆，不能随心所欲、为所欲为，而是要遵循既定的规则。而反恐惧型 6 号的范式则促使他们对权威人物的命令提出质疑和怀疑，以免被不恰当的规章制度所束缚和禁锢。

在 7 号的范式中，痛苦和苦难是没有意义的。他们的范式引导他们享受生活和幸福。在他们的世界观中，悲伤或沉湎于消极情绪之中是毫无意义、毫无目的的事情。

8 号对软弱敬而远之。他们的范式强调的是如何变得强大。在其规则范围之内没有软弱的立足之地，他们认为并且害怕软弱会成为钢盔铁甲上的一道讨厌的裂纹。

冲突会打破 9 号那种安定与和谐的自我形象，因而被排除在他们的范式之外。他们的规则没有赋予他们应对不和谐的能力，所以他们躲避它、压抑它，让自己变得麻木不仁。

总　结

范式给我们带来了感知和行为上的优势，帮助我们更清楚地看到了一些别人只能通过黑暗的棱镜所看到的事物，更轻松地完成别人缓慢而笨拙地完成的任务。因此，为了得到更高的个人和团队效率，具备这九种视角和解决问题的能力是很重要的。

另一方面，对于有些事情，我们可能体会得不那么深刻。对于有些常规惯例，我们执行起来很困难。我们的范式让我们无法轻松而优雅地处理某些现实。然而，如果我们能转换到另一种范式，遵从另一套不同的规则和首选性，我们可能就会发现自己能更好地处理各种杂务，应对各种挑战。

在接下来的两章中，我们将阐述范式之间是如何转换的，又是如何停滞不前的。

第 7 章　范式的转换

正如生活中的许多事情一样，范式有好的一面，也有坏的一面。

好的地方是指，我们可以改变自己的范式。正如巴克所说，它们是很好摆布的。虽然我们可能会倾向于某些范式，但是它们并非与生俱来的。虽然九型人格的观点认为，从出生的那一天开始，我们就具备了某种特定的人格，也因此可能更倾向于从这一人格的角度来看待世界；但是，对于拥有这种人格的个人来说，他却拥有相当大的自由和组合空间。我们可以依据个人的经历，在文化范式的影响下来定制心理模式。

1963 年，乔治·凯利在其关于个人构造的心理学中得出一个推论：我们可以自由地改变心理范式。然而，一旦进入了自己的构造系统，我们就会被当初选择的范式的限制和规则所约束。

例如，我们可以自由地选择民主或共产主义等政治观点。但是，一旦选择了一种意识形态，我们就会被它的戒律所束缚，要么支持私人所有权，要么支持公共所有权。我们也可以从众多的宗教信仰体系中做出自己的选择。但是一旦进入一种信仰体系，我们就会被它的规则所约束。例如，按照天主教的教义，女性不能被任命为牧师，牧师不能结婚；而在圣公会的传统中，你是可以兼具女性、牧师、已婚这三种身份的。

又或者，如果你属于正确的人（1 号）这一范式，就会希望把每一件事都做得尽善尽美，你不会认同 G.K. 切斯特顿（G.K. Chesterton）的名言：“任何值得做的事，只值得做好一半。”而且你会倾向于先做自己应该做的事，然后再做自己想做的事。但是如果你从快乐的人（2 号）的角度看世界，那么你就会先做自己想做的事，再做自己应该做的事。而且，这种范式也会允许甚至鼓励你使用很多不同的方法去做事情，而不是只有一个正确的方法。

我们就像雕刻家一样雕琢着自身的范式，就像磨工一样打磨我们看事情的棱镜，就像作家一样书写我们自己的故事。一旦我们完工，这些范式、棱镜和故事就会永远成型。

坏的一面是指，有太多的力量试图让我们的范式保持稳定，其中包括范式自身的本质。我们是不容易改变它们的。

本章我们将先了解范式是如何变化的。而在下一章中，我们再来讲述它们如何抵制这种变化。

正如巴克在1992年所观察到的，一旦遇到连自身的范式都无法解释或不知道如何处理的数据、情况或问题，我们就会倾向于忽视、低估或搁置它们，以便以后再行处理。之后，我们将它们束之高阁，或者为了涵括这些数据，我们可以改变我们的范式；或者让其他人——比如研究人员、商业顾问、治疗师、配偶或子女——提出一个新的范式来解决问题。很多人都可以成为我们自身变革的推动者或我们的导师。

范式为我们提供了解决问题的规则和方式，每个范式在其适用焦点范围内都有一系列可以有效解决的问题。

另一方面，每一种范式也都会遇到一些超过自身有效处理范围的情况，而这些无法解决的问题，恰恰为范式的转换提供了条件和动机。

当现存的范式面临一些无法解释或者难以处理的数据和问题， 或者当我们不想再将这些冲突的部分排除在范围之外时，我们就会改变或者转换范式，就好像我们终于决定去处理某段感情、某种关系、某个预算或活动一样。

牛顿物理学范式之所以最终被现代物理学范式所取代，就是因为太多的数据不断地累积，而牛顿物理学范式根本无法对其进行解释。

以牛顿的液压封闭系统的隐喻为基础，弗洛伊德提出了一元心理的人格类型。然而，由于它无法充分解释人类的非固定性、交互性和人际性，这个理论最终又被开放的系统、家庭和对象关系方面的人格范式所取代。

因此，如果想解决某些问题，需要一个替代的视角以及一套新规则和选项。正如巴克所言，范式的转换意味着转向新的游戏，新的规则。当规则改变时，这个世界就会焕然一新。

当人们谈到改变信仰时，他们将其描述为一种范式的转换，一种思想、心灵和行为上的改变。此时，我们会以全新的角度看待事物，并以自己从未意识到的情绪复原力和行动效能来应对。

在当前的行为模式已经无法解释或解决当前的问题时，我们的个人范式就会发生变化。最初构建时或许它们曾运转得足够好，但是现在却不是这样了。因此我们要么升级和扩展自己的模式，要么继续使用老旧的医学镜片、过时的地图和 1.0 版本的软件。

问问你自己，什么才是巴克所谓的范式转化问题：在你自己的人格类型中，什么似乎是不可能做到的？什么是你无法想象自己会去做的？什么会从根本上改变你的人格，如果你能做或者愿意做的话？

那些看似不可能的事情，会让我们越过自身范式的边界，进入到另一种人格范式之中。对于那些我们的范式无法解决的问题，或者那些因为在适用焦点范围之外而显得不太清晰或不被理解的问题，或许通过另一种范式，我们可以很清楚地看清并轻易解决它们。因此，利用其他人格类型的棱镜，我们或许可以为那些困难或无法解决的问题找到答案。

有些对我们来说貌似不可能做到的事情（我们相信自己做不到），可能仅仅是因为受范式的规则、限制和边界的约束（即我们不会去做这件事）。而那些具备不同的规则和参数的范式处理起来，可能就没那么困难了。

下面一些例子展示了这些范式规则是如何贯穿于九种人格类型中的。

1 号会说，由于自身范式的要求，所以只要有自己应该做的事情，他们就永远不可能做自己想做的事。而 7 号却有着不同的范式和规则，他们总是先做一些自己想做的事，然后再做那些不得已做的事。“人生苦短，先来点儿甜头吧。”

2 号会说，他们是不可能向别人提出任何要求的，因为他们理应给予而不是索取。而 8 号无论对自己应得的还是不应得的，都可以理直气壮地向别人提出要求，因为他们的准则是：“宁向别人伸手要，也不被别人索取。”

3 号会说，他们受不了只是去期待事情的发生，而是必须组织起来、行动起来。“不要站在那儿干等，做点什么吧。”他们的原则是：尽可能高效地工作。而 9 号会说，他们更喜欢顺其自然。“不要光低着头一味地做，就站在那里吧。”他们的指导原则是：尽可能不要消耗能量。

4号觉得做个普通人简直是无法想象的。他们的范式告诫自己必须要与众不同。而对于9号来说，与众不同没什么了不起的。他们的准则会提醒自己要低调行事，不要引人注意。

5号很难去唤醒和表达自己的感受，也不觉得这么做有什么逻辑或价值。他们的范式只会引导他们用大脑去思考，因此，5号是清晰的思考者，但对各种感受是非常含糊不清的。但4号却发现自己很难从感情中抽身出来，甚至认为没有感受的生活是没有任何价值的。2号在感受方面也没有问题，只是更喜欢直来直去地思考，他们的范式让他们凡事都要遵从自己的内心。

6号发现自己很难放松下来，或者一旦不去注意自己的问题，那结果是很危险的。因为他们的原则是："千万不要被打得猝不及防或盲目片面。"而9号则不愿意正视自己的问题，他们的范式是："如果你放任不管，问题自然就会消失。"7号常常会问："哪有什么问题？"因为他们的生存策略是在问题中发现积极面。

7号不可能长时间只做一件事，因为他们的范式告诫自己："要保持开放的选择性，不要被束缚，避免无聊至极。"而6号和1号更喜欢一心一意地工作，因为他们行动的指导原则最适合例行公事和既定程序类的工作。

8号和反恐惧型6号从不表现出自己脆弱的一面，以免别人伤害到自己。他们的生存策略是强硬和独立。恐惧型6号则会暴露自己的脆弱和弱点，如此一来，别人就会觉得没必要伤害他们。他们生存的法则是依赖。

9号不太善于振作精神，因为他们的范式提醒自己凡事要想得开。但3号却时时刻刻都能精神抖擞，因为他们的范式总是在宣告："好戏开场了！"

既然我们都能够从整体性的角度去预见现实，那我们要么（既）可以将其他范式都囊括到自己的范式之中，要么（也）可以请教其他人格类型，将他们的观点和解决问题的能力吸收到一种综合性的团队路径中来。

为了能够统观全局，清晰而完整地感知现实，我们需要所有九种范式的视角。因为我们已经增强了收集和处理数据的能力，提高了情感和行为全部技能，因此这将最大限度地提高我们解决问题的效率。

这九种人格类型非但没有对我们造成任何威胁，反而有可能丰富我们的生活。与其因别人和自己不同而排斥他们，不如把他们都吸纳进来，因为他们的补充会让我们更完美。

除了指出哪些范式能有效地处理哪些问题和情况，九型图还反映了在安全和压力条件下，个人心理范式可能发生的转换。

安全条件下的范式转换

正如马斯洛（1968）和苏利文（1953）所指出的，在满足更高层次的本性需求并获得最佳体验或心流状态——契克森米哈赖（Csikszentmihalyi，1990）提出——之前，我们要先满足处于较低层次的本性需求。安全感为我们的心理正常运转提供了基础。

当我们的身心处于放松的状态，周围的环境让我们感到踏实和安全时，我们就能更好地利用自身和其他范式的优势和资源。在积极的状态下，我们得以按照真实自我或本体来运转。我们的观点是客观的、与现实相符的，我们对存在于我们内心和周遭的一切都持开放的态度；我们对爱的表达直接、清晰、客观而又符合道德的要求。我们生活在更高层次的自我之外，体验着一种高峰表现、心流状态。

范式转换

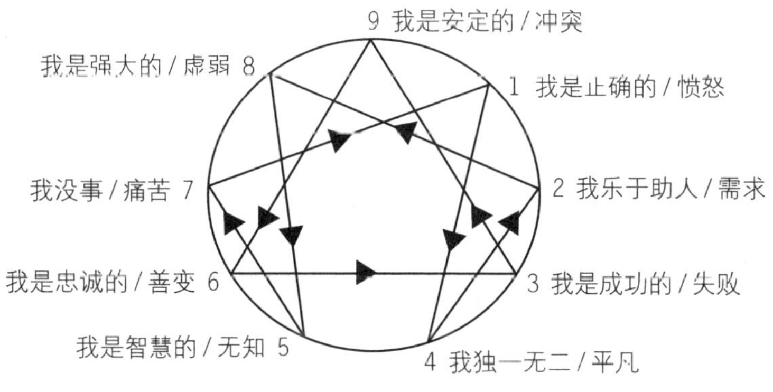

在安全和可靠的条件下，九种人格范式按照如下路径转变：

爱挑剔的 1 号要么转向 7 号积极面，获得他们的正确棱镜，既能看到好的一面，也能看到坏的一面；要么转向 7 号消极面，获得他们的扭曲棱镜，为了从批评和痛苦中得到一丝解脱而去寻找一些愉悦自己的方法。

以他人为中心的 2 号，要么转向 4 号积极面，获得他们的正确棱镜，不仅能看到别人的需求，也能看到自己的独特需求；要么转向 4 号消极面，获得他们的扭曲棱镜，感到自己成了受害者，遭到了冷落。

善变的 3 号要么转向 6 号积极面，获得他们的正确棱镜，变得专一和忠诚；要么转向 6 号消极面，获得他们的扭曲棱镜，消失于芸芸众生之中。

情绪化的 4 号要么转向 1 号消极面，获得他们的正确棱镜，能够集中注意力并采取行动；要么转向 1 号消极面，获得他们的扭曲棱镜，无论对自己还是对他人都变得更加苛刻。

冲动的 5 号要么转向 8 号积极面，获得他们的正确棱镜，感受到自己的身体能量和自信心；要么转向 8 号消极面，获得他们的扭曲棱镜，变得咄咄逼人，报复心强。

有忧患意识的 6 号要么转向 9 号积极面，获得他们的正确棱镜，学会从容面对这个世界；要么转向 9 号消极面，获得他们的扭曲棱镜，学会了拖延。

展翅高飞的 7 号要么转向 5 号积极面，获得他们的正确棱镜，在体验生命广度的同时也学会体验其深度；要么转向 5 号消极面，获得他们的扭曲棱镜，从而退回到内心深处的避难所。

坚韧的 8 号要么转向 2 号积极面，获得他们的正确棱镜，将公正与悲悯结合在一起；要么转向 2 号消极面，获得他们的扭曲棱镜，养成对他人的依赖和顺从。

淡然的 9 号要么转向 3 号积极面，获得他们的正确棱镜，将个人目的和有效的行为联系起来；要么转向 3 号消极面，获得他们的扭曲棱镜，将忙碌与高效混为一谈。

在第二篇中，我们将详细、全面地讲述相应的范式转换。以下是这些转变的基本要点。

（1）向积极面和正确棱镜的转换

虽然我们具有向任何一种人格范式的积极面转变的潜能，但是九型人格理论认为，在适当的情况下，我们通常会自然地向着自身范式的更高或者更积极面转变，这是和范式转换图中的箭头所指相反的。

这种先于我们的特定范式是对我们自身范式的一种自然补充，能为我们提供一种新的观点和恰当的棱镜。它具有一套别样的规则和程序，能够以我们以前的范式所不具备的方式，去更好地理解情境，处理问题。

举例来说，就1号“正确的人”的适用范围来说，他们随时都要让自己做一个负责、勤奋、关注细节、用心工作的人。但是这些令人敬佩的品质却未必能让1号懂得如何享受生活，因为要做到这一点，需要做到随兴所至，无欲无求，无忧无虑，就像个孩子一样。而这些特质恰恰能在7号“快乐的人”的高等特质上找到。从九型人格的作业图来看，这种范式是先于1号人格范式的。

通常情况下，如果能够和前一种范式的理想化的自我陈述引起共鸣，产生响应，那是非常具有启发性和鼓励性的。例如，当5号“智慧的人”能够意识到并激活自己身上所具备的8号的自我形象时，会感到自己充满能量，充满活力：“我是强大的，我能行。”他们本来就相信自己聪明睿智，理解力强，如果再能确认自己的强壮和能干，简直活生生地证明了“知识就是力量”这句格言。当知识转化成行动时，5号才真正成为“智慧的人”。

（2）向消极面和扭曲棱镜的转换

有时当我们处于安全、熟悉和舒适的环境中时，会滑向自身范式前一种范式的低等或者说消极面。我们可能会看不到某些标示，直接接收前一种范式的扭曲棱镜、恶习及其回避区域。我们会在私下里，或者对家人做一些公开场合决不允许自己做的事情。

例如，1号在公众眼中可能被视为坚持完美主义的清教徒式的理想主义者，但是私下里却可能是纵欲淫乱的花花公子。许多政客和传教士都曾因私生活的放荡被曝光而颜面扫地。这种求欢成瘾的特质，通常和7号的低等特质联系在一起。所以本来只想寻求放松，结果却彻底松散下来。

再例如，一般情况下温和中庸、优柔寡断的5号，当在家里感到安全、没有外部威胁时，可能会表现出刻薄、专横甚至虐待成性的一面，这跟8号所具有的冲动特质非常相像。虽然他们的目的是想展现自己决断的一面，可是却弄巧成拙，变成了咄咄逼人。

压力条件下的范式转换

外部的紧张和内部的压力，通常会导致我们现下应对机制的崩溃，使我们退回到一种更陈旧的防御和运行模式中去。我们会退回到过去那种感知和理解世界的状态中去，感受和行为所对应的年龄段也会降低。我们的世界观会变得更主观，对现实的认知会变得扭曲。我们与自身和外界环境建立联系的通道会被阻塞。我们对爱和活力的表达变得不再直接，而是充满算计，或是变得恶行频出，恶语相向。在这种消极状态下，我们表现出的是替代性自我和人格。

伴随着这种冲动模式的持续，我们对压力变得更加执着。我们滑向了自身人格消极面，并过度使用某种无意识的机制去理解、阐释和反应。当这种机制不奏效时，我们反而会变本加厉地使用它们。这成了一种神经官能症，我们一遍又一遍地重复做同一件事，相信这样做会带来不同的结果。所以当这条路越走越窄时，我们就会陷入一种执念中，这是我们人格的一个副作用。当我们终于放弃抵抗时，我们会退回到年轻时所赖以依靠的那些反应模式中去。

在压力条件下，九种人格范式遵循这样的路径来转换：

1 号要么转向 4 号消极面，获得其扭曲棱镜，因为自己的各种失误而变得压抑沮丧；要么转向 4 号积极面，获得其正确棱镜，不再执着于自己该有什么感受，而是去切实地体会自己真实的感受。

2 号要么转向 8 号消极面，获得其扭曲棱镜，变得强装彪悍，表现出一种伪独立；要么转向 8 号积极面，获得其正确棱镜，学会确立边界，来真正保护自己。

3 号要么转向 9 号消极面，获得其扭曲棱镜，让所做的事情戛然而止，直接放弃；要么转向 9 号积极面，获得其正确棱镜，不再执着为成功挥洒汗水，而是学着放慢脚步，细嗅蔷薇。

4 号要么转向 2 号消极面，获得其扭曲棱镜，为了证明自己的价值而变成烈士；要么转向 2 号积极面，获得其正确棱镜，不再固守着内在世界的唯我独尊，而是专注于外在世界的无私给予。

5 号要么转向 7 号消极面，获得其扭曲棱镜，变得轻率冲动，自我逃避；要么转向 4 号积极面，获得其正确棱镜，变得更加社会化，更加融入集体。

6 号要么转向 3 号消极面，获得其扭曲棱镜，围绕着自己的形象忙得团团转；要么转向 3 号积极面，获得其正确棱镜，真正做点实事。

7 号要么转向 1 号消极面，获得其扭曲棱镜，变得挑剔、苛刻、易怒，因为自己的生活中没有足够的乐趣；要么转向 1 号积极面，获得其正确棱镜，变得更利他，更懂得享受生活的乐趣。

8 号要么转向 5 号消极面，获得其扭曲棱镜，在社交方面一败涂地；要么转向 5 号积极面，获得其正确棱镜，在智力方面得到扩展。

9 号要么转向 6 号消极面，获得其扭曲棱镜，变得更多疑，避免与人冲突；要么转向 6 号积极面，获得其正确棱镜，采取行动时变得更勇敢，更忠实。

我将在第二篇里，对这些范式的转换进行完整阐述。这里仅介绍一下大致的概念。

（1）向消极面和扭曲棱镜的转变

九型人格认为，在压力足够大的情况下，我们会按照九型图中箭头的方向，或者说按照能量流动的方向，转向自身范式后一种范式的消极面。我们也会从我们前面的人格范式那里获得并利用它们冲动、消极的特质。当我们采用了这种主观范式，就好像加了一层发生折射作用的棱镜，我们会开始回避这种范式适用焦点范围之外的那些现实情况，哪怕它们和之前并无不同。于是会有更多存在于我们自身以及周围的资源变得不可用，我们的感知和反应也变得更加狭隘和僵化。我们将自己置于一种更深层次的催眠状态，我们的视野变得更加狭窄，我们的感觉变得更麻木，更不稳定，我们的行为也变得更具防御性。

例如，在没有得到足够的关注和欣赏、需求没有得到满足的压力情境下，2 号“助人者”会将自身救援者的角色（“让我来帮助你，你就会喜欢我”）切换到受害者的角色（“没有人感激我为他们所做的一切”）以及迫害者的角色（“你们都太自私了，不知好歹，你们好自为之，我根本不需要你们；我要离开了”）。一旦 2 号切换到 8 号的负面，他们就会变得独立、强硬、苛刻，报复心强，完全收起了他们日常温柔、富有同情心的一面。

（2）向积极面和正确棱镜的转变

压力会让我们表现出最坏的一面；然而有的时候，它也能激发出我们最好的一面，让我们能够应付自如。危机之中，我们会从自己身上发掘出自己从未意识到的资源。危机实际上是一个转折点，我们要么在危机中敞开心扉，要么紧闭心门。当关闭心门的时候，我们会采取自身和其他范式的消极应对模式。而当敞开心门时，我们就会采取自身和其他范式的适应性模式和有效的行动，从而变得更加积极。

例如，2 号可能会把他们的同理心应用到自身的需求上，并且意识到可以为自己设定一些边界和限制。通过转向 8 号高等一面，他们获得了浑然天成的自信心，维护了自己的权利，并以一种自信和坚定的态度去索求自己的空间。他们可以把“不”说得异常亲切。

向侧翼的范式转换

一个人的核心范式是通过与其在九型图两侧的范式之间的细微差别来表达的。它们被称为侧翼、相邻型或辅助型。例如，9 号和 2 号是 1 号核心范式的侧翼。因此，1 号（正确的人）的表达方式会受到 9 号（和平的人）和 2 号（有爱的人）的影响。

辩证法认为，每一种处于核心的人格实际上都是两种相邻人格的综合体，例如，1 号代表着 9 号和 2 号企图解决问题的尝试。

有时一个侧翼比另一个更具有影响力，此时人格类型也可以被描述为“2 号翼 1 号人格”或“9 号翼 1 号人格”；在某些情况下，两翼的影响力是对等的；个别情况下，两翼都不会对核心产生显著的影响。

有时，其中的一翼会提供一种摆脱与核心范式相关的停滞点或强制力的方法，而另一翼则可能会夸大这种不平衡。例如，那些喜欢自我封闭而与外界隔离的 5 号会发现，他们可以获得相邻的 4 号（独创的人）的适应性特点，来重新与自己的感受和人际关系建立联结。另一方面，一旦采用了另一个侧翼——

6 号（忠诚的人）的谨慎态度，那就可能会加剧 5 号对自身不足之处的担心，或者强化他们对别人的怀疑，这样非但不能引领他们走出来，去和外界接触，相反会让他们在自己思想的死胡同里越陷越深。

这些相邻范式和棱镜的正反面的影响，将在第二篇中详细介绍。

总 结

九型人格理论认为，在人们促进心理变化的过程中，存在着一种动态的力量，比如在安全或压力条件下，能量沿着心理管道流动。沿着这些天然的路线行进，会让改变来得更轻松，也更容易预测。

1972 年，唐纳德·赫布（Donald Hebb）提出了关于动态细胞族群以及相位序列的理论，即两个细胞之间脉冲的重复传输导致了细胞之间传输变得永久性、简易化。最近的神经学研究和证据似乎证实了他的假设。这种方法同样也表明了，个人的经验和重演，也可以建立起神经通道和网络。

荣格在 1917 年也确认了心理范畴是存在模式的，但它们是通过人类重复的经历而建立的。每一个物种的新成员在出生之时都继承了原型，而这些原型随后又被个人的经历所激活。

在范式转换方面，九型人格更接近于柏拉图—康德—荣格流派所主张的先天模式理论，即这种模式在出生时就已然存在，并且被当前的经验所激活。与此相反，亚里士多德—洛克—经验主义流派则认为，模式是即时即刻被创造和建立起来的。

假如把人脑比喻成电脑，那么有的理论认为所有程序都是出厂前预装的，有的则认为每个人会编写一套特有的操作系统。但无论哪种理论对你有吸引力，任何类型的个人在接受面谈时，无不从经验层面验证了九型图所预测的运动。一些论文的作者进行了实证研究，但并未非常成功地证实这些范式的转变（Thrasher，1994；Twomey，1995）。这究竟是由于研究者的实验设计有误，还是由于九型人格的假设有误，仍有待研究。

当然，还有其他力量在起作用，它们抵制范式转换，试图维持现状。接下来我们就来看看它们之间的互动。

第 8 章　范式的停滞

一旦范式建立起来，我们可以让它们保持良好的适应性，灵活可变，与时俱进，也可以僵化地让它们保持消极，从而陷入阿瑟·巴克所说的范式的停滞，或者乔治·凯利所说的类别的僵化。

我们在建立范式后不想改变它们的原因有很多。它们在我们身上是奏效的，在它们已知的范围内我们是成功的；而一旦出了范式的范围，我们就会归于平庸。我们越是适应自身的范式，我们的投入就越多，那么一旦改变了范式，我们的损失也就越大。

另一个抗拒改变的原因是，我们的身份认同已经变得与范式密切相关。我们会担心，一旦改变了范式，会改变我们对于“我是谁”的定位，那会让人感到困惑和迷失。坚持既定的认同和范式，可以保护我们免受这些存在焦虑感的困扰。

我们会保持自己的范式，还因为对我们来说，它们已经变得熟悉，且带有一种家族的共性，我们已经习惯了有它们在身边，这让我们觉得舒适自在，而这种熟悉的感觉也会给我们带来自信。忠于范式会让我们忠于家族的规则和角色，它们会给我们带来一种归属感。

迈克尔·马奥尼（Michael Mahoney，2003）在他的著作《建设性心理治疗》（*Constructive Psychotherapy*）中写道：

许多人没有改变，或者说改变得不多，因为从本质上，我们是一种保守的生物。这不是我们的错。它是我们的生命形式。连贯性和连续性是支撑生命的一个组成部分，因此，这两个主旋律在我们的心理世界中得到表达，也就不足为奇了。建构主义凸显了人类对于结构的倾向。我们不仅寻求秩序，而且需要秩序。我们是由一系列的活动构建而成的，并且常常对自身的模式有着很强的保护欲。我们的核心次序模式排斥变更，因为它们已然成为我们习惯的生存方式。习惯成为我们的家园，它就像一张熟悉的安乐椅，或是那条通往浴室或厨房的路，消极，没有新意，习惯成了我们刻板而乏味的生活。然而，重复的力量也是强大的，因为这不仅仅是一种简单的惯性，或是一种从意识到无意识活动的转变。旧的模式同样给人以家一样的感觉。那种熟悉感会增加一种吸引力的特质。即便结果可想而知是痛苦的，但是旧的习惯也能带来一种慰藉。对于许多想要改变的人来说，不断回到旧的模式是一个频繁而令人沮丧的现实……旧习惯常常成为一个避难所。熟悉不仅滋生了轻视，更孕育了自己的不朽。（第 173 页）

生存、效率、熟悉、舒适和适合是我们坚持自身范式的部分原因。即便面对不确定的现状，我们也需要通过一些实践，来坚持自己的范式。为了了解关于自我和世界的早期范式是如何维持的，我们求助于阿朗·贝克（Aaron Beck）和他的门徒杰弗里·杨（Jeffrey Young）在 1990 年提出的认知理论。杰弗里·杨曾研究范式的维持、范式的回避和范式的补偿。

范式的维持

为了固定我们的范式，我们会选择性注意那些能证实范式的信息，而选择性忽视那些违背范式的信息。

例如，如果你认为自己不可爱，别人都不想和你在一起，那么你就会注意到别人表现出的一切怠慢、无聊以及 / 或者忽视的迹象。正是因为你对这些迹象高度警惕，所以最终你一定会找到自己要找的东西。即使没找到，你也会编造出来，让自己相信它们的存在。另一方面，你会不重视任何对你表现出关心、关注和感兴趣的迹象。你会说：“那不算数。”或者干脆把别人对你的关心理解成一种以操纵为目的，或是被迫做出的行为。

范式也可以通过自我挫败行为来维持。一旦你确信别人是不在乎你的，那你就会选择那些自恋的人，因为他们通常是真的不在意你；你还可能会一直渴望亲近那些你得不到的人；也可能会不断陷入虐待性的关系当中。

因此，我们可以使用一些心理技巧来维持我们的范式，也可以通过进行错误行为实验来处理数据，进而验证我们的假设。

以下是九种人格类型维持自己范式的情况。在随后的章节中，我们将对它们做进一步的详细说明。

在1号范式中，世界上的一切都需要不断改进。维持这种范式的方法就是对那些错误的、缺失的东西给予关注，而对那些已经存在的美好的东西则视而不见。

在2号范式中，这是一个困乏的世界，随时都需要他们施以援手。维持这种范式的方法是关注他人的需求，记录下他们因提供帮助而得到的认可和赞赏，对自己的需求则视而不见。

在3号范式中，这是一个杂乱无章的世界，而他们是其中的高效专家。维持这种范式的方法是留意身边那些低效的态度和行为，忽视那些与自己无关的工作和成就，记录下自己所攀登过的每一级台阶，以及因为自己的成就而获得的每一句赞美。

在4号范式中，他们是流亡的贵族，是异乡土地上的陌生人，有着悲剧一般的残缺，即将面临被抛弃的命运。维持这种范式的方法是去留意别人每一次的疏忽、每一次的误解，关注自己身上的每一个缺点，以及他人身上相对应的每一个完美之处。他们总是拿自己和别人进行比较，又总是觉得自己不如别人；他们从不重视别人的接受和爱，既不承认也不赞美自己身上独特的才能。

在5号范式中，这个世界具有侵入性，是压抑的，二者不可协调。维持这种范式的方法是对他人的要求和期望保持过度的敏感，当别人拒绝他们的要求时很容易生气；为自己想要的东西而去协商时，会感到十分无力；然后他们会全身而退，作为一种巧妙的默认策略。他们通常贬低自己的力量，也无视别人尊重他们意愿的次数。

在6号范式中，这个世界是个处处充满威胁的危险之地。为维持这种范式，他们总是在寻找细菌和敌人，凡事都往最坏里想，对于让他们感到被接纳、有安全感的时间、地点和人，统统视若无睹，置若罔闻。

在7号范式中，他们必须有足够的选择权，必须随时保持“向上”的姿态。为维持这种范式，他们总是专注于美好的时光，回忆和期待愉快的事件。经验的转换是如此之快，以至于他们还没来得及体会真正的满足感，就迫不及待地转向下一件赏心乐事。他们很少注意生活中的任何伤害、痛苦或悲伤。

在8号范式中，这个世界到处充满敌意，随时会有麻烦发生。维持这种范式的方法是，他们会注意那些可能根本不存在的怠慢、错待和操纵，并拒绝承认或淡化在别人对他们表现出的任何关爱或善意的背后，有着真诚的动机。

在9号范式中，这个世界是冷漠的，而接受这个事实的最好办法就是告诉自己“有什么不同呢？”。维持这种范式的方法是意识到自己任何的主动和干预都是徒劳的，忽视他们的行为所产生的影响和变化。

范式的回避

因为触发范式会引发诸如羞愧、内疚、恐惧和愤怒等让人不适甚至痛苦的想法和感觉，所以我们会避免任何可能激活这些想法和感觉的东西，来维持我们的范式。

我们可以通过防御机制——它能阻止范式进入意识领域——在认知层面做到这一点。我们会压制它们，当被要求思考一些能触发范式的事情时，我们的大脑会一片空白。我们的智力、想象力和感官在这种令人不安的素材面前神秘地失灵了。例如，如果你问一个2号（有爱的人）他需要什么，或者问一个3号（高效的人）他的失败之处在哪儿，你很可能会得到一个空洞的回答，充其量会给你一个疑惑的表情。

我们不仅可以屏蔽对范式的感知，也可以屏蔽伴随范式而来的任何感觉。认知上变得空白的同时，我们在情感上也会变得麻木。

这可能会涉及一种局部性的麻醉。例如，我们可能会感觉到生气、高兴或者害怕，但是我们不会感觉到难过。或者，通过让所有的感受弱化、迟钝，我们或许能体验到一种整体性的麻醉，甚至还可能会产生一种低程度的慢性抑郁。如果你问一个5号（智慧的人）现在的感觉是什么，你得到的答案可能是他们现在在想什么，但他们也可能会给你一个停顿，时间长度从片刻到几天不等，直到他们弄清楚自己的感受为止。

最后，通过克制可能激活范式的活动，我们可以在行为层面上回避范式。如果害怕失败，我们就会避开那些可能以失败告终的工作、人际关系、活动等。

马斯洛所提的“约拿情结”就显示了这一点。《旧约》中，当耶和华要求约拿做他的代言人时，约拿提出异议，他认为自己太无能，不配向尼尼微人传道。他在鲸鱼肚子里躲了很长时间，就是为了不想知道自己能否胜任调解。与其冒险承担未知所带来的可怕后果，不如满足于已知的。陌生环境恐惧症（比如在鲸鱼肚子里躲上一段时间）这种为避免触发范式所采取的行为策略，就是一个极端的例子。如果你问 1 号（正确的人）或 6 号（忠诚的人），他们在青少年时期是否叛逆过，你得到的答案很可能会是“当然不是！”，因为这样的行为是很难被负责、认真、守法的少男少女所接受的。

以下是九种人格类型的一些回避策略：

1 号因为害怕被批评和感到内疚，所以会避免懈怠和做事马虎，避免做自己真正想做的事情。他们逃避玩耍和放松状态，以保持他们的完美主义范式。

2 号因为担心被批评为自私，从而导致自己和自己的需求遭到拒绝，所以会避免表达自己的需求，以保持他们的助人范式。

3 号会回避任何不会成功的项目，来避免触发他们的失败范式。通过逃避自己的动机和感受，他们维持了自己的形象或角色，从而保持了自己的成就范式。

4 号在开始一段亲密关系后，会在对方接受或拒绝他们之前，先拒绝对方，从而避免触发自己有缺点、不合适和不被接受的范式，进而保持了他们不安、独特的范式。

5 号通常会对某个项目或某段关系保持若即若离的态度，或者退出，或者保持沉默，以此来避免激活他们的力有不逮、无所贡献的范式，从而保持他们的孤家寡人范式。

6 号为了避免触发懦夫、不忠、异端或脆弱的范式，会选择回避自己的恐惧和信念。他们要么亲近权威人士，遵守规则（恐惧型）；要么选择远离权威人物及其规范，冲动地对抗自己的恐惧，而不是沉浸在焦虑之中（反恐惧型）。这能保持他们的恐惧范式。

7 号为了避免让自己不开心或者被某个人、某个职业拴住的范式，会刻意避开那些令人不快的情况和感受，甚至不会静坐太久。这有助于保持他们的快乐范式。

8 号为了避免让自己显得软弱、无助、无力的范式，总是选择保持在领先位置，确保自己永远都不会低人一等。他们排斥同情和温柔，推崇公正和力量。这让他们保持了自己的强大范式。

9 号总是对自身以及自己的观点和感受缺乏激情，为的是避免激活自己不可爱、容易被忽视的范式。不重视自己的喜好和需求，他们就不会失望，也不会受伤害。这让他们保持了自己的顺从范式。

范式的补偿

最终，我们选择了与我们的范式实际所指相反的做法，以此为补偿，进而得以锁定范式。例如，如果拥有一种自以为是失败者的范式，那么我们可能会为了掩盖这一点，而采用相反的做法，即强迫自己努力奋斗来获得成功。阿尔弗雷德·阿德勒（Alfred Adler）关于“自卑情结”和“优越感情结”的理论，是认知治疗师所说的模式补偿（schema compensation）的前身。例如，阿德勒曾因为患有佝偻病而不能和其他孩子一起玩。所以，他会嫉妒他身体健康的哥哥，并通过成为一名成功的理论家、治疗师和社会活动家来补偿他的自卑情绪。

通过这一反向形成的过程，我们得以保持自己潜在的范式，因为我们压根没有审视它，没有挑战它，更没有体验过它。我们也无法驳斥它，因为我们耗尽所有的能量，都是为了证明它的反面，防止它浮出水面。当然这也排除了消灭它的可能性。

当有人触及你试图掩盖的潜在范式会引起你强烈的情绪反应时，这便说明你已经补偿过度了。当有人按下“补偿按钮”时，你可能会感到愤怒、受伤、尴尬、羞辱、悲伤或恐惧。我们在第 3 章讨论每种人格类型的脆弱点时谈论过这一现象。

矛盾的是，过度的补偿策略往往会引发那些我们害怕或试图避免的事情。

杰弗里·杨举了一个例子：自恋者会为自己年幼时的被剥夺感和状态进行过度补偿。为了弥补这种年幼时被剥夺的感觉，成年后的自恋者会建立一种特权意识：“这是我应得的，是他们欠我的；我不需要做任何事情去赢得它。”其实自恋者真正想要的是被爱，让别人满足其需求。然而由于这是一种过度的补偿行为，所以自恋的行为和态度往往会被放大，这种被夸大的自我重要感和特权意识便会疏远别人，使其不愿意跟自恋者扯上关系。因此，自恋者又一次被单独留在游泳池边，能安慰他们的只有他们水中的倒影而已。

从九型人格的角度来看，每一种夸大的人格类型都可能被认为是对某种相反的潜在范式的过度补偿。以下是每种人格范式的过度补偿策略，以及它们是如何具有讽刺意味地牵引出我们所惧怕的事情。

1 号：那些夸张地想把每件事情都做好的人，是在补偿他们潜在的非适应性心理，即认为自己是糟糕的、无价值的、不完美的。

过于追求完美、迂腐、苛求和吹毛求疵常常会招致别人的批评、愤怒和躲避。这更证实了 1 号的信念，即这个世界是苛刻的，而不是它应该有的样子。

2 号：那些过于夸张地想要提供帮助和慷慨的人，是在补偿他们潜在的非适应性心理，即他们是自私的、不值得被爱和被考虑的、无用的和不重要的。

过度地呵护和溺爱往往会导致他人的推开行为，而不是所期待的亲近行为。这更证实了 2 号的信念，即满足自己的需求是不可接受的，也是不可能的。

3 号：那些过分追求成就和成功的人，其实是在补偿他们潜在的非适应性信念，即他们无法接受自我，人们也不喜欢他们，作为人类他们是失败者。

过分追求成功常常让其他人感到厌烦，并促使后者与这个角色，而不是与这个活生生的人进行互动。这证实了 3 号的信念：真情留不住，套路得人心。

4 号：那些夸张地想要变得特别的人，所补偿的潜在非适应性信念认为自己是无名小卒，是有缺陷的、丑陋的；人们不想和他们在一起。这个世界是一个废弃的地方。

过于敏感、文雅、矫揉造作、自以为是、容易被误解的态度并不会带来理解和共鸣，相反通常会导致别人的误解和疏远。这证实了 4 号认为自己不可爱的非适应性模式。

5 号：那些过分地想知道真相，同时又想保持默默无闻的人，是在补偿他们作为无知、无足轻重、无法为自己代言的失败者的潜在非适应性模式。

保持安静和隐忍会引发他人的侵犯和投射行为。大自然不喜欢真空的状态，所以腾出来的空间让人们居住。沉默可以解释成“她一定在想什么了不起的事”或者“他肯定无话可说”。这证实了一种信念，即这个世界要么是具有侵入性、介入性的，要么是抑止性的，会把你排除在外；更进一步说，这意味着你对这个世界没有什么贡献。

6 号：那些夸张地想展现自己的忠诚和依赖性，或表现出叛逆和伪独立的人，其实是在补偿这样的潜在非适应性模式：他们是懦夫；如果违反了某些规则，他们就应该受到惩罚；他们生活在一个充满危险的世界中。

多疑偏执的态度通常会引发他人的敌意，进而策划某些阴谋行为。担心别人在背后议论你，通常会真的导致别人在背后议论你。这证实了“这个世界就是为了让你难堪”这种非适应性模式。

7 号：那些过分追求快乐和幸福的人，是在补偿一些潜在的非适应性信念：他们是不幸福的，是被束缚的，抑郁和沮丧快让他们窒息了；他们要么很无聊，要么就是快要进入一种无聊的状态了。

那些强迫自己表现出快乐和热情的人，往往会引起他人的制约和压抑反应，试图“压制”或“打倒”那些兴致勃勃的乐观主义者。这证实了一种非适应性恐惧，即担心别人会给你泼冷水。

8 号：那些夸张地展示自己强大的人，所补偿的非适应性模式是：他们是软弱、易受攻击的，而这个世界是一个充满敌意的地方。

攻击性的姿态和行为在意图向他人灌输恐惧的同时，也可能会引发他人的攻击性行为。弱者往往会频频挑战那些强者，就是想以此举来证明自己。这让 8 号再次确认，这个世界是充满敌意的。

9 号：那些夸张地企图安定下来的人，是在补偿他们的非适应性潜在假设：他们不受欢迎，容易被忽视；他们是不重要的人。你有所求便会有所得。无所求，便会无所得。

如果你没有表达出自己的需求，别人会认为你什么都不需要，所以什么也不会给你。于是人人都貌似冷漠无情，这恰恰证实了这种信念，即这是一个冷漠的世界。

总　结

如果不经常检视自己的范式，并且根据环境的需要做出调整，那么我们就会停滞不前。检视和调整会在最大程度上为我们提供有效的视角和回应。然而，我们经常忘记或否认自己戴着棱镜，拒绝对镜片进行必要的检查，以狭隘过时的视角看世界，限制我们的情感反应，并以刻板的行为做出反应。

我们将在第二篇进一步了解这些范式的维持、回避和补偿过程是如何运作，使我们的人格范式一成不变，并确保我们的棱镜不被检视。

在分析九种人格类型及其独特棱镜之前，下一章我们先来看看三种人人皆可用的与世界互动的方法，即用于整理输入数据、调节输出行为的三种补充渠道。我们会发现，每个人都在用这三种感知和主动性中心，但不同类型的人会更偏爱其中某一种方法。

人格类型	范式的维持	范式的回避	范式的补偿
1号	总是注意错误和遗漏。不去注意已有的好的方面。	避免懈怠，避免荒废时间。不暴露缺点和错误。	努力工作。早出晚归。凡事都要做到尽善尽美。
2号	关注他人的需求和喜好。	不表达自己的需求、情绪和喜好。不说“不”。	做一个慷慨大方、乐于给予和牺牲的人。永远把别人放在自己前面。
3号	关注自己形象和观众的反应。对那些奏效的、起作用的方式格外注意。	不关注自己的感觉、愿望和欲望。避免失败。不要放慢脚步。	不断超越，超负荷工作。不断攀升。
4号	留意自己的缺点，留心别人的轻视、误解和才能。	避免平庸、肤浅和无聊。	要保持深刻、戏剧性和与众不同。体验生活的极致。
5号	关注别人的需求，留心他们是如何对你置若罔闻的。	自己不确定的话不要说。不要表达情感。避免暴露和亲密。	三思而行。保持机智灵活。少感知、少说话，保持静止。条件允许的话可以收集一些玫瑰花瓣、信息、曲别针等。
6号	小心危险和敌人。时刻准备着，时刻保持忠诚。	避免独立（恐惧型）；避免依赖（反恐惧型）。	时刻保持高度警惕，高度忠诚。永远尊重权威（恐惧型）；经常挑战权威（反恐惧型）。
7号	凡事都要看到光明的一面。保持开放的选择权。昂首，挺住。寻找乐趣和消遣。	不要被打倒或者被压制。避开痛苦、苦难、牺牲和烦恼。	保持高昂的状态，多谈，多做计划。坚持到底。开朗、乐观、有趣。

8号	刻意留心别人的侮辱和不公。寻找别人的脆弱点。提防权力斗争。	逃避自己的脆弱点。不要表现出自己脆弱的一面。不要太客气。不要被别人的和善所蒙蔽。	保持领先的位置；保持进击的态势，保持自己的攻击性。坚持到底，全速前进。
9号	寻求一致。追求和谐。能看清大势，随波逐流。	不要在意别人的窃窃私语。忽视自己的目的。避免冲突。不要被点燃热情，浪费能量。	保持冷静。不要找麻烦，别挑事，别捣乱，让别人也有展示的机会，或者想办法让大家都别出力。注意休息。

第 9 章　三个中心

我们通常认为自己只有一个大脑，但一些流派认为我们是有三个大脑的生物。这三种不同的参与及适应生活的方式被描述为三个智能中心、三个决策区域，或帮助我们在身体、情感 / 社会和理智层面得以生存和发展的三种本能。

这三个中心在不同流派中有不同的称呼。来自亚美尼亚、教授密传智慧（esoteric wisdom）的葛吉夫，是和弗洛伊德同时代的人，他把它们称作本能、情感和理智中心。他建议他的学生这三个中心都需要发展，因为三个中心平衡的人才能称得上是进化了的人。葛吉夫早期的弟子邬斯宾斯基（Ouspensky，1974），其作品便是属于这个流派的。

葛吉夫的另一位崇拜者德洛普（1974），则描绘了三种不同类型的智能。每一个脑都具有不同认知方式，都在维护自我的过程中扮演着自己的角色。一个全面发展的人会完整和谐地培养这三种智能，使它们达到平衡。

葛吉夫后来的支持者查尔斯·塔特（Charles Tart，1987），将三个中心重新定义为三种评估形势的主要方式：理性、感性和身体 / 本能。

创立了有关灵性启蒙与发展的阿里卡传统的奥斯卡·伊查索（1982），把这三个中心描绘成三种生存本能。每种本能都会提出一个生死存亡的问题来保护和指导我们。如果我们留心这些问题并遵循自己的直觉，那我们就能活下去；当我们无法回答或信任它们时，我们的生存就会受到威胁。

作为活着的人，首先必须考虑的问题是："我好吗？"这是我们自保的本能，它代表了我们身体存活的议题。作为社会的人，我们无法在群体之外生存。所以第二个问题是："我和谁在一起？"这是社会关系的本能。最后，作为人类，我们还需要一种目标感和方向感；我们想知道我们从哪里来，要去到哪里；我们需要有方向感。所以第三个问题是："我在哪里？"这是我们的谐振或定位的本能。

三个中心

头脑中心

定位本能

“我在哪里？”

目标、定向

机能障碍时：无用感，缺乏信心

心中心

关系本能

“我和谁在一起？”

社会关系

机能障碍时：孤独感

腹中心

保护本能

“我好吗？”

自我保存

机能障碍时：有关自我的不安全感

在每个人的内在，这些问题分别存在于本能、情感和理智中心。当特定的本能受到威胁，这个中心就会浮出水面。而在平时，这些问题都是在后台操作的，我们并没有觉察到。

例如，除非你是一个强迫症患者，否则你不会经常监测你的健康状况。然而，如果你滑倒在冰上，你会本能地问：“哎呀，我怎么样？我还好吗？”或者，除非你是偏执狂，否则你不会偷看你和谁在一起。但是当你遇到一个来自完全不同的文化、种族、宗教或精神状态的人（例如，精神病患者），你就会下意识地问："和我在一起的这个人是谁？他还好吗？"最后，你通常知道你在哪里，你要去哪里，不必问方向。但是，当你的生活从一个阶段过渡到另一个阶段，或者当你失去工作、健康、配偶或其他对你身份至关重要的东西时，你会感到失落，问题出现了："我现在是谁？"，或者"我现在在哪里？"，或者"世界还好吗？"。

有趣的是，在精神病心理状态测试中，首先要问的问题是："你是谁？谁是你的近亲？几点了？你知道你在哪儿吗？"我们有意无意地询问着这三个中心。

智利精神病医生克劳迪奥·纳兰霍（1994）向奥斯卡·伊查索学习了九型人格理论，并将伊查索的思想与当代心理学观点相融合。他指出这三种本能在心理治疗界也有所涉及：弗洛伊德和精神分析学强调力比多和性这两种存活的本能，即生存的驱动力或意愿；阿德勒和客体关系理论学家强调社会本能，即人际关系的驱动力或意愿；而弗兰克尔在他的意义治疗和存在主义理论中，概括论述了定向的本能，即寻求意义的驱动力或意愿。

公元前5世纪，柏拉图为解释灵魂本质，提出了一个战车的比喻，即马拉着战车，车夫在上面指挥，以此来描述身体中心（战车）、情感中心（马）和理智中心（车夫）之间的相互关系。

葛吉夫把这个比喻带入了19世纪晚期，并使用了战车、马和车夫来说明这三个中心。

为了到达我们想去的地方，我们需要一辆经过润滑和保养的战车（我们的身体），营养充足、精神饱满、易于驾驭的马（我们的情感），以及一个清醒的、知道方向的车夫（我们的头脑）。

这三个中心都需要注意力、滋养以及恰当的使用。每行驶10000英里左右就对我们的躯体和心理进行一次诊断，会是个不错的主意。我们会在后面的部分详细讨论这个问题。

如果你仍然怀疑这三个中心的存在，那我们再举最后一个例子。《绿野仙踪》的故事中，女主角桃乐茜在回家的旅途中找了三个帮手陪伴她。每一个同伴都想在旅途结束时获得一些东西：狮子想要勇气（腹部或身体中心）；铁皮人想要一个心脏（情感中心）；稻草人想要一个大脑（理智中心）。

最后，他们都发现自己已经拥有了自认为缺少的东西。桃乐茜也意识到她其实一直在家里。

我们每个人都会在走向自我和与他人联结的旅途中得到三个中心的帮助。这些中心将指引我们走向整合、自我超越，让我们更能与自己联结，更加完整。

当我们的三个中心处于平衡状态时，每个中心都专注于自己的工作，而不干扰其他中心的工作，这就是健康。我们知道自己需要什么，他人需要什么，以及当前情况下需要什么。我们可以在现实世界中去思考、去感受以及去行动。

你的中心在哪里？你认为它位于你的大脑里、眼睛后面吗？还是你觉得它在你胸口的心脏里？又或者你感觉到你的中心在肚子或腹部，或遍布全身？

除了自己的生活经历以外，人们对这些问题的反应方式不禁让人联想到东方的灵性传统，它们讲述了人格的三个中心。当我询问工作坊的参与者“你们的中心在哪里？”时，他们通常会认同于这三个中心中的一个或两个。

西方的实验心理学在解剖大脑时发掘了三个脑层，这也许就证实了东方的三元理论，但并非所有的研究者都同意下面的解释。

1982 年，查尔斯·汉普登·特纳（Charles Hampden Turner）在《心灵地图》（*Maps of the Mind*）一书中，简要地总结了詹姆斯·帕佩兹（James Papez）和后来的保罗·麦克林（Paul Maclean）的研究成果，揭示了大脑进化的三个阶段。最古老的是爬行动物脑，上溯恐龙，下至鳄鱼，都有它的存在。它位于脑干顶部，由脑干、中脑、基底节、下丘脑的部分和网状激活系统组成，功能在于调节呼吸和运动。据说，这层脑是原始物种的产物，可能包含了该物种祖先的传承。爬行动物脑（蜥蜴脑）是我们本能中心的基础。

围绕在爬行动物脑周围和上方的是所有哺乳动物均有的古哺乳动物脑。它涉及大脑的边缘系统，是情绪的所在地，是快乐（奖赏）和痛苦（惩罚）的接受和散播场所，也是自主神经系统的调节器。古哺乳动物脑（豹子脑）构成了我们的情感中心。

大脑的最后一次增生是新皮层或新哺乳动物脑，它是缠绕在古哺乳动物脑周围的复杂的灰色物质。这一部分大脑负责调节自主行动（爬行动物脑和古哺乳动物脑则负责非自主行动），参与新的学习和应对策略、计划、联想等（与本能程序的死记硬背相对）。它与我们的理智中心和定向本能相对应。

麦克林指出，人脑通过联结左右半球的胼胝体（一束神经纤维）很好地达到了横向整合。但是在这三层大脑之间却没有如此紧密的垂直联系。事实上，一层大脑可能不知道另一层大脑在做什么。尽管它们的功能有一些重合，但各层之间仍存在一定的分离。

想要整合这三层大脑，我们必须付出努力；它不是进化自动带给我们的。因此，当我们在理智上了解一些东西，在情感上感觉到一些不同的东西，然后在行为上做出完全相反的事情时，我们体验到的是古老的垂直排布系统的缺陷。

灵性传统已经认识到这三个中心，并且很早就意识到了整合它们的问题。各种各样的灵性学派与心理治疗技术的发展已经涉及教育和协调这些中心。在接下来讨论身体、情感和理智中心的性质和功能时，我们将会提到一些具有代表性的练习。

身体中心

身体或本能中心据说位于骨盆，身体的重心处。当你以瑜伽莲花式盘坐，在双膝与臀部构成的三角上休息，这个三角盆地的平衡中心就是禅宗所称的丹田和苏菲派所称的卡斯（KATH）。而其悖论在于，它既是冥想的静止点，也是行动的起源之处。

在西方，相比理智和情感，身体受到的关注要少得多。然而，在东方，你只需要看看佛像的肚子就会发现，这个中心真是备受照料。

有趣的是，原始的爬行动物脑，或者说后脑，既是呼吸调节区域（古代习惯用呼吸来使自己平静和安静），也是运动调节中心（古老的传统要求通过武术进行运动和自卫）。

基于身体中心的人相信他们的直觉反应。这些判断是直接的、即刻的，具有不可辩驳和不可改变的信念。当你对某些人、事件或选择有这种直觉反应时，你可能无法理性地解释你为什么会有这种印象或做出这种决定。但你信任它，并把你的生活建立在它之上。

人们会说："我第一次见到他或她，就知道这是我的命中之人。"或者会说："我立马就知道我不能信任那个人。"或者："当我第一次听到钢琴的声音，我就知道我想成为一名音乐家。"或者："第一次踢足球后，我就知道我要成为一名运动员。"

我们的身体是感知并评估周遭环境的第一个源头。我们的感觉运动智能是所有后续的认知形式的基础。所有人都拥有这一理解、评估和判断的强大功能。然而有些人可能比其他人更经常使用它，完全依赖于它。有些人则可能脱离了身体直觉，以至于要很晚才会知道自己的身体状况。当肠道有些反应时，他们会误认为是胃部不适，然后伸手去拿胃药。

在《聚焦心理》（*Focusing*，1978）一书中，作者尤金·简德林（Eugene Gendlin）与物理中心合作，使用聚焦的技巧阐明了本能、情感和理智中心的各种过程。

聚焦是一种帮助我们接触到某种特殊的身体内部意识的过程，这种意识被简德林称为感知觉（felt sense）。它的存在基于问题会在身体上体现出来这一现象。因此，身体可以知道问题是什么感觉，它们的震动中心在哪里，而且通常知道如何处理它们。

感知觉是一种身体体验，而非理智过程。它是身体对某种情况的感知。简德林说感觉是一种气氛，它是整体化的，"×× 就是这样的"，一种感觉。这是一种身体上的印象反应，通过整体的身体感觉、而非细节化的个人信息传递给我们。

简德林也强调，这种感知觉不是一种情感。他认为，情感是一种更敏锐、更清晰的体验，相比之下感知觉更具有包容性，更模糊。

简德林的聚焦技巧有六个步骤：

1. 清理出一个空间，召唤你的问题，把它们堆在你面前，并与它们保持一点距离。

2. 寻找对问题的感觉。根据身体的感觉，哪个问题现在感觉最糟？这一步是尝试与整体气氛建立联结："整个情况是什么感觉？"你要寻找的是一种"整体"的感觉。对于这个情况、这个人或这件事，总的来说是什么样子的？

3. 找到核心。这个问题最主要是什么让你觉得不舒服？在这一步里，你寻找感知觉的核心。关键不在于分析性地思考和剖析这个问题，而是让身体告诉你这个问题的本质是什么。

4. 贴标签。让一种感觉、一种形象或一句话从感知觉中升起。不要勉强分类。让体验自己贴上标签。

5. 用上一步得出的标签对照感知觉进行核查。符合吗？是这样吗？

6. 循环整个过程，使你在之前五个步骤所发现的东西更深入，更广泛。

这些步骤中的每一步都会牵涉到一些身体的运动以及一些感觉的转变，这表明你确实接触到了问题、问题的核心及其意义，并且开始理解和解决问题。

简德林对这个聚焦过程的描述可以让我们理解，或者更确切地说，感知到身体中心是如何运作的。

身体中心包含的三个副中心或副型

我们将在以下两节中发现，情感和理智中心的拓扑结构是垂直型的：即，有高等的和低等的情感中心，分别由美德（适应性情绪模式）和恶习（非适应性情绪模式）组成；高等的和低等的理智中心，分别包含神圣观念（适应性认知模式）和执念（非适应性认知模式）。然而，身体中心的拓扑结构是水平的。根据葛吉夫的心理模型，身体中心有三个并列的副中心（运动中心、本能中心和性中心）。伊查索将葛吉夫的“中心”重新归类为三种“本能”（自保、社群和性本能）。

根据你更偏向于先天理论还是后天理论，你可能认为这些本能是先天设计好的（它们被预先装在我们体内，以确保个体和种群得以生存下去）；或者认为它们是由于我们的意图而存在的（虽然我们无法从生理上驱动它们，但我们倾向于并渴望自我存活、群体归属感以及亲密的人际关系）；也可能认为它们是心理暗示（林林总总的人类动机可以归结为追求自保、归属和满足亲密关系）。

当我们基于本体或真实自我运作时，这些本能能够自由表达。它们是由客观范式和正确棱镜来引导的，与现实一致，并看到现实本来的样子；它们受到美德的激励，这些美德代表着生命能量的纯粹表达。

而当我们基于人格或虚假自我运作时，这些本能被各种恶习或腐败的能量扭曲或“束缚”，正如纳兰霍（1994）所说：“它们被我们的主观范式、思维偏见以及扭曲棱镜所误导。”

在本体层面上，自保本能是我们的生命本能的清晰表达，它引导我们找到自己所需要的东西，保护我们不受伤害。它促进了我们个人的生存。如汤姆·科顿（Tom Condon，www.thechangeworks.com）在他的工作坊和录像带中所指出的那样，自保本能的高级体现包括：照料生意、关注细节、擅长生活管理技能。

在人格层面上，自保本能被九种恶习所污染，被九种心理执念所扭曲。虚假的自我禁锢并转移我们的生命能量，来保护我们的小我，无意中也使得我们的真实自我和真正的需求无法得到保护。例如，当我们满脑子都在思考自己的模样或想象中被侮辱的景象时，我们可能会忽略一辆迎面而来的公共汽车。或者正如科顿（2000）所说：“低等的一面是，你可能过分关注生存，而错过了生活的其他维度。或者你可能使生存变得比实际需要的更复杂，更困难……”

当我们处于本体层面时，社群本能表达了我们与他人交流的倾向或愿望。阿德勒认为，所有的人类都拥有一种社会兴趣（Gemeinschaftsgefuhl），这是与生俱来的，但也必须经过教育和习惯化后才能充分发挥作用。社群过程包括学习与团队合作，为团队做出贡献，以便共同实现我们自己和社会的目标。位于马斯洛需求层次中间位置的就是对归属感的需求，我们需要在社会中找到一个位置，需要在他人眼中得到尊重。我们能在多大程度上对他人共情、与他人分享、关心他人福祉，是衡量我们心理健康的一个指标。这是社群本能高等的一面。

当我们处于人格层面时，社群本能会被恶习或非适应性情绪模式所污染，并被非适应性认知模式或执念所劫持。可能出现的扭曲包括过度为群体牺牲，在群体中迷失自我，或过着与其他人利益无关的自私自利的生活，对他人几乎没有同情心或同理心。这是社群本能低等的一面。

在本体层面，性本能（或更广泛地说，亲密本能）是纯粹的爱的表达。我们希望与另一个人的真实自我联结。两个本体的结合，是真正的亲密的基础，正如布伯（Buber）的现象学所描绘的我—你（I-Thou）关系。这种联结的结果保证了人类物种的生存。深厚、持久、共同友谊的能力代表了性本能 / 亲密本能的高等一面。

在人格层面，本体—本体、我—你的关系被虚假的自我所取代，变成了虚假自我—虚假自我、它—它的关系。我们利用彼此来建立小我。在这种关系中，社交游戏取代了真正的人际交往。这些“人们玩的游戏”和鸡尾酒会的把戏，都是人格在试图与他人建立联结，来弥补真实联结的匮乏。

此外，在人格层面，性本能追求性作为对缺乏其他东西的补偿，这种缺乏可能是真正的接触、自尊、自我价值、自我效能等。虚假自我利用性来服务小我，而不是服务于真正的自我和人性。

因此，在九种人格类型中，每种类型都有自保副型、社群副型和性本能副型。根据是我们的本体还是小我在主持这场演出，这些副型要么自由地表达，要么以防御性的姿态表达出来。

哪一个副型占据主导地位取决于我们当前和过去的经历。如果我们最近丢了一份工作，我们的自保本能很可能就会凸显出来。如果我们想成为俱乐部会员，我们的社群本能就会发挥作用。如果我们刚刚坠入爱河，我们的性本能就会索取我们的注意力。

同样，无论哪种本能受到伤害，被忽略，或在我们成长的过程中未能得到充分发展，都会吸引我们的能量，引发相应的担忧。我们当下的专注、能量和行动将会被这种本能所诱导。

就像我们“偏向”年轻时受过伤的腿或手臂一样，我们“偏向”某种因故未能得到满足的心理或情感上的需要，或者某种没有得到完全愈合的创伤。我们不断地回到这个问题上来解决它，完成它，照顾它。弗洛伊德把这称为强迫性重复。弗里茨·佩尔斯称之为“未完成的事情”。这三个副型，如果它们是强迫性的，就会不断重复同样的认知、情绪和行为反应。

有人用三脚凳来比喻这种现象。如果所有的腿都是平的，凳子就是平衡的。如果其中一条腿较短（受损），那么整个凳子都会朝这个方向倾斜。如果我们的一种本能不如其他本能发达（短），那么我们的整个人格就会倾向于这个方向，偏向并给予这种本能以能量和关注。

每个副型都根据以下几个因素来定义：1. 本能（自保、社群、性本能/亲密）被补偿或被过度关注；2. 与它融合并扭曲它的恶习；3. 伴随着的感知—认知焦点。如果我们注意到我们的注意力习惯性地去了哪里，以及我们反复出现的情绪反应与自我挫败的行为，我们就会发现自己特定的副型。

当你去度假或去参加会议时，你习惯性的关注焦点是什么？

你担心天气和要带什么衣服吗？酒店、交通和餐厅预订是否已确认？你要去拜访的邻居是否安全？这些都是自保本能关注的问题。

或者，你想知道你是否会和参加会议的人相处愉快？你们的想法和感受会是一致的吗？你会觉得自己属于那里吗？这些是社群本能的关注点。

或者，你关心会不会遇到一个终身挚友？只要有一个你能与之联结的人，一个灵魂伴侣，你就会感觉很好。这是性本能的诉求。

九种人格类型的典型特征和关注点，在三种副型中显得更加凝练，更加细致。根据帕尔默的阐释，可以各用一个关于心智的词来概括其关注点或主题。下面这张表列出了副型及其描述词。每个副型及其对应的问题，将在第二篇中更为详细地讲述。

	性本能副型	社群副型	自保副型
1号	嫉妒	不适应性	焦虑
2号	诱惑/侵犯	野心	特权
3号	男性气概/女性气质	声誉	安全感
4号	竞争	羞耻	勇敢
5号	秘密	图腾	避难所
6号	力量/美	责任	温暖
7号	暗示	牺牲	大家庭
8号	占有	友谊	满意的生存
9号	融合	参与	嗜好

身体中心的灵性道路

第一条道路是通过对身体的训练和使用而走向灵性智慧和成熟，它被称为苦行之道（Fakir）。

这一传统认为人是一体的，人的目标就是融入万物一体的本质中去。冥想的目的是为了引导我们回到合一的状态。灵性修行则是为了打开我们的脉轮或更高维度，使能量得以在我们的身体中自由流动，并自由地流向世界。健康的人在他们的身体中心感到安全。他们对自己有一种存在感和身份认同，不会过分担心自己会在身体上（被消灭）或心理上（失去身份）脱离存在。

当人们试图哄骗任何一个中心去做其他中心的工作时，就会失去平衡。人们可能会把自己的直觉反应误认为是合理化的反应（脑中心）或情绪反应（心中心）。对运动员的刻板印象——身体发达，情绪和头脑简单——就是一个比较夸张地描述本能中心的例子。

过于脱离本能中心生活的人可能会被本能的、直接的判断牵着走，固执己见，很难考虑他人的立场。通过咨询其他两个中心，明晰自己对情况的看法（理智中心）和感觉（情感中心），他们可以从本能反应的控制中摆脱出来。

当我们的本能中心失衡时，我们就会失去幸福感和认同感。我们不知道自己是谁，害怕照顾不好自己，把这个世界看作危险和威胁，害怕自己会从生活中消失。腹中心功能失调会导致一种深深的不安全感。

照料身体中心

如果想用柏拉图的战车比喻来描述身体中心，你可以针对你的战车提出以下问题：

你的战车，即你的身体、本能中心状况如何？你的饮食和运动是否正常？你是否给予了身体足够的睡眠、休息和恢复时间？

你是不是太胖了，以至于你的马几乎拉不动你？或者你体重太轻，承受不起任何负担？你的身体会使你的心脏负担过重，导致思维迟钝吗？或者你过于紧张而无法集中注意力？

你会倾听身体的智慧吗？你的思想是否支配了你的直觉？你是否为身体提供了维生素、碳水化合物、蛋白质、矿物质等？还是你的小我总是让你吃垃圾食品？

你是否对食物、饮料、化学品、尼古丁等上瘾，用它们替代了自然的生活？

通过锻炼和运动，我们的肌肉和关节能够自然地润滑自己，以保持我们的车辆润滑状况良好。你是否经常通过有氧和无氧运动来锻炼你的肌肉，以保持你的身体状态？

你有没有听从教练的建议，“如果你照顾好自己的身体，你的身体就会照顾好你”？

如今人们已经开发出许多能够保持战车形态的身体疗法，例如，有治疗功效的按摩、按摩健身法、生物能量学、费尔登克雷斯运动疗法（Feldenkreis movement therapy）、灵气疗法、灵芝疗法、太极拳、合气道和其他武术、禅宗、呼吸练习，以及无数其他能够让身体中心达到静止点的方法。

偏向身体中心的人格类型

位于九型图顶端的三种人格类型8号、9号、1号，倾向于将腹中心作为最能够信任的中心，通过腹中心来指导他们的生活并做出决定。

当这个中心功能不正常时，这三种人格类型就会遇到困难。8号会认为现状不够好；9号会认为自己不够好；1号会认为自己做得不够好。

这三种类型的人都很难静静地坐着，冥想沉思。8号总想起来做点什么；1号内心的批评家太活跃了，不让他们静下来；9号静下来了，但却忘记了他们正在冥想，然后睡着了。

这些问题与8号、9号和1号的较为低层部分的愤怒有关，或者说这是八度音阶中的低音部分。每种类型都以一种独特的方式来处理这种愤怒。8号会把他们的愤怒外化，对外表现出攻击性行为。1号会通过自我批评或自以为是的行为来内化愤怒，带着愤怒行动。9号则介于这两种方法之间，在表达愤怒和抑制愤怒之间感到矛盾，所以会推迟处理，压制愤怒，最终在愤怒中沉睡过去。

情感中心

根据伊查索的分析，心—情感—关系这个中心位于胸部区域，与循环系统相对应。在苏菲派传统中，这被称为帕斯（PATH）中心。

尽管三层大脑似乎都与情绪输入、处理和输出有关，但一些神经解剖理论家认为，古哺乳动物脑或中脑是我们情绪反应的所在地。

传统的智慧和当代客体关系心理治疗方面的理论都在提醒我们，我们是非常人际化的生物。我们是通过他人来给自己定位的。我们的认知能力可以感知到印象，但却是相当有限的，如果缺少了语言和人际关系，我们的人性能力将被严重削弱。那些关于狼孩的故事通常都会提到，他们依然处于蒙昧状态。

关系中心是我们建立并维护社会支持的本能根基。它促进了我们对他人的同理与共情。当我们与他人联结时，我们知道对方是谁，知道他们需要什么；我们不会感到害怕，这样才能够自由地与他人联结。当情感中心占据主导地位并试图完成本能中心和理智中心的工作时，我们就会陷入自己的情绪中。我们的情绪不再指导我们做出适当回应。我们被自己的情绪所包围和淹没，既不能清晰地思考，也无法果断地行动。

如果你更倾向于心中心，发现自己有时被情绪淹没，或对情绪手足无措，那你也许需要到另一个中心寻求平衡。你可以询问你的身体中心，在你的感受之下，你真正想要或需要的是什么。或者，你可以从这种迷惑的情形中撤离出来，将自己的感受带入理智中心，更为冷静地反思所发生的事情。

当我们的心中心失去平衡时，我们就失去了深度的人际关系。我们不再与他人的本体或真实自我联结，我们不知道对方到底是谁，或者他们想要什么。我们害怕他们，只能联结到对方的人格或者表面自我，以一种“游戏”的方式进行操控。

当我们的情感—关系中心变得不正常时，我们会因无法与他人建立亲密关系而感到极度孤独和绝望。那种我—你、主体—主体的互动方式变成了它—它、客体—客体的方式。

高等与低等的情感中心

据说，我们的情感中心或心中心有两个心室：较高等的和较低等的。这种精神上的分层在传统智慧和现代心理学中均有着久远的历史，它可以追溯到柏拉图（他认为灵魂有三个层面，从下至上分别是肉欲、情感和理性成分），再向下传递到弗洛伊德。

当弗洛伊德绘制心理地图时，他描绘了三个层次：无意识、前意识和意识。在他的一系列工作中，最让他感兴趣的是无意识，本我欲望的储藏室，超我的肩膀，是无法被觉察到的部分。意识层次是负责执行的小我的领地。前意识区域则在意识之外，包括记忆、感觉、影响等，但如果我们给予注意，就能觉察到它们。例如，如果你把注意力从这一页转到昨晚吃的东西上，那么这些先前的内容现在就是有意识的。而另一方面，你可能很难理解你对父母乱伦的愿望，因为他们被关在你的潜意识里。介于弗洛伊德对人性相当悲观的看法，他更多的工作是在向下探索无意识部分，在那里他并没找到什么优良品质。他并没有向上探寻任何更高等的无意识。

相比之下，荣格对人性的看法就更为乐观和富有远见。当他研究个体的无意识时，透过它瞥见到了集体的无意识。他发现了一个保存在原型中的集体智慧宝藏。弗洛伊德认为无意识的内容是支离破碎和破坏性的，而荣格认为无意识是创造力和完整性的源泉。

阿萨鸠里（Assagioli，1965）对心理的观点综合了向上及向下的看法。他在中层和下层无意识之上增加了一个更高的无意识，又叫作超意识，并将这些区域描述如下：

低等的无意识包括：

· 指导身体生活的基本心理活动；身体功能的智能协调。

· 基本动力和原始冲动。

· 许多情结，充满了强烈的情感。

· 低等的梦和想象。

· 较低等的、不受控制的低级心理过程。

· 各种病理表现，如恐惧、强迫症、强迫性冲动和妄想症。

中等的无意识由心理因素组成，类似于我们清醒时的意识，并且很容易获得。我们的各种经历在这个内部区域被同化；我们日常的思维与想象活动在尚未形成意识时，被加工或者说发展为一种在心里孕育的状态。

在高等的无意识或超意识里，我们会获得更高等的直觉与灵感——艺术、哲学或科学、伦理“需要”，以及对人道主义和英雄行为的渴望。它是高等情感的源泉，比如无私的爱；也是天资、沉思冥想、启发和狂喜的状态的发源地。在这个领域，潜藏着更高等的精神功能和灵性能量。（第 17 ～ 18 页）

从九型人格的角度来看，高等情感中心和高等理智中心位于阿萨鸠里所说的高等无意识或超意识领域。

高等情感中心是美德的所在。根据伊查索的解释，这些美德代表着爱的各种表现，它们以一种清晰、不扭曲的方式呈现出来。

在海伦·帕尔默（1995）和阿玛斯（1986）看来，每种类型的美德和其他高等层面都是本体的品质，随着我们越来越多地生活在高等情感中心，这些品质会逐渐显现出来并变得清晰。这并不等同于健康成熟的心理习惯，后者可以通过每天的练习或“道德的”生活获得。它更确切地说是本质的散发，只有在更高层次的意识中才能够被获得和理解，这些意识通过恩典而赋予我们，或者通过灵性修习而获得。

桑德拉·马特里（2005）在写作这段话时也附和了对美德的上述看法：

也许思考美德最好的方法是把它看作一种内在的态度和取向。这种态度和取向表现为行动（无论是内在的还是外在的行动）的品质，反映了灵魂与存在的一致性。作为一个整体的美德，不是源自由人格所构成的灵魂特有的稀缺感，而是表现出内在的丰满和广阔，一种隐含在生活中的潜在的善和丰富。（第 20 页）

克劳迪奥·纳兰霍（1994）将美德描述为一种无拘无束、自由表达的本能力量。用戈尔茨坦（Goldstein，1939）的话说，我们的能量受到有机体自我调节的能力所引导。

从人本主义的角度来看，亚伯拉罕·马斯洛（1976）认为当我们处于自我实现、自我超越状态时，我们受到元价值（meta-values）和存在性需要（如真理、爱、善、美、活力等）的驱使。而从九型人格的角度来看，我们受到普遍原则和理念（高等理智中心）的启发，过着一种道德的生活（高等情感中心）。我们的生命能量自由地进入本质自我的进化中，在不受小我干扰的情况下进入世界中，接着被我们的低等情感中心耗尽。

当坠落到心的低等区域时，低等情感中心是恶习的聚居地，代表了生命能量紊乱的表达方式。

纳兰霍把这些恶习描述为小我固有的本能。如果我们的动机是防御性的、匮乏状态下（一种基于匮乏感而寻觅自身缺憾的状态）的，我们的能量就会被引导到小我或虚假人格的维持中。低等情感中心和低等理智中心，与阿萨鸠里所说的低等无意识、柏拉图的影子世界以及卡罗尔·皮尔森（Carol Pearson，1991）描述的阴影原型有很多共同之处。

葛吉夫没有使用空间的隐喻，而是用了听觉的隐喻，在描述情感中心的范围时，他提到了更高和更低的八度音阶。

在辨别灵性练习时，重要的是去留意我们在哪个八度音阶上运作。伊格纳修斯·洛约拉（Ignatius Loyola）根据我们是生活于更精微的灵性层面，还是被粗糙的身体激情所驱使，提供了两套辨别灵性练习的规则。

情感中心可以通过接受文化、文学、音乐、美术等方面的教育而变得优雅。

情感中心的灵性道路

以情感和关系为基础的灵性传统被称为第二道，即奉爱道。这是僧侣与修女所走的道路。经由众生，生活才有了心的存在。在所有伟大的宗教中，涌现出各种各样的传承和学校，把人们聚在一起，共同实践他们的信仰。

这一传统认为爱是人的最高能力，我们的命运是与挚爱之人结合。冥想的功能是引导我们与存在交流，而灵性修行是为了打开心灵去爱。

照料情感中心

借用柏拉图的战车比喻，你会想了解自己的马（情感中心）的健康状况：

你的马处于什么状况？你经常喂马，给它梳毛，让它锻炼吗？你是否意识到感受的全面性和多样性，你是否允许你的感受精细微妙地表达出来？还是你

压抑它们，或者粗糙地表达它们？

你是否为你的情感（马）提供了氧气和能量？或者你屏住呼吸，收紧肌肉来阻止它们的表达？你的感受是否被过度控制、受限、压抑，或是受到强迫？

或者，你的马（情感）是未被驯服、没有纪律的？你的感受十分狂野，所以它们牵引着你，而不是你温柔地引导着它们？你的感受是不是歇斯底里的、不稳定的、淹没性的、冲动的？

情感为我们的生活提供了动力和方向。玛格达·阿诺德（Magda Arnold）在其经典文献《情感与人格》（*Emotion and Personality*，1960）中，从现象学的角度将情感描述为一种体验，在这种体验中，我们直觉地评估对象和事件对自己产生的影响。这种评价会产生一种情感上的吸引或厌恶，并且最终（如果没有其他动机干扰）导向接近或回避。

所谓情感，是一种趋利避害的感受倾向，倾向于接近任何直觉评判为好的事物（有利），远离任何直觉评判为坏的事物（有害）。当受到吸引或感到厌恶时，会伴随有生理层面的变化——接近（靠近）、攻击（对抗）或撤退（远离）。将其应用到你自己的感受上，你可以做以下评估：

你能接受你的痛苦感受吗，比如愤怒？你能否与他人对抗？你能坚持自己并与他人对峙吗？你能表达你的偏好、意见和感受吗？你能维护自己的权利，保护自己的空间吗？

你对爱、抚慰和快乐等温柔情感感到舒服吗？你能带着热情和爱心走向他人吗？你能和别人保持亲密，告诉他们你喜欢他们、关心他们吗？

你对自己脆弱的情感，如悲伤、尴尬和恐惧感到舒服吗？当你需要的时候，你能离开别人吗？你是如何独处的？你能表达你的脆弱、困惑和不安吗？

根据你的情绪状态，你可能会参考一些情绪宣泄疗法，如格式塔、原始尖叫、全息呼吸或回归疗法等，来释放、区分、澄清、改善你的感受。

偏向情感中心的人格类型

位于九型图右边的三种人格类型2、3、4号，倾向于情感—关系中心。

当2号、3号和4号生活在他们的本体和更高的情感中心时（就这点而言，我们所有人都是），他们的情感来自与真实自我和真实世界的直接接触。在弗里茨·佩尔斯描述的三个意识区域中，这对应于内部区域（自我）和外部区域（环境）。

在卡尔·罗杰斯的健康模式中，功能完备的人的一个特点是他们的内在真实与外部形象相匹配，所见即所得。

如果心中心变得功能紊乱，这三种类型的人会出现感受上的问题。这看上去有些矛盾，因为这些类型的人更倾向于情感中心。当2号、3号和4号滑入他们的低等情感中心时，问题就出现了。当他们在低度音阶或低等的人格层面运作时，形象是他们共同的问题。在这种状态下，他们的情感来自他们自己虚构的形象。借用佩尔斯的模型，他们的感受源于中间区域（幻想）。

我可以现身说法，来阐明基于现实的状态和基于幻想的状态两者之间的差异。我第一次，也是唯一一次滑雪下山的时候，当受伤的身体与陡峭山坡接触时，兴奋和恐惧的感受直接升起。我没有时间在中间区域想象我的葬礼，或诅咒我的同伴邀请我参加这次旅行。我的身体只是为了生存而做了它需要做的事情：它产生了恐惧、专注并祈请神的干预。

汤姆·科顿在他的录像带中举了一个例子——放松你的马具——来阐明形象这个概念。他描述了一个穿着古驰滑雪服的人，当他想象别人羡慕自己的时髦装备时，会感受到虚荣。在这里，这种感觉不是自然地从有机体产生的，而是从中间区域产生的。

当2号忙着让自己看上去有爱，3号让自己显得成功，4号表现出特别时，他们的感受就是来自这些人格面具，而非他们真实的自我。所以他们对自己的真实感受感到困惑和不确定。

一些九型人格的研究者，如唐·里索和拉斯·赫德森，认为羞耻是潜藏于这三种人格类型背后的情感状态。

当我们真实的、基本的品质在幼年时未能反映出来，我们就会认为自己出了些问题。由此产生的感受便是羞耻。这些类型的人希望通过自我形象来感受到价值，从而逃避羞耻感。（1999，第 57 页）

因此，2 号通过帮助他人和变得重要来避免羞耻；3 号通过成功和杰出来避免羞耻；4 号则通过深沉和戏剧化来避免羞耻。

理智中心

理智中心的位置是头部，根据伊查索的说法，它与大脑和中枢神经系统相对应。在苏菲派传统中，它被称为欧斯（OTH）中心。

在解剖学上，新哺乳动物脑或前脑是我们更为进化的理智功能的所在地。诸如抽象思维、联想能力、抑制和延迟反应的能力，以及不实际移动事物而在头脑中进行计划和重新安排事物的能力等思维活动，即是在此场所进行。

高等和低等的理智中心

既然有高等和低等的情感中心，自然也有高等和低等的理智中心。

高等理智中心包含着伊查索所说的“神性观念”、柯维所说的“客观原则”，以及我所说的“客观范式”及其“正确棱镜”。这些适应性模式与现实相一致，以一种非扭曲的方式来理解世界。

这里也是令荣格十分着迷的指导性原型的储藏室。在柏拉图的认识论中，这是永恒理念或形式的领域。在阿萨鸠里的意识地图中，这是高等无意识或超意识的所在地。

查尔斯·塔特（1987）用计算机做比喻推测，当我们从高等理智中心操作时，就像被接到了主机或超级计算机上。我们进入了一个全宇宙的网络、全宇宙的头脑、神的头脑，在那里我们可以获得远超我们的个人电脑所能包含或收集到的信息和情报。塔特认为这是解决生命、死亡、现实等基本存在问题的意识领域和意识状态。

低等理智中心是我们的困惑、惯性思维、注意力焦点和觉知倾向的源头。

这些主观范式、扭曲棱镜或非适应性模式歪曲了现实。这里也包含了卡罗尔·皮尔森（1991）所说的“阴影原型”，即原型的阴影面占有并驱使着我们，而不是提醒和引导着我们——我们的戴蒙斯[①]变成了迪蒙斯[②]。在这种意识水平上，我们的思维会出现强迫性的重复，继而导致强迫性上瘾行为。

在柏拉图的认识论中，这是影子的世界，是我们坠入地穴中产生的幻觉，是高等理智中心永恒理念或形式在墙壁上苍白的反射。

在阿萨鸠里的意识地图中，这就是低等意识。

当我们的理智中心被过度利用，试图去完成情感和本能中心的工作时，我们就会陷入思想中，脱离情感，行动也无法贯彻始终。

那些感觉到自己在头脑中兜圈子的人，可能需要潜到思维之下，进入情感中，或者找人聊聊天（情感中心），而不是在脑海中自言自语。或者，他们可能需要练习某种聚焦的技巧，以便与身体（本能中心）联结，从而得到方向上的指导。

在生活中依靠理智中心的人，总会试着思考自己的生活方式、人际关系和决策。当你看到一个偏爱脑中心的人的剪影时，你会发现他们的头部通常都在肩膀的前面，而不是在他们的身体的正上方。

当我们的脑中心——我们的定位本能功能紊乱时，我们就失去了与当下情形的联结。我们无法了解正在发生的事情，感觉“在游戏之外”，我们没有意识到我们已经在游戏中了，反而相信自己必须做一些事情才能参与进来。我们会感到与事情、群体或某个人失去联结，像是插头被拔下来了一样，我们担心无法干预正在发生的事情，说不上话，也插不了手。我们会感到无用、不足和无能。当我们的脑中心功能紊乱时，我们会体验到严重的自我价值感的缺失。

理智中心的灵性道路

在灵性传统中，理智的道路被称为第三道，瑜伽道。追随这条道路的人相信证悟才是人类正当的命运。冥想和观想的功能是为了引导我们保持觉知和清

① 戴蒙斯，daimons，友好的精灵。——译注
② 迪蒙斯，demons，恶龙。——译注

明。灵性练习的目的是打开心灵，进入新的意识层面。

照料理智中心

理智中心对应的是柏拉图的战车比喻中的马夫，对待马夫，你可能会问自己以下问题：

你的马夫（头脑）处于什么状况？如果你的马夫喝醉了，不知道路怎么走，那么就算是最优雅的战车配上最有活力的马，对你也没有任何好处。

你的认知地图、信念系统、推测、构想、假设、解释、范式等，是否准确地反映了现实？或者你仍在使用孩童时期的信念、态度和地图来为自己导航？当计算机是 9.0 的版本时，你是否还在使用 1.0 的版本运行？你需要更新程序和下载新内容吗？

你是否经常和来自不同生活领域的人核对你的推理和假设？也就是说，你采用的数据样本是否代表大多数人？你是否根据外部标准（有效性）和自身经验数据（内部评估）的双重标准来检验你的模式？你的模式能适应新的信息吗？你有没有扭曲数据以满足自己现有的期望？

你是否拥有清晰的思维、完整的逻辑，还是总在胡思乱想？你是否过于笼统、绝对化，使用全有全无、非黑即白的思维方式？你有没有混淆你的投射和现实情况？你能否在专注中分辨出自己的直觉？

你的注意力有没有习惯性地去往某个方向发展，或者卡在一个自我挫败的循环中？

如果你的马夫需要康复修养，你可以了解一些认知疗法，比如理性情绪疗法、认知行为疗法或认知动力学疗法。神经语言程序（NLP）也有助于你改变自己的信念系统和认知处理系统。各种各样的催眠疗法也许有助于梳理他人和你自己制造的迷惑。

葛吉夫、伊查索和瓦格纳的三个中心的关系

葛吉夫

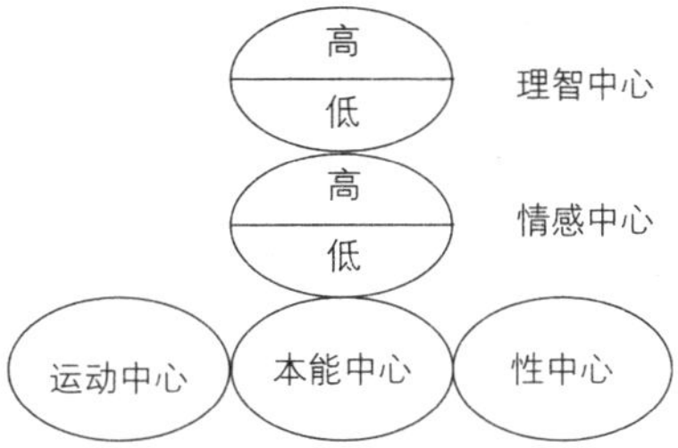

伊查索

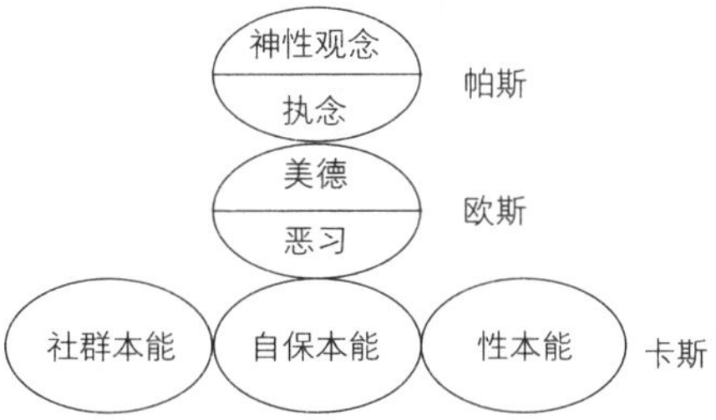

瓦格纳

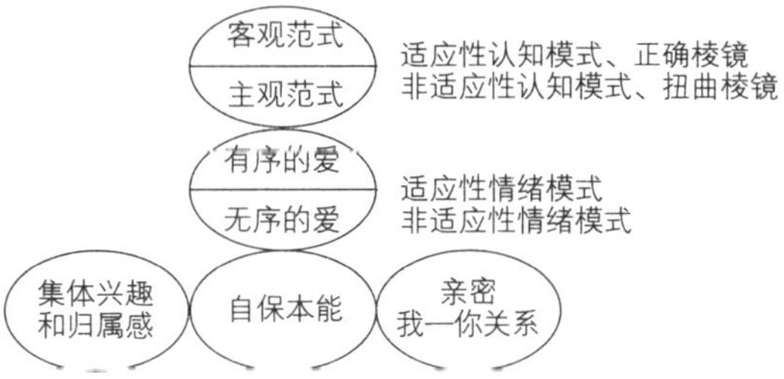

偏向理智中心的人格类型

位于九型图左边的三种人格类型 5 号、6 号、7 号，更偏爱理智中心。

健康的人能与自己的内在权威保持良好的联结。他们有方向感，知道自己从哪里来，要到哪里去。

当这个中心功能紊乱时，这三种类型会遇到行动上的问题。5 号、6 号和 7 号会体验到共有的一种感受——恐惧，这个时候他们会与生活失去联结。

5 号因为不知道如何进入生活而感受到失联，他们不知道该如何进入人生这个游戏。他们撤退到头脑中的安全避难所，制订应对生活的策略，将世界分门

别类，以此来应对恐惧。

6 号因为害怕投入到生活中而体验到失联。他们处理恐惧的方式，要么是充满恐惧地遵守规则，随大流，要么以反恐惧的状态逃走。

7 号感受到失联是因为他们总是忙于计划未来，从而无法投身当下的生活。他们通过超前的思维来防止被恐惧侵袭，或者仰望天空，无视脚下。他们在头脑中创造了各种选择和未来的可能性，而没有停留在当下。

如何应用三个中心

我想通过两个案例来说明，该如何应用这三个中心。第一个案例是一位对这三个中心一无所知的同事，我将介绍她在进行组织咨询时是如何开展初次会面的。

之后我要介绍的是耶稣会的创始人伊格纳修斯·洛约拉，他应该也不熟悉这三个中心，我们会看到他如何根据人们精神或心理上的各种变化，给人们提供咨询建议。

两人都没有正式了解过任何关于这三个中心的介绍，只是凭借自己的直觉来处理。

（1）团体顾问

我的同事说，在她与一个小组的初次会面中，她首先要确保每个人都满意，在这一天的议程中满足他们的需要。她会检查房间的温度和通风，告诉大家什么时候休息，什么时候进餐，以及卫生间的位置。她建议参与者在感到焦虑或不舒服时就要大声说出来，或者做些什么。她鼓励他们在自我感觉安全的程度内参与，并尽一切可能使他们感到安全。她也会提及保密的问题，在这个房间中发生的一切都是保密的。可以说，她关注的是他们的身体中心和自保本能。她让人们知道这次会议没有生命危险。

接着她会介绍一些练习，以确保每个人都相互认识。比如小组的标识是什么？谁把我们聚集在一起参加这次会议？我和谁在一起？以这种方式，参与者与心中心和关系本能有所交流。

最后，她会提问：大家聚在一起是为了什么？这次会议的目的是什么？我们想要完成什么？我们的目标是什么？我们从哪里来，想去哪里？这些问题挖掘了脑中心和定位本能的关注点。

为了让参与者感到舒适，这三个中心都需要得到关注，让每个中心都能放心。不然的话，人们就会感到焦虑，创造性能量便会被转移并消散到对这些本能的关注中，而无法被引导到任务导向的活动中。

（2）灵性顾问

在另一个领域和文化中，伊格纳修斯·洛约拉专注于帮助人们根据自己状况做出良好的决策。他设计了静修来辅助这个过程。在他的静修指导手册《灵性练习》（*The Spiritual Exercises*，普勒，1951）中，伊格纳修斯认为人一生有三次对生活方式做出正确而良善选择的机会。

> 第一次。当一个虔诚的灵魂被上帝、我们的主的意愿如此触动和吸引的时候，他会毫不犹豫地，甚至丝毫没有怀疑地，顺从向他显现的东西。圣保罗和圣马太就是这样追随我们的主基督的。（第 74 页）

在这种情况下，一个人对自己想要什么或上帝想要什么毫无疑问。结论是直接的、直觉性的、即刻的、明确而无须检验的。这个人被深深触动了，从一开始就很肯定，毫不质疑他的决定。这就像保罗从马背上摔下来，马太从税关中被召唤出来追随基督。这是一种腹中心的回应，一种贯穿整个人的深刻感觉，直觉地知道自己想要什么，别人想要什么。这种决意充满了这个人，没有怀疑的余地。

这是本能中心的方式，通过强大的直觉反应、评估、判断和结论来驱动他。

然而，我们并不总能获得这种体验和回应性。结论并不总是贯穿我们整个人，有时还有怀疑的余地。因此，伊格纳修斯提出了第二种达成决定的方式。

> 第二次。当不同灵魂体验到了忧伤、欣慰和洞见，他们就获得了光明和领悟。（第 74 页）

体验并不总像第一次那样即刻和直接。内心活动可能不会显得那么令人震惊和肯定。与其说是本能反应，不如说是情感上的调适。以这种洞见的方式，我们想象自己可能采取的各种行动，然后留意到如果跟随这些可能性的话，会产生什么样的情绪反应。我们会体验到欣慰，还是感到平静、喜悦、爱、希望、信任等？这些感受表明我们的决定与我们内心深处的愿望相一致，与我们和上帝的关系相一致，或与我们挚爱之人相一致。这是一个符合我们生活目标的决定，它将会强化我们的关系，而非破坏。这是一个“融洽”的选择。

另一种情况下，如果我们在考虑自己的选择时体验到忧伤，感到焦虑、愤怒、沮丧、泄气等，这似乎表明我们的决定是一个不明智的决定，不太可能会提升我们的个人成长或促进关系的发展。

这是情感中心的运作方式，它描绘了我们的关系，利用我们的情感反应来评估境况，验证我们的决定，信任并跟随我们的心。

最后，有些时候我们既没有被紧急的本能反应所触动，也没有被情感共鸣所感动。在这种情况下，灵魂处于平静的状态，身体也只有很少的活动。伊格纳修斯建议了这种情况下达成并做出决定的方式。

第三次。这是一个宁静的时期。一个人首先要考虑自己是为了什么目的而出生的：为了赞美我们的上帝，为了拯救自己的灵魂。他的头脑中带着这种渴望，他选择了一种在教会范围内的生活或状态，作为达到这一目的的一种手段，这将有助于他为主服务，拯救他的灵魂。

我说这是一个平静的时期，也就是说，灵魂没有被不同的灵性所搅动，能够自由而平和地利用它的自然力量。（第 74 页）

这种情况类似于在水面上扬帆，如果没有风，要做任何移动，就必须用桨来划水。周围没有情感来驱动我们，所以必须进行一些理智活动。当一切都失效时，就思考吧！

如此，我们就可以知道自己的位置，我们从哪里来，在哪里，我们要去哪里。换言之，我们会进行一次人生回顾，然后再做出决定。我们思考自己的目标和实现这些目标的最佳方法。我们列出了各种选项和可行路径的优缺点，并决定哪些选项最有利于在表达最深刻的价值观的同时，实现最终目的。

这种辨析的模式是一种思维过程，是一种理性的决策方式。它是理智中心的策略，找准方向，理性地制订计划。

需要补充的是，伊格纳修斯建议我们先用第三种方式做出理性决定，再用第二种方式将选择形象化，通过由此产生的感觉来检验。如果我们体验到欣慰、愉悦的感觉，那么我们的决定似乎是一个很好的决定。如此一来，两种决策方式就可以相互验证。

这就是本能中心、心中心和脑中心的运作方式。比起仅仅依靠一个中心的反馈，一个健康的个体会调动起所有这些源泉。他们知道自己想要什么，需要什么，他们的感受是什么，以及他们在想什么。他们与每一个中心商议，然后再采取相应的行动。

对于这种情况或决定，你的头脑有什么要说的？

你的心告诉你什么？

你的身体对恰当的作为会有什么感觉？

我相信这和人本主义心理学家所说的组织自我调节是相似的。在葛吉夫的灵性体系中，这是第四条道路。如果伊格纳修斯把他的三种方式结合起来，那么他会获得第四种正确方法。

这三个中心不仅仅是我们人格的理论拓扑结构。觉察它们的运作方式，并了解它们的智慧，有利于我们日常生活中的协调。我们了解的情报和评估资源越多，我们就越有可能做出一个好的决定。

当你开始探寻自己的人格类型时，一些人认为，从三个中心开始并选择自己喜欢的中心，有助于把可能性缩小到三个。

但也有人认为，考虑到两种侧翼类型（核心类型两侧的类型），以及在压力和安全条件下人格类型会转移到另外两种，所以还是以九个类型为基础去寻找自己的性格类型会更好一些。所有这些矢量变化，通常都可以帮助你找到自己真正的类型。

本书第二篇将利用以上章节中的框架，深入探索这九种具有独特视角的人格类型。

为了帮助你确定你可能在使用的棱镜，每一章开头都会有 20 条陈述。你可以根据每条陈述对你的影响程度从低到高进行评分：1 几乎从不，2 很少 / 罕有，3 有时 / 偶尔，4 经常 / 频繁地，5 几乎总是；然后在底部记录总分。

因为你观察的是你的范式、态度、价值观、观点、动机，以及你的特质或典型特征，所以请把这些陈述看作是对你生命中较长时间状态的描述。如果你想了解一下自己当前的状况，那么就根据自己此时此地的状况来回答每一个问题。

这些问题都是在帮助你辨识自己的人格类型。如果你想要进行更正式的探索，想要更可靠、有效和标准化的研究和评分的量表，可以订购作者的《瓦格纳九型人格类型量表》（WEPPS），该量表由西方心理服务公司出版（1999，www.wpspublish.com）。或者你也可以在网站 www.wepss.com 上做在线测试。这份量表也被收录于布罗斯（Buros）的《第 15 版心理测验年鉴》（2003）中。

第二篇

范式为我们提供了支点，呈现了现实。从某个独特的角度去感知周围，不仅为我们提供了直观的洞察力和优势，而且让我们成为自己领域里的专家。视角和专长是我们为团队做出的贡献。每一种类型都利用自己有效的、有用的策略来处理生活中的事务，而我们将这些策略融入自己的行为和运转方式当中，从中获益匪浅。通常，这些适应性模式和策略会被提炼成谚语，用作教育和学习。

1号棱镜　正确的视角

1号的自我判定

根据以下陈述与你的契合程度进行评分：

1 几乎从不

2 很少 / 罕有

3 有时 / 偶尔

4 经常 / 频繁地

5 几乎总是

____ 为了把事情做好，我会很焦虑，过分紧张。

____ 我为自己是一个有原则的人而自豪。

____ 我是高尚的，有着崇高的理想，并努力实现理想。

____ 我一直不断地在进行评判。

____ 如果不能按时到达某个地方或者完成某件事情，我会感到很不爽。

____ 我总是无法满意。我无法将事情做到足够好。

____ 和其他人比起来，我有更高的道德准则。

____ 一旦认准某件事，我就很难改变。

____ 我发觉自己总是在批判自己，或者批判其他人和事情。

____ 对自己坚信的东西，我会唠叨个没完。

____ 把事情做好，对我来说至关重要。

____ 做正确的事情，对我来说非常重要。

____ 我以自己的高标准为傲。

____ 我总是洁身自好，部分是因为我害怕自己遭到批评。

____ 就像清教徒一样，我对某些事情有着严格的道德观念。

____ 我不仅对自己和他人都有要求，而且会给予很高的期望。

____ 我认为人们并没有足够努力地提高自己。

____ 我的一个美德就是准确性。

____ 为了完成自己应该做的事情，我放弃了自己的需求和欲望。

____ 我很难让自己变得放松、有趣。

____ 总分

核心价值观

1 号的核心价值观是正确。如果某个事物或者某个人展示了自己应有的样子，完成了自己应该做的事情，那么它便是正确的、好的。如果某块石头是真正的岩石，且具备岩石的所有属性，那么它就是一块好的石头。如果某条狗是真正的、完整的狗，那么它就是一条好的狗。如果人类是真正的人类，充分展现了人类的所有潜能，那么人类便是好的。而如果作为个体，某人真正做到了独特的自己，而不是成为其他人，那么他便是好的。甚至，上帝也是这样定义自己的。当有人问起耶和华的名字时，他的回答是："我就是我（Ego sum）。"多年后，大力水手波派（Popeye）的名言"我便是我"，也同样表达了这个观点。

一旦真正做了自己，我们便是完美的。灵性生活意味着与我们真实的本质保持一致。从这个意义上来讲，一旦过上灵性生活，就没人要求我们成为除自己以外的任何人，因此，我们就会成为一个完美的人。

1 号想成为一个良好的人。他们受到一种神圣的不满的驱使，努力去实现自己的所有潜能。因为想让这个世界变得更美好，他们努力地帮助别人去实现潜能。1 号或许会向美国军队建议一个口号："尽你所能。"

1 号有着追求卓越的激情，希望把手头的事情做到最好。对于如何合理地呈现事物本身，以及做到自己、他人和世界应有的样子，他们拥有一种直觉的判断能力。

1 号具有理想化的忧患意识。他们认为一切都应该是好的、正确的。因此，他们不仅为自己和他人树立较高的标准，而且往往会热情地献身于、致力于自己所信仰的一切。他们会以充沛的精力，努力实现自己的理想。

1 号具有高尚的道德品德和基调。他们希望在更美好、更高层次的愿景下生活。为了实现公平和正义，他们追求道德层面的正直和纯洁。

这些价值观具体表现在有责任心、有奉献精神、有毅力、可靠、努力工作、勤奋等特征。

范式视角、专长与格言

范式为我们提供了支点，呈现了现实。从某个独特的角度去感知周围，不仅为我们提供了直观的洞察力和优势，而且让我们成为自己领域里的专家。视角和专长是我们为团队做出的贡献。每一种类型都利用自己有效的、有用的策略来处理生活中的事务，而我们将这些策略融入自己的行为和运转方式中，从中获益匪浅。通常，这些适应性模式和策略会被提炼成谚语，用作教育和学习。

1 号的范式给他们提供了明确的目标和意图。1 号是一心一意的人。在思考和解决问题方面，范式为他们提供了准确性。他们会习惯性地抓住事实和细节，所以他们很容易发现缺失、错误以及不合适的地方，或者不符合自己对事情理想化、直觉判断的现实情况。

完美主义范式给予了 1 号高水平、尖锐的挑剔能力。他们天生是质量控制方面的行家。他们的视野帮助他们发现存在的缺陷和需要改进的地方。他们留意到当下需要什么。他们也看到人们和情境的可能性。为了发掘这些潜能，他们愿意做出长期努力。

1 号会与耶稣关于智慧的寓言[①]产生共鸣。如果没有发展或者完善自己的天赋，他们会感到内疚。他们担心，如果自己表现不够好，或不做应该做的事，就会像不结果的无花果树一样受到诅咒。[②]

---

①《马太福音》讲述：主人出远门前，各留给三个仆人一些钱。等他回来的时候，两个仆人都用这些钱赚来了更多钱，第三个仆人却把钱埋在地下，没有增值，结果受到主人的惩罚。——译注

②《马可福音》讲述：耶稣在出行过程中发现一棵无花果树本该结果却没有果子，于是诅咒再没人吃它的果子。——译注

他们不会像三只小猪[①]那样，用稻草和沙子盖房子，而是将房子建立在坚实的原则之上。他们也不像愚拙的童女[②]，没有为筵席做好充足的准备。相反，他们是聪明的童女，早已做好了功课（可能还有家务）。

以下是 1 号认为自己的人格类型对团队的贡献：

· 你可以依靠他们来改善状况。

· 他们是可靠的、勤奋的。

· 他们是热情的、精力充沛的。

· 他们是诚实公正的。

· 他们既能掌握细节，又能把握全局。

· 他们擅长总结核心问题。

· 他们洞悉状况。

· 他们是高效的、务实的、理想主义的、有高标准的。

· 他们会激励别人去行动。

· 他们为团队带来远见、原则、正直、品质、得体、善良、平静、整洁、真理和客观。

· 他们能让混乱恢复秩序。

如果 1 号不在的话，你会发现缺少了一些东西：组织、策略、卓越、标准、计划、解决问题以及做对事情！

在 1994 年秋季出版的《九型人格教育者》（*Enneagram Educator*）一书中，布莱恩·格罗德纳（Brian Grodner）列举了一些足以概括九种人格类型的谚语。戈尔德伯格（Michael Goldberg）在《掌握你老板的数字》（*Getting Your Boss's Number*，1996）一书中，也对九种类型提出了一些看法。克拉伦斯·汤姆森（Clarence Thomson）在与玛丽·巴斯特（Mary Bast）合著的《用九型做管理》（*Out of the Box Coaching Teleclinic*，2001）一书中，提出了一些关于九种人格

① 英国童话，三只小猪是兄弟，为了抵挡大灰狼而建造房屋，老大用稻草盖房子，老二用沙子，老三用砖块。最后只有老三的房子挡住了大灰狼。——译注

②《马太福音》讲述：十个童女拿着灯去迎接新郎。其中五个是愚拙的，拿着灯却没有预备灯油；五个是聪明的，拿着灯又预备了灯油在器皿里。新郎很久才来，聪明的童女跟着他进了门；而愚拙的童女的灯油已经用尽，去买灯油耽误了时间，结果被新郎拒之门外。——译注

类型的名言警句。2004 年，汤姆·科顿在自己的 Changeworks 网站上总结了对九种类型的表述。维恩·麦克莱伦（Vern McLellan，1996）编写了一本实用谚语书，其中 一些谚语恰当地表达了九种人格类型的特征。以下这些谚语抓住了 1 号的视角、专长以及在这个世界上存在的有效方式：

- 注意你的言行举止。
- 清洁近乎神圣。
- 物应各有其所，亦各在其所。
- 熟能生巧。
- 诚实即为上策。
- 游手好闲是万恶之源。
- 上帝和魔鬼在于细节。
- 有价值的东西都来之不易。
- 小洞不补，大洞吃亏。
- 第一次就要把事情做好。
- 自己动手，丰衣足食。
- 如果要自爱，那么举止就要表现得让人钦佩。
- 你能从看时钟学到一样东西，就是时间一点点过去时，它的“手”从未停下。
- 幸福不是生活的目标；性格才是。
- 爱之越深，责之越切。
- 只有评判世界，才能宽恕世界。

正确棱镜 / 适应性认知模式

有一种观念让 1 号与现实看齐，即完美只是一个过程，不是一个成品。当我们与自己的精神世界或天性和谐共存，当我们接受此时此地的自我，当我们根据内心的愿望、灵感做出反应，那么此刻的我们便是好的、正确的。除了真正的自己，我们做不了其他任何人。

上帝创造了万物，而万物也会回到上帝的怀抱中。如果我们停留在这个过程中，并接受现实，那么我们就参与了上帝的本性和计划，所以此刻的我们是完美的。否则，我们就不得不将自己置身于这个过程之外，以自己的主观视角进行批判。这是 1 号的造物主形象。他们的小我将自己看作上帝，并且认为现实的造物是不够完美、不够好的。

具有讽刺意味的是，处于现实之外的就是小我，它对何为完美、何为不完美有着虚幻的看法。事实上，不完美的就是虚假自我及其非适应性模式。

当采用适应性模式时，1 号看到了整个宇宙应有的样子，意识到自己无须不遗余力地改变此时此刻，而只需要活在当下，大彻大悟，全身心地投入到当下。我们只需要略微接受和认可现状，相信自己在此时此刻做出的任何自发的、真实的反应是正确的。

我们有可能成为一个良好的人，成为完整的自己，而非成为完美的、包含了各种完美特质于一身的自己。我们身上的缺陷和成就完美的过程可以同时存在。这种矛盾是无法与 1 号的扭曲棱镜相融合的，在后者中，绝对主义的思维方式将现实一分为二：非黑即白、全是好的或全是坏的。在 1 号的扭曲棱镜中，最小的缺陷都会摧毁整个格式塔；而在他们的正确棱镜中，缺陷是自我发展历程中与生俱来的一部分。弗里茨·佩尔斯在自传《进出垃圾桶》（*In and Out of the Garbage Pail*，1972）一书中，做了如下表述：

朋友，不要做一个完美主义者。完美主义是一种诅咒和负担。不要战战兢兢，以免错过了靶心。只要顺其自然，你就是完美的。

朋友，不要害怕犯错。错误不是罪恶。它只是代表了与众不同的做事方式，甚至它有可能具有创造新事物的潜力。

朋友，不要为你的错误而懊悔，而是为它们感到骄傲，因为你终于有勇气给予自己一些东西。

你需要花费多年的时间学会以人为本，要花更多的时间去理解和活在当下。（第 103 页）

美德 / 适应性情绪模式

当 1 号持有正确与完美的适应性视角，对完整性抱着放松姿态，就自然地涌现出了宁静（Serenity）的体验和状态。宁静是一种对完整性、对自我感觉良好的感知。当我们相信自己和自己的进程，当我们相信别人和他们的进程，当我们相信宇宙正在不间断地、不受干扰地展开时，宁静就油然而生。

伴随着完整、良好的感觉而来的是安宁（security）感。在这种状态下，身体得到了放松，情绪获得了安宁。

宁静的人能够在自身、本体上获得归属感。他们相信别人的本体并不坏，所以他们能够与他人相处得很融洽。他们坚信万物按照应有的方式演变，所以河流可以完全靠自己去流动，而无须借助他们的外力。最终，他们可以安心地放松下来，随波逐流。

冷静而清醒的人能够相信并活在当下。虽然镇定自若的态度不能消除人们对于现实的恐惧，但是它至少能够减轻由小我引发的、徒劳无益的焦虑。

宁静会从真实自我之中油然而生，从而让我们生活在真实的世界中。当两个人的本体相遇，就会产生一种真正的接触，即一种欣赏的、轻松的、不带任何评判态度的接触。而当两个具有批判性质的虚假自我（两个小我）相遇时，不会产生好的接触，只会产生愤怒、警惕和批判。宁静指代的是了解，而不是批判。据说，当佛陀看到别人的时候，他看到的只有完美，只有其他佛陀。当两个本质的自我走到一起，好就会认出它自己。当上帝看见自己创造的万物时，他会说道："这便是好的。"

扭曲棱镜 / 非适应性认知模式

在 1 号的童年时期，有些事情导致他们失去了对自己正确、完整和完美的感知。他们与自身的存在、真实的自我和本体失去了联结。他们体验到克劳迪奥·纳兰霍在 1994 年提出的"本体的黑暗化（ontic obscuration）"，看不到自己的存在。他们的存在被人格所掩盖、遮蔽和扭曲。虚假自我取代了真实自我，留下来的只有不安、空虚、对存在性的渴望，而小我试图以一种最终不太令人满意的方式满足这种渴望。

范式的补偿

1 号通过让自己变得完美，努力达到完美的标准，立志成为具有崇高理想、高尚道德和品格的人，来弥补自己失去的存在。他们拥有一套关于什么是好的、正确的看法和信念，并以此来替代真实的情况。

他们的这种非适应性信念是怎么形成的呢？通过对儿童早期发展和人际关系的研究，我们了解到，孩子们通常会将最早期看护人的态度、情感和行为带入自身，然后像别人对待他们那样对待自己。由此，我们可以推测出，在学到其他生活方式之前，1 号的孩子都是在做他们自己，他们的行为是自发的。然而，他们的看护人不是具有同理心的、不加评判的和无条件接受的，而是吹毛求疵的、爱批判的、有条件的（有时出发点是为孩子好，有时只是出于发泄的目的）。1 号被或明或暗地告知，他们自发表现的自我，他们自发想要和感知到的，他们自发采取的行动，是不正确或者不够好的。

举个例子，在学校，老师让孩子们用自己最喜欢的颜色画出某个人。有个小女孩用了橙色，因为这种颜色代表了明亮和温暖。她喜欢自己的画作，对它以及自己都很满意。老师把这幅画拿给全班同学看，并开玩笑地说："有人以前见过橙色皮肤的人吗？根本没有这个肤色的人。你为什么用这个颜色？"小女孩红着脸回答："因为你告诉我们，要选择自己最喜欢的颜色。"

即便后来已经成年，当这位女性回忆起这段曾经的经历，她仍然感到愤怒和尴尬。这个例子又一次证实了她自己的感觉、偏好和需求并没有得到认可。因此，她今后不会如实地表达真实的自己，而开始做一些自己应该做的事情。

起初觉得做自己就不错的 1 号，逐渐变得不信任自己的偏好、感觉、直觉和行为。他们的评价核心由内部转移到外部。他们对自己吹毛求疵，指手画脚。只有当自己变得足够良好和完美，或者至少已经努力变得完美的时候，他们才会爱自己。

对于 1 号来说，努力是非常重要的。由于他们痛苦地了解到自己还不够完美的事实，他们坚持认为，只要他们在努力变得完美，就不应该受到任何批评或指责。更重要的是，努力能让他们躲避来自苛刻的超我的打击。在工作坊，当我询问 1 号希望自己的墓碑上刻些什么的时候，总有人说"他竭尽全力"或者“她竭尽全力，至死方休”。

1 号越是困于完美主义，就越是变得紧张和焦虑。他们总是持续不断地努力，尽自己最大努力，这引发了各种内心压力，导致他们身患疾病，紧张兮兮。在咬紧牙关奋斗的历程中，1 号变得过于严肃、负责任和认真。

人们通常的认知过程遵循这样的次序：体验—理解—判断。首先，我们会有一些主观的体验。我们与这些体验保持着联结，与它对话，要求它告诉我们它意味着什么，然后我们就会理解到这一切对自己究竟意味着什么，这种理解是自然而然地从意识本身产生出来。随之而来的就是对于这种体验及其意义的判断：我们喜欢还是不喜欢；它与我们的其他体验产生共鸣还是不协调；它是否符合我们信念体系中的其他假设。

在 1 号身上，这个过程会直接跳到判断的阶段。他们的非适应性模式告诉他们：绕过体验和理解，直接去判断吧。此类判断通常涉及将他们的体验与某些完美主义的标准进行比对。进而，这种体验（以及体验者）会存在某些缺失，也就是说，虽然他们的体验没有持续很长时间，却被发现缺少了某些东西。接下来，这种判断会发展为对事情不妙的怨恨。而这种怨恨导致他们试图纠正客观现实，让它与被夸大的期望保持一致。

因此，1 号并没有与自己的冲动、欲望、经验和现实保持着联结并受其引导，相反，他们与自己的始终在判断的头脑保持联结，并受到多种“应该”的支配。自我形象的调整，取代了机体的自我调节。依据弗里茨·佩尔斯的同心圆图形，1 号从代表真实自我的内部区域，转移到代表虚假自我或人格的中间区域。

理想化的自我形象

当 1 号内心深处的非适应性模式变成了“我不完美，我不够好”，那么他们的补偿模式就固化为理想化的自我形象，即“我很好，我是对的，我是完美的”。

这种补偿模式试图保护他们的主要脆弱点（被批评）免受进一步攻击。正如一位 1 号所说：“如果我很完美，你就不能批评我。”

1 号坚信，要成为一个人物，要获得爱以及肯定，自己就必须是好的、正确的、完美的。由此，他们的动机和精力发生转变，从想要变得良好，转变成不得不变得良好。借用阿尔伯特・艾利斯的那个令人难忘的新词，这个类型的人有“必须症”，也就是说，他们必须做这个，他们必须做那个。

1 号的理想变成了理想化。原本在健康的状况下，他们能够从追求卓越的激情中获得能量；而现今他们被“应该”所压迫，被“本该完美”所恐吓。

由于 1 号不再相信自己与生俱来的完美和正确（很可能是因为看护人没有给予 1 号足够信任，或者至少看护人不认可 1 号原本的样子），他们需要努力追求自我的完美，如此才能被人接受。

所以，正确一旦被过分地夸大，就变成了完美主义。“要正确”的价值观高于其他所有价值观，包括人际关系。他们开始沉迷于完美。正如一个 1 号的配偶所说：“对你来说，正确要比你理解我、与我共情更重要。” 这种对正确的恪守，阻碍和伤害了许多关系。这一点颇具讽刺意味，因为 1 号相信别人之所以会尊重他们、接近他们，正是因为他们的正确性。

对于完美主义者来说，“更好”是“好”的对立面。任何事情都有可以改进的空间或者变得更好的可能性。没有什么是足够好的，也没有什么是足够完美的。是以，1 号老师会在课后将学生留堂，因为他们的拼写不正确；一个 1 号带着伴侣来进行婚姻咨询，因为他们的关系不够好；1 号园丁会将某棵植物铲掉，因为想看看根部的长势。1 号相信一切都可以变得更好，他们很难对自己、他人和现实放任不管。

任何足够好的东西都可能会被过多的介入而毁掉。披头士的一首歌曲《随它去》（Let it be），应该成为 1 号的座右铭。

范式的维持

1 号通过持续地留意错误的、缺少的、分离的东西，来维持他们的非适应性模式，即他们和这个世界都不够好。强迫性模式磨砺了他们的批判能力，并对其微调，以便发现任何缺陷。因此，他们可能不会注意到，当然也很少会去细想，在此时此地有什么好的东西。他们的头脑中存在着一个完美的模板。他们审视着周围的环境，寻找现实和模板之间是否存在不匹配的地方。他们必须改变的是现实，而不是代表完美的模板。

这种模式也包括要么全有要么全无、非此即彼、非黑即白的思维。无论好与坏，这个电脑程序都能很好地对事物进行分类。但是，它不能有效地处理灰色地带，甚至不知道该如何应对，除非将它们变成非黑即白的状态。因此，对1号来说，最小的瑕疵也能毁了整件事。

这种模式没有留下太多继续前进的空间，也没有留下足够的学习时间和耐心。1号不喜欢停留在介于新手和高手之间的那种不爽的弱者状态。作为学习者，他们太容易遭到批评。一个1号父亲会说："如果你不能第一次就把事情做好，那么就干脆别做了。"而这种态度是无法培养出一个随意自在的学生的。

1号维持他们的非适应性模式的一个重要方法就是通过愤怒这一恶习或激情。

恶习 / 激情 / 非适应性情绪模式

完美主义范式激发了愤怒的激情，而它反过来又激发了完美主义继续前行。在"我是正确的""我是好的"这种理想化的自我形象，及其伴随而来的愤怒恶习之间，形成了一种自我延续又自我挫败的循环。

由于1号坚信自身的价值建立在他们坚持卓越和道德的高标准上，他们需要将自己的标准提高到比其他人还要高的水平上去，并稍微高于现实本身。在现实生活中，这种不切实际的完美，导致了理想与现实之间的鸿沟。1号总是试图跨过鸿沟。但是由于他们将自己的标准定得过高，他们不断地体验着失败，甚至对自己感到沮丧和失望。所以，他们又激起了愤怒的情绪。愤怒会促使他们更加努力地让自己变得正确、完美。他们越是努力尝试，就越是沮丧。因为他们总是将胡萝卜放在自己够不到的地方，所以他们需要付出更多精力，投入更多时间，从而变得更加怨恨。

1号马上发现，他们认为事情该有的样子与实际的样子并不一致。这种不一致很快导致了怨恨。现实不是他们认为应该呈现的样子，这可不行。这并不是可能的世界中最好的。1号不是他们应该的样子；其他人也不是他们应该的样子；上帝也不是那么完美。

另外一个不公平的是，即使1号如此努力地让自己变得更好，让世界变得更美好，他们却没有感到更满足，更愉悦，对自己感觉更好。

他们不会感到满足，因为所有的尝试和愤怒都不会给他们的真实自我带来任何好处。期望、奋斗和怨恨只会带来小我的膨胀。这些努力和尝试没有触及真正的自我或本体，因此正确与自我无关。

愤怒可以分为以现实为基础的愤怒，或者以自我为基础的愤怒。前者源于真实自我，是为了服务和保护自我而生的。如果真实自我的奋斗受到了干扰，或者自我边界受到侵犯，那么愤怒就会产生，扫除令人深感沮丧或侵入的事物。

当愤怒是由虚假人格导致时，这种愤怒只是为了维护自身的完美主义。具有讽刺意味的是，事实上，这反而会让真正的自我得不到足够的保护，甚至引发进一步的攻击。一旦 1 号不断地批评周围的人，他们更有可能会惹怒别人，而不是得到别人的感激。当他们指出其他人的错误时，被指责者可能反击称 1 号才是错误的。

或者，因为愤怒本该是属于率真的小孩子的表现，所以他们会转向真实自我，对自己不够正确进行批判和惩罚。格式塔疗法的创始人弗里茨·佩尔斯将怨恨描述为一种挥之不去的痛苦。你无法释怀这种怨恨，它就好像一条抓着你的腿不放的小狗。1 号的冲动就好像一条狂吠的狗，不停地狂叫，从不松懈。摆脱怨恨的方法，要么是咬住不放，完全清楚地表达出来；要么是放下怨恨，并宽恕自己和他人。

不幸的是，1 号着实难以做到放下和宽恕。他们对愤怒持有暧昧的态度，因此他们既不愿意承认，也不敢公开、明确地表达出来。他们秉持公平感和正义感，因此他们憎恨任何不公正的行为未受到应有的惩罚。如果他们自己或其他人错了，就应该承担相应的后果，为自己的错误买单，而不是因为自己过早地被原谅而逃避责任。任何公平和正义都需要果报。

结果是，1 号留下了相当大的怨恨，并在心中燃烧。无论愤怒的点在哪里，这种怨恨都会被冻结在身体肌肉组织里，于是，他们感觉到肩膀、手臂、腿、下巴等长期处于紧绷的状态。1 号还可能因为没有达到别人或自己的期望而感到内疚，由此产生愤怒和怨恨。在内疚背后，他们对于那些强加义务、给予期望的人真的感到不满。由于他们不允许自己直接向他人表达这种情绪，就转向自己，因为没有达到他人的期望而感到内疚。这种防御过程就是内向投射。接纳、拥抱潜在的愤恨，并将它清楚地表达出来吧，因为愤怒通常会消除负罪感。

因此，当 1 号因为没有达到自己或他人的期望而感到内疚时，他们可以告诉其他人，自己讨厌这些强加的期望，并拒绝履行。当罪恶感和责任都消失的时候，他们就可以更自由地追随自己内心的欲望和愿望。

1 号产生愤怒情绪的另一个原因，是他们的理想化。与其坚持无法实现的目标，从而导致挫败感、不足感和怨恨情绪，不如开始实现更现实的目标。尽管这些目标看起来很平凡，甚至不值得自己去追求，但是它的成果会给自己带来满足感、成就感。

1 号的理想往往是不可衡量的、不具体的、没有时限的、不现实的，甚至就是为理想而理想。他们会抽象、模糊地表达自己的理想，比如“我想做个好人，或者公平的人，或者完美的人”。因此，1 号始终无法确定自己是否真的实现了抱负。你如何才能知道自己是否足够好呢？好的方面是指什么？或者擅长的又是什么？

一旦 1 号用可实现的、可衡量的、可具体操作的、有时间限制的细节来描述目标，他们就会清楚自己是否真的可以，甚至何时会完成。诸如“我想成为一个好伴侣、好老师、好人”这类泛泛的目标，可以通过增加一些具体细节来定义。例如：“如果我在十天之内返还学生论文，并且在事实的基础上给予他们反馈意见，那么我认为自己是一名好的老师。”

一旦以这种方式进行表达，1 号就会清楚地知道自己是否已经达成了目标，并且为自己做成事情而感到高兴。继而，他们会制订其他可以实现的目标，并继续前行。在这个过程中，他们不仅提升了自尊心，而且拥有了实力，而不是在追求无法实现的、抽象的理想的过程中，让自己变得格外紧张。

范式的回避

1 号避免激活自己的“不够完美”“不够好”的非适应性模式的方式，是避开那些会暴露自己缺点和错误，导致自己遭受他人攻击的想法、情感、行为和情境。在表演前进行多次排练；压制自发性，因为它可能导致不好的结果；将灰色压制成黑白两色。另一个办法就是，将自己不可接受的部分投射到他人身上，从而避免触及自己的脆弱点。

回避区域

在本书第一篇中，我们看到了每一种人格类型的回避区域都是理想化的自我形象的阴暗一面。符合自我形象的部分被看作 “我”或者良好的我，也就是我们认同自己的方面。不符合自我形象的部分被看作 “非我”或者糟糕的我，也就是我们不认同自己的方面。在幼年，我们发展出这种自我分裂，它既是一种发展和保持稳定角色的方法，也是一种保护自尊的方式。到了成年，如果自我概念仍然是狭隘和僵化的，那么我们就会继续这种分裂。从好的层面来看，它在一定程度上维持了自我价值感；从不好的层面来看，由于我们将自己的一部分排除在自我概念之外，我们可能会失去与潜在丰富的能量和实力的联系。这时，我们会变成平面的纸片人，而不是多维立体的人。

不符合自我形象的东西是具有威胁性的。它会破坏甚至摧毁我们的自我价值，以及我们与他人的关系。因此，我们要么将这些不可接受的、“非我”的部分放逐到潜意识里，要么将这些不得体的部分投射到别人的身上，从而甩掉它们。

1 号会将内心的批评投射到周围人的身上，然后体验到别人爱批评的一面。这就是为什么他们觉得面对群众演讲是件不容易的事情，因为观众中总会有太多批评者，而他们又无法回应所有想象中的反对声音。由于他们期待着责难，所以他们常常会察觉到那些实际不存在的毛病。这种预想中的批评也导致了他们变得格外紧张，激起他们的怨恨和愤怒。为了维护自己正确、正直的形象，1 号会将自己的一些道德缺陷、不完美和坏习惯投射到别人的身上。因此，他人是一群失常的、懒惰的、一无是处的罪人，而 1 号就像一位苛刻的上司一样，鞭笞塑造他人。这种投射认同的防御策略超出了投射的范畴，因为除了将垃圾扔到别人身上之外，1 号还会主动帮忙清理垃圾，并对垃圾桶进行处理。因此，1 号老师会让学生继续留堂，直到他们拼写正确为止；1 号牧师会教化罪人走上正途；1 号父母会教育自己的孩子，让他们学习适当的礼仪。

1 号难以接受自己的冲动，于是他们经常将性欲和攻击性投射到别人身上。如此，他们就可以保持正直，甚至逐渐成为一名清教徒。

1 号最想回避的就是愤怒，这也是他们的恶习。

“好男孩”和“好女孩”是不应该愤怒的，因为愤怒与完美不兼容。因此，1 号要做的就是压抑或掩饰自己内心的愤怒和怨恨。

每个人都在不同程度上接触或者脱离回避区域。在 1 号这里是愤怒。一些 1 号根本没有意识到自己在愤怒。即便你当面指出来，他们也不会承认。另一些人很清楚这种情绪，但是不愿意表达或者表现出来，因为他们担心自己会因此被拒绝或者不被认可。于是他们通常会把怒气藏在心里。

1 号通过逃避愤怒或者其他“非我”特征，通过逃避内心的恶魔，逃避挑战恐惧和假设，来维护自己的非适应性模式。

1 号将那些与自我形象一致的性格特征纳入“我”的范畴，与之相反或相对的特征则纳入“非我”范畴，见下表。

我	非我	我	非我
好	糟糕	冷静	轻浮
正直	放荡	细心	粗心
有道德	不道德	挑剔	宽容
守规则	不守规则	一丝不苟	散漫
诚实	不诚实	准时	拖拉
高标准	平庸	努力	漫无目的
真实	虚假	端正	不端正
热心	冷漠	正确	错误
勤奋	懒惰	紧张	放松
严肃	爱玩乐	无私	自私
负责任	不负责任	严厉	宽容
坚持	善变	识别	不识别
精确	不精确	有条理	无条理
一丝不苟	马虎	真诚	不真诚
投入	置身事外	不断提升	自满

当 1 号将“非我”的特征投射到别人身上，他们会发现自己周围都是一群邋遢、懒惰、不负责任、不守规则的落伍者。因此，组织、管教的工作他们责无旁贷。也难怪他们需要管理自己，从不松懈，甚至不能把事情交给别人。你会愿意将这个世界交给一群漫无目的、粗心、善变、爱穿拖鞋的懒汉吗？我不这么认为。为了补救他人的自满，1 号不得不选择夜以继日地工作。这就是为何他们会愤怒和怨恨，因为他人没有尽到自己的责任。

1 号需要与自己不好的一面友好相处，从而发现邋遢、懒惰和不负责任的好处。或者，他们需要将这些特质看成自发性、放松和偶然性。他们内心爱玩乐的特质能给他们带来什么好处呢？也许是一些生活的乐趣和享受吧。不守规则的人能做出哪些守规则的人都无法做到的事情？他们可以做一些他们想做的事，而不是他们应该做的事！

1 号需要重新定义“非我”的特征，从而发现铁锈之下的铁元素、泥土里的金子、浴缸里的婴儿。要是看不上这些“非我”要素，他们就永远也无法接近它们。那么，什么样的人能够接近这些要素？一旦 1 号察觉到“非我”属性在完整自我方面所起的作用，那么他们就可能愿意拥抱它们，并将这些融入自己的意识中。

1 号也可以借鉴一下黑格尔的辩证法。“我”的特质是辩证法里的“正题”，“非我”的特质是“反题”，创造性地将两者融为一体，就是“合题”。因此，1 号需要退后一步，抛弃二分法，从而得出一个涵盖了两个对立极端的自我概念。例如，他们可以将自己定义成一个“严肃而风趣的人”，或者他们认为自己是既能识别又能接受的“识别家”，或者他们正在“直线地流动”或“精准地滑翔”，如此一来，自己就既灵活又坚定了。

这个诀窍的关键就在于，抓住对立的两个极端，并鼓励这两种能量流入到创造性的“合题”中。荣格从自然界中发现了一个可以应用于人格的原则，就是相反相成，即事物向其对立面的方向发展。如果你将一个热盘子放在一个冷盘子旁边，那么两个盘子都会变温。高水位的水会往低水位的方向流动，直到两者达到相同的水位，最近发生在新奥尔良的洪水疫情，就证实了这个过程。物极必反。因此，好（正直）也就变成了糟糕（自以为是）。马虎到了极致就产生了秩序，这便是混沌理论（或者没有尽头的地下室）。海岸上岩石的细密分层和排列次序，是由风和浪的随机作用所决定的。

我们将在后面看到，当 1 号接触到 7 号和 4 号的适应性特质时，他们会自然而然地平衡自己的心理状态。具有讽刺意味的是，其中许多特质就隐藏在“非我”范畴之下。1 号扭曲了它们，也就不想接近它们。例如，1 号认为的粗心、不负责任和轻浮分别对应的是 7 号的无忧无虑、自然和孩子气的特征；而易变、不精确和不守规则规则分别对应的是 4 号的波动性情绪、直觉和不受惯例约束的品质。

为了丰富自己，1 号需要重新审视自己“非我”的特征，以便扩大自己的广度和深度。

防御机制

防御机制就像一台缓冲器一样，阻止不可接受、“非我”的部分接触或者污染到可接受的、“我”的部分。它介于理想化的自我形象和回避区域之间。它的功能就是压制或掩饰我们所忌讳的要素。一旦这些不受欢迎的要素接近我们的意识，我们就会变得焦虑，触发防御机制，屏蔽那些具有攻击性的、不被认可的要素。

1 号经常使用的防御机制是反向形成。在这个保护性过程中，我们会做一些与自己被迫要做的事相反的事情。我们克制一些不可接受的冲动，有意识地觉察并做出相反的事情。例如，如果你很想拥抱某个人，但是对于表达爱意感到不自在，那么你可能会上前去打他一拳。男性非常擅长做出这种怪异的举动，比如在自己的队伍进球之后，球员会捶打队友。又或者，你想打某人，但打人是不合适的行为，所以你可能会拥抱他，用善意杀死他。再或者，当你想锻炼身体的时候，你可能会选择躺下来，直到这种想法消失。

我们观察到，1 号往往对于自己的攻击性冲动和性冲动感到不满。为了克制自己的性感受，他们可能变得开始注重道德、拘谨、清心寡欲、严于律己，甚至极力反对色情或同性恋。当克制过度时，我们可以合理怀疑某些反向形成正在发生。1 号将自己的脏东西扔到这个世界，然后再去清理干净。他们经常认为自己是向着肮脏发动一场宇宙之战的白衣骑士，目标是让这个世界变得更加美好（当然是按照自己的标准来看的）。1 号可能变成一位强迫性的行善者。

1 号如果对自己的攻击性冲动表示不满，他们会给它另外命名。例如，他们可以说这是“正义的愤怒”“对社会不公的愤慨”“神圣的愤怒”。替换和升华是他们伪装和接受自己不体面本能的方式。也就是说，他们会以一种全社会都认可的方式来发泄自己的愤怒，比如向污染环境、制造安全不过关车辆的公司发起挑战，又比如发动一场消灭异教徒的圣战，如此来美化甚至神圣化自己的愤怒。

当 1 号变得过于拘谨、注重道德，甚至患上了“必须症”时，他们可能会否定人性中的一些欲望、冲动、反应和快乐。

控制变成 1 号的一个普遍议题。他们需要在混乱中建立秩序。因此，他们试图控制自己、他人、事件等。他们担心，如果任由天性自由支配，会造成混乱。但是，事实上，混乱源于虚假的人格和过度的控制。例如，力图掌握绝对控制权的强迫性人格，实际上会引发失控的状态，从而证实了荣格所说的“事物总是朝着其对立面发展的”。

如果我们遵从基本的、真实的欲望和需求，那么它们会带来真实的、完整的、健康的、满足的、自我超越的状态。

主要脆弱点

遭到批评是 1 号的主要脆弱点，是他们在人际交往中最敏感的部分。被人发现自己有错，会让一个人丧失自尊心，感到不好意思，受到威胁和伤害，而这些正是 1 号最想逃避的。为了避免因伤害和可能的拒绝而受到责难，他们表现出虚假的人格。

1 号也对犯错和被冤枉很敏感。他们的棱镜聚焦于任何对他人或自己不公的行为。

一旦触及这个脆弱地带，他们的非适应性模式就会启动：

“我不会变得足够好。”

“我并不完美。”

“我错了。”

“我是有史以来最烂的。”

“我不配。”

“我必须努力工作。”

“如果事情很容易，那么它就不值得去做。”

“虽然过程糟糕，但是只要有了完美的成品，便是好的。”

当 1 号开始怀疑自己不够正确、不够良好时，这种恐惧就会激活他们的补偿、维护和回避模式。

如果他们头脑中的审查员嗅到了自己可能被评判为错误，那么一系列防御策略就会启动。他们会在你的面前展示、挥舞理想化的自我形象（“我是正确的”）的大旗；他们会表现出理直气壮的愤恨，来鼓舞自己，保护自尊心；他们会调动起反向形成的防御机制，来确定自己所做的是对的，而你是错的；他们会盖住自己的侧翼，屏蔽自己的意识，防止任何不可接受的缺陷进入自己的意识领域，而一旦自己有了任何的缺点，他们也会认真地加以处理和纠正。

可以说，当他们因最微不足道的挑衅而动员起来战斗时，这就是他们的主要脆弱点受到迫害之时。

当感受到自己遭遇最大威胁时，1 号需要移除由小我发出的“红色警报”，转移到本体之中。他们需要在此时此地以真实的自我为中心，从批判性的判断模式转换到觉察、辨别模式，并提醒自己放松、保持冷静。在这一客观、积极的状态下，他们拥有清晰的视角，可以采取多种选择来关照自己的主要脆弱点。而在高压、消极、主观状态下，他们抱着扭曲的视角，为了保护内心受伤的小孩，做出受限的情绪和行为反应。1 号需要记住，自己真正需要和希望的是别人能够接纳他们本来的样子以及他们带来的东西，是感觉自身的良好和正确，是获得别人的尊重和爱。1 号的扭曲棱镜让他们获得了安全感，并防范他们免遭批评，但并不能保证他们更深层次的欲望得到满足。具有讽刺意味的是，他们的愤怒（“我是正确的”）方式阻止了他们的真实需求得到满足，甚至可能导致他们真正害怕的事情——受到更多的批评和拒绝。1 号越是宣称自己是正确的，就越是有人指出他们的错误。

成长经历

正如亚里士多德所言，所有人都会努力去追求卓越。因此，无论从哲学层面还是性格上，1 号势必会追求和看重良好。如果他们身处良好的环境，这种天然倾向就会锻造出一个看重卓越、竭诚实现自己所有潜力的康健之人。

而如果他们成长于一个没有同理心的环境中，家长以一定方式强加给孩子一些要求，而不是让他们做自己，那么这种对优异的执着就会被放大，成为一种对完美主义的执念，作为在不确定的环境中适应和生存下来的方式。

1 号因为自己做好事、做对事而受到奖励，因为办错事而受到惩罚。这种好与坏的标准与他们自己的喜好无关，而是由看护人强加的标准和原则所决定的。而后，1 号将这些正确行为的标准内化和吸收，开始按照这些“应该”来要求自己。既然这些标准已经根植于他们严格的超我中，1 号看起来真的打算遵循甚至达到这些标准。他们已经说服自己，这些“应该”是发自他们内心。事实上，这不过是外部规则的内化而已。1 号将内部和外部评价核心混淆了。

做一个好男孩或者好女孩变成了拯救生命和自我的办法。如果你问 1 号是如何在这个竞争激烈的星球上生存的，他们会回答：“做一个良好的人。”只要自己完美了，就没有人对你指手画脚。如果你是正确的，将每件事都做对了，那么人们就会认可你，钦佩你。

他们开始相信，如果自己的标准高于其他人的，那么他们就有可能成为大人物，其他人也会接纳和关注他们。因此，他们的理想和抱负是广博的，而非狭隘的。他们想要拯救这个世界，而不仅仅是他们的街坊四邻。如果你是平庸之辈，那么你就什么都不是。听一听作曲家萨列里在戏剧《阿玛迪斯》（Amadeus）中的抱怨吧，他悲叹自己的天赋比起莫扎特来平庸无奇。

1 号也可能因为业绩出色，取得好成绩，成为学校里的好学生，而获得来自社会的认可，并随之感到自我感觉良好。

1 号在小时候就需要接受或者承担一些责任。父母希望他们能够快快长大（比如在他们六岁的时候），成为照料弟妹甚至父母的人。因此，1 号可能没有太长的童年或青春期。他们需要纠正、培养和鼓励自己内心的小孩来玩乐。不幸的是，作为成年人，他们不会允许自己花费太多时间去消遣，因为为了让这个世界运转良好，他们承担了太多太多。

通常情况下，1 号要么是家中的老大，要么是较年长的孩子。他们需要帮助自己的兄弟姐妹，或者成为弟弟妹妹的榜样。但是，家中最小的孩子也有可能是 1 号。

在我的非正式咨询经历中，我没有找到在出生顺序与人格类型、在父母类型与后代类型之间有任何确定的关系。气质和性格偏好似乎是由一连串的基因所决定的，而人格类型由气质和家庭地位的相互作用所进一步塑造。

对 1 号来说，在早期的成长过程中，控制自己是很重要的事情，因为自律、做自己应该做的事、控制情绪，能够让他们免受惩罚。

因此，1 号会接受这些施加于自身的外在标准，并将其内化成为自己的行为准则，而不是像 8 号那样，为了反抗这些准则，成为一个坏男孩或坏女孩。

接纳这些“应该”帮助 1 号生存下来，但同时也滋生了怨恨的情绪。像其他人一样，1 号憎恨他人或者自己严苛的良知给自己施加的限制。他们讨厌那些任由冲动和情绪支配自己（1 号认为这样对社会危害很大）的自由论者，以及那些懒惰、忙里偷闲、工作不出色的人。

身体特征

强迫性的 1 号是紧张不安的。他们对内部和外部的批评都很敏感，努力成为一个正确的人。他们就像口衔嚼子、肩负缰绳的骡马一样，背负着义务前行。由于愤恨和努力，他们常常收紧下巴。1 号的外形一般是棱角分明的。他们的行为往往是尖锐的、不稳定的、严苛的、完美的。

在强迫性状态下，他们的谈吐带有刻薄的愤怒情绪，也具备优势。他们的文法通常是正确的，他们习惯于查找某个单词的准确定义和正确发音。这一型的人可能会觉得自己有必要纠正别人的口语和书面语。

阿里卡面部分析理论认为，1 号左边眉毛周围紧绷，当他们被评判或者指责的时候，他们经常会扬起左眉。

沟通方式

1 号的典型说话方式是教导和说教。他们经常成为公开的或者暗地里的教师或传教者。他们觉得自己有责任让别人变得更好，有必要分享自己完美和开明的一面，所以他们会告诉别人如何才能把事情做好。

既然他们知道什么才是正确的，所以他们会以一种权威的口吻说话。他们喜欢直率、直接而诚实。

1 号喜好争辩。为了证明自己是对的，他们会说出很多理由。为了让别人明白自己的意思，他们会详细陈述观点，显得有些乏味和迂腐。因此，虽然 1 号的天赋在于准确、正确，但他们在想要将细节做到位和阐述自己观点时，可能变得有强迫性。在这种情况下，其他人往往会失去兴趣和耐心，最终停止倾听。

有些 1 号在说话过程中可能会突然中断，就好像在回应内心的疑问、反对意见、限制条件等。在稍后介绍的自保副型当中，我会更多地讲述这种倾向。

虽然 1 号一开始显得很教条，但是如果他们认为你说的是对的，那么他们也会跳出框框，思考你所说的话，转变立场。因此，在 1 号毫不留情拒绝你时，你一定不要放弃。

当 1 号身处压力或优良的条件下，他们可能会转换到其他范式。现在让我们一起接着往下看。

范式的转换

通常，我们会使用自己最习惯的棱镜来观察这个世界。换句话说，我们会使用自己最擅长、最成功、最习惯的范式，也就是我们自己的人格范式。我们成为自己领域里的专家。

但有时会出现一些问题，用习惯性的方法难以解决。在这种情况下，我们就需要转向另一种人格范式，它具有一套完全不同的规则和操作流程，足以解决此时的困难。如果我们能适应这个范式，透过它的棱镜去看待这个世界，那么我们就会获得额外的认知、情绪和行为应对策略。

九型图展示了在压力或安全条件下，人类的心理会自然地转向一些其他的人格范式。

我们可以有意或无意地干扰这些范式转向其他范式的积极或消极面向。积极面向为我们提供了观察事件的另一种有用的方式，为我们应对各种情况提供了更广泛的行为基础。而消极面向会愈加模糊我们的视野，甚至进一步扭曲我们的视线，限制我们的反应能力。

以下是 1 号的范式转换：

	压力条件下	安全条件下
积极面	+4	+7
消极面	−4	−7

压力条件下

（1）戴上 1 号的扭曲棱镜：使用自己老旧错误的棱镜

当 1 号感受到内心愈发增多的压力、外部的需求，他们可能会戴上自己老旧扭曲的棱镜，继续重复原来的做法，以期带来改变。

他们可能会付出更多精力，更加努力工作，投入更多时间，变得更加严肃、死板和坚定，更加挑剔自己身处的环境，甚至会因为自己白费精力而更加怨恨、更加努力等。当 1 号的车子打转时，他们会更用力地踩刹车。

（2）戴上 4 号的扭曲棱镜：使用他人老旧错误的棱镜

当重复原有做法仍不奏效时，1 号只能放弃自己的策略，他们可能会求助于一副更老旧的棱镜、一个备用策略。这意味着他们会戴上 4 号的扭曲棱镜，并采用不那么有用的策略。

当 1 号变得更加严苛时，他们会将怒火更多地发泄在自己身上，变得抑郁，而不是把精力用在解决问题上。他们可能会说："这有什么用？！我已经绝望了，我永远都好不起来了。"他们抛弃了自己人格类型中精准、正确的特质，夸大了自己的境遇，沉沦在自己的感受之中，就像 4 号的非适应性模式那样。与 4 号一样，他们也会戏剧化正在发生的事情，从而逃避日常的境遇。

如果他们不够正确或者不够完美，他们会自觉很特别，以此来挽回仅剩的自尊心。他们会认为自己被误解，被伤害，被利用。他们放弃以直接的方式来应对现实，而变得更有操控欲。

他们感觉很糟糕，因为没有人赞赏他们为改变世界所做出的努力。他们变得沮丧、停滞不前，而不是采取行动，或者做一些修正错误的事情。他们陷入了忧郁、自我怀疑和自我怜悯之中。他们对于实现自己的理想和目标感到沮丧和绝望，认为自己让所有人失望了。

1 号甚至倾向于支持绝对性和灾难性思维。抑郁毁掉了他们对更美好的未来的憧憬。像忧郁的 4 号一样，他们陷入了憧憬和渴望之中。

（3）戴上 4 号的正确棱镜：获得一个新视角

当处于艰难的环境时，1 号可能会发现 4 号的高等一面是救星。当他们使用 4 号的正确棱镜，他们会追寻真实自我，而不是做自己应该做的或者理想化。他们会接触自己真正的喜好、感受、愿望和身份，而不强求与内心或者外部的期望一致。

在这个过程中，1 号可能会体验到一种真正的悲伤（不是忧郁或沮丧），因为他们之前忽视了真正的自我。这是悲痛的一种表现，可能带来态度和行为上的真正转变，一种悔改。而他们通常的怨恨只会导致更多愤怒的表达，并顽固地坚持老办法。

由此我再次想起了佩尔斯关于怨恨的描述，“悬在咬痕之上”。他也指出 1 号的图腾动物是狗。从高等一面来看，狗代表了 1 号对自己的承诺和理想的忠诚和热烈。从低等一面来看，它代表了 1 号没好气的批判以及他们极端化坚持自己的立场。佩尔斯提出了一个消除怨恨的办法：咬住不放，坚持到底；彻底而明确地说出你的愤怒。或者，你也可以张开你的嘴巴，放它走；彻底原谅自己和他人。1 号或许可以提醒自己：犯错是人之常情，宽恕是神圣之举。遗憾也不失为一种选择，真诚的悔恨之泪可以消除幻想和愤恨的枷锁。

4 号范式可以帮助 1 号远离他人和情境，来获得更为客观的立场，反映自己的喜好、感受和价值观，与真实的自己相联结，从而补偿 1 号背离现实的趋向。

安全条件下

（1）戴上 1 号的正确棱镜：从自己的角度看得更清晰

在积极的状态下，在他们感到安全、稳定的情境下，1 号可以更自由地切换到自身范式的高等一面及其清晰棱镜。

此时，他们更有可能接受、原谅自己和他人。1 号不再尖刻、吹毛求疵或者想要立竿见影改变现状，而是变得更有耐心、更宽容了。他们允许麦田里生长杂草，他们开始接受自己以及现实中的斑斑驳驳。

他们一边施予善行，一边祈求宁静：

上帝啊，请赐予我宁静，让我接受自己无法改变的一切；请赐予我勇气，让我改变自己所能改变的一切；请赐予我智慧，让我去辨别两者的不同。

他们的分类变得更灵活，不再那么死板。他们较少做出“要么 / 要么”这样非此即彼的思考，更多地进行“都 / 和”这样包容性的思考。他们接受现实是一个过程，一个连续体。

他们会花时间反思自己的感受，问问自己到底为什么生气，对自己和他人的期望是否现实可行。他们诚实清楚地表达自己的感情，尤其是愤怒，而不是在心里怨恨。他们接纳并认同自己的性感受，而不是感到羞耻或者克制这种感觉，甚至将自己变成一个清教徒。

（2）戴上 7 号的正确棱镜：获得一个新视角

对于 1 号来说，7 号的高等面向提供了一种额外的积极状态，补充了一种看待世界的方式。在这种状态下，1 号会说：“即便我们都不完美，但是我很好，你也很好。”7 号的范式帮助 1 号更容易接受和允许，也许可甚至命令他们享受乐趣。

7 号的观点教会 1 号少把自己和情况当回事。如此，他们才能发现自己孩子般顽皮的一面。他们会放松下来，而不是紧张兮兮的。1 号经常以为突破就意味着要变得更严肃，更沉重。而实际上，这更有可能导致崩溃。通常来说，休息停顿是一个富有创造性的解决办法。从问题中跳脱出来或者把玩它，往往有助于摆脱困境，而一味地努力尝试只会让人更容易被问题所困住。当困于泥潭中时，前后摇摆往往要比坚持不懈地向前行进更能成功。

对于 1 号来说，转向 7 号范式就好似在车子打滑时松开刹车，与其说是放弃自己的个性，不如说是向另一种存在方式妥协。通过这种方法，1 号可以顺势而为，而不是逆水行舟。

他们不需要去推动河流，因为河流完全可以自己去流动，他们可以信任这个过程。当 1 号放松、放手的时候，他们就走上了正途。这与他们通常的紧张、坚持、力求控制形成鲜明对比。

7 号视角让 1 号变得更加自然而然。他们开始让自己和事件自然而然地成长和发生。

在积极的状态下，1 号可以扪心自问自己到底需要什么、想要什么。他们有权做一些自己想做的、快乐的事情，而不是总做那些应该做的事情。

7 号视角让 1 号注意到自己和情境中好的一面，而不光是错误和缺失的一面。他们除了发现杯子空的一半，还会看到满的那一半。

1 号现在既可以使用发散的、直觉的、多选择化的思维方式，也可以使用统一的、集中的、细节化的思维方式。他们对解决问题的方法持开放态度，而不是只有一种正确方法。他们将自己解放出来，变得更有创造力和想象力，他们理解了这句格言“给一只猫换皮有很多方法”，尽管这句话显然没有得到猫的认可。

1 号对于自己的缺点和遭受到的批评，往往会愤怒地拒绝接受现实。7 号范式则教会他们以乐观、接受、认可和喜爱的态度去接近事件，肯定存在的美好，同时也不断消除缺陷。

（3）戴上 7 号的扭曲棱镜：让你的视野更模糊

即便在隐蔽、安全的条件下，1 号有时也会掉进 7 号的低等面向。在这种消极状态下，他们利用 7 号的扭曲棱镜来满足自己的需求。

这通常意味着，试图通过成瘾或其他愉快的方式来逃避当前的痛苦或压力。为了平息内心苛刻的批评，他们可能会借助酒精、毒品或零食来麻醉自己。

为了从压力和工作中获得快乐、消遣和解脱，1 号可能会追求一种隐蔽的性生活或者享乐生活。这些行为通常带有强迫性和成瘾性。矛盾的是，这些是 1 号无法控制的领域，与他们生活中的其他领域形成了对比。就好像他们的灵魂或躯体对自己说：“虽然你一直在如此努力地控制我，但是，总有一些你无法控制的东西。”如果 1 号能够倾听这些被压制的声音，那么他们可能会将“应该”的胁迫，转化成上帝之子的自由，从此过上他们想要的生活，而不是他们应该或被迫度过的生活。

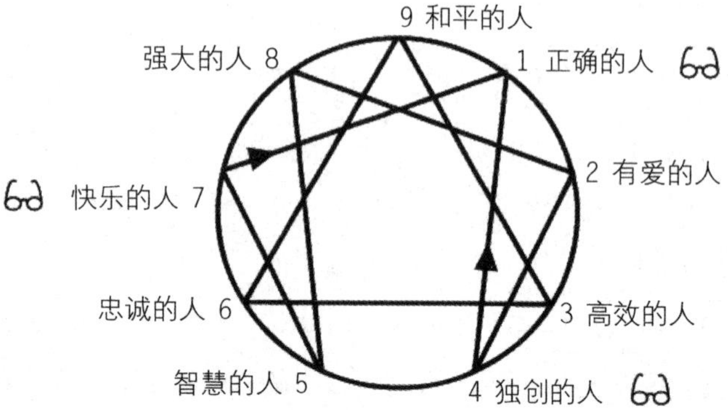

向侧翼的转换

我们的范式通常与两侧的范式有重叠的部分。通过倾向一侧或另一侧，我们扩展了自己的视角，增加了自己情感和行为上的储备。

（1）戴上9号的正确棱镜：有益的侧翼视角

当1号利用9号的积极的观点，他们想要现在就纠正和改进一切的强烈欲望或者动力会减弱。他们变得更放松，更容易信任和接受，更愿意看到人和事情顺其自然地发展，而不是干预和加快其进程，改变其方向。他们就像圣奥古斯丁（St. Augustine）和匿名戒酒互助会[①]一样，深知自己能做什么以及不能做什么；就像赌徒一样，知道自己什么时候需要守牌，什么时候可以摊牌。当9号的冷静与1号宁静的美德和谐共处，1号可以从内心一个更安静和核心的地方出发，做出改变和变革。他们拥有了多样化的观点，而不只是单一的正确观点。比起批评和纠正，他们更愿意合作和达成共识。

（2）戴上9号的扭曲棱镜：无益的侧翼视角

当1号滑入9号的消极面，他们往往会由于担心自己做得不够完美，而推迟完成重要的工作。这样，在最后完工的时候，他们就可以找借口说自己没有时间做得更好，因为他们正忙着做其他不得不做的事情。9号的一个非适应性

① 匿名戒酒互助会，1935年6月10日创建于美国，其成员互帮互助，通过12步计划戒除酒瘾。——译注

特征就是，他们倾向于忽略真正重要或者与自己相关的事情。同样地，1 号有时会忽视真实的自我和自己的喜好，而只关注自己应该做什么。9 号的扭曲棱镜鼓励了 1 号的自我遗忘。

（3）戴上 2 号的正确棱镜：有益的侧翼视角

当 1 号借鉴了 2 号积极面，并通过他们的正确棱镜来看待事物，那么 1 号对自己和他人的批判态度就会为理解、同情和宽恕所中和。他们接纳自己和他人的需求，按照自己的需求，在需要做和应该做的事情上花费同样多的时间和精力。2 号的谦卑的美德能够帮助 1 号接受一个现实，即他们改变世界的能力是有限的。他们仍然可以从事教学、改进或改革方面的工作，但是需要以一种更温和、更宽容的方式进行，或者在较小的范围内，在自己的世界里做出改变。他们的理想化是通过为他人服务体现出来的。虽然他们不会将人们置于原则之上（2 号往往会这样做），但他们确实变得更有适应性和灵活性，不再受到严格的规则和崇高的理想约束。他们用他们的心和标准，来服务于这个世界。

（4）戴上 2 号的扭曲棱镜：无益的侧翼视角

当 1 号认同了 2 号的消极特质，以扭曲的方式看待问题，那么当自己纠正错误的努力没有得到肯定时，他们更有可能受到伤害和失望。他们想要提升他人和环境，让自己感到有价值，获得认可。与 2 号的低等一面相一致的是，当他们认为自己完成了所有的工作，却没有得到应有的帮助或赞扬时，他们会认为自己是受害者，被人利用。就像爱夸张的 2 号一样，1 号会牺牲自己的欲望，根据自己的崇高理想和高标准来为他人服务。

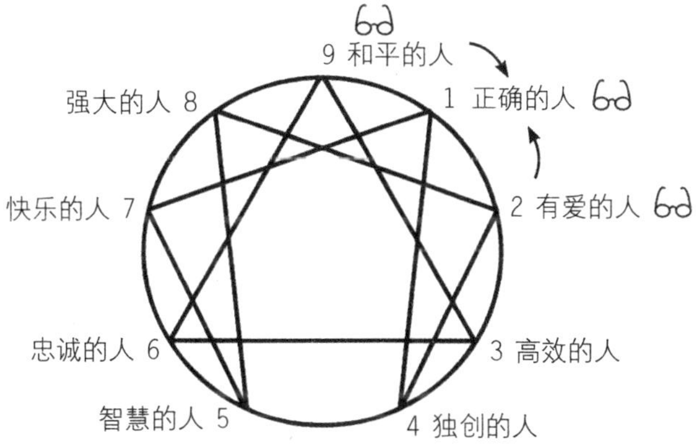

副 型

1 号的能量会以三种变体的形式表达，这就是副型。

（1）性本能副型

用一个词来描述这种副型的心理关注、情感恶习和反应性行为就是“嫉妒”。当愤怒的恶习污染了寻求联结、亲密关系和性表达的自然动力，便产生了嫉妒。小我的愤怒被转化成嫉妒，然后成为人格的驱动力和被迫的行为。1 号性本能副型担心会有比他们还完美的人出现，而他们身边的伴侣和朋友会被吸引过去。他们对任何人或任何可能会影响到他们和另一半关系的事情，都十分挑剔。其他人被视为竞争对手，自己必须与之竞争并加以防范。

这种嫉妒也包括对事业、对他人权利的嫉妒。嫉妒随即变成了狂热。1 号性本能副型可能对他们所拥护的事业和人变得异常紧张而狂热。他们可以变得非常正直和忠诚。他们通常是十字军战士或者社会改革家。

性本能副型通常是 1 号主观能量的最为清晰的表达。他们会进入你的空间，让你变得更好，无论你是否提出了这样的要求；他们会纠正你，塑造你，让你成为一个正派的人，即便在这个过程中，他们或者你自己可能会丧命。这种副型会为了孩子好而督促孩子去上芭蕾、礼仪、体操等课程，或者为了改善双方关系而带着伴侣去做婚姻咨询或参加交流工作坊。

（2）社群副型

当愤怒的恶习污染了归属、社会 / 群体关系的本能时，其结果便是不适应性。在这里，愤怒是通过不妥协的社交理想和信仰表达的。虽然 1 号社群副型看起来更随和，比紧张兮兮的性本能副型更能温和地表达自己的能量，但是他们也会变得固执己见，在某些问题上拒绝让步，通常是在道德领域。由于他们认为自己是正确的，他们可能表现得很有道德感，一直坚持按照自己的方式去做事，坚持自己的道德准则。他们通常是想要改变体制的社会变革家，不遵守社会的道德准则。如果他们认为某个制度在道德上不正确，那么他们就很难认同或赞同它。例如，尽管亚伯拉罕·林肯一心想要一个统一的国家，却甘冒分裂的风险，因为他无法接受当时盛行的支持奴隶制的道德规范。

1 号社群副型可能会组建一个团队让人们接受他们的观点；或者他们会加

入由一群志趣相投的人组成的团队，比如大家都支持“天赋权利”或“选择自由”。在争议中，他们会发现自己左右不讨好。

（3）自保副型

当愤怒渗入、污染了保护生命的本能时，就会带来焦虑和担忧。此时，愤怒是通过激动表现出来的。1 号自保副型担心自己的生存和健康。他们担心自己不够完美或犯错误，因为这可能危及自己的生存。如果他们不够完美，其他人就不会喜欢他们，批判他们，最终会拒绝他们。他们自己内心的批判可能会占据主导地位。这个愤怒的声音吓坏了他们，让他们感到焦虑。他们内心的审查员也经常通过提出异议、增编、澄清等方式，打断他们的发言和思路。

1 号自保副型的愤怒和怨恨通常聚焦于公平和正义层面。例如，他们可能会控诉这种不平等：他们必须努力工作，克服诸多阻碍，而他们的邻居却可以轻轻松松，无功受禄。

1 号自保副型可能会和恐惧型 6 号相混淆，后者也害怕或者担心出了什么问题。不过，1 号自保副型更担心的是达不到他们内心世界的完美标准，而恐惧型 6 号担心的则是违反外部的规则或权威准则。

1 号：正确的人

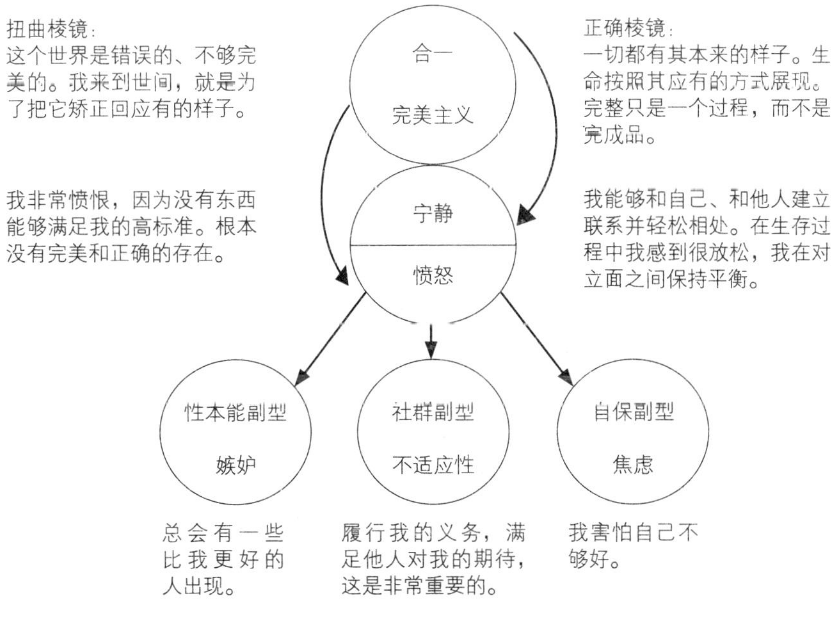

总 结

正确的棱镜代表了一种理想主义、崇高的原则和道德高标准的愿景。这是一种通过清晰的目标和意图来表达的卓越之路。走上这条道路的人是认真的、可靠的、努力的、勤奋的。他们想要充分发挥自己的潜力，并帮助他人实现自己的潜力。他们希望这个世界成为一个更美好的地方，并宁静地完成这个目标。

完美主义的范式表现在，过分追求正确性，过分纠正不完美的事物，注意力集中在错误和缺陷上，过分专注于把每件事都做好。拥有这个愿景的人会变得过度负责、严肃、紧张、有压力和说教。我是完美的，所以我不会被人指手画脚。愤怒驱使了这种行为方式，并将能量转移到怨恨上。

价值观：正确。

愿景：让世界变得更美好。

适应性认知模式：接受；一切都在进行中，都在它应该在的地方。

适应性情绪模式：宁静；平静地穿越宇宙，知道你能改变什么，不能改变什么。

适应性行为模式：做事认真、仔细、准确。

非适应性认知模式：我很好；我是正确的；没有什么是完美的，但它应该要完美。

非适应性情绪模式：愤怒；事情不妙，这不公平。

非适应性行为模式：试图以高标准来改善这一切。

主要脆弱点：被批评、犯错误和蒙冤。

回避区域：愤怒；做错事。

防御机制：反向形成；做相反的事情。

有益的范式转换：发散性思维；顽皮地接受；乐观；一切都来得及。

无益的范式转换：没有人理解或赞同我所做的事情；绝望；我不知所措。

---

2 号棱镜　爱的视角

2 号的自我判定

根据以下陈述与你的契合程度进行评分：

1 几乎从不

2 很少 / 罕有

3 有时 / 偶尔

4 经常 / 频繁地

5 几乎总是

____ 我慷慨大方。

____ 我不会刻意追求自己想要的，而是先满足他人的需要，希望他们也能来满足我的需要。

____ 帮助别人是我获得别人认可的主要方式。

____ 我很热心，经常倾听他人的难题。

____ 我需要关心其他人。

____ 我会无私地为他人奉献，并希望因此得到他人的赞赏和感激。

____ 我不吝夸奖他人。

____ 我很难把握关心自己和自私自利的边界在哪里。

____ 我是一个深情的人。我迷恋其他人，也希望他们能喜欢我。

____ 我对身边的人很有爱、很宠溺。

____ 我会为别人做一些事情，也期待自己成为他们生命中重要的人。

____ 我喜欢给予，也会寻找给予他人的方式。

____ 我很在乎别人对我的慷慨大方的感激之情。

____ 我很关心别人的需求，愿意做任何能够满足他们的事情。

____ 我用善良来引诱人。

____ 我尽可能做自己力所能及的事情，因为我需要爱和被爱。

____ 我天生喜欢培养别人。

____ 为了让其他人喜欢我，我会奉承他们。

____ 人们都很依赖我对他们的支持。

____ 我对别人总是非常贴心，让他们感到舒服，提供他们所需要的东西。

____ 总分

核心价值观

2 号关注的核心价值是爱。当被问及自己的生命意义时，他们的回答是：他们来到这个世间，是为了让大家能够爱护彼此。赋予他们生命以意义的是关系和联结，即爱与被爱。中世纪神学家、哲学家圣博纳文图尔（St. Bonaventure）曾写道，人类最高级的能力是意志，因为意志是我们爱的能力之源。另一位中世纪神学家、哲学家托马斯·阿奎那（Thomas Aquinas）则认为，理智才是人类最高级的能力，因为理智让我们（也是赐予我们）能够接触真理。在后面的章节中，我们将会看到，5 号高度重视认知。爱和认知的能力都是至关重要的，这首先涉及的就是看问题的角度。

桑顿·怀尔德（Tornton Wilder）在他的著作《圣路易斯雷大桥》（*Bridge of San Luis Rey*）中，讲述了同名建筑物的悲剧性倒塌，并记录了在那一天走上这座桥的人们的过往。于是，我们看到每个人在死前都曾有过某些充满爱的经历。那么，怀尔德是否在向我们暗示，既然这些人都已经通过爱找到了自己存在的真正意义和命运，那么他们就没必要继续活下去了？ 爱是人与人之间、生与死之间的桥梁。 2 号肯定会赞同这一结论。

古罗马天主教《巴尔的摩教义问答》（*Baltimore Catechism*）曾经提出“人类生命的目的是什么”的问题，并给出答案：“我们来到世间，是为了认知、爱和服务上帝，也将在死后永远与上帝快乐地在一起。”2 号会确认爱是三者的核心；5 号认为认知才是最重要的部分，所以它居首；3 号坚持认为服务才是留到最后的、最好的东西；而 7 号则会在最后加上无穷无尽的快乐。

如果说 1 号的愿望是让世界变得更美好，相比之下，2 号的愿望便是，让世界变成一个更加充满爱的地方。他们的世界观寻找着爱、乐于助人、乐于服务的方式。2 号天生就是慷慨大方、乐善好施的人，他们很愿意分享自己、活力、时间、财产等。

由于性格使然，他们乐于助人、养育他人。由于棱镜使然，他们能够注意、欣赏、认可和赞赏他人的才能和天赋。他们善于塑造他人，让他人感觉良好。

2 号是好交际的、友好的、合群的、平易近人的。对他们来说，人际关系才是生命的全部。

他们往往是温柔善良的。为了建立一个和谐、融洽的环境，他们自然而然地喜欢靠近那些有感情的人。咄咄逼人或对反对他人并不是他们的选项。他们厌恶残忍，甚至不喜欢看电视上的暴力节目。远离他人也会让他们感到不自然。由于他们将自己设定为助人者，他们很难做到袖手旁观，任由他人颜面扫地、一败涂地，即便这可能是对方自立的必要前奏。

范式视角、专长与格言

2 号能够直觉地感知到他人的情绪和需求。他们渴望为他人服务，会在自己的周围扫射那些需要帮助的人。由于他们总是在寻找给予帮助的机会，他们经常在你意识到之前就已经注意到你需要的东西。比如，当你感到口渴的时候，你会发现有一个 2 号正递过来一杯水！

2 号有着高水平的感同身受的能力。带着这种能力，他们可以成为优秀的顾问、朋友、配偶、父母等。他们富有同情心，能够感受到自己进入另一个人的内心世界。

2 号会用心倾听，他们能够接纳一切，不具备威胁性，不会妄自评价。这些特点，再加上他们欣赏他人、鼓励他人的人际关系作风，让他们很容易获得别人的信任。2 号经常会在街上或机场，遇到陌生人走到他们跟前，向他们讲述自己的生活故事。很显然，“我来到世间就是为了帮助你”的下意识行为，让他们与他人进行有效的沟通。

以下是2号认为自己的人格类型对团队的贡献：

· 一种忠诚、体贴的存在。

· 有同理心和支持力。

· 关注集体利益（2号是工作努力、有责任心的团队成员）。

· 一个不同的视角。

· 诚实而开放。

· 有创造力。

· 能够发现积极面。

· 具有志愿服务的精神（2号通常会选择低薪工作或非营利性职位）。

· 社会的黏合剂。

以下是一些反映2号观念的格言：

· 患难见真情。

· 服务他人是每个人的天职。

· 用蜂蜜比用醋能钓到更多的鱼。

· 施比受更有福。

· 天使不敢涉足的地方，愚人却贸然而入。

· 你可以拥有生活中想要的一切，只要你能帮助别人得到他们想要的。

· 永远不要在别人面前谈论你自己，而是让他们谈论他们自己，这便是快乐的全部艺术。

· 爱之法则，胜于法则之爱。

· 关于爱：如果你将它留给自己，那么你会失去它；而如果你给予别人，那么你将永远拥有它。

· 心中的爱不是用来停留的；只有当你把爱给予别人，爱才算爱。

· 张开的手比握紧的手能交的朋友更多。

· 无论你去哪里，我都会去；你住在哪里，我也要住在哪里；你的子民就是我的子民；你的上帝也是我的上帝。

正确棱镜 / 适应性认知模式

2 号的适应性模式包含了对自由的正确理解和生活，而自由是爱的源泉。自由意味着遵循自然法则来生活，而不是脱离它们，或者不受自然法则的约束。在生命的韵律中，给予与接受有着内在的涨落。我们是相互依赖的存在，有时不足，需要接受；有时又过度，需要给予。美德介于极端依赖与极端独立之间。成熟的个体是在历经了童年的依赖和青春期的过分独立之后，才得以成长起来，实现了成年时的相互依存。由此，宇宙的能量就好像交流电 / 直流电一样，来来回回地转换着。

稍后我们会更详细地了解，当 2 号棱镜被扭曲时，他们想要摆脱宇宙的自然法则。他们想要自由地给予，而无须接受。他们更喜欢使用单向直流电的方式，也就是说，一旦能量从自己的身上被释放出去，他们不会接受这些能量再从其他人的身上流回自身。他们相信，给予比接受更能让人感到幸福。这有别于另一个更平等的立场，即给予和接受都让人深感幸福。

在现实生活中，当我们能够自由地体会并表达真实的情感、欲望和需求，我们是最自由的。当我们在一定程度上否定和压抑真实自我，我们就是不自由的。

一个完整的 2 号会鼓励他人获得自由，如此对方便能在没有他的情况下生活下去。2 号会允许他人做出独立的选择，而不是操纵他人依赖自己，或以 2 号所希望的方式做出反应。相互依赖和赋能限制了双方的自由。

当 2 号体验到真正的自由，他们就能完全自由地活在当下。他们从必须帮助、取悦、善待别人的期望和负担中解脱出来，可以自由地说出“是”，也允许自己说出“不”。他们钟爱、接纳自己的本来面目，而不需要得到外界的认可和肯定。他们的爱是自由地给予，而不是出于赢得赞赏和爱戴的目的。

美德 / 适应性情绪模式

这种自由、相互依存的客观立场，自然而然地催生出一种谦卑的美德。谦卑被称为现实原则，它承认自己的局限和界限，而且为 2 号提供了表达“是”和“不”的自由。一个平衡的 2 号可以说出：“我很想帮你，但是现在的我没有足够的精力、资源和时间。我必须先给自己留点儿。”

谦卑接受心灵和躯体的局限和需求。它尊重人们能做的和不能做的事情。真正的谦卑是一种介于虚假的谦卑（我一个人无法做任何事，即依赖）和傲慢（我必须自己一个人做任何事，即独立）之间的中庸之道。谦卑涉及自我的接纳：这就是此时此刻最真实的自我。谦卑钟爱并接受了真实的存在。相反，傲慢却意味着一个人既不知道也不接受现今的存在，而只是试图填补想象中的缺失。

谦卑也控制和守护着爱的给予。有了谦卑，爱就会流向真正需要它的地方，而非流向不需要的地方。我们根据一个人的现实需要，付出相应程度的爱。它是根据对方的需求而量身定做的。我这是为了你，而不是为了我。爱的给予是不求回报的，是一种无私的存在。

与之形成鲜明对照的是 2 号的小我或者扭曲棱镜所给予的爱。这种爱是有条件的：只要你赏识、认可我，我就会对你慷慨大方。滴水之恩，当涌泉相报。2 号给予爱，是为了让自己有价值、有用处，获得自我满意感，而不是出于让另一方受益的目的。如果你曾经收到一些自己未曾要求、不需要、真的不想要的东西，但又深知一旦自己没有感激涕零地接受，那么给予者就会抱怨你的忘恩负义，那么你就是在经受这种受人操控、充满傲慢的爱。

扭曲棱镜 / 非适应性认知模式

在某种程度上，早在 2 号与自己和他人的真实自我分离时，他们就失去了与自由、与生命中给予和索取的天性的联系。他们的非适应性模式和扭曲棱镜，包括以小我为中心的幻想和个人意愿，取代了客观现实和宇宙的自然法则（或者一些宗教所说的“上帝的意志”）。愿意或者遵循上帝的旨意，演变成了将自己的意愿强加于其他人的任性。他们取代上帝的角色，建立起自己的流向，来代替现实的流向。他们来决定人们需要什么，何时需要；他们成为整个宇宙中商品的分发者。在这种创造和引导幸福流向的幻觉中，他们的傲慢油然而生。既然上帝和宇宙都并非爱着一切，那么 2 号必须承担起这个角色。而且既然 2 号是如此地爱着所有人，那么所有人都应该怀有感激之情。

范式的补偿

像其他孩子一样，2 号从小也是脆弱、需要帮助的。但是，当他们说出自己的需求时，似乎没有人满足他们。因为感受到自己的需求没得到重视，没有受到认可，或者被彻底地拒绝，于是他们塑造了自己的人格范式，来避免这类痛苦而尴尬的经历再次发生。2 号对于遭到拒绝、不受关注尤为敏感。因为 2 号很看重人际关系，他们很容易感受到分离、孤立和孤独。然而，现实的情况却是，他们与自己和自己合理的需求脱离，开始注意并关心他人的需求，他们觉得其他人的需求比自己的更重要。

2 号担心说出自己的需求却无人帮助实现会很尴尬，于是他们发展出一种克制自己需求的策略，最终，他们开始坚信自己真的没有需求。接下来，他们将最初用于关注自己的情绪、偏好和欲望的注意力，转到了其他人的身上。由于他们认为自己的需求不值得考虑，他们形成了这样的理念，即自己生存于世就是为了满足其他人的需求。如果他们成为很好的看护人，那么他们就会获得别人的关注和肯定。显而易见，他们自身没有足够的价值值得被关照。

2 号认为，想要被给予，他们首先要付出。在他们的生活中，他们不能期待恩惠、免费给予的关注和善行。2 号对爱的扭曲观念是，爱是一种交易商品，可以用来购买关注、情感和认可。

因此，2 号放弃了自己，而选择照顾他人。有些人甚至怀疑，不存在任何被抛弃的自我。他们又开始担心，一旦自己无法与他人建立积极的联结，或者中断联结回归自己，那么自己就真的是孤家寡人了。他们就像隐形人一样，人们只能看到他们行善的外表和助人为乐的行为。而如果他们拿下助人的人格面具，其下也找不到自我。

2 号对自己的价值失去了信心。他们用非适应性模式“我付出，所以我存在”取代了适应性模式“我存在，所以我付出”。爱才使得人有价值、人之为人。没有了爱，不再被人需要，自己在某人的生命中不再重要，那么他们就什么都不是了。

这种非适应性模式造成了依赖和独立之间的矛盾。

2 号想要别人依赖自己，这样他们才觉得自己是有价值的。与此同时，他们又依赖着别人的认可。“你看到我、喜欢我，那么我便存在。”为了取悦他人、满足他人的需求，2 号很容易调整和改变自己。他们不会自然而然地做自己，而是受到他人情绪和感受的影响。

为了维持助人的业务，2 号必须招揽客户，让人们依赖他们。为了实现这个目标，他们自愿帮助他人完成项目，带他人去机场，照看他人的孩子，倾听他人的烦恼，等等。

不幸的是，当他们有了依赖自己的人，他们日夜被需要，开始感到负担过重、不知所措和筋疲力尽。由此，独立的一面便产生了。

此时，2 号希望别人不要打扰到他们，自己照顾好自己。他们希望摆脱别人给自己的负担和要求，有一些独处的空间。

他们也想要摆脱对他人的认可的依赖，如此他们就可以自由地做自己，表达自己，做自己喜欢做的改变。

但是，这种独立也让他们很是担心，如果只依靠自己，那么他们便什么都不是，一文不值了。因此，他们最好走出去，开始帮助别人。这时，依赖性再次出现了。只要他们的扭曲棱镜还在，这种依赖—独立的冲突就始终得不到解决。

走出困境的一种途径是情境主义范式，即相互依赖。通过允许个人既依赖又独立，而不是一面将另一面排除在外的、非此即彼的二分法，这种“合题”促成了整合，而非分裂（我帮助）和投射（你需要）。

理想化的自我形象

2 号的非适应性模式固化为这样一些自我形象，即“我乐于助人”“我正在给予”“我慷慨大方”。因为我所给予你的东西、所展现给你的关怀，所以我是有价值的。因为被需要，所以我存在。我对你很慷慨、很关心，所以你会喜欢我。

与所有其他的扭曲棱镜一样，2 号过分认同自己的长处，从而限定了他们对自己是谁、生活是什么的信念。

2 号变成了一个欲罢不能的帮助者，将自己想象成一位在匮乏世界里的慷慨给予者。这个世界就是他们的顾客，他们因为自己的助人行为而自豪。他们想让自己在别人的生活中变得重要，却发现自己一边欣然说着“是”，一边又想说“不是”。

2 号尤为擅长向他人靠近。

凯伦·霍妮（1945，1950）描述了三种人际关系倾向。它们可能是健康的，也可能是神经质的，这取决于我们对它们的依赖程度。有时，我们需要带着爱和情感“靠近”他人，来建立联系和关系。有时，我们需要“对抗”他人的主张，来清除任何影响我们需求的障碍，保护自己空间不受侵犯。还有一些时候，我们需要“远离”他人，处于超然和反思状态，独自一人，体验孤独。这三种倾向都是健康生存所必需的。

然而，经常发生的情况是，我们会过度使用、发展、认同上述某一种倾向。当我们越来越习惯于采取某一倾向时，其他倾向对我们来说就不那么好用了。我们使用它们就好像逆流而上一样，感觉不自然，需要花费更多能量。

例如，喜欢靠近他人的人很难对抗他人，表达不满和愤怒，捍卫自己的喜好和空间。他们发觉自己很难离开别人。一旦自己只身一人，他们就会感到焦虑和孤独。他们甚至发觉自己也很难让别人只身一人，让别人独自站着会让他们感到不舒服和愧疚。有这种倾向的人往往不爱出风头。

很显然，2 号就是这一倾向的主要代表。另外，6 号和 7 号也偏爱这一倾向。

相反，那些对抗他人的人很难表现自己慈爱而柔情的一面，而是会轻易地表达愤怒和不满等刚性情绪。他们习惯于表现自己强硬的一面，不愿意自己脆弱不堪。他们也很难远离其他人。他们宁愿继续战斗，也不愿退出。皮鲁斯①（Pyhrrus）可能就属于这一类型。这一倾向的人往往会自我膨胀。我们稍后将会看到，8 号、1 号和 3 号都属于这一倾向。

最后，那些远离他人的人发觉自己很难表达强硬或温柔的一面。当你后退的时候，你既难以带着情感去接近他人，也难以带着愤怒去给他人一拳。具备这种倾向的人更喜欢有效的防守，而不是良好的进攻。事实上，很多游戏和战

① 古希腊的伊庇鲁斯国国王，当时的名将，西谚“皮鲁斯的胜利”意指代价高昂的胜利。——译注

斗都是靠防守取胜的。例如，拿破仑带领大军入侵俄国的时候，俄国军队主动后撤。俄国的严冬和法国虚弱的补给线，最终使得法国入侵者陷入了困境。5号属于这一倾向，4号和9号也一样。这是一种分离的状态。

2号经常作为拯救者来靠近其他人。交互分析理论（Transactional Analysis）的实践者，斯蒂芬·卡普曼（Stephen Karpman）在1968年绘制了一个戏剧三角图，来阐明“拯救游戏”。在这个游戏中有三个角色：救援者、受害者和迫害者。游戏最好由三名选手来进行，但实际上一个人也可以同时扮演这三个角色。

2号通常从救援者角色开始，因为他们在这个角色中感到最舒服。他们对他人的感受和需求尤为敏感，因此他们很容易发现受害者。然后，他们会尽一切可能来拯救这个人，包括将病人刚塞到嘴里的脚拿出来，为他们烹制晚饭，倾听他们关于自杀的呓语等。

接下来，2号期待自己付出的救援努力得到他人的感激。一旦没有得到应有的感激和关注，或者自己所提供的服务没有得到足够的回报，2号就会感到自己受到伤害或者被利用了。他们为他人做了一切，却未获得足够重视，感到筋疲力尽。这便是游戏中的殉道阶段。

最后，他们变成了一位迫害者，开始指控和责备别人不感激他们，没有意识到他们的需要（即使他们从来没有说出来），没有帮助他们（即使他们会拒绝任何帮助）。这让其他人产生了罪恶感。最终，2号又回到了救援者角色，开始照顾他们刚刚伤害的那个人。

传统上，人们将这种情况称之为犹太母亲综合征。尽管出于对其他文化和性别的公平，你也可以称为爱尔兰母亲或者父亲、波兰母亲或者父亲、印度母亲或者父亲、波斯母亲或者父亲、日本母亲或者父亲、美国母亲或者父亲、西班牙母亲或者父亲综合征，等等。“拯救三角”似乎与性别和文化无关。

范式的维持

为了保护自己的非适应性模式，2号会扫视自己的周围，找到其他人所需要以及可能需要的东西；会调整自己来取悦他人；会关心其他人是否对他们给予了足够的关注，是否对他们提供的服务给予了足够的感激。

2 号也会不断告诫自己，别人是不会关心他们的，或者只有在他们先关心对方的前提下才会给予关心。他们通过这种方式来给自己洗脑，影响自己。他们寻找人们在为他们着想时出现的疏忽。为了验证这一认知，即其他人并不关注他们的需求，他们会使出这一招：把自己的需求隐藏起来，不表达出来，测试其他人是否能够通过雷达捕捉他们的需求。他们如此解释这个手段："如果你真的爱我，那么我不需要告诉你我想要或需要什么，因为你应该知道。"当然，如果对方和他们一样属于 2 号，事情确实如此。他们看不上或漠视别人无来由的友好行为，记住那些他们控制别人想从别人那里得到什么的经历。或者，他们回忆起自己的需求被忽视的时光。

傲慢这一恶习或激情，是 2 号维持其非适应性模式的主要方式。

恶习 / 激情 / 非适应性情绪模式

2 号的扭曲的助人者形象催生了傲慢的恶习，而傲慢反过来又加剧和夸大了这一理想化的自我形象。

2 号以为他人服务而自豪。他们以体贴、慷慨和善良著称。他们想在人们的生活中变得举足轻重，甚至不可或缺（"让我成为你的依靠""我能把你照顾得最好"）。他们可能对自己所关心的人产生嫉妒和占有欲，并担心会有比自己更有爱心的人出现，将他人的注意力和感情从他们的身上移开。电影《致命诱惑》（Fatal Attraction）就描述了这种过度的兴趣和奉献，这反过来会带来其他人对他们的奉献与索求。

2 号的傲慢还体现在他们否认自身的需求和缺陷。其他人依赖他们，所以一天 24 小时、一周 7 天，他们随叫随到。任何时候只要别人有需要，他们就会出现。但是，他们声称自己不需要任何东西，也不为自己花费时间和精力，所以他们无法为自己充电。毫不奇怪， 2 号是燃烧自己的首要人选。

2 号的傲慢也体现在愿意接近重要的人物，想要与他们在一起，得到他们的关注。2 号喜欢和有影响力的人走在一起。

傲慢夸大了小我，来取代潜在的、低层次的自尊心。不幸的是，2 号争取来的所有关注、掌声和感激，只会助长他们虚假的人格。这些没有营养的东西根本无法滋养真正的自我。所以 2 号必须走出圈子，帮助更多的人，这样才能收获更多的认可，不断尝试获得满足感和价值感。

范式的回避

2 号的非适应性模式认为，自己是没有足够价值的，必须通过给予爱的行为来获得爱。他们拒绝说出自己的需求，将自己的需求投射到其他人身上，将自己的注意力向外转移到他人的需求上，远离自己内心的偏好、欲望和愿望，以此来避免激活自己的非适应性模式。

2 号通过避免独自一人，做任何能够确保他们不会遭到拒绝或抛弃的事情，靠近人们并与他们保持亲密关系，来回避自己对独处、分离或失去联结的恐惧。在一次工作坊上，一位女士曾说起，直到 45 岁生日那天，她才孤身一人在一个房间里过了一夜。因为在成长过程中，她一直是和姐姐同住一个房间；结婚之前，她也从未独自生活过；结婚之后，她更是从未离开过丈夫，哪怕是一晚。而当她最终决定只身去参加一个会议，并面对孤独的恐惧时，她才意识到，一点隐私和独处就能够带来很美妙的感觉！

回避区域

正如我们所看到的，2 号的主要特点就是逃避自己的需求。根据他们的扭曲棱镜，他们不可能同时具备助人者和受助者两个身份。因此，他们自身需要帮助的部分就会被压抑，并投射到其他人身上。2 号是提供帮助的人，而他人就是他们帮助的对象。2 号寻找着需要他们帮助和依赖他们的人，所以，如果你不需要他们，他们可能会不清楚应该如何与你相处。我记得曾有一名男大学生，只和有神经质的女人约会，因为他根本不清楚，如何和一个不需要他的忠告和建议、心理健康的女朋友沟通。

因此，2 号将助人者（2 号）与受助者（其他人）尖锐对立起来。正确棱镜允许 2 号和其他人格类型同时包括助人者和受助者两个维度。这样，不再是助人者—受助者关系，你可以是助人者 / 受助者—助人者 / 受助者。这至少会让荣格很高兴。2 号相信，他们的需求在某种程度上是不可接受的、不体面的，甚至是罪恶的。谁会想从一个受伤的治疗师那里寻求帮助呢？所以，2 号认为他们必须保持无所不能的形象。如果被别人看到他们也有需求，他们将失去助人这一事业。

2 号想要表现得独立、自给自足，但事实上，他们非常依赖于他人的关注、认同和赞赏。像其他人一样，他们也需要爱、体谅和接纳。然而，不幸的是，他们的扭曲棱镜不允许他们直接说出来。

既然他们能为你做出一些事情，2 号希望你也能如此回报他们。毕竟，他们对你的需求很敏感，甚至在你开口之前，就已经知道你想要的是什么。那么，你为何不能做出相同的举动，照顾他们，这样他们就不必开口说出自己的需求？

在 2 号的扭曲棱镜中，其他人需要对他们的需求负责任。2 号假定，其他人会留意并满足他们的要求。这样，2 号就不用说出自己想要的是什么，从而避免显得太无助。

2 号的边界是模糊不清的。一方面，他们将别人的需求纳入自己范围内，并为之负责。另一方面，他们希望自己的需求能够进入别人的范围内，并且为他们承担责任。这是一种相互依赖的人际关系。只有让每一方都拥有自己的需求并为之负责，同时让另一方也如此，这样才能建立起更为清晰的界限。

2 号都有不同程度的压抑。那些压抑程度最深的 2 号甚至根本不会觉察到自己的任何需要。当你问起他们需要或想要什么，他们的表情是茫然的。这个表情是存在压抑的证明。当你询问 5 号的感受，当你询问 3 号的失败，当你询问任何类型的人的回避区域，你也会得到类似的空洞反应。完全压抑的 2 号根本不相信自己有需要。然后，他们会将注意力转回到你的身上，并问："你需要的是什么呢？""我能为您做点什么吗？"

一些压抑不那么厉害的 2 号确实觉察到自己想要或需要什么，但是，他们不打算说出来或努力争取。他们一生的使命，是帮你背起十字架，或者减轻你的负担。他们不愿意用自己的需求来压迫你。他们的傲慢也由此而来，因为他们认为其他人太过脆弱，无法承受起他们的重担。

下表中，"我"栏目下是一些与 2 号的自我形象一致的特征，"非我"栏目下则是不一致的特征。

我	非我	我	非我
乐于助人	自私	共情	对抗
被需要	需要帮助	肯定	中立
不可或缺	毫无用处	自我牺牲	自我中心
慷慨	吝啬	爱交际	独来独往
支持他人	打击他人	富有感情	顽固
体贴	不体贴	欢迎	强制
有同情心	铁石心肠	善良	刻薄
友善	抽离	亲近	超然
滋养	阻碍	温暖	冷淡
慈悲	暴力	大大咧咧	易生气
关切	麻木不仁	平易近人	不易接近
心软	不动感情	以人为本	以事为本
关怀	不关怀	他人导向	自我导向
友爱	憎恨	善于倾听	爱评判
温柔	强硬	大加赞赏	大加批判

当2号进行投射和投射认同时，他们发现自己被一群需要帮助的、自私的、抽离的、心不在焉的、不体贴的人包围着。难怪他们会对满足自己的需求感到绝望，他们真的是懒得去寻求帮助了！为了从这群萝卜中吸取血液，2号必须拥抱他人，温暖他人，爱护他人，确保他人需求先得到满足，然后才可能得到对方的少许关注。

请注意，“我”的特征代表了靠近他人的倾向，而“非我”的特征则包含了对抗（例如：打击他人的、铁石心肠的、强硬的）和远离（例如：吝啬的、不易接近的、冷淡的）他人的倾向。2号很难与“非我”的特征联系起来，因为他们已经将自己完全暴露、奉献给别人了。

后面我们会详细阐述，在放松和压力条件下，2号会分别向8号和4号的高等一面转变。8号倾向于对抗他人，而4号则倾向于远离他人。2号本身倾向于靠近他人，为了补充其能量，2号可以使用8号和4号的策略。但是，由于他们给这两种策略贴上了负面标签，他们可能感到不舒服，并抵制向这两个方向发展。

2 号需要（抱歉，此处使用了这个词）和自己愤怒、冷酷、自私、需要帮助的部分友好相处，学会设定界限、拒绝、否定、退后一步、关心自己。这些是 8 号的高等一面。他们需要重新给自己的“自私”贴上自我关怀的标签，给“不体贴”贴上独立的标签，给“不易接近”贴上存在的标签。4 号的高等一面允许甚至鼓励大家去寻找真正的自我。2 号可能会发现自己的“抽离”“超然”“不关怀”的特质确实有积极一面，即像爱别人一样爱自己。

正如其他人格类型一样，2 号需要有一个包括“我”和“非我”两个维度的完整自我概念。“受伤的治疗者”就抓住了两个对立极的特质，就像“相互依赖”“相互照顾”和“交流电 / 直流电”一样。

防御机制

在 2 号的扭曲棱镜中，有需求与助人是不相容的，所以他们转向压抑自己，让自己的需求远离自己的意识和理想化的自我形象。因此，2 号会将自己的需求投射到别人身上。他们通过关注别人的需求，来填补自己的缺失部分，最终欺骗了自我。由于他们更容易接受自己温和的情绪，具有靠近他人的倾向，他们往往会压抑愤怒、怨恨等强硬情绪。另外，对于他人的不感恩，他们虽然会感到失望，但最终也会压抑住这种不满的情绪。

压抑会导致 2 号生活在高压之下。在服务别人的时候，他们拖延、否认自己的需求，显得瘦削。最终，他们变得筋疲力尽，再也无法压抑情绪，变得歇斯底里，所有被克制的需求和欲望喷薄而出，往往让自己和旁观者都震惊不已。此时，2 号会指责别人的不领情、不关心。“一个女人 / 男人 /2 号对于漠视的愤怒”就此被激发出来。在卡普曼的拯救三角图中，这就是他们从受害者到迫害者角色转变之处。我们很快就会看到，这代表着一种范式的转换，即从 2 号自己的扭曲棱镜转到 8 号扭曲棱镜。

正如我们看到的，2 号可以避免情绪爆发的方法是，把一些“非我”的要素纳入“我”的行列。如此，他们才能拥有自己的需求并对其负责，争取自己想要的东西。

当 2 号开始说出自己想要的东西，他们就实现了一个重大的范式转换，前提是他们不会因此心脏病发作。

我记得一位成长在传统基督教家庭的 2 号。她总是被告诫，对于上帝提出的任何要求，她都应该说“是”。我打趣地说，如果哪天你真的拒绝了上帝的任何一个请求，那么天国之门便会打开，你会投入上帝的怀抱，得到天国的奖赏。对于 2 号来说，说出“是”是自然而然、轻而易举的；说出“不”则是英勇而神圣的。

主要脆弱点

2 号对于独处和远离是很敏感的。因为重视人际关系和联系，他们对人际交往特别敏感，能够轻易觉察到任何拒绝、疏远、孤立、背叛或抛弃的迹象。被批评也被看成是不被人爱的表现。

当他们遭遇拒绝的时候，非适应性模式就可能会出现：

“我是不重要的。”

“我是没用的。”

“我必须让自己变得不可或缺。”

“你比我更重要。”

“没有别人，我就是不完整的。”

“如果我和你建立关系，那么你也会想和我联系，那么我就会受到认可。”

“我不能指望或信任别人，一切只能靠我自己。”

“要先满足别人的需求，才可以再满足自己的需求。”

“为自己做事是不好的。”

“我不能既抽离和独立，又被人爱和与他人建立联系。”

他们的防御策略旨在确保自己不会被拒绝，不会被孤立。一旦他们感觉到任何的疏离或抛弃，虚假的人格就会接手并开始吹嘘他们的自我形象——他们是多么乐于助人呀。他们的傲慢让他们膨胀，激励他们继续为他人服务。他们压制自己的需求，迎合他人的需求。“如果我对你来说很重要，能够满足你所有的需求，那么你就不会打算离开我。”但凡头脑正常的人，谁会希望切断不可缺少的脐带、关乎人命的人工呼吸器或肾透析机呢？

2 号生存的目的是，脱离自我而生，为别人做一些让自己内在化以及为自己着想的事情。矛盾的是，正是这种策略让 2 号不得不放弃自己的需求。他们的扭曲棱镜带来的正是他们想要避免的事情。2 号在别人有机会、自发地表达对他们的喜爱和肯定之前，先帮助和服务别人。由此，他们就永远无法确定别人是否真的关心他们，或者这种联系和亲密度只不过是被他们又一次诱导出来的。

另外，当 2 号过于热心和溺爱他人时，其他人往往会将他们推开或者远离他们。于是他们的帮助策略适得其反，他们最终感到自己被拒绝和抛弃，而这正是他们一直害怕发生的。

因此，他们无法通过防御策略得到自己想要的，也就是说，让他们感到被联结、被关心、被关爱、被他人需要，而不是他们能为别人做什么。

2 号如果保持以本体为中心，那么当主要脆弱点受到威胁时，他们会允许相互让步。他们的正确棱镜允许爱自由地流入和流出体内。谦卑的美德可以让心灵的土壤破土而出，如此，它便可吸收关爱的养分。而只有他们一饮而尽时，才能收获这种关爱。若要蒙恩，2 号必须敞开胸怀。内心的自由会允许上帝和恩典进入他们的真实自我，而真实自我又将内心的自由引入到其他人的身上。上帝最希望的是，我们体验到自己被人关爱，然后又自然而然地回报以爱。

成长经历

所有人都发自内心地追求爱与被爱的回馈。在良好的共情环境下，我们被关注和重视的需求得到了满足，潜在的关爱之心得到了激发和滋养，懂得在相互肯定和满足的亲密关系中，以成熟的方式，充分地表达自己的需求。

而如果在一个不好的、非共情的环境下，那么这些需求就会被放大。如果 2 号没有得到足够的肯定，如果他们对关注和认可的需求没有得到充分满足，那么他们就必须调整人际策略，来保全脆弱的自我，尽可能满足自己的需求。

当你询问 2 号“你是如何在一个不够友好的环境中生存”之时，他们的回答体现了对核心价值观“爱”的过度延伸。取悦他人，善待他人，满足他人的需求，给予他人想要的，爱敌人，这些都是他们生存的方式。这样，别人就会喜欢他们，不会伤害他们，也许反过来还会惠及他们。在家庭中，2 号通过担当看护人而生存下来。

他们创造了一种应对模式，让自己能够弄清楚其他人想要以及需要什么，然后磨炼自己成为“所有人的一切”的能力。他们发现，通过改变自己来满足别人的需求，要比做真实的自己、满足自己的需求更为有效。

为了获得关注，赢得喜爱，他们学会了如何让自己变得甜美、有趣、可爱、有魅力、迷人。比起对抗或远离他人，靠近他人可以让 2 号得到更多、更好的回报。

2 号被褒奖成妈妈的好帮手或者爸爸的好女儿。人们更赞许他们能做什么，而不是他们是谁。他们发现别人很少询问他们的感受、偏好或者需要。因此，2 号也从来没有问过自己这些问题。他们将注意力转到外部环境，眼睛看向其他人，而不是查看自己的内心世界。他们发现取悦他人要比取悦自己更有效。

通常，2 号必须为父母和家庭提供情感的支持。这并非没有回报的，他们发现自己在承担父母和配偶责任的过程中，填补了情感上或生理上缺失父母的遗憾。

他们的价值观逐渐建立在为他人服务的基础上。如果他们被需要，他们就是重要的，会获得关注。

如果 2 号成长于一个传统的宗教家庭，他们可能会发现，自己的宗教信仰也在鼓励他们牺牲自我和遗忘自我。圣洁的人总是将别人的需要放在首位。施比受更有福。任何强制都可以被看作是神圣的。即便喜欢独处的 5 号，如果在修道院保持安静，也可能被举荐为圣徒。

身体特征

相比 1 号紧绷、紧张的外表特征，2 号拥有更温柔的外表。1 号喜欢设定相当严谨的、严格的、良好的界限，而 2 号很少会为事物下定义。他们具有更加柔和、圆润的外表。你可以比较一下文艺复兴时期荷兰肖像画中的人物和鲁本斯（Rubenesque）风格[1]的人物。如果说 1 号犀利的眼神是明亮的、眯起来的、专注的，那么 2 号充满爱意的眼神就显得更加温柔、开阔、顺从。

阿里卡面部分析理论认为，2 号的右眉要比左眉更紧绷，而且可能偏上或偏下。另外，右眉的下方可能有些浮肿。

沟通方式

在沟通方式上，2 号很容易说出一些恭维而逢迎的话，并随时准备给他人建议。他们说出溢美之词，就好像蜂蜜从蜂房流出一样。这些话语是真情流露，而不一定是为了得到别人的认可。这体现了 2 号感激和支持他人的天性。

与身体、行为搭配的是，他们的声音往往是温和的、抚慰的，而不像 1 号强硬的、有穿透力的、类似“坐直、集中注意力”的言辞。2 号的声音体现了一种同理心，“你可以告诉我任何事情”。

他们喜欢亲密谈话。在聚会中，你经常会发现 2 号在某个安静的角落里与人促膝谈心。相反，3 号则始终在房间里工作，只会在到达下一个地点时，短暂地停下来问候你。

范式的转换

在压力或者安全条件下，2 号会发生如下范式转换：

	压力条件下	安全条件下
积极面	+8	+4
消极面	−8	−4

压力条件下

在充满压力的内心状态下（如焦虑、抑郁、怨恨、失望等），或者充满压力的外部环境下（如工作过于繁重、他人要求过高、回报很少等），2 号可能会

① 在鲁本斯的画中，人物通常体格强壮，体态丰满，魅力十足。——译注

重新戴上自己的扭曲棱镜，来看待这个世界；或者，他们可能会默许自己使用8号的扭曲棱镜；或者，他们自愿选择8号的正确棱镜。

（1）戴上2号的扭曲棱镜：使用自己老旧错误的棱镜

当2号坚持使用自己的扭曲棱镜，他们会尝试更多地重复老方法来挽救现状，满足自己的需求。也就是说，他们会做出更多帮助性行为和救援活动。他们试图从别人那里获得更多的关注和认可，继续在他人身上寻找爱、价值、幸福感。

然而，因为他们始终在错误的地方、以错误的方式寻找爱和接纳，所以做再多同样的事情，也只会得到更多的同样结果，也就是说，感到空虚和沮丧。为何？因为他们是在喂养自己的人格或小我，而不是喂养真正的自我。

（2）戴上8号的扭曲棱镜：使用他人老旧错误的棱镜

当2号因为绝望或失望，最终决定放弃自我，具有讽刺意味的是，他们也放弃了自己的天赋，而接受了8号的扭曲棱镜。也就是说，他们失去了天性中的温柔、同理心和天真，变得强硬而好斗。他们穿上坚硬的盔甲，保护自己受伤的、被抛弃的内心自我。他们变得尖酸刻薄，疲倦不堪，不再信任任何人。他们不再热情、坦率和友好，而是选择沉默、直率和封闭。

他们坚持极度独立的姿态。“我不需要你，而你也可以照顾好自己。你我都是孑然一身。”他们拒绝再次帮助别人（至少目前是这样的）。他们坚持认为自己不需要别人的帮助，而不是寻求援助。

从卡普曼的拯救三角图来看，2号从救援者角色，经过受害者角色，转变成迫害者。当他们转变成迫害者，他们的表现非常近似于8号的扭曲一面。在他们的幻想或致命诱惑中，针对那些不欣赏他们或者没怎么回报他们的人，他们会产生仇恨和报复心理。在易怒和恼火的情绪下，他们会责备他人，让他人对利用和低估他们感到内疚。

在回避自身需求的同时，他们也开始逃避任何软弱的表现（这是8号的脆弱点）。它代表了他们过于自主和坚韧的一部分。他们对别人和自己变得不再那么开放。他们甚至更多地回避和拒绝自己，而不是同情、肯定和接纳自己。

（3）戴上8号的正确棱镜：获得一个新视角

2号可以以一种更加强硬的方式，刻意地转换为8号的高等一面。此时，他们会为自己的需要负责，变得独立自主，为自己想要的东西进行交涉。

界限既保护了自己也保护了他人。追求完整性的 8 号很擅长划分领地。他们很清楚自己和其他人各自负责的部分。属于 8 号人格的弗里茨·佩尔斯在他的理论中明确指出了这种界限："我来到这世间，不是为了满足你们的期望；你们来到这世间，也不是为了满足我的愿望。你我都只是在做自己的分内事。"

成功的协商意味着双方都清楚、充分地表达自己的需要。进而，双方努力满足各自的需要。如果隐讳或者有所保留地表达这些需求，就会产生问题、怨恨情绪和绊脚石。

2 号在努力与对方协商时，如果别人首先说出他们的需要，那么 2 号就会忘记表达自己的需要，而选择立即去满足别人。因此，这个类型的人必须保证一开始就将自己的需求摆在台面上。如果在自己需要的东西方面，你输入了 0，那么得到的也只是 0。记住，你只会得到你想要的东西。

8 号的果断，有助于 2 号直接有力地说出自己想要的东西，而不是模棱两可，含糊不清。2 号需要记住，"不"是一个完整的句子。而且 8 号认为，将自己的需求置于他人之前，或至少与他人的需求处于同等重要的地位，没有什么不对。

对于 2 号来说，飞机的安全规则是具有指导意义的。缺氧时，你需要先给自己戴上口罩，再给孩子戴上。可以肯定的是，这些指示性标语不是出自 2 号之手！另一方面，如果你因为劳累过度而倒下，那么对别人来说，你就没有多大用处了。只有照顾好自己，才能更好、更多、更长久地关爱别人。

接触内在的力量也会提升 2 号的自尊心和自我效能感。8 号的自我概念"我能做到；我可以把事情做好"，也可以扩充 2 号的自我形象。

8 号的直率而严肃的作风也能打消 2 号的一些愚昧的想法。这些想法可能是源于 2 号的模糊棱镜。2 号将精力放在建立人际关系和情感上，这往往会削弱他们的认知能力和明晰性。当他们能触及自己真实的情感、欲望和需求，他们就能像 8 号一样"实事求是"起来。

当 2 号转变成 8 号，他们就获得了对抗的能力，加上他们自发的靠近他人倾向，现在，他们既可以挑战他人，也可以安慰他人。

安全条件下

（1）戴上2号的正确棱镜：从自己的角度看得更清晰

在一个放松的、获得肯定的环境中，2号可以获得清晰的视角和积极的能力。此时，他们以更加公正的姿态，看到别人是否真正需要帮助，以及如果需要的话，是否介入。他们本着谦卑的态度，以实事求是的姿态，衡量他人的需要和能力。同时，他们也在不耗尽自己精力的情况下，衡量自己到底能够付出多少。照顾自己和照顾他人同等重要。

在这种适应性模式下，2号不仅对自己的需求负责，也让其他人为自己的需求负责。他们意识到，过度给予和过度发挥作用只会让别人变得幼稚可笑，从而丧失自尊。从内心充实的角度来看，他们之所以给予，是因为他们想要这样做，而不是因为他们需要其他人的欣赏和认可，想要填补内心空虚。

当2号处于本体中，他们与真实自我以及自我的需要、偏好和愿望建立起联系。他们愿意表达自己内心的想法，而不是改变自己的人格面具来满足他人的期待和愿望。

（2）戴上4号的正确棱镜：获得一个新视角

在高峰状态下，2号戴上4号的正确棱镜。当2号向4号的健康面向转变，用凯伦·霍妮的术语来说，他们会接触到自我表达的天性，而不是自我谦卑的倾向。他们体会到爱的源泉是来自自己内心，而不是来自外部。他们将自己想象成从内部喷出的泉水，而不是依靠外部降雨的干涸池塘。

这种生命的内在涌现，往往体现为一种创造性，通过艺术让自己得以外显。4号天生具有自我表现力，他们创作的最伟大的艺术品便是自己。2号可以在创造的过程中找到平衡、宁静、自我转化和健康的自我超越。他们常常哀叹，自己曾经常常画画、雕刻、唱歌或写诗，但后来他们忙于帮助别人，而荒废了自己的艺术创作。重新找回美感和文化能够提高一个人的生活质量，对于2号来说是很有好处的。

2号需要找到除了帮助他人以外的其他方式来获得自身的价值。这是他们范式转换的一方面。艺术创造力是获得幸福的另一个来源。一个完整的2号不仅乐于助人，而且富有创造性。

我认识一个 2 号，他写了好几本心理学方面的书。通过这些书，他不仅表达了对相关内容的独特理解，而且还能够帮助别人更好地了解自己，所以他很喜欢自己的作品。

另一个 2 号的梦想是在市中心开设一个自由出入的艺术工作室。在工作室里，她可以进行艺术创作，并允许穷人或者老人进入，表达他们的创造性思考。这代表了 2 号和 4 号的创造性联结，涵盖了帮助他人和自我表达。

追求完整的 2 号似乎能够说出并相信 4 号的理想化的自我形象“我是特别的”。对于 4 号来说，这是强迫性的；但是对于 2 号来说，这却是自由的象征。既然你我的需要一样重要，那么让我们平等地协商吧。我需要也应该有属于自己的时间。我理应得到别人的爱和关心，仅仅是因为我自己，而不是作为我提供帮助的回报。

2 号的健康的范式转换，是为了获得自我关照，而不是自我牺牲。“你待别人怎样，就会对自己怎样。”你一直在操控别人为你做事，现在你也为自己做一些吧，即爱自己、关心自己。2 号应该好好地照顾自己。照顾好自己，也是让别人拥有爱他们的自由。

2 号有必要设立界限，这样，他们为自己的需要负责，而别人也为自己的需要负责。这是一个关于相互依赖的故事。建立界限包含遵循自己的内心，听从自己的感受和喜好，而不只是在别人的周围徘徊，寻找他们的需求。通过转变到 4 号，他们不仅能够远离他人，而且体验到一种独立和孤独。

（3）戴上 4 号的扭曲棱镜：让你的视野更模糊

在自认为安全的条件下，2 号也会陷入 4 号的扭曲视角。在这种情况下，因为自己为他人所做的一切，2 号将“我是特别的”的自我形象扭曲成“我有权获得王冠”。灰姑娘不只是期望王子的到来，她还希望王子像对待公主一样对待她。这种“高傲的我应当优先”“我很重要”的态度，补偿了 2 号的需求。

在卡普曼的拯救三角图中，当 2 号扮演着受害者或殉道者的角色，他们利用 4 号的扭曲棱镜来观察这个世界。他们开始自我怜悯，而不是自我实现。他们陷入一种被动的、消极的状态，渴求一种幻想中的关系，而不是采取果断而主动的行动。在这种情况下，忧郁的心境可能会一直笼罩着他们。

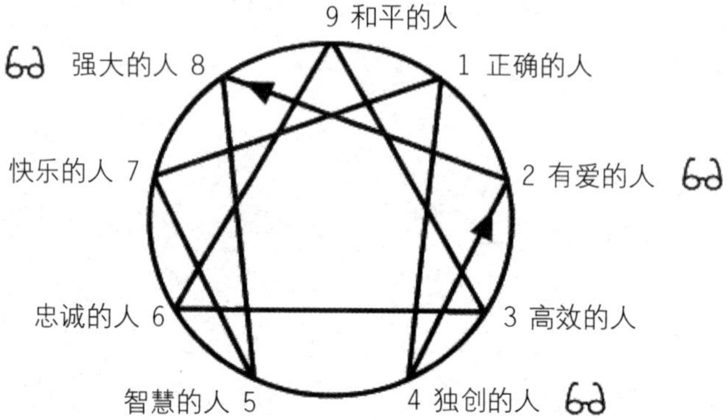

向侧翼的转换

2号与1号和3号都有重叠部分。通过接触这些人格类型，2号要么扩展了自己的感知、情感和行为技能，要么进一步扭曲了自己的世界观。

（1）戴上1号的正确棱镜：有益的侧翼视角

当2号认同1号积极面，他们会更加公平、公正地观察现实生活，而且在服务他人的时候会更加公平。他们对任何人都会施以援手，而不仅仅是对他们最喜欢的人，或者那些能够让他们看起来很不错的人。另外，他们给予别人的是别人真正需要的东西，而不是他们想要给予别人的东西。他们的决定和行动符合客观标准，依照原则去帮助人们，而不是无视或扭曲规则，做一些既能取悦他人、又让自己快乐并获得认可的事情。那些具备1号适应性特征的2号的人，不仅会诚实地看待自己是谁、自己需要什么，而且会公平地协商，以便让双方的需求都得到满足。1号的自律性有助于2号设定自己的界限，压制自己的戏剧化反应。因此，他们不会带着混乱、不稳定的情绪做出回应，而是将精力放在纠正或改善现状上。

（2）戴上1号的扭曲棱镜：无益的侧翼视角

当2号认同1号的消极特质、带有偏见的观点时，他们会追求不合理的理想和愿望，尤其是在关心他人方面。这加剧了他们对自己需求和愿望的忽视。当别人没有感激他们的帮助时，他们除了感到受伤之外，还会批评和怨恨这些人没有予以回报。具有1号强烈完美主义特质的2号会采取行动，出于正义和对弱者的关心开始忙碌奔波，而对自己的关心和成长却不会投入太多的精力。

（3）戴上3号的正确棱镜：有益的侧翼视角

当2号认同3号的积极特质，他们会变得更有组织力，更专注，更有效率，更能被委以重任。他们是优秀的团队成员，不需要事事亲力亲为。3号的胜任能力不仅能够提升2号的自尊心，还能够帮助他们在提供服务的时候变得更有效率。2号坚持以人为本的理念，而3号以目标和项目为本，这种头脑力和行动力的结合为2号提供了一种平衡性，让他们既能成为实现者，也能成为合作者。具备强大而积极3号翼的2号，发展出一种适应他人的优秀能力，在各行各业和社会环境中与人和睦相处。

（4）戴上3号的扭曲棱镜：无益的侧翼视角

当2号认同3号的消极特质，以3号有偏见的角度去看待世界，那么他们会愈发投入到工作中，而不会过多地关注自己的内在自我和需求。2号会变成工作狂。他们更加关心自己的形象和角色，将更多精力放在别人期望他们成为的样子，而不是做真正的自己。他们会更有选择性，以更高傲的姿态对他人施以援手，比如他们会一门心思地与有影响力的人走在一起，更多地帮助有名望的人。具备了3号的以成就为本的特质，2号在社会上会更具竞争力。

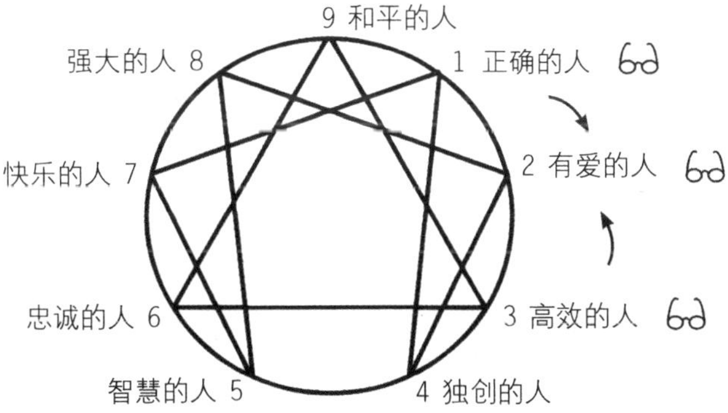

副　型

（1）性本能副型

当骄傲的激情渗入、侵染了纯粹的性表达和人际联系的动力，补偿动机或驱动力在女性中表现为性诱惑，在男性中则表现为性侵犯。这两种男女通用的策略都表达了强烈的对联结和关系的渴望。

诱惑源于2号的非适应性模式，认为自己的价值来自被外界接受和关爱。诱惑是一种引诱、吸引他人赞同和喜爱自己的方式。通常，他们只有通过性行为这一表达方式，才能得到接纳。性吸引力被他们误解成被爱的佐证。2号性本能副型通过配合他人的兴趣爱好以及日程安排，让他人获得幸福感，来让自己变得更具吸引力。他们为自己能够进入他人世界、与他人共患难而自豪，而很快他人也进入他们的世界。

爱被看作是一种抗溶剂。他们可能喜欢戏弄和调情，通常对身体接触和触摸有着极度的渴望。2号性本能副型经常会伸出手，轻轻地触碰对方的手或手臂，以便引起他人的注意或进行沟通交流。

不幸的是，一旦电阻熔化，事情就变得无聊了。因为真实的自我没有被触及，人格必须走出去，甚至引诱他人，这样才能够感受到自己的欲望，才能感觉被人需要。

进攻是一种更直接的尝试。它旨在克服关系中的障碍，以更加公开的方式推动彼此交流。2号性本能副型可能会选择那些遥不可及的人，让游戏变得更有挑战性，并掩盖自己对亲密关系的恐惧。他们所担心的是，一旦其他人怀疑他们有亲密方面的需求，说明双方并不是心心相印的，那么其他人不会希望彼此的关系只是浮于表面。同样，一旦有了联结或征服，那么游戏就结束了，他们必须开始另一场追逐。这种交易是人格与人格之间的社交游戏，因此不能为真正的自我提供滋养和满足（而我—你之间的亲密接触可以做到这一点）。

如果权力是终极春药，那么2号性本能副型的棱镜可以让他们窥探到谁拥有权力。然后，他们会尝试引诱、联系这些有影响力的人。他们的傲慢让他们愿意接近那些高高在上者。

西奥多·米隆（Theodore Millon，1969）曾描述过“社交型或群居型人格”，他所说的活动依赖型与2号性本能副型有许多相似之处。这种人会操纵和引诱他人，以此增强他们的自尊心。他们的人际关系往往是紧张的、短暂的、连续的。

和其他副型一样，2 号的能量在这个副型中最为明显。他们会进入你的空间，从而帮助你，给你建议。不管你是否真的需要，他们都会与你保持亲密无间的关系。（实际上你也确实需要这些，只是你自己没有意识到而已。）

（2）社群副型

当傲慢与社群本能相结合并污染这种本能时，野心就产生了。野心的最初含义是四处拉票。对于 2 号社群副型来说，这意味着他们需要四处走动，吸引公众的注意力，得到公众的认可。他们关心自己在群体中的地位和形象。傲慢就此扭曲了他们对于真正的人道主义的兴趣。

2 号社群副型想要和有权有势的人走得更近，他们需要其他人看到他们和这类人走在一起（不一定是以上床的方式）。他们想要在别人的心目中变得重要，尤其是在有权力的人心中。

这里的傲慢是指，他们是个人物，因为他们被迫切地需要。他们之所以更重要，是因为他们为重要人物所需要。他们渴望有名望的人注意和看到他们，而可能忽视那些没有足够地位来支持他们的小我的人。因此，具有讽刺意味的是，他们的冲动可能会错过那些最需要他们帮助的人。

2 号社群副型也可能雄心勃勃地想自己加冕。他们可能会建立服务组织，希望通过自己的努力，能得到赞赏和关注。他们会成为团队关注的中心，因为他们是如此的优秀和慷慨。他们混淆了被注意、被欣赏与被爱。

如果他们不追求自己的抱负，他们也可能会追随其他明星，或者通过配偶、孩子、员工、学生等来实现自己的抱负。

与其他社群副型一样，2 号社群副型比紧张兮兮的 2 号性本能副型更温和。他们不会咄咄逼人，不会那么直接，也不会明显地强迫他人参与到他们的人际关系中来，或者将自己的作风强加于他人，并寻求他人的认可和关注。

（3）自保副型

当傲慢与自保本能交织在一起，其结果就是对特权的期待。这是一种“我先来”的态度。这种权利意识或自我重要性，似乎与谦卑的 2 号不搭，因为他们始终将别人放在首位。这里的精髓在于，别人应该将他们放在首位，因为他们为他人付出了一切。他们值得被尊重和关心，因为他们付出了太多。他们的牺牲和贡献需要有回报。

这是一个值得骄傲之处。因为他们“圣洁”的行为举止，因为他们帮助他人获得了成功，所以他们才有资格占据首要的位置，或者至少是优待。为了彰显自己的重要性，他们会在第一时间对他人施以援手，而他人也会为之鼓掌、赞许，并邀请他们排到队伍前列。

在这里，出现了认同和接受方面的两种变体，2 号自保副型想要成为某些人生活的中心，而 2 号社群副型想要成为群体关注的中心。

比起其他副型，2 号自保副型表现得更焦虑、胆怯、害羞。劳模、忠诚的副手（王权背后的力量）往往说的就是他们。他们可能会与 6 号自保副型相混淆。但是，对于 6 号来说，恐惧和安全的所在才是他们心之所系，而对于 2 号来说，形象和注意力则是更重要的课题。

2 号性本能副型可能会通过自己的性欲来引诱，或者通过强迫性行为来证明自己是被爱的，而 2 号自保副型看起来更无辜，更天真烂漫，他们寻求的是情感上的肯定，而不是性的验证。

2 号：有爱的人

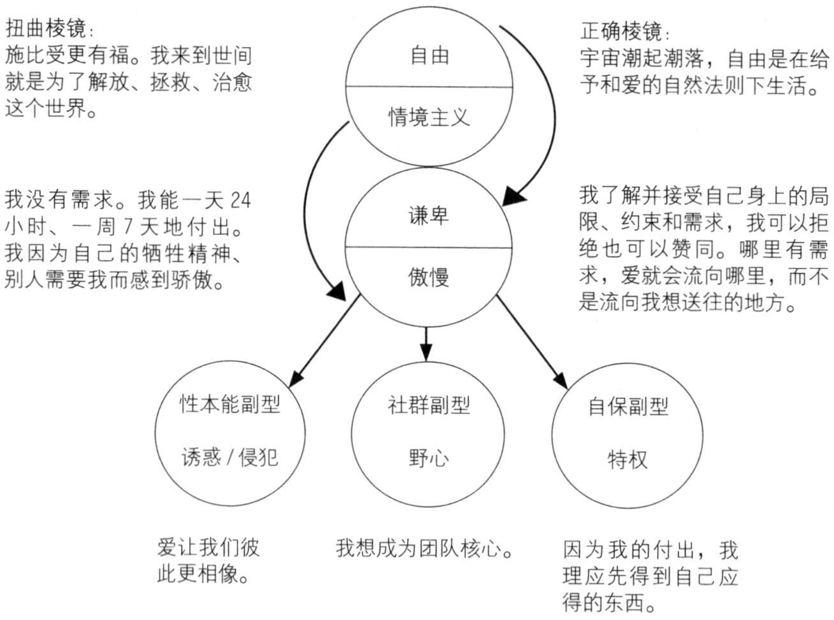

总　结

爱的棱镜对应的是慷慨、给予和滋养的愿景。这是一种通过对他人的需求和感受共情来表达的关爱方式。走上这条路的人乐意给予支持、滋养、鼓励、温暖、温柔、社交和友好。他们想把世界变成一个更有爱的地方。他们本着谦卑的精神来做这一点。

情境主义（互相依赖）的范式表现为一种夸大了的助人为乐的需求。他们关注别人的需求，自己的需求却得不到满足。他们给予他人支持，以获得关注和赞赏。遵循这种愿景的人会变成强迫型的救助者，而当他们不被欣赏时，就会感到失望和愤怒。他们的错误信念是：我乐于助人、乐于奉献，所以我不会被人拒绝。傲慢驱使着这种方式，并且扭曲了真爱以及对需求的适当满足。

价值观：爱。

愿景：让世界更加充满爱。

适应性认知模式：当你能给予和接受时，你才是真正自由的；说出“不”或者“是”都没有问题。

适应性情绪模式：谦卑；承认自己的局限性；除了我之外，谁能帮助你？谁又能帮助我？

适应性行为模式：根据别人的需要给予，而不是看自己可以给予什么。

非适应性认知模式：我正在给予；我乐于助人；除非有人爱你、需要你，否则你什么都不是。

非适应性情绪模式：傲慢；我为自己向他人付出的一切，以及自己不需要回报的态度感到自豪。

非适应性行为模式：先满足别人的需求，再满足自己的需求；讨人喜欢，适应力强。

主要脆弱点：被拒绝；不被需要；感觉自己没用。

回避区域：自己的需求。

防御机制：压抑；放弃个人议题。

有益的范式转换：表达你自己，包括你的需求；有创造力；设定界限。

无益的范式转换：因为自己不被他人赏识，你会喜怒无常，成为殉道者；对于每一件事，你都亲力亲为，同时也要求别人这样做。

3 号棱镜　效率的视角

3 号的自我判定

根据以下陈述与你的契合程度进行评分：

1 几乎从不

2 很少 / 罕有

3 有时 / 偶尔

4 经常 / 频繁地

5 几乎总是

____ 失败会毁掉我的形象。

____ 大家都认为我是一个富有成效的人。

____ 我经常会立刻采取行动，紧跟时代潮流。

____ 我有执行力，喜欢并善于做决定。

____ 我愿意开启一项新的事业或者管理一个企业。

____ 我认为自己是上流社会的人。

____ 我的成就造就了今天的我。

____ 我的适应性很强。只要完成了计划方案，我就愿意做这笔生意。

____ 如果别人把我看成有组织性和高效率的人，我会很高兴。

____ 为了成功，我会做出规划，而不只是做自己。

____ 我表现得很自信，这样别人才会信任我。

____ 我喜欢同时进行多个项目，因为我希望别人把我看作一个积极主动、成功的人。

____ 我能够而且确实呈现出任何让自己成功的形象。

____ 我有很多 A 型人特质。我有动力和压力，需要工作和任务。

____ 我几乎像机器一样高效。
____ 我知道如何在合适的时机展现适当的形象。
____ 我比大多数人更成功。
____ 我深知怎样才能让别人喜欢我，所以我是一个优秀的销售人员。
____ 我会成为一名优秀的政治家。我明白妥协和公众关系的重要性。
____ 我认为外在要比大多数人认为的还重要。

____ 总分

核心价值观

在 3 号的价值体系的顶端，有一顶王冠，上面分别装饰着代表效能、生产力、勤勉、组织性、能力和效率的珍珠。3 号愿意完成任务或者工作。当被问及是什么赋予他们以生命时，3 号会说，他们的活力来自做事和完成任务。

在埃里克·埃里克森（Erik Erikson）提出的八个发展阶段理论中，勤勉代表了人生的第四个阶段，即学龄阶段所累积而成的一种美德或长处。以下是埃里克森对这段时期的描述：

……所有的孩子都需要在游戏中投入大量时间和精力，但他们迟早会因为自己一无是处、一事无成、不够优秀甚至完美的事实而感到不满、不高兴：这就是我所说的对勤勉的感知……（孩子）必须开始从某种程度上成为一个工作者和潜在的供应者……随着性成熟期的来临……他学会了通过完成事情来获得认可。他变得勤勉起来，也就是说，他开始适应这个工具化世界的无机质法则。他积极地、一心一意地成为一个成功的人。富有成效地完成事情这一目标，逐渐取代了他的不同常人的冲动和失意。曾经，他不懈地努力学习走路、好好扔东西，而今他只希望把事情办好。通过持续的专注和不懈的努力，他养成了完成工作的乐趣。（1959，第 86 页）

在埃里克森看来，在青春期获得的这项胜任感，是在成年后实现成功的持久基础。罗伯特·怀特（Robert White，1959）将竞争能力作为其激励理论的核心。阿尔伯特·班杜拉（Albert Bandura，1977）将自我效能作为其人格理论的核心。

弗洛姆将性格类型分成 5 种，其中 4 种是不健康的，最后一种是健康的。他称这种运转良好的性格为“高效的人”。这是弗洛伊德对健康的人的定义（“一个能够爱和工作的人”）的变体。

行动是存在的属性之一：我存在，所以我行动。对于 3 号来说，生命意味着活力和生产力。3 号的伦理是行动的伦理。3 号是务实而现实的，他们积极而主动。

韦氏词典将宇宙定义为“世界，被认为是一个和谐有序的体系”。如果世界是上帝的反映，那么神性法则本身就是有序和谐的。而上帝的这一面恰好是 3 号所推崇、包含和自然展现的。他们像上帝一样有秩序、有组织、有效能。

效能是指“能够产生效果或预期结果的一种力量”，而有效能是指“实现，完成”（韦氏词典）。

当你说起上帝的属性时，第一个想到的词可能不是“有效能的”。但是，我们可以在《旧约》的某些段落找到对这种力量的定义，比如在《以赛亚书》中，上帝的话就昭示出他将要完成的事业。与之类似，3 号言出必行，并且要成功。

在《创世记》中，我们可以找到一个更生动的、彰显上帝效能的事例。上帝说要有光，于是便有了光。要有苍穹，于是便有了苍穹。现在看来，这是上帝有效能的表现。因为他一句话就搞定了一切！就创造一个宇宙世界而言，六天确实是一个相当高效的时间——尽管我曾听到有 3 号说过，他们本来可以在六天内完成项目，不过他们就是不想让老板知道。

相反，我记得我在教高二年级的时候，每次走进一间乱糟糟的教室，我都会大声说：“让这里秩序井然吧！”然而，接下来我面对的还是一片混乱。这说明我既不是上帝也不属于 3 号，是“无效能”一词的例证。

范式视角、专长与格言

3 号天生做事有条理。他们会设定目标，决定策略，本能地执行和完成它们。当其他人还在召集团队查找问题的时候，3 号已经解决了这个问题，并且开始着手下一个任务了。他们既可以顺利地完成某件事情，也可以同时轻松地处理三四个项目。一心多用是 3 号的长处。

进步是 3 号极为重视的另一个价值。就像通用电气公司一样，进步是他们最重要的产品。他们喜欢流程图，标记通往目标之路上每一个成功的步骤。从《圣经》中，我们不能清楚地看到上帝对构建世界到底计划得有多详尽——列出第一天、第二天自己要做的事情的清单——但是很显然，3 号喜欢看到自己正在取得的进步。

3 号的墓碑上或许应该刻上这样的墓志铭："她在很短的时间内完成了很多事情。"

3 号在团队中是合群的，善于交际，友好，备受欢迎，让人如沐春风。由于这些品质，他们往往能升职到行政或者领导岗位。人们重视他们的活力、自信、完成任务和工作的能力。

他们也喜欢激励和鼓舞他人，善于把别人拉到团队中来完成任务。3 号是优秀的啦啦队长和激励者。我知道有一个 3 号的名片上有以下几种身份：作家、顾问、激励者。

3 号是天生的销售员。他们知道如何包装产品，来让人们购买。最主要的产品就是他们自己。他们凭直觉知道如何展示和推销自己，来让人们喜欢、重视自己，进而购买自己所提供的东西。如果你需要对自己的产品进行市场推广，那么叫 3 号帮你做吧。

以下具有代表性的 3 号谚语，从他们的视角和擅长部分出发，给出了一些有价值和有效的建议：

· 全力以赴。
· 初试不成功，努力勿懈怠。
· 精彩必将继续。
· 只要目的正当，可以不择手段。
· 胸怀大志。
· 不要小题大做。
· 有志者事竟成。

· 假装强大，假装勇敢，直到有一天你真的能做到。

· 胜利并不代表一切，它仅仅代表胜利。

· 每个人都靠卖点什么为生。

· 有些人天生伟大，有些人成就伟大，有些人雇佣公关人员。

· 假若等待完美的条件，那么你将永远一事无成。持续不断地播下你的种子吧，因为你无法得知哪颗会生根发芽，当然或许它们都会发芽。

· 勤奋乃成功之父，志向乃成功之母。

· 耳听为虚，眼见为实。

· 成功来自信心，失败源于自卑。

· 与其懒死，不如累死。

以下是 3 号认为自己的人格类型对团队的贡献：

· 成功地完成工作。

· 让想法成真。

· 改变自己的方法和形象，以匹配不同的支持者。

· 适应自己的客户并促成结果。

· 让事情保持在正轨上，并朝着一个结果前进。

· 注重成就。

· 总是很忙，总是有项目在做。

· 提醒他人没有失败一说，只有学习的经历。

他们提供：

效力　效率　活力

热情　灵活性　激励

策略　执行力　多任务

不屈不挠　专业度　领导力

如果没有 3 号，会导致：

· 没有嘶嘶声的牛排。

· 不能弹跳的球。

· 没有气泡的汽水。

· 一切都无法按照计划进行。

- 无法跟进的计划。
- 没有结果的目标。
- 没有方向、没有得力领导的追随者。
- 缺少动力、能力和协调能力。
- 缺乏源源不断的想法和可能性。
- 缺乏鼓舞和热情。

正确棱镜 / 适应性认知模式

3 号的正确棱镜包含了对宇宙和谐的希望。这是一种深层次的基本信念，认为宇宙的法则能够自行平稳有效地运行。宇宙自身带有一种天然的秩序和规律。当我们与这些普遍规律和谐共处，我们便是高产高效的人。

这里存在着一个必然的信念，即和谐和价值存在于真实自我之中。我们之所以是有价值的，是因为我们的存在，因为上帝爱着我们，而不是因为我们能做到什么，或者因为我们所扮演的角色。价值归根结底来自存在，而不是来自高效，以及随之而来的别人的称赞和认可。自尊源于我们的本体，而不是通过我们的形象或人格面具来获得。

当 3 号与本体或真实自我失去联结，他们也失去了对“宇宙可以自行运转”的希望。取代希望的是他们的非适应性信念，即，除非他们夜以继日地工作，否则无序终将来临。

他们也不再指望别人会因为他们自身而长久看重他们。为了弥补这种损失，他们把精力放在创造“赢家”这种人格面具和成功角色上。至少成就和塑造的形象可以给自己带来一些名望。与这种名望相伴而来的是虚荣和欺骗的恶习。我们会在接下来的部分看到这一点。

美德 / 适应性情绪模式

当 3 号坚信这个世界和自己的真实性，他们体验到诚实的美德，包括诚实地对待自己，忠于自己。他们意识到他们就是他们自己，而不是自己扮演的角色、所获得的社会地位、所做的工作、所完成的任务。他们不止是这些角色、地位、工作和任务。

当 3 号是诚实的，他们表现出完整性（你看到的，便是你得到的），而非表里不一（你看到的角色或人格面具，是 3 号认为你想要看到的，可能并不符合他们的真实自我）。这也就是卡尔·罗杰斯描述的“功能完备的人”，其实际经历和感受、自己所意识到的经历、向他人的表达是一致的。

诚实的人让事实自己说话。他们不需要以一种片面或夸张的方式粉饰、改变或呈现真实的东西。他们不需要为了兜售事实而美化它。他们甚至不需要营销它，因为现实本身已经很有吸引力。3 号也是如此。当他们开始相信自己的时候，他们就会发现这一点。

诚实包括允许自己表达和公开个人真实的需求、欲望和情感，而不是掩盖或者逃避。它也意味着真诚地培养自己的需求，而不是用外在的目标代替内在的欲望。

在终极意义上，诚实是一种最高效的存在方式，更不用说，这种方式，你需要记住的东西最少。

扭曲棱镜 / 非适应性认知模式

当 3 号不再相信宇宙会自行运转和施予仁慈，他们就需要让自己的创造物运转起来。他们错误地认为，除非自己不停地给宇宙这台机器加油，否则它终将慢慢停止运转。没有什么事情能有效地完成，世界一片混乱无序。

3 号将自己凌驾于宇宙的自然法则之上，坚信甩开这些法则能够更有效地做事。因此，他们随意对待规则和真理。功利主义和实用主义取代了诚实和公正。如果一件东西能够起作用，那它便是好的。为了达到目的，可以不择手段。完成任务比完成的过程更重要。

3 号可能会将忙碌或工作狂与高效混为一谈。他们批判、无法容忍身边的人以及上帝的无能。他们掌控宇宙的运转和法则。现在，3 号枉然地认为自己是不可或缺的存在（这是一个重要的附带收益），而不是相信即便自己休息一天，宇宙也能够继续运转。

当 3 号失去对自己的信心，他们同时也失去了自身的价值感。他们需要做点什么来证明自己。他们的非适应性信念是，他们自身没有多大价值。具有讽刺意味的是，在成功的外衣下，他们却感觉自己是个十足的失败者。

范式的补偿

3 号通过在别人眼中显得很成功，来弥补自身缺失的价值感。他们的价值建立在自己能完成、实现的事情上。他们强调自己的行为和形象，而非自己的存在和自我。他们相信“我执行，故我在”以及“如果别人认为我是成功的，那么我便是有价值的”。3 号的补偿方式是成为一名演员，这包含了两层含义：一是他们无时无刻不如此，二是他们在扮演一个角色。

3 号希望，如果自己看上去很成功，就会得到他人的认可和钦佩。当人们认识到 3 号能够为自己做多少事，看到 3 号所有的丰功伟绩，他们自然会喜欢 3 号。

具有讽刺意味的是，尽管 3 号的虚假人格或小我努力要有条理、高效，但他们实际上是低效能的。小我终究是低效能的，因为它是虚幻的(或者是一个糟糕的失败者)。它处于现实之外，处于宇宙的自然法则之外。因此，小我只能产生虚假自我；它对真实自我没有任何帮助。

3 号喜欢装模作样来获得大家的掌声，他们虚假的人格无法确信别人会接受和喜欢他们本来的样子。因此，他们必须继续表现和做事，抱着一种错误的希望，即这样会带来对自己的良好感觉。就像 1 号努力让自己变得更完美，2 号努力变得更助人一样，3 号努力让自己更高效。

关注自己的感受、喜好、欲望等，虽然看起来会导致一个人做事效率低下，但实际上是最有效的方法。3 号害怕他们的情感和欲望会阻碍自己完成某个项目。但事实上，项目反而阻碍了他们认识到自己的真实本质。最终，3 号成果累累，但这是以失去自我为代价的。

理想化的自我形象

作为 3 号的扭曲棱镜的结晶，他们的理想化的自我形象为 “我是成功的”“我是高效的” 。由于他们的非适应性信念，即自己的价值取决于自己所制造的东西、所能做的事情， 3 号认同自己的作品，而非他们自己。他们成为自己所有项目的集合体。他们的完整人格是他们所有成功部分的总和，而他们的完整自我要大于所有项目的综合。他们的补偿模式认为，如果你不喜欢他们本来的样子，也许你会喜欢他们的能力。

我们所有人都可能陷入这样一种危险，即将自己等同于自己的角色或者社交面具。3 号特别容易受此影响。如果你问一个 3 号“你是谁？” ，你可能会得到这样的回答：“我是一名医生”“我是一个母亲”“我是一名教师” 。对于 3 号来说，个人的身份是通过其所扮演的角色来体现的。

3 号将他们的直觉聚焦于扮演什么角色或投射什么形象，以便迎合观众的期望。3 号能够感觉到一个团队想要什么样的领导者，然后承担起这个角色，领导这个团队。例如，如果他们认为 X 公司想要一个精力充沛的高管，那么在任职总裁期间，他们会成为有活力的领导。或者，他们知道 Y 公司需要一个有思想的 CEO，那么在申请这个职位时，他们首先会成为一个深思熟虑的候选人。

3 号这种感知到别人想从自己身上得到什么的能力，使得他们可以像变色龙一样，改变自己的外表和举止。他们可以成为所有人的一切。但是，这个能力的弊端在于，他们与面具下的真实自我失去了联系。3 号可能从未了解或展现真实的自我。甚至他们可能会害怕，面具下早已没有了自我。

3 号善于嗅出潮流的趋势，他们能够清楚群众的走向，然后跑在人群前面，给人一种引领潮流的印象。至少，他们都很时髦、前卫。

3 号的棱镜帮助他们成为优秀的销售员。仅凭直觉，他们就知道如何展现自己和手中的产品，所以人们会接纳他们，然后购买他们的产品。1947 年，弗洛姆将一种不健康的性格类型命名为市场人格。在不了解九型人格的前提下，他入情入理地描述出 3 号强迫性的一面。以下是他对这个类型的部分描述：

> 这种性格倾向源自一种将自我当作商品、自我价值作为交换价值（我将其称之为市场导向）的经历……在很大程度上，成功取决于一个人如何在市场上推销自己；如何让别人了解他的个性，他的“包装”有多好；他是否“开朗”“有能力”“积极进取”“可靠”“雄心勃勃”；甚至他的家庭背景是怎样的，他属于哪个俱乐部，他是否认识了优秀的人。就像手提包一样，一个人必须在人格的市场上追赶时髦，而且他还需要清楚什么样的人格最受人欢迎。既然现代人兼具销售者和市场上待售商品的角色，他的自尊心就取决于他无法控制的情况。如果他是“成功的”，那么他便是有价值的；如果没有成功，他就没有了价值。这种取向所造成的不安全感，是怎么高估也不过分的。如果一个人认为，自身价值主要并非来源于自己所拥有的品质，而取决于在不断变化的市场竞争中所取得的成功，那么他的自尊心肯定不稳定，他需要不断得到他人的肯定。因此，他会被驱使着，为成功而不懈奋斗，任何挫折都是对他自尊心的严重威胁；而结果便是无助感、不安全感和自卑感。如果市场的变迁成为对个人价值的判断标准，那么尊严和骄傲势必会被摧毁。（第 68 ～ 72 页）

如果 3 号的补偿信念是，他们因自己的成就而具有价值，得到重视，那么他们就必须不断成功，不断积累成就。他们必须持续前行。所以他们通常表现得忙忙碌碌，而内心也同样如此。他们没有太多闲暇时间与别人共处或与自己独处，因为他们正赶着去做下一个项目。3 号也可能担心，如果自己放慢了速度，就会被人抓包。

继续前行是 3 号解决问题的策略。永不停歇。就像阻挡水流向大海的障碍一样，3 号在朝着目标前行的过程中也会遇到各种阻碍，但是他们会选择协商的办法，绕过这些障碍。障碍既不是绊脚石，也不是神之恶的象征；它们只是需要解决的挑战。3 号喜欢展现出青春洋溢、精力充沛、乐观向上的外表。在社会、教会等的上流阶层中，你往往可以看到他们的身影。他们往往像啦啦队员一样，鼓励着他人取得胜利和成功。他们的领导力，部分来自他们调动和激励员工的能力。

他们的成功形象也凸显出专业素养。3 号喜欢以专家的身份出现在大众面前。他们装扮成成功人士，看起来就像你想要投票支持的人，或者他人的顾问、治疗师、医生等。

3 号的棱镜帮助他们顺利地完成某件事。他们很容易判断形势，评估自己需要做什么，判断自己是否能够调集资源做这件事，然后再采取任务导向型的行事作风。3 号之所以能够专注于眼前的任务，是因为他们能够克制自己的情感、偏好、欲望等。通过屏蔽这些个人因素，他们可以坚持下来，并最终完成任务。他们还可以屏蔽他人的情感、精力等，驱使、鞭策他人努力奔向成功。最终，这种冷酷无情的高效率成为他们的风格，而他们也取得了很多成就。3 号机器般的效能是自动人或机械人的原型。

3 号所忽视的是人的心灵。像《终结者 2》这类现代电影的魅力之一，就是反派的冷酷高效，能够随机应变，以便适应当前的紧急情况。他能够如此高效地执行任务，是因为他本身就是一台机器，不会被人类的情感干扰到自身程序。

在扮演角色或表现专业性方面，3 号可能会变得过于圆滑、老练和精明。他们展现的活力是没有生命力的。他们试图表现得很有风度，却没有人情味，比如脱口秀主持人的微笑或殡仪馆馆长的悲伤。就像政治家一样，他们知道如何与群众和热情的人们打交道。

然而，过度规划最终只会导致 3 号变得效率低下。事实上，有些事物最好不要去组织，不要去计划，比如友谊。3 号交友的模式是，将此作为一个目标，制订一个 12 步骤的计划，保证自己在一周内与他人建立友谊！《如何赢得朋友和影响他人》这本书，很可能就是一个 3 号作家为我们这些社交无能者所撰写的。

在和 3 号交往的过程中，当你发现自己处于比较被动的地位，遭到操纵，你很可能会因为这种机械化相处模式而生气。一切看起来似乎都太过浮华、太有计划性了。最终，你可能会退出这段关系，因为它是不真实的。于是，3 号追求高效的交友方式却产生了无效的结果。联结没有形成，他们仍然感到隐隐的空虚和不满。

我在买到电脑后不久，就遇到一次 3 号模式的电脑版本。最开始几次的开机还算顺利，检测了键盘、鼠标、显示器等。之后某一天，我看到了一条可怕的消息——电脑找不到操作系统了。它找不到自己了！我焦急地打了 1 个小时的电话，开始担心电脑内部已经永远地消失了。而技术人员一边和我攀谈，一边指导我进行多个步骤的操作，包括打开文件、删除指令、关闭文件、打开更多的文件等。当搞定一切之后，我问技术人员我们刚刚做了些什么。技术人员解释说，人们总是抱怨开机太慢，所以制造商加快了电脑进程。然而，加速定位进程也导致了计算机可以快速地略过那些实际存在的地方而不识别它们。为了提高效率，计算机反而变得非常低效。本来 10 ～ 15 秒就能启动的程序，到我重新编程启动它的时候，却花费了我整整一个半小时。

在我看来，这是对 3 号悖论的恰当比喻。3 号走得太快了，以至于他们迷失了自己；或者他们如此快速地越过一些东西，以至于他们自己都没有留意到。我记得有一个 3 号说过，在结束了一天的繁重任务后，她已然不记得自己究竟在为谁工作，甚至不记得是谁在做这个项目。她已然消失，只有工作还存在。

范式的维持

为了维持自己的范式，3 号会不断地扫视周围的人群，为的是找到别人想要的东西、别人认可他们的迹象。保持忙碌和行动也有助于他们的范式继续下去。其他方法还包括：专注于自己的工作和角色，获得成功，向他人展示自己的成就，自我营销，对市场情绪进行抽样调查。

另外，虚荣这一恶习也是维持他们范式的一个主要方式。

恶习 / 激情 / 非适应性情绪模式

推动 3 号的激情是虚荣。3 号自欺欺人地认为，他们就是他们所呈现的形象。你看到的，便是你想看到的。他们非常认同自己的角色或方案，以至于会像资深演员一样迷失在自己的表演中。

在推销自己和自己的产品时，3 号做出某种欺骗的行为。他们总是展现积极的姿态，任何缺点或失败的暗示都被掩盖了。

歌德说过，我们都是剽窃者。我们的建筑物是建立在别人浇筑的地基之上。

每一代人都是站在前辈的肩膀上。3 号是天生的剽窃者，他们从来不提或者不会留意到自己已将别人的作品据为己有。为了符合自己的形象，3 号会借用他人作品，并确信自己的面貌就是时下最受欢迎的。如果这种面貌失去了大众的认可和接受，他们很容易就会转向另一种成功的外表。但这可能会导致他们缺乏一以贯之的核心个人认同。“我就是别人眼中的样子。”

正如前面所提到的，善于欺骗，善于表现出成功人士的样子，这使得 3 号可以捕捉社会民意，走在人群前面，扮演领导者角色，自诩运动发起者。3 号喜欢引领潮流，或者至少要跟上潮流。

3 号能够模拟出适合特定场景的情绪。我记得有一个 3 号曾提起，他会提前谋划自己在会议上的情绪。例如，他会计划在对话过程中的某一刻发怒，让竞争对手心理失衡，从而让自己掌控整个谈判。

另一个事例是，电视上的布道者，在需要表现悲伤情绪的时候，眼泪说来就来；在应该义愤填膺的时候，他们随即愤慨不已；而在圣灵拯救他们的时候，又表现得欣喜若狂。这些情绪都不是源于真实的自我。

说起宗教，我想起了一段对宗教历史的描述：对于古希伯来人来说，宗教是一种神学；对于古希腊人和古罗马人来说，这是一种哲学；在中世纪，它是一种意识形态；在美国，它已经成为一个产业。3 号能将任何事物转化成一桩成功的生意。

虚荣的极端表现就是病态的说谎者或心理变态。说谎成为一种生存方式，以至于事实上他们更喜欢说谎，而不是说实话。具有反社会型人格的人非常善于欺骗，他们甚至想看看自己究竟能逃脱多少惩罚。说谎使人上瘾。

范式的回避

为了避免激活他们的非适应性模式，即在成功的外表下，他们其实是个失败者，3 号采用的一个解决办法就是不断寻求正面评价。我曾经参加过由一个 3 号举办的工作坊。在周末的课程中，她四处征询大家对于工作坊的看法。结束时，一名与会者表达了一些不满（这显然是一种异常的反应）。这个 3 号毫不停顿，立即再次询问他从活动中学到了些什么。也就是说，她本能地希望从参与者那里获得正面反馈。很快，这个参与者感到满意起来，愉快而满足地离开了工作坊。而我却在思考，如何让这位 3 号成为我的公关人员。

回避区域

如果你想让自己看起来成功，那么你需要避免失败。这正是 3 号范式有助于他们的地方。正如美国国家航天航空局的格言所说："失败不是一个选项。"

避免失败的一个方法是将其称作别的词。例如，像"生活中没有失败，只有学习的经历"这句话，很可能出自一个 3 号。神经语言程序（NLP）的治疗方法就涉及了重构的内容。在这里，失败被解释成部分的成功，错误被认为是一种反馈，而不是失败。当核弹头被改名为"和平维护者"时，欺骗也就产生了。

在回避失败方面，3 号通常很成功。如果你问起他们失败的经历，你只会看到一个茫然的表情。他们要么从来没有失败过，不记得任何失败的经历；要么就是确实记得某些失败，但肯定不会告诉你，因为这有损他们的形象。

那么，3 号是如何避免失败呢？他们首先提前评估形势，并确定形势对自己的要求。然后，为了成功地实现预期的目标，他们会看看自己是否拥有足够的资源。如果估量自己能够做到，他们就会承担起这个项目。如果认为自己做不到，他们就会让其他人尝试。他们能快速地进行这些目标导向型的分析。

另一种避免失败的方法是将失败投射到他人身上。某件事之所以没有取得成功，不是 3 号的错，而是其他人没有尽到自己的责任。3 号将自己的低效率和失败归咎于他人，然后发现自己被一群做事没有条理、效率低下的员工包围着。于是，他们开始哀叹道："当我被一群像你这样的火鸡包围时，我怎么能像老鹰一样翱翔呢？"

下页表中，"我"栏目下是一些与 3 号的自我形象相一致的特征；"非我"栏目下则是不一致的特征。

当 3 号进行投射和投射认同的时候，他们发现自己被一群懒惰、缓慢、无动力、不胜任、失败的人所包围。难怪他们不愿意休假，从而将宇宙交给他人。这群无所事事、低效、无抱负的失败者，不太可能完成任何事情。

我	非我	我	非我
专业	外行	高效	低效
做事有条理	做事没有条理	胜任	不胜任
富有成效	无所事事	目标明确	迷失方向
勤勉	懒惰	善于团队合作	不合群
成功	失败	受欢迎	独来独往
啦啦队员	旁观者	有抱负	无抱负
青春洋溢	老古板	执行者	隐形追随者
激情	消沉	实现目标	一无所获
有动力	无动力	有地位	什么也不是
快马加鞭	缓慢	有成就	一事无成
发起人	旁观者	光鲜亮丽	邋遢
推销者	被推销者	自信	胆怯
务实	胡思乱想	引领潮流	陈旧迂腐
有见识	没有见识	一心多用	过度专注
步步高升	停滞不前	抓住要害	陷入琐事

所以一点不奇怪的，3 号占据了主导地位，成为领导者、首席执行官、经理、潮流引领者。舍他们其谁？难道能靠那些迷失方向、胆怯的旁观者？你可以看到，为何 3 号会成为啦啦队长，向这群没头脑的人注入活力；或者承担起激励他人的工作，让这些人的生活充满力量，让办公桌变得井然有序。

3 号需要与缓慢、独来独往、害羞的人交朋友。他们可能会发现，独来独往的人不在意别人是怎么想的，而是更热衷于自己的追求。或者他们会发现，那些“懒惰”的人只是在享受自己的时光，享受交朋友。慢下来，玫瑰和咖啡的气味就会扑面而来。

3 号可以通过包容 6 号和 9 号的视角，来获得平衡和广度。后两者的有用特质就隐藏在“非我”的废墟下。当 3 号从这个自己原本视而不见的阴影部分挖掘出积极归因这一宝藏时，他们也就发现了 6 号和 9 号高等一面的优势。

例如，如果你从“过度专注”“陷入琐事”这种贬低中后退一步，你就会发现 6 号对细节和细微差别的关注，对自身行为所造成的多种后果的认可，以及在行动之前所做的周到考虑和准备工作。6 号的谨慎加上 3 号的热情，会带来高效的行动和目标的实现。

或者，如果你质疑“无所事事”“停滞不前”“被推销者”或“缓慢”有什么好处，你可能会发现，9 号认为“存在”与“行动”一样重要，以及在终点线上，其实乌龟比兔子更有优势。但是，如果这意味着“无动力”而“消沉”，那谁又想放慢自己的节奏呢？而如果你能通过放慢脚步来收获内心的满足和平静，那也不失为一件好事。

此外，如果你询问“我”和“非我”哪一部分更依赖人际关系，那么很明显，“非我”更需要的是人，而不是那些成功的、有成就的、步步高升的赢家。但是，具有讽刺意味的是，3 号相信，只有当他们展现出“我”之下的特质时，人们才会喜欢他们，想要与他们建立关系。事实上，那时他们看起来并不需要人际关系，因为他们是如此成功，如此扬扬自得。人们更可能为了他们的技能而利用他们，而不是与他们联系，建立起和他们的友谊。

3 号可以形成一个包含对立两极的、全面的自我概念。虽然每个人都需要塑造自己独特的形象，但这里可以提供一些初步的建议：“能干而诚实”“有魅力的乌龟”“有效率的门外汉”“无拘无束而积极”，等等。

防御机制

3 号的防御机制是自居等同。通过将自己等同于某个成功的形象或角色，3 号可以回避失败的经历，以及它的再次出现。当他们的人格面具开始褪色或失去人气时，他们会联想到另一个形象。将自己等同于自己的工作或项目，也帮助 3 号避免了在自我层面上感到失败。最后，3 号还可以通过加入卓越的公司、政党、宗教秩序，来认同集体的文化、规范或精神。

通过保持与“我”之下特质的联系，并欺骗自己这些都不属于“非我”，3 号维持了他们的补偿模式和成功人士的自我形象。

主要脆弱点

像 1 号和 2 号一样，3 号对于批评和拒绝也很敏感。一旦没有获得关注或认可，他们就会感到受伤。对 3 号来说，人际关系的失败是终极的失败。他们做项目和展示，完全是为了获得赞赏。一旦没有得到显著的认可，那么 3 号会将这种被拒绝视为失败。

3 号还说，当他们被迫不作为的时候（比如因为裁员、健康问题等），他们会感到脆弱无力，甚至会觉得自己已经一无是处、毫无价值了。

失败的境遇很可能会触发他们的非适应性模式：

“我不够成功。”

“我总归能够更加成功的。”

“我是一个失败者。”

“我是我所做的事。”

“我必须更高效、更有成就，这样才会被爱。”

“我必须完成自己的角色，满足别人的期望。”

“给予一个人的越多，要求的就越多。”

“我不能相信别人。”

“我需要诱骗别人相信我。”

3 号一旦发现自己正在接近失败，他们的防御机制就会高速运转。此时，他们越发强调自己成功人士的自我形象，强化营销自我的策略，诱骗自己和别人相信他们很重要——因为他们所取得的一切成就。“我既做得好，又讨你喜欢，还能成就大事，你何必拒绝我呢？”

当 3 号变得焦虑时，自我就会隐退，而形象和活动则占据了中心舞台。不幸的是，这一策略只会延长他们的疑虑心理——他们得到别人喜爱和肯定，到底是因为他们自己，还是因为他们的成就？他们的成就、形象和角色来自他们的真实自我和别人的真实自我之间。

矛盾的是，防御方式没有让他们获得胜利，因为 3 号没办法永远伪装下去。其他人最终也会意识到面具后面的人根本不存在。无论 3 号还是其他人，都不会满足于与一张人格面具或者一台生产机器互动。3 号与其他人的关系变得疏远，随之而来的是分离。

此外，由于 3 号太忙于自己的工作，他们根本没有时间享受自己确实拥有的人际关系。

因此，他们的扭曲视角阻碍了他们的真实需求，即，感觉被接纳和肯定，且这种接纳和肯定是因为自己的存在，而非因为自己的行为；因为自身存在而得到其他人的爱和认可；得到真实的回应；拥有一种有意义的生活。

当 3 号的主要脆弱点遭到攻击时，他们的适应性模式所给予的希望让他们能够保持真实，与自己和他人保持联结。他们的真实自我依然在场并且参与其中，因此也是最有效的。只有在真正的“我一你”关系中，他们的真实自我才能收获他们真正期待的归属感和肯定。他们曾企图通过虚假自我的成就来获得这些，但未能如愿。

就像其他的扭曲棱镜一样，摆脱困境的出路就在于他们最不常走的路。3 号的出路就是他们最想避免的失败。我听到很多 3 号说过，失败的经历恰恰打破了他们的强迫倾向。它打破了他们的成功人士的自我形象，让真实自我得以出现。婚姻的失败、孩子的精神疾病、公司的破产，都打破了他们对游戏 300 分的追求，粉碎了他们的人格关于成功的幻想。虽然一开始这很可怕，但是失败最终会带来自由与和平。

成长经历

什么样的成长环境会导致 3 号过度发展和夸大自己的范式，并扭曲自己的棱镜？那就是对他们的成就，而不是对他们自己进行褒奖的环境。比起他们是谁，他们的所作所为更加重要。他们的价值在于自己能创造什么，而不只是因为他们是人。

3 号认识到，比起做自己，扮演一个角色、展现一个特定的形象能让他们走得更远。他们成了形象塑造大师。他们的这种表演，在与他人的情感联系和深入接触方面收获了良好回报。

他们的家人看重的是外在而不是内在。没有人会关注或询问他们的情感、偏好和欲望，所以他们断绝了与自己内心世界的联结。相反，他们开始专注于外表的光鲜亮丽、成功、获胜和领先地位，这样他们会获得大家的认可。于是，在他们的内在自我和外在形象之间出现了裂痕，他们开始更加重视和关注自己外在的价值。

3 号发现，成为别人希望的样子能让他们得到认可和晋升。于是，他们将自己的注意力和精力从自己的需求转移到了别人对他们的期望和要求上。如此，他们才能表现得成功，并得到满堂喝彩。

他们认识到，比起真诚、专一或单纯的心，随和、适应性强会让自己收获更多的回报。

一些 3 号天生早熟，因为表现出色而被认可。其他 3 号则可能是为了尽早为家庭“工作”而不得不快速成长。他们要么真的去工作，然后再也没有停止过；要么通过取得好成绩，成为代替家长的存在，照顾兄弟姐妹等方式，为家庭“工作”。

3 号从小就活跃、热情而能干，而且一直保持这种状态。即使变得成熟后，他们依然维持着这种青春洋溢的外表。但是，由于他们很早就脱离了真实自我和情感，在情感和精神层面上，他们会表现出某种不成熟或无能。这些内在的部分，需要与他们外在的人格面具一起变得成熟。

身体特征

3 号喜欢展现青春活力的一面。他们通常皮肤黝黑、体格健壮。你会在他们当中找到俊男美女和富豪。他们往往穿着时髦，而且喜欢赶时髦。3 号穿衣服是为了显示自己的成功，而 4 号装扮自己，是为了表达自己独特的情绪。一般来说，3 号会展现出圆滑、优雅的形象。

根据阿里卡面部分析理论，3 号的右眼要比左眼更小或者更闭合。在右眼眼角处可能有浮肿。有时候，因为他们的右眼可能有点歪斜，所以你会感觉他是用一只眼睛看着你，而另一只眼睛却看向别的地方。毫不奇怪，许多男女演员都有这种眼部特征。

沟通方式

3 号擅长宣传——兜售自己和自己的产品。既然他们无处不营销，那么一切都可以归结为一个问题：如何表达它，给它做广告，展示它，销售它？

3 号的言谈充满着热情和自信。他们的沟通方式足以让人们对他们和他们的产品感到兴奋，充满信心。

在一部几年前拍摄的有关美国总统自我推销的电影《候选人》（The Candidate）中，有这样一个情节：一位理想主义的州参议员被交托给一名媒体操纵者进行公众运营。他的理想主义很快就被取代了，因为他已然是一个媒体产品。宣传的标准不是真实，而是什么能够卖得出去，什么样子能够赢得选票。最后，尽管这位候选人赢得了选举，但他早已失去了自己的发言权。在这部令人心寒的电影结尾，当他即将走上讲台、发表获奖感言时，他恐惧而困惑地转向媒体操纵者，询问："那么，现在我应该告诉他们什么？"

这是 3 号强迫性的例证。此时的交谈不是为了讲真话，在"我—你"之间建立真正的亲密关系，而是为了将自己的人格和信息传达给对方，让对方钦佩你。

范式的转换

在压力或者安全条件下，3 号会发生如下范式转换：

	压力条件下	安全条件下
积极面	+9	+6
消极面	−9	−6

压力条件下

在紧张的内部或外部条件下，3 号可能会倾向消极面，转换到他们的扭曲棱镜，或者 9 号的扭曲棱镜。又或者作为一种积极的选择，他们会试试 9 号的正确棱镜。

（1）戴上 3 号的扭曲棱镜：使用自己老旧错误的棱镜

像其他人格类型一样，在压力条件下，3 号在转向另一种范式之前，可能会更努力地重复原有的做法。这意味着更加努力工作，更加积极向上，承担更多项目，变得更加忙碌，试图取得更大成功，更多地推销自己，扮演不同的角色和形象，而不是真实地表达自己。他们通过继续以同样的方式看问题和行事，来过度地利用自己的范式。

（2）戴上 9 号的扭曲棱镜：使用他人老旧错误的棱镜

当 3 号意识到自己的范式正在失效时，他们可能会不知不觉地从 9 号的低等一面来审视这个世界，与这个世界互动。

遇到困难时，3 号（就像强迫型 9 号一样）往往不愿意去处理情况、解决问题、化解冲突或减轻痛苦，而是力图逃避、拖延、忽视、分散注意力或麻木自己。他们不但想要避免失败，还力图避免内在与外在的一切冲突。

3 号要么启动，要么停止，没有中间地带。他们具备两类速度：高速和停速，从发力到筋疲力尽。当停止时，他们就像强迫型 9 号一样。他们关掉自己这台平稳运转的机器，然后上床睡觉。当他们表现不好时，如果你问起他们干得怎么样，他们通常会回答自己只是累了。这比承认自己的策略失败和为此感到沮丧要好得多。

在不作为模式下，3 号放弃了与生俱来的高效和解决问题的能力。就像 9 号一样，他们可能会说："这有什么用？"或者"有什么区别吗？这事无关紧要。"他们可能会屈服于现状，而不是通过采取行动来做出任何改变。

3 号可能转向酒精、毒品、食物、性生活、工作或其他成瘾的东西，来麻醉自己，或者利用激动、亢奋或其他转移注意力的兴奋方式，来替代被压抑的真情实感。这就像 9 号将注意力转向小提琴或者其他能让自己分心的事物上，而不是灭火或者处理事务。就像忽视型的 9 号一样，3 号对真实自我变得更加漫不经心。他们可能会怀疑自我的价值，甚至怀疑自己是否能够做出任何贡献。

（3）戴上 9 号的正确棱镜：获得一个新视角

在压力条件下，3 号可能会发现，作为一种生存和解决问题的替代方式，利用 9 号的高等一面是很有益处的。这意味着在他们自己身上找到健康的 9 号的特质。

为了脱离这个压力状态而运转（或者更好的词是"不运转"），3 号会选择慢下来，而不是加速、碰撞和燃烧。此时此刻，他们的立场是"不要只是做某件事，而是停留在原地"。静下心来，保持专注。冷静下来，而不是疯狂。接纳、内省，而不是积极地释放你所有的能量。

9 号范式帮助 3 号远离自己的观众，不再将自己等同于自己的工作，从而解放自己，与内在自我联结。

通过调整禅宗的“正行（right action）”原则，3号可以摆脱对于成功的强迫性需求。正行是一种单纯做事情的态度。如果事情本身是值得做的，那就去做吧，把自己与行动的结果分离开来。重要的是，你的行为要正直和专一。无论行动的结果是成功还是失败，都无关紧要。对于3号来说，这涉及一个根本性的范式转换。

客观而健康的9号还包括不伪装。9号对于扮演角色或表现特定的形象不感兴趣。对于3号来说，转向9号积极面意味着要放弃他们的角色和面具，表现出真实的自我，表达自己的真情实感。

安全条件下

在安全、无威胁的情况下，3号可以提升到自己范式的高等一面，恰当地看待这个世界。他们也可能会转向6号积极面。或者，他们戴上6号的扭曲棱镜，迷失方向或滑倒。

（1）戴上3号的正确棱镜：从自己的角度看得更清晰

从范式的高等一面来看，3号具备一个更现实的优势。他们与内在自我保持联系，并毫不掩饰地向他人展示这个自我。你看到的就是你得到的。他们的工作动机是为了共同的利益，而不是为自己的简历、地位或底线。他们对于人际关系和结果同样重视。他们尊重自己的个性，而不是崇拜自己的人格面具。形象不代表一切，真实才是。

（2）戴上6号的正确棱镜：获得一个新视角

当3号透过6号的正确棱镜看待这个世界时，他们找到了忠诚的价值。

他们变得首先对自己忠诚。吟游诗人曾建议，做真实的自己。这意味着，通过内省来发展自己的内在生活，而不是将所有的能量都投入到外部的人格面具或项目中，从而为自己节省能量。

对自己忠诚意味着尊重自己的感觉和喜好，而不是幻想着自己在角色中应有的样子。这意味着花费足够的时间让自己慢下来，让真实的感受浮出水面，然后诚实地表达这些感受。在这种基本的状态下，就像匿名戒酒互助会的理念一样，任何谎言都是一种上瘾。接纳身体感知（例如疲劳）是尊重自己的一种方式。3 号的扭曲棱镜没有注意到自己内部发生了什么，而 6 号视角帮助他们看到了内部的运作。

因此，3 号需要找回他们内心失去的小孩，并促进其成长。当他们远离了他们的形象和角色，他们就会发现，他们真正的样子，截然不同于他们在别人眼中的样子。

在这个成熟的空间中，3 号选择忠于客观的价值观和原则，而不是采取权宜之计，做任何看起来成功的事情，或者任何能够帮助他们获得其他人认可的事情。当他们坚信某件事，即便它不流行，不会成功，甚至不被人们认可，他们也会去做。他们做自己认为有价值的事情，而不是当今社会鼓吹的。在电影《不惜一切》（To Die For）中，那个步步高升的气象预报员曾疑惑："如果没人留意你在做的好事，那还有什么用？"显然，3 号与这个主人公的态度形成了鲜明对比。

6 号范式促成了 3 号通过服务和履行义务向他人靠近，而非对抗他人，与他人竞争，或者出于利己主义的投机心理来钩心斗角。

尊重、服从宇宙的客观规律和人人都遵循的法则，也是一种有益的范式转换。正如我们看到的，真实是终极的、最有效的策略。

对 3 号来说，为了社会和共同利益而工作，为了他人的福祉和利益而工作，而不是为了自己的成功，或者成为别人希望的样子而工作，是颇为有益的。我记得曾经有一位属于 3 号的行政官员，他纠结自己筹集资金究竟是为了帮助穷人教育，还是为了让人觉得他是一名成功的筹款人。动机的不同，体现了生活在本体中与生活在人格中的差异。

3 号需要尊重和忠诚于他人。当有人询问诺贝尔和平奖得主特蕾莎修女，她的工作到底有多有效时，她的回答是："上帝没有要求我必须成功，他只是告诉我要忠诚。"

当 3 号从消极角度来看问题，他们以自己对待自己和别人对待自己的方式对待其他人，也就是说，操纵对方来获得最好的结果。他们不关注自己的感受，也践踏别人的感受。他们不尊重自己的身体极限，耗尽自己所有的精力，因此他们也不断催促团队的其他成员提高做事效率，把这些人也变得精疲力竭。

3号将工作凌驾于人际关系之上，所以他们往往会忽视自己的家庭。而6号的视角是重视人际关系，促进家庭的参与，留出与配偶和孩子在一起的时间。团队精神是6号的一个重要价值观。相比对项目和期限的承诺，对理想、人们的承诺和奉献要重要得多。

这种范式转换的结果是，3号与其他人展开了合作，而不是竞争。他们相信别人能把事情做好，不再将自己的低效率投射到别人的身上。根据元级理论，3号坚信宇宙正平稳、有序地运行。因此，他们可以留出一些时间来放松和提高自己。

各种研究结果不断揭示，优秀领导者具备两种特质：可信度和能力。这两个品质对应的就是6号（值得信赖的）和3号（有能力的）。

矛盾的是，怀疑作为强迫型6号的典型特征，会麻醉他们，对他们来说有害，但对3号来说是有帮助的。老话说得好："彼之砒霜，吾之蜜糖。"这可以用来形容许多正确棱镜。

对3号来说，怀疑只是一种小小的失败体验。体验失败，是与自己失去的部分建立联系的一种办法。接受失败是生活的一部分，而不是将其归咎于他人或其他东西（比如学习经验），代表着向真实和完整性迈出了一步。表达怀疑是你的自由，你不必表现得样样精通。

怀疑让3号变得更有人情味。在他们快速启动、平稳运行的脑回路中，怀疑提供了一个缺口，使得他们能够接触到自己和他人的真实自我。

（3）戴上6号的扭曲棱镜：让你的视野更模糊

当3号处于舒适的状态下，或者感到虚假的安全时，他们可能会发现自己在效仿6号最糟糕的一面。他们变得过于顺从，格外听话，服从公司规章。为了取悦团队，他们会扮演任何被要求的角色。也就是说，他们放弃自己的权威性，接纳了组织的权威性。于是，3号变得更加外部导向。

或者，他们可能变得过分教条和独裁，夸大自己的能力和成功感。他们将自己置于法律之上，自己的行为成为规范；任何行之有效的方法都变成了规则。结果的成功可以证明手段的正当。例如，德劳瑞恩汽车公司的创始人约翰·德劳瑞恩（John DeLorean）曾涉嫌出售几公斤可卡因，以便给制造小轿车的工人支付工钱。这个做法看起来很合理，因为它对工人有好处，而且从此路上多了一些好车，还提高了公司的利润。

当 3 号选择按照社会和宇宙的法则工作时，他们回到了健康的 6 号的领地。

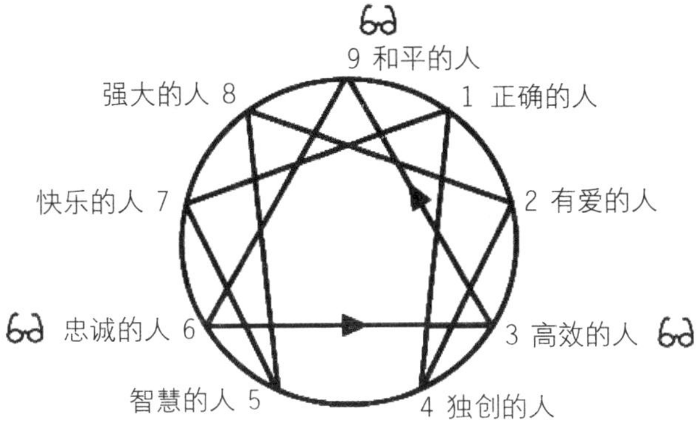

向侧翼的转换

3 号的视角自然会受到侧翼 2 号和 4 号的影响。通过利用这些范式的高等或低等一面，3 号可以加强自己的感知、情感和行为能力，或者进一步缩小自己范式的适用范围。

（1）戴上 2 号的正确棱镜：有益的侧翼视角

当 3 号透过 2 号的正确棱镜来看待这个世界，他们就能够在自己的任务导向和 2 号偏好的个人导向之间做出平衡。插上强大适应性 2 号翼的 3 号在通往目标的途中就会较少践踏其他人。他们把自己的内心扩展到他人身上，顾忌到别人的感受，将别人看作有价值的个体，而不是对群体的成功做出贡献的工蚁。在对别人感同身受的同时，他们也开始关注自己的喜好和需求，而不是为了工作忽视自己。他们认为劳动可以丰富、提升自己和同事的生活水平，填补公司的金库。有爱且高效的 3 号重视人际关系，同时也享受事业的成功。

（2）戴上 2 号的扭曲棱镜：无益的侧翼视角

当 3 号戴上 2 号的扭曲棱镜，他们不仅会在工作中迷失自己，还会把自己变成别人想要或希望的样子。他们不忠于自己，而是把所有精力放在自己的表象上，去迎合别人的期望。他们变得更外部导向，而不是内部导向，为的是得到他人的认可，而不是与他人相互分享自我。如果自己的成就和成功没有得到足够的关注和赞赏，他们会感到失望，转而去批评别人。

（3）戴上 4 号的正确棱镜：有益的侧翼视角

当 3 号认同 4 号积极面，他们既重视外部世界（希望这个世界以更高效的方式运转），也重视内部世界，对真实自我进行探索和发展。他们与自己的心保持协调，在追求外部职业的发展时，也倾听内在使命的低语。4 号的真实性有助于 3 号忠于自己，而不是转向外部形象和角色。拥有了强大适应性 4 号翼的 3 号重视美与艺术。他们在欣赏功能的同时也欣赏形式。应用艺术对他们来说很具有吸引力。他们把关系看作“我—你”之间的独特交流，而不是为了完成工作进行的功利性联系。在朝着自己目标努力的同时，3 号对他人的情绪很敏感。

（4）戴上 4 号的扭曲棱镜：无益的侧翼视角

当 3 号戴上 4 号的扭曲棱镜，他们在内省时变得喜怒无常、郁郁寡欢和沉思默想。由于他们不适应自己的内心世界，所以一旦进入其中，他们会感到困惑和尴尬。在幻想自己外部的项目获得成功的同时，他们也会想象自己缺少了什么，并体会到内心世界的空虚感。拥有过于敏感的 4 号翼的 3 号可能会陷入紧张而短暂的人际关系中。这种关系更多的是导致他们自我感觉良好，而不是为他人的福祉做出贡献。他们往往变得更内向、更冷静、更疏远，夸大自己的独特性和优越感。

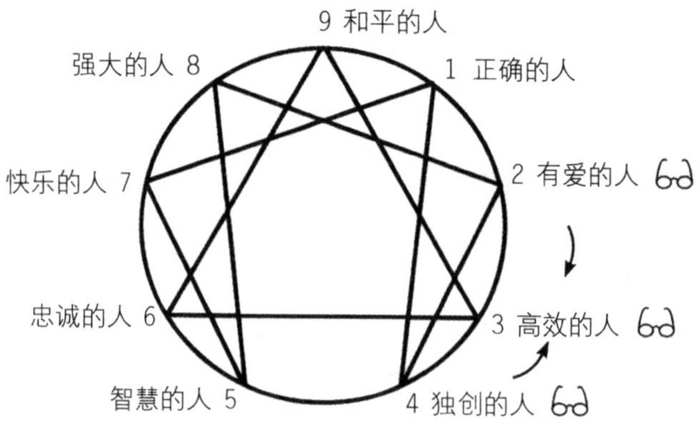

副 型

（1）性本能副型

当欺骗的恶习渗透到性本能，其结果就是，3 号会注重浮于表面的、极具性吸引力的外表，而不是做一个真正性感、有爱的人。男性想塑造出主流文化所认可的阳刚之气；而女性也展现出当下文化所形成的刻板印象。这种风格会随时代而转变。例如，在过去的 50 年里，美国女性的理想形象从丰满的玛丽莲・梦露，变成了瘦削的崔姬，再转变成运动健康的简・方达。与此同时，男人先是必须像加里・格兰特那样浪漫、善于言辞，后来又变成像克林特・伊斯特伍德那样强壮、不善言辞，再后来像西尔维斯特・史泰龙那样肌肉发达、口齿不清。

这个事例凸显出，一个人会按照社会所期待的方式展现自己。表现得性感、男性气概或女性气质，可能取代了性感本身以及真实具备男性气概或女性气质。扮演浪荡公子或交际花，就是一种获得别人肯定和赞赏的尝试。《花花公子》杂志上的模特就代表着完美的男性和女性形象。

就像 3 号在生活的其他方面所表现的一样，他们在性生活方面也很有竞争意识。是否享受自己的性生活，是否能从中找到更深层次的意义，这些都比不上展现性吸引力的渴望。

另一方面，“完美的妻子或丈夫”“模范丈夫和家庭主妇”，可能实际上是一个披上了伪装的 3 号性本能副型。如果一个非常保守的社会推崇绅士淑女，那么 3 号性本能副型就会扮演这种角色。基督教文化所要求的行为举止，与好莱坞文化是不同的。因此，你的形象和角色完全取决于你所处的社会阶层。

在商业世界里，3 号性本能副型力争成为领军人物、顶级生产商、最有力的竞争者。表现得能干和自信是他们成功的关键。

（2）社群副型

当欺骗污染了社群本能，对名望的渴求便取代了对真正的人际归属感的渴望。人格掩盖了真实的自我，虚构出一个形象，与其他人格往来。于是，社交变成两个人格之间的游戏，而不是两个真实的自我在“我—你”关系中相遇。其结果便是展示，而不是参与。重要的是要在社会中扮演好角色，得到社会的认可。社会地位和阶层、获得的荣誉和认可，取代了缺失的内在价值感和真正的团体归属感，也就是阿德勒所说的社会兴趣。

3 号社群副型容易产生虚荣心。他们关心别人对自己的看法，期待他人的积极反应，比如“你做得非常棒”。拥有合适的资历、成为合适的俱乐部里的一员、在社交专栏中被提及、与有前途的人交往，这些都很重要。在保持团体所期待的形象方面，他们是个专家。你看起来有多好，你实际就有多好。

5 号看重低调做派，而在 3 号的世界观中，这就等同于死亡。比起 2 号的自白“没有人爱你，你就什么都不是”， 3 号会说：“没有人认出你，你就什么都不是。”我被看见，故我在。

我们注意到，3 号的棱镜会帮助他们发现趋势和动向。尤其是 3 号社群副型，他们会站在群众运动的最前方，或者引领着潮流，而力图成为弄潮儿。

（3）自保副型

当欺骗和人格进入自保本能，3 号会通过金钱、物质财富、地位和成功来找到安全感。他们错误地认为，他们能生存下来，是因为自己所拥有的东西。如果自己拥有了最好的品牌，就能幸存下来。即便做得不够好，至少看起来要这样。

但是，没有安全感就意味着永远不会知足。如果说金钱买不到爱情，也许它可以买到身份、地位和安全感。价值和认可来源于工作和收入。当 3 号自保副型失业，他们就几乎失去了一切，包括他们自己。因此，他们会通过努力工作，来确保工作无虞。

一个人只有身处本体、真实自我、真实的“我—你”关系中，才能找到持久的安全感。故而，停驻在不稳固的基底上的人格，始终是不安稳的，因为它是不真实的，需要继续施展魔力，表现良好，增加收益，购买和消费商品，加入某个成功的组织，等等。

3 号：高效的人

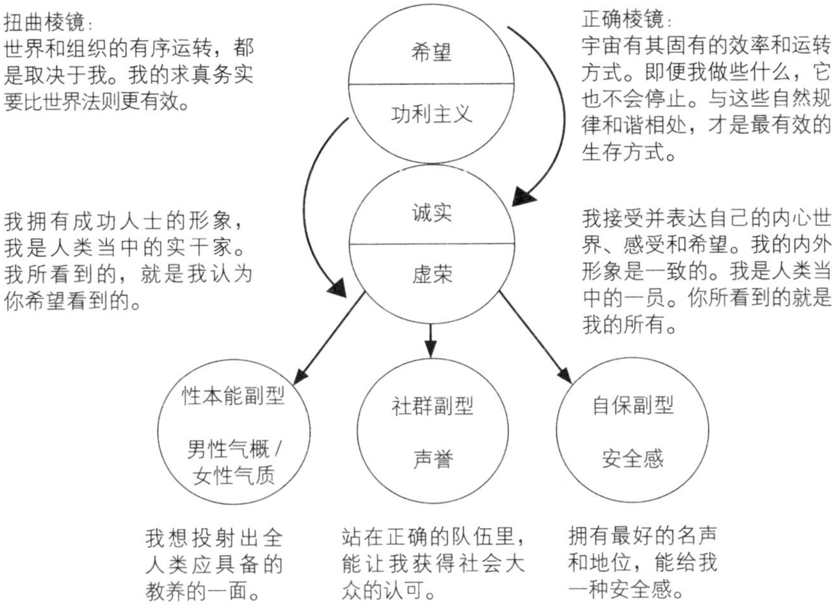

总　结

效率的棱镜代表了一种高产、高效、勤奋和有能力的愿景。这是一条务实的、能够实现它所设定目标的道路。遵循这种方式的人天生高效、有条理。他们精力充沛，积极向上，乐观热情，是优秀的发起者。他们渴望这个世界成为一个更有生产力、更高效的地方。他们本着诚实的态度去做事。

功利主义的范式体现在对于表现和产出的夸大了的需求。3 号会过分关注自己的形象和角色，关注别人的期望。追求这一愿景的人可能会变得过于程式化和高效。他们表现出 A 型人的行为方式，过度地以任务为导向，注重外在因素，渴求成功，过度推销自己。他们的错误信念是：“我做事，我产出，所以我是不会被拒绝的。”虚荣驱使着这种方法，隐藏了他们的真实自我，将能量转移到虚假的人格之上。

价值观：高效、高产。

愿景：让世界更有效率、更有条理。

适应性认知模式：希望宇宙规律具有内在的效率；遵循这些规律生活，而非将自己凌驾于规律之上。

适应性情绪模式：诚实；你看到的，就是真实的我；自我一致性，觉察自我，表达自我。

适应性行为模式：具有天生的组织能力，善于设定目标、调动资源来完成目标。

非适应性认知模式：我是成功的；我是我所做的事情；表现和胜利即为一切。

非适应性情绪模式：虚荣；重要的是我看起来怎样，而非我感觉怎样；我会展现你所要求的角色和形象。

非适应性行为模式：工作狂，A 型人行为；有完成和成功的动力；务实和功利主义。

主要脆弱点：失败、被拒绝。

回避区域：失败。

防御机制：将自己等同于任何有效的方法。

有益的范式转换：对自己要真实；与自己的感觉和喜好建立联结；说到做到；放慢脚步，轻嗅蔷薇。

无益的范式转换：更努力地工作；垮掉（或者至少是放弃）；对失败的恐惧和自我怀疑干扰了生活。

4 号棱镜　美的视角

4 号的自我判定

根据以下陈述与你的契合程度进行评分：

1 几乎从不

2 很少 / 罕有

3 有时 / 偶尔

4 经常 / 频繁地

5 几乎总是

____ 我有一种自己被抛弃的感觉。

____ 我对生活持有诗一般的展望。

____ 我认为像自己一般的人都有着独特的命运。

____ 我非常善于表达自己的情感和存在。

____ 我能够感受到生活中悲惨的一面。

____ 我会远离其他人。我担心他们无法理解我的独特感受和经历。

____ 我可以从苦难经历中找到很多意义。

____ 我太敏感了，有时甚至觉得自己感受得太多了。

____ 我喜欢美，努力让生活变得美好。

____ 我会躲避一切普通、寻常的东西。

____ 我对事情有着非常好的审美品位。

____ 我会沉溺于自己的情绪之中。

____ 我希望自己拥有比别人更高水平的感知力，更高雅的品位。

____ 我在生活中屡屡感到嫉妒。

____ 我有艺术气质。

____ 我能够很好地适应自己所处的环境。

____ 伤心和愁思对我来说并不陌生。

____ 我认为人生如戏。

____ 我很怀旧。

____ 对我来说，独创性和与众不同是非常重要的。

____ 总分

核心价值观

在形而上学的理论中，存在意味着合一、真、善、美。第四个属性吸引了4号的注意。他们的人生目标就是，让这个世界变得更美丽。诗人也在提醒着我们："只有美，才是永恒的。"

林登·约翰逊在担任美国总统期间，活跃在权力的舞台上，而他的夫人伯德·约翰逊则忙于装点美国。如果你近期到访华盛顿，虽然几乎看不到约翰逊时期遗留下来的踪迹，但仍然可以找到一些留存下来的值得游玩的、不错的公园，由约翰逊夫人当时委托建造。

对于刻在自己墓碑上的祭文，4号喜欢的是："哪里有他/她，哪里就有美。"

4号的棱镜给予他们高水准的美感和稳固的优良品位。如果你蒙上他们的眼睛，将他们带到一家服装店，那么他们会本能地找到最好的（通常也是最贵的）面料和商品。如果你希望自己房子里陈设、装饰得足够优雅，那么找4号来做吧。你的邻居肯定会羡慕你的！

4号具有等级观。这让我想起曾经看到的一张海报，上面画着一只穿着正式燕尾服、赤脚站立的企鹅。海报的标题是："我曾经很难过，因为我没有鞋穿，直到我遇到一个甚至没有脚的人。"4号天生对品质很有感觉。就像容易被人误解的、上等金枪鱼查理的广告所说的："查理，我们不需要品位好的金枪鱼；我们想要口感好的金枪鱼！"

4号是富有创造力、表现力和想象力的个体。艺术家、演员、音乐家、舞蹈家等，通常都属于这个类型。他们即便不是正式的从业者和表演者，也会对文化和艺术感兴趣。对他们来说，人生就是一件艺术品、一部话剧或者戏剧。这个世界是一个舞台，而我们就是演员。莎士比亚就是用这个比喻来形容由 4 号组成的唱诗班。

4 号也重视原创性、独特性和个性。无论做什么，他们都有自己独特的手法和天赋。他们想要的是原件，而不是复制品；他们想要天然面料，而不是涤纶；他们想要与众不同，而不是普通。

有人说过，诗人的任务是将平凡变得不平凡，将不平凡变得平凡。这也是 4 号的愿望。他们想让人们看到每天发生的事情是多么惊心动魄。人们将 4 号比作牡蛎，因为牡蛎会将一粒常见的、恼人的沙子变成一颗珍珠。他们会把最简单的事情变成一个具有深远意义的时刻，或者将愤怒和痛苦变成美好。

范式视角、专长与格言

4 号寻找真实性、他们的起源、他们的真实身份。他们的探索可能退化为自我专注，带有无休止的分析、沉思，这反映出我们对真实自我和终极来源的追寻。4 号让我们想起自己对真实自我的追求，以及自己与神结合的渴望。

4 号是非常敏感的人。他们的范式教会他们与周围环境相一致。他们就好似音叉，会与周围的事物产生共鸣，并感知周围环境的情绪、音调和味道。如果你难过，他们也会难过。如果你高兴，他们也会高兴。如果乌云密布、下起大雨，他们会眼含泪水、喜怒无常、焦躁不安。一旦太阳出来，他们又会快乐起来。对于 4 号来说，优美的环境是能够鼓舞人心、让人很快融入的，而丑陋的环境只会让他们在情绪和身体上都感到不舒服。

不像高筑起城墙的 5 号，4 号的边界是可以渗透的。他们像情感的海绵一样，吸收着来自周围的特性，尤其是他人的情感和情绪，并渴望以某种仪式或艺术表现形式表达出来，因为仅仅利用语言通常是不够的。

4 号非常能够适应悲伤和痛苦的状态。他们很容易对他人的痛苦感同身受，而且同情这个世界上的所有痛苦，所以 4 号有时很难让自己快乐起来。

哈西德犹太教[1]是一种契合4号精神维度的宗教。在小说《被选中的人》（*The Chosen*）中，有个主要人物是一名在智力、情感、社交和身体上都很有天赋的学生，但是他的父亲对他却残酷至极。直到故事结尾，父亲才向儿子透露了自己对他如此苛刻的原因。原来这都出于父亲对儿子的担心。父亲担心，儿子是如此幸运、优秀，他会无法同情那些遭受苦难和不幸的人。只有让儿子承受痛苦，他才能够与他人的痛苦产生共鸣。

我认识一位老师，他的学生们经常会向他咨询一些事情。这个人没有接受过正式的治疗师培训，而且他也很愿意承认这一点。他会告诉“受辅导者”，他不打算分析他们的问题或者给他们以专业性建议。但是，他想让学生们知道，当他们离开他的时候，他们并非独自在受苦，他会与他们一起受苦。通过这种方式，他减轻了这些人孤独的包袱。

以下是4号认为自己的人格类型对团队的贡献：

· 他们提供直觉——能够感受到其他人来自哪里。

· 他们提供同理心；他们尊重人们的情感，尤其是痛苦。通过感知他人的痛苦，他们可以帮助别人走出困境。

· 他们了解人类的心灵。

· 他们能够与人生的高潮和低谷产生共鸣；他们也感谢黑暗和光明。

· 他们有勇气拥抱黑暗。

· 他们感激这个世界的戏剧性、神秘性。

· 他们带来了一种真实性，一种与本体的联系；他们会受到真实性的鼓舞。

· 他们带来创意；他们不是墨守成规的思考者。

· 他们能让平凡变得不平凡。

· 他们对美感有着直觉的感知力。

以下是4号从自己的视角给出的一些建议：

· 做真实的自己。

· 看到你周围和其他人身上的美。

· 尊重和重视他人的独特性。

---

① 犹太教中的极端保守教派，18世纪起源于波兰犹太人。——译注

· 将你的忧郁当作天赋——当作你用来表达自我的一个源泉。

· 活在当下。

· 破土重生。

· 唱出来，说出来，跳起来，画起来，行动起来，表达出来！

· 表达你的爱，知道你值得被爱。

· 同情自己，超越自己。

· 在平凡中看到非凡。

· 记住，我们的心永远不会平静，直至它们在你的心中安息。

以下是反映 4 号观念的格言：

· 距离产生美。

· 亲不敬，熟生蔑。

· 好事多磨。

· 不要对牛弹琴。

· 放慢脚步，轻嗅蔷薇。

· 唯独美丽是永恒的。

· 宁可进丧家，不可进宴席家。

· 宁可喝浓酒，不可尝淡乐。

· 忧愁强如喜笑，因为面带愁容，终必使心喜乐。

· 生命仅此一次，这正是它美好的原因。

· 这世上只有两种悲剧，一个是你想要的得不到，一个是你不想要的偏偏会得到。

· 当上帝管教、纠正你的时候，不要怨恨，因为他的惩罚便是爱的证明。

正确棱镜 / 适应性认知模式

当 4 号依托于本体或真实自我而生活，他们扎根于真实的本性和本源之中。他们的独创性是他们继承而来的。因此，即使他们误认为自己失去了这种能力，那也不是他们必须获得或重新获得的东西。正确棱镜告诉他们，应该自然而然地同宇宙和他人相处，因为他们与所有人、所有事物一样，都诞生于同样的自然法则之中，并通过同样的自然法则进化。当 4 号存在于自己的本体之中，他们会感到与自己、自己的本源保持一致。

4 号的适应性模式的恰当起点和基本假设是，他们是相互联系的、具有独创性的。他们不需要渴望亲缘关系，也不需要做任何事情来建立联结。他们不需要寻找自己的起源，或担心自己是否是真实的；他们已经处于起源的地方。在前往奥芝国的旅程结束之时，多萝西[1]发现她其实一直都在家。4 号正在追寻的东西，恰恰就是他们已经拥有的；他们寻找的宝藏就埋在自己的心里，而不是身外之物；他们渴望的爱就在自己心中。

当 4 号与真实的自我失去联结时，他们体验到失去和被抛弃。海德格尔用“被抛入”（throwness）来描述这种状态。每个人都体验过它，而 4 号体验得更多。克拉伦斯·汤姆森曾引用一位不知名人士的话说：“当我离开母亲的子宫，呱呱坠地时，我就意识到自己犯了一个错误——我不应该来。”4 号觉得自己被抛到一个充满冷漠、不受人欢迎的世界，他们一生都在寻找失去的天堂、失去的联结和失去的自我。他们在完美的伴侣、社区、职业等环境中寻找自我之外的完满以及完整。

美德 / 适应性情绪模式

当 4 号直观地意识到自己已经囊括了丰富和完整的种子，意识到自己拼命追寻的身外之物就在自身，意识到自己天生能够联结这个世界，并回归本身，他们就会体验到平和的美德。

他们以一种平衡的方式与生命进行谈判，并通过内在的陀螺仪操控着生命的浪潮。惊涛骇浪不会将他们吹离航线，相反，他们会始终保持平衡、平静的状态，因为他们会暗自自我约束。

在情绪上，他们不会受到周围环境的过多影响，而会以适当和必要的感情和精力予以反应。

他们接受每一次的现状，而不是渴望和寻找可能缺失的东西。他们坚信，

① 多萝西是童话故事《绿野仙踪》的主角。——译注

在当下的这一刻，自己已经拥有了能让自己完全快乐所需要的一切。他们肯定自己，相信自己已经足够好，而不是担心自己错过了什么而变得不完整。

他们不需要为自己的不足而感到羞愧或自责，也不需要嫉妒别人拥有了自己没有的东西——因为他们也曾拥有过。

扭曲棱镜 / 非适应性认知模式

当 4 号与真实自我失去联系，与本体或内在自我断开联结时，他们成为非适应性信念的受害者，这些信念认为，他们与他人不同，缺乏一些基本的人类品质，因此是有缺陷的。他们想象自己已经以某种方式被抛弃了，感到与主体失去联结和分离。他们体会到对凝聚和完整的渴望。但是，这种存在于所有生物心中的、对归属感的天生渴望，在 4 号的扭曲棱镜中被夸大了。这种渴望是他们与本性或自我分离的结果。他们感到失落和忧郁，不断地在小我的深处寻找自己的真实身份，同时又从外部寻找让自己变得完整、获得满足的钟爱之物。

4 号忘记了自己已经拥有正在寻找的东西，自己正渴求的宝藏。他们向外部寻找的钟爱之物其实就存在于自己的内部，即他们迷失的自我。

范式的补偿

4 号试图弥补他们想象中的小我缺陷，挽救预期的人际关系危机。他们夸大自己的独特性和差异性，以便弥补归属感的缺失。他们相信自己的独特之处会吸引其他人接纳他们。但具有讽刺意味的是，他们面临一个困境：一旦加入一个俱乐部，或者长久维持了一段关系，他们就不再是特别的了。既然自己变得像俱乐部的其他成员一样，那么他们就会遭遇格鲁乔·马克斯（Groucho Marx）所说的困境："我为什么要加入一个只是承认我是成员之一的俱乐部？"这是多么可怕的平凡呀！

理想化的自我形象

4 号的扭曲棱镜具体表现在这样一些自我形象，比如“我是特别的，我是敏感的，我坚持精英标准”。4 号的客观独创性被夸大成一种主观信念——我是特别的。我记得有一个 4 号曾回忆道，在他六岁的时候，他有一次走在街上，听到了上帝对他说，他是很特别的。即便这不是上帝直接对 4 号所说的话（这当然是一个可以接受的、戏剧化的经历），那么至少也是对非凡状态的一种心声或暗示。要想出人头地，你必须与众不同。要想引起别人的注意和关注，你必须与众不同，从人群中脱颖而出。芸芸众生中的一员或者平凡普通，就等同于死亡，或者更糟的是，这意味着无聊乏味。

4 号拥有一个浪漫而富有戏剧性的空间。生命最深刻的含义要在最平凡的事情中找到；人生，就意味着要品味剩下的残渣；人际关系要强烈而深刻。所有这些都能将非 4 号吓跑，这就产生了一个具有讽刺意味的现象，即 4 号的个性恰恰带来了他们所害怕或努力避免的情况，即分离和抛弃。

4 号喜欢花相当多的时间沉浸在自己的想象和幻想中。在这里，他们不仅会构建未来关系的场景，而且会重构过去关系的场景。对 4 号来说，进行一次冗长而乏味的旅行毫无难度。他们可以花上几个小时去畅想他们曾经或将要遇到的事情。随着他们的视角变得越来越独特，4 号花费在幻想型关系上的时间会越来越多，而与真人互动的时间却越来越少。于是，虚构的情节代替和弥补了真实的际遇。

此外，他们的扭曲棱镜认为，人们只能从最深层的表现形式中体会到事物的本体。因此，4 号喜欢并推动极端。他们认为自我就应该活在极限之中。中不溜秋的位置太过普通，而且可能导致被忽视，或者会很无聊乏味。他们表现出非常戏剧性的反应，所以躁狂性波动成为 4 号情绪的典型特征。其他人也倾向于以这种方式识别 4 号，从而强化了他们的范式。有一个 4 号记得自己的朋友们曾说过，如果她不走极端的话，他们就认不得她了。

4 号的棱镜将他们指引到独特、个性的道路。他们在寻找真正的自我。我到底是谁？ 4 号不喜欢被划分到与其他人同一个类型（就像九型人格这样的系统所做的），因为这会破坏他们的独特性。对于 4 号来说，与别人合葬一个坟墓是一个绝对令人憎恶的想法——这是终极的匿名和耻辱。

因此，人生的意义并非完全在于赚钱、拯救人类或做正确的事情。它关乎发现你自己，与你周围所有存在的独特本性产生共鸣。

这种探索的主题唤醒了 4 号的永恒伴侣——向往和渴望。就好像酒鬼的酒瓶或烟民的香烟一样，对于 4 号来说，渴望和向往永远不会遥远。这种感觉是熟悉的，让人上瘾的，为生活增添了一种情感基调，甚至一种意义。“我渴望，所以我存在。”我之所以是特别的，是因为我有很多向往。4 号向往失乐园，在自己被抛弃、被赶出花园之前，他们曾在那里与心爱的人在一起；他们也向往复乐园，那时王子或公主找到他们，与他们团聚，让他们再次获得完整。

在 4 号身上，向往阻碍了拥有。如果思念给你的生活带来了某种甜蜜的悲伤，那么一旦你拥有了你所向往的，你就不得不放弃这种苦乐参半的过去。因此，对于已经到手的东西，4 号是矛盾的，他们经常会因为不想放弃自己的渴望，而蓄意破坏已经拥有的。例如，他们可能想要被人爱，但不接受别人给予他们的爱。他们可能向往一段亲密的关系，但因为害怕自己被抛弃或失望而切断这段关系。现实很少与他们的幻想达成一致。真正的爱人更像青蛙而不是公主，或者最多是一个长着疣子的王子。因此，浪漫型的 4 号可能会把王子或公主扔回池塘，如此他们就可以期盼一个真正的灵魂伴侣，或者体验到一种注定永远孤独的苦乐参半的悲伤。

4 号的敏感让他们能够深刻而强烈地体会事件。而且，这种能力也让他们觉得自己很特别。“没有人能像我一样有如此深刻的感悟。”然而，不幸的是，这种感性也造成他们很容易被人误解，因为无法像他们一样深刻地体验生活的人，怎么也无法理解他们的感受。

如果你想成为一个特别的人，那么你必须利用自己的天赋去做每一件事，赋予你所做的每件事一种独特的感觉。无论做什么，你都要利用一切办法去做，而且一定要有礼貌、有品位。

任何东西都不应该以普通的方式呈现。确实，4 号会因为自己的与众不同而感到骄傲。

范式的维持

为了维护非适应性模式，人们会凸显那些能够证实它们的证据，而怀疑那些不支持它们的数据。

为了维持非适应性模式，4 号会扫视他们周围的环境，寻找自己不被需要和不受欢迎的苗头，寻找漫不经心和无聊乏味的迹象。

有一次我给一个 2 号做咨询，其间，为了看看还剩下多少时间，我瞥了一眼时钟。他很不高兴，认为我不想再和他待在一起，认为自己是无聊乏味和不被人需要的。我说：他认为我移开视线的那一秒钟很有意义，而我之前将注意力放在他身上的 49 分 59 秒微不足道。他认为最重要的是人与人之间失去联系、无法感同身受的那一刻；而联结在一起的时间都算不上。

当 4 号抱怨没有人爱他们的时候，如果你指出人们给予了他们很多爱和感情，他们会回答："那不算数""无所谓""那又怎样"。显然，不是只有沃尔玛超市会打折。

实际上，这是一个不公平的比较。你在沃尔玛超市附近是找不到 4 号的。他们更有可能出现在诺德斯特龙百货公司，或者一家独一无二的精品店里。

为了维持自己的非适应性模式，4 号会审视自己、人际关系以及周围环境中所缺失的东西。他们将自己和他人与自己的浪漫幻想进行比较，于是就会显露出悲剧性的缺陷。我曾听到佩吉·李（Peggy Lee）亲自唱出 4 号的主题曲："就这些吗？"房间里弥漫着忧郁的氛围。我在那种心情、那些诗句中体会到了一种甜蜜的悲伤，那便是 4 号的抒情的情境。"如果就这些，那我们就继续跳舞吧……"此刻拥有的永远都不够。因此，4 号会试图延长夜晚的时间，避免自己离开，只愿错过的东西最终会出现。

为了维持自己的非适应性模式，4 号也会留意其他人拥有他们所缺少的东西。然后，他们就会嫉妒。4 号关注别人拥有的东西并为之沮丧，而不是享受当下，被他们所拥有的东西滋养。

恶习 / 激情 / 非适应性情绪模式

4 号的主观范式引发了嫉妒的恶习，而嫉妒反过来又刺激个人变得更加独特。这就形成了一个自我挫败的循环。

4 号的扭曲棱镜导致他们将自己与别人比较。嫉妒的拉丁语词根是 invidia，意思是“旁观”。4 号旁观别人并感到悲伤，总认为自己稍逊一筹。他们认为自己缺少一些东西，相信自己有不足之处，因而自我感觉不是太好。他们嫉妒那些拥有他们所缺乏的品质的人：自然、主动、人际关系、满足感等。

然而，4 号的缺陷又带给他们一种与众不同的感觉。它在他们身上创造了一种渴望和向往，为他们的存在提供了一种喜忧参半的状态。

4 号大多数时候都在嫉妒。比较和不足使他们沉浸在自己的缺陷中。可以说，他们的范式延长了他们的痛苦。

隐藏在嫉妒背后的积极的原动力是对品质和美的敏感和欣赏，而这正是 4 号的天赋。你不会嫉妒自己不赏识的东西；你不会对自己未曾拥有的东西产生同理心。羡慕与嫉妒的区别在于，羡慕是你愿意将你很欣赏的特质保留在客体身上；而嫉妒则意味着你希望将你欣赏的特质从客体或他人身上剥除，然后放在自己身上。因此，嫉妒是一种带着钩子的赞赏。如果 4 号能够消除自己的嫉妒，他们会在一生中感受到更多的快乐，更少的沮丧。

斯科特·派克（M. Scott Peck）提醒他的观众，在中世纪，沮丧被看作一种忘恩负义。4 号通过嫉妒和不感恩来维持自己的非适应性模式。当他们接受并欣赏自己独特的天赋和才能，放下那些令人讨厌的攀比，不再嫉妒别人的品质，而是开始赞赏，那么他们就能体会到感激之情，收获平静的心态。

范式的回避

矛盾的是，4 号会通过忧郁或者被延长、被夸大了的哀伤，来避免真实的悲伤。我们将在下面研究这一过程。

4 号通过不断地认为自己是特殊的，并付诸行动，来避免激活他们的非适应性信念，即他们是无名小卒，无足轻重。他们不愿直面孤独，一想到自己被抛弃就感到非常沮丧，于是他们要么投入一段充满激情的关系中，要么退到边缘地带，这都是出于害怕自己被误解和抛弃。

就像其他所有的人格类型一样，4 号努力避免自己所害怕的情况——也就是独自一人——这只会导致事与愿违。他们或者撤退，所以是孤独一人；或者他们变得如此绝望和执着，以至于将别人吓跑；或者在别人有机会拒绝他们之前先抛弃别人。

回避区域

4 号要回避的是平凡。在扭曲棱镜中，他们不可能既特别，又普通。为了被他人留意，为了出人头地，减少自己被落在后面或被排除在外的风险，他们必须变得很特别。4 号担心，一旦自己和其他人一样，他们就什么都不是。

4 号爱走极端。他们的注意力集中在经历和行为的边缘，不关注中间状况，因为中间的现实情况对他们来说并不重要。任何人都可以只是快乐或悲伤，但是 4 号必须欣喜若狂或垂头丧气。而且，谁甘愿只做平庸之辈呢？

我认识一个 4 号，他希望自己的人际关系更令人满意。当他志得意满时，他觉得自己比别人优越，所以不想和他们交往。当他处于低潮时，他感觉自己很糟糕，以至于不想走出自己的房间。我问过他，什么时候的人际关系才最令他满意。他说，当自己感觉平凡、恰好处于情感的中间状态时，他能最好地与人沟通。多么讽刺啊，4 号所回避的，正是他们能够最有效地与人联结时的状态。

4 号惧怕如果处于正常的体验范围内，自己会变得无聊或者令人厌烦。如果事情变得太平稳，他们就会没事找事——想象自己有外遇、搬到塔希提岛、换工作，或者真的将上述一个或所有想象付诸实施。

在 4 号的扭曲棱镜中，“平凡”或“普通”就等同于“死亡”，或者更糟糕的是“庸俗”。

下表中，“我”栏目下是与 4 号的自我形象一致的特征，“非我”栏目下则是不一致的特征。

我	非我	我	非我
浪漫主义	功利主义	仪式化	琐碎化
有直觉	迟钝	高品位	粗俗
象征	具体	渴望	拥有
艺术家气质	逻辑性强	忧郁	愉快
有创造力	僵化	不为人理解	容易为人了解
敏锐	大条	神秘	可预测
独创	平庸	热烈	无趣
文雅	粗鲁	独特	平凡
深有感触	浅薄	自省	欠考虑
敢爱敢恨	沉闷	优雅	土气
怀旧	活在当下	有灵性	俗气
正品	抄袭	使人兴奋	令人厌烦
特别	平常	富有想象力	没有想象力
戏剧化	就事论事	精英	乌合之众

被一群无礼、粗鲁、肤浅的粗人所包围，难怪 4 号觉得自己就像流亡贵族一样。那些迟钝、土气、粗俗的普通人怎么可能理解他们？谁不想远离这群人呢？理所当然地，4 号不愿意对牛弹琴。

在和他人交流之前，4 号需要先教给对方一些文化、成熟、优雅和深度。所以，你会发现 4 号正在表演或培养艺术，或者至少是在教导生活方式，来陶冶他人野蛮的本能。

4 号需要找回他们的平凡。正是他们与他人的共性之处，将他们与人性联系在一起。普通人不必担心自己是否合群，也不必太在意别人对自己的看法。矛盾的是，普通人要比特殊的人更容易做自己。

4 号可以通过靠近 1 号和 2 号的若干特征，来拓宽视角，在自己的人格系统中实现平衡。在 4 号的阴影一面中，我们可以看到 1 号和 2 号的一些特点，但是它们是以一种不鼓励效仿的形式出现的。谁愿意自己变得就事论事、琐碎化、没有想象力呢？但如果你认为这是现实导向、对细节敏感、精确，那就并非坏事了。1 号的专注弥补了 4 号的直觉和全景视角。平凡、具体、浅薄听起来不太讨人喜欢。然而，如果你重新定义这些元素，你就拥有了开明的 2 号的平易近人、务实、包罗万象的同理心。

4 号倾向于远离事态和其他人。他们会保持疏远和冷淡，直到他们认为别人已经“理解”他们的点、不会误解他们为止。1 号倾向于对抗，他们会先批评这个世界，然后再去修正它。但是，如果 4 号认为 1 号的作为是大条、粗鲁、土气的，那么他们可能不会将自己的情绪化反应转化为行动。4 号需要集中精力，采取行动，像 1 号一样做一些自己想做的事情，而不是退却、不知所措以及为之动容。

2 号倾向于靠近其他人，其手段是依附和支持。如果 4 号认为 2 号是平凡、具体、就事论事的，他们可能抗拒通过共情、慷慨的行为来接近别人。另一方面，当他们体会到单纯的爱带来了他们正在寻找的联结，他们就不会那么害怕平凡了。

什么样的完整自我概念能够让 4 号既非凡又平凡，从而包容“我”和“非我”的所有元素？朴素而高雅的人拥有这两种对立的特质。

防御机制

4 号通过内向投射和艺术升华这两种防御机制，来保持自我形象，拒绝任何平凡的特质。

内向投射是指将丢失的人、特征或事件带入心灵深处，认同它并哀悼这个事物，而不是彻底地哀伤，让事情或人随风而去。内向投射让 4 号处于忧郁、渴望、向往和悲伤的状态中。他们没有对失去的爱、机会或天堂说再见，而是将它们拥抱在体内，延长其丧亡的时间。这使他们与丢失的事物时刻保持着联系，以免自己感到被抛弃和迷失方向。他们担心，一旦自己真的彻底哀伤，那么他们将真正地被隔离、被孤立。

他们还会内向投射精英标准，并努力达到这一标准。这些标准有别于 1 号的绝对标准（保持优秀、正确、完美）。4 号的标准是与众不同的、独特的，让他们变得特别、有天赋、不寻常。

艺术升华是 4 号通过仪式化、戏剧化、象征性行为进行的实践过程。任何人都可以原原本本地说出事物的样子，因为他们的体会是相当普遍的。然而，4 号的经历是如此不同寻常，光用语言表达可满足不了他们。由于 4 号能够从日常生活中发现深刻的含义，所以对于那些很容易被其他人所错失、忽视的事情——比如孩子们的玩耍、情侣在草坪上嬉戏、树叶在地上自旋——只有诗歌、艺术、音乐、舞蹈或戏剧等形式，才能表达他们对生活的深刻感知和回应。

4 号不是简单地去感知，他们需要浪漫化、戏剧化和夸大这些感受。很不幸的，4 号与自身经历之间的审美距离，阻断了他们渴望、进而嫉妒别人拥有的自发性。

4 号认为自己是艺术创作的首要对象。随着艺术创作的进行，他们关心的是，如何在别人面前合适地展现自己。4 号不断地检视和重塑自己的经历和外表，对于自己创造的自我和人际关系不断予以改进和完善。一个例子是：4 号可能在出门之前换三四次衣服，以确保衣服的颜色、风格与内心的情绪感觉相匹配。

这种艺术表现力代表了 4 号弥补自己恐惧的尝试，以及他们的深层信念，即在他们的外表下是一个如此可怕的、不能公之于众的怪物。如果你真的了解他们，那么你会被他们推开。他们不想冒犯你或者让你离开他们，所以他们用优雅的外表来掩盖自己想象中的内在缺陷。这些恐惧和幻想是神话和童话的组成部分。音乐剧《歌剧魅影》可能会引起 4 号的共鸣。

主要脆弱点

人类的一个主要弱点就是害怕自己被抛弃或被拒绝。有的人格理论学家认为，这是人类最主要的弱点。一个无助的婴儿或孩子最害怕的就是被抛弃，这种焦虑在成年人的身上也几乎没有减轻。这是 4 号最敏感、最脆弱的地方。他们害怕自己被遗忘或被落下。一旦感受到自己被忽略、被忽视，或者没有获得关爱，他们就会感到自己受到伤害。

4 号很容易发现自己有瑕疵、有缺陷、不受人欢迎或者无趣。他们对于别人批评自己的个性或品位很敏感；当别人没有认可他们的创造力时，他们也会感到很受伤害。

当这些脆弱区域被触及时，4 号的非适应性模式很可能会显现：

“我不是特别的。”

“我是有缺陷和不足的，甚至缺少一些东西。”

“我不够好。”

“我没有得到足够的爱和关注。”

“我不值得被爱。”

“我是不同的。”

“没有人能理解我。”

“我必须一个人独处。”

“如果我得到别人所拥有的东西，我就会找到真正的自己。”

“一份特殊的爱会让我变得完整、有价值。”

为了避免自己被抛弃或感受被抛弃，他们采用了防御性人际关系。如果他们担心自己被别人甩在后面，他们的自我形象（“我是特别的、独特的”）就会被激活；嫉妒心让他们扫视着周围的环境，并且对着镜子询问“谁才是世界上最美丽的人”；为了变得不平凡，他们会压抑自己的平凡之处。“如果我很特别，并且以一种令人难忘的方式影响着你的生活，那么你将永远铭记我。”

4 号为了避免自己被抛弃而制订的小我策略，导致他们放弃了真我，这是他们感到失落、被忽视和不被需要的根源所在。他们失去了他们自己。他们经常在别人找到机会之前先行贬低并拒绝自己。而在丢弃自己之后，他们必须寻求外在的东西来完善自己，同时克隆一个补偿人格，来取代内心缺失的原始自我。

正如其他人格类型一样，4 号所采取的非常紧张或者非常依恋的策略，可能会适得其反，将别人吓跑。或者，在预见到追求者可能抛弃他们时，4 号会首先拒绝他们。可悲的是，他们的扭曲棱镜阻碍了他们的真实渴望：归属感、发现自我、独创性或者平凡、与他人联结在一起。

当主要脆弱点受到侵犯时，如果 4 号仍然停留在本体之中，那么他们将是真实的，可以参与他人的本体，并感受到与他人联结。如果他们转向嫉妒，他们就接触到自己的虚假人格，并且与他人的虚假自我建立了联系，感受到孤独。正确棱镜让他们与现实而非幻想保持一致；平和的美德让他们走向共性，这种共性将 4 号与其他所有生物联系在一起。具有讽刺意味的是，正是他们最害怕的平凡，将他们带到了他们最渴望之处，即建立联结。

成长经历

4 号身上自带一种被抛弃之感，同时怀有某种预感，即在目前的关系中，他们随时可能被抛弃。通常，抛弃他们的是父亲，但并不总是如此。起初，这个 4 号孩子感觉自己与强大的家长保持很亲近的关系，但是随后这位家长消失了。原因也许是父母离世了、离婚了、忙于工作；或者弟弟妹妹们的到来，转移了父母对他的注意力；或者这个孩子到了青春期，性成为他的重要课题；或者因为其他原因而退出亲子关系。

4 号将这种被抛弃的经历归咎于自己。他们认为自己一定是糟糕的、有缺陷的、给人添麻烦的、不够好的存在。否则，自己就不会被人抛弃，感到不受人欢迎、不被关爱。

他们的忧郁、失落、悲伤、痛苦和渴望都来自这种原初的被抛弃感；而他们感到自己被误解、没有归属感、不合群，也同样来源于此。他们感到自己被逐出了爱的花园，渴望着被人重新接纳。

也许，如果自己变得更加特别，别人就会注意到或者关爱他们，想要和他们在一起，而不是抛弃他们。于是，4 号着手让自己成为一位杰出人物，希望由此就不会被别人排除在外或丢弃。

在 4 号看来，如果自己生病或遭受痛苦，别人就会注意到他们。他们由此得出结论，除非如此，否则自己是不值得被人倾听的。因此，苦难让他们变得很特别，并给予他们谈论的话题以及权利。

对于一些 4 号来说，他们的情绪波动是有生物化学基础的，情绪的波动是荷尔蒙放大的结果。对于另一些 4 号来说，他们的情绪波动可能是由环境因素所造成的，比如父亲或母亲忽冷忽热，父亲时而陪伴时而远离。当父母在场时，4 号会自我感觉良好，情绪高涨；而当父母不在的时候，4 号会感到很难过，情绪低落。

他们发觉，如果自己生活得极端化、边缘化，别人就会注意到、辨识出他们。他们感到，除非他们处于极端状态，否则人们不会识别出他们。来自社会的压力和期望使他们处于一种被逼迫的状态下。因此，4 号担心，平凡或冷静会让他们不为人所知，不被注意。他们害怕乏味或者被视为乏味。

生存的一种方式是强烈地体会生命。4 号的潜意识里充满了忧郁、向往和渴望，这让他们持续地感到自己的存在，感到自己是个人物。

4 号还发现，与现实生活相比，他们在幻想中感到更特别、更有活力。因此，为现实而放弃浪漫，对他们来说很难。

身体特征

当他们的自恋受到伤害或自尊心降低时，作为回应，4 号会表现得目中无人或冷漠无情。要么，他们的自恋开始膨胀，以傲慢来表达自身独特性和优越感。要么，他们突然泄气，走到自恋的反面，用冷漠来掩饰自己对于被人拒绝的恐惧。他们要么退出团队，要么留在外围，因为他们预测自己无论如何都不会被别人理解或接纳。

一些 4 号表现得看不起其他人。他们翘起鼻孔，流露出傲慢的神情。出于嫉妒的情绪，他们可能试图超越对手，或者暗讽："你怎么如此无礼、粗鲁、粗俗？"

根据阿里卡面部分析理论，4 号鼻子右侧会出现张力，因此右侧鼻孔可能看起来被拉伸或拉扯。右边的鼻孔要比左边的小，或者整个鼻尖向右侧拉。

4 号表现出一种刻意的漫不经心。他们可能会花好几个小时梳头，让头发看起来像被风吹过一样；或者调整自己的围巾，让它看起来像披在身上一样。

他们会像演员一样，排练台词，练习角色，让声音饱含感情，姿态更具有戏剧性。一方面，4 号渴望从这种控制中挣脱出来，变得更加本能、自然。另一方面，他们的镇定掩盖了他们害怕被拒绝和抛弃的脆弱一面。

4 号是非常优雅的，而且通常是很好的舞者。匹配 4 号的图腾动物是纯种马和黑豹，因为它们都非常圆滑、敏感、动作优雅。

沟通方式

4 号的言谈中带有一种伤感的语调，那是他们的悲伤、渴望、忧郁和渴望的流露。他们常常叹息，就好像这个世界的悲伤对他们来说太过沉重。他们可能会把痛苦藏在袖子里，然后纵情狂欢；或者把它藏在灵魂深处，以一种缓慢的、平静的、苍白无力的呼吸来表达自己的忧郁。

4 号的语言富有诗意，情感强烈，表达出某种抒情性。这种抒情性体现在他们的各种隐喻中：雨中漫步、孩子们在草坪上玩耍、情侣们在公园里漫步、树叶从树上飘落，等等。

范式的转换

在压力或者安全条件下，4 号会发生如下范式转换：

	压力条件下	安全条件下
积极面	+2	+1
消极面	−2	−1

压力条件下

当 4 号处于压力条件下，他们习惯性的应对策略会变得不堪重负。可以预见，这时 4 号要么戴上自己的老旧棱镜，要么求助于 2 号的扭曲棱镜，要么升级到 2 号的正确棱镜。

（1）戴上 4 号的扭曲棱镜：使用自己老旧错误的棱镜

在压力条件下，在自我恢复或求助他人之前，4 号会更多地尝试原有的办法。当一个人在别人的生活中变得举足轻重时，就会感觉自我良好。因此，4 号会更努力、更积极地参与他人生活，来对其产生持久影响。他们想要脱颖而出，获得更多关注。

如果 4 号没有获得足够的认可，他们会对自己被误解、忽视或轻视变得更加敏感，感到自己受到双重伤害。作为对这种拒绝的回应，他们可能会选择退却，并将自己流放。

4 号将自己的不幸福归咎于自己和自己的不足；他们可能变得更加关注死亡和自杀的意象。自杀、因意外或疾病丧生可以满足多种幻想。它让他们看起来很特别，最终将人们带回自己身边。它终结了他们的痛苦。它让他们与他人扯平，也是一种表达愤怒、怨恨和失望的方式。它使其他人意识到 4 号对自己多么重要，为自己虐待和忽视 4 号而感到愧疚。最终，这些人会想念 4 号，并意识到 4 号是多么特别。

4 号以及任何其他人格类型都可能将感觉传导到体内，引发身体不适，而不是让感觉来激发和指导自己的行为。他们将自己的感觉躯体化，而不是利用它们来调动有效的行为。

4 号可能变得消极进攻——更多地痛苦、抱怨、指责；也可能变得积极进攻，怀恨在心，报复心强，而不是自信而清楚地表达自己的需求和愤怒。

（2）戴上 2 号的扭曲棱镜：使用他人老旧错误的棱镜

如果这些熟悉的策略不起作用，那么 4 号可能会转变成 2 号的低等一面，通过其扭曲棱镜来看世界，运用他们的一些操控策略。

在这里起作用的非适应性信念是：如果其他人讨厌他们与众不同的一面，那么也许这些人会欣赏他们为别人所做的一切。“我来帮你，然后你会喜欢我。”4 号努力让自己相信，别人有多需要他们，也努力让别人相信，对方对自己有多重要。

像 2 号一样，4 号忽视、回避自己的需求，而将注意力转移到满足他人的需求上。他们甘当服务者，成为受苦受难的仆人、殉道者、受害者。你会看到他们帮别人归置房屋，而不是整理自己的房子，处理自己的事情。

依赖和独立的问题可能会进一步加剧。一方面，4 号的占有欲可能变得愈加严重，想和朋友进行更多接触；另一方面，他们也可能变得更加冷漠，并决定自行其是。

在得到自己想要的东西方面，他们可能变得更加会操控，更加迂回。他们不会清楚地说明自己需要的是什么，也不会采取直接行动来得到自己想要的东西。4 号实践的是 2 号的黄金法则：己所欲，施于人；然后期待别人也如此来对待自己。如果你真的爱我，你应该知道我想要什么。我没必要告诉你我需要什么。如果我这么做了，那就毁了一切。我有同理心，在你开口之前，我就已经知道你想要的是什么。那么，你为什么不能也如此呢？另外，留意我为你做了什么，照着做就好。

当 4 号戴上 2 号的扭曲棱镜，他们将注意力和敏感性从自己转向他人，从而更加放弃了自己。而当他们真的忽略自己的时候，他们发觉自己被别人抛弃了。

（3）戴上 2 号的正确棱镜：获得一个新视角

和其他人格类型一样，压力条件也能激发出 4 号身上最好的一面，因为它能激发出他们本来可能被低估的面向。当 4 号转向 2 号的高等一面，戴上其正确棱镜，他们无私地照顾和服务他人，不求获得认可，不带有任何隐秘的期待，要通过认可来增强自己的自尊心。他们跨越了小我中心，用自己的力量和善良来奉事。用埃里克·埃里克森的话说，他们是有产出的，而不是自恋的。

在 2 号的视角下，4 号可以靠近他人，也可以远离他人。他们天生的敏感性，强化了他们对他人的同理心，增强了他们与他人和谐相处的能力。正如前面所提到的，4 号很容易受到他人的苦难和痛苦的影响。

安全条件下

在轻松、安全的条件下，4 号可以转向自己棱镜的高等一面，根据自身资源和清晰视野来运作；或者他们可能转向 1 号的正确或扭曲棱镜。

（1）戴上 4 号的正确棱镜：从自己的角度看得更清晰

在开明状态下，4 号意识到自己已经是独创的，不需要做任何事情来让自己变得与众不同。他们深感已经与内在自我建立联结，并根植其中，不必为了获得完整性而去外部寻找所爱。他们相信做好自己就已经足够。他们坚信自己的内在宝藏，接受自己独特的才能，不需要嫉妒地拿着自己和别人比较。

他们活在当下，相信此时的自己已经拥有了让自己快乐的一切，而不必为了获得完整性，始终活在过去或幻想未来。

他们是自动自发的，随心所欲，不用担心要表现得镇静自若。

在积极状态下，4 号受到自己真情实感的指引，而不是被围绕在他们激动情绪周围的、夸大的情绪所席卷。他们不再沉溺于浪漫和幻想，而是投身于现实生活。

（2）戴上 1 号的正确棱镜：获得一个新视角

当 4 号戴上 1 号的正确棱镜，他们转变成解决问题、以行动为导向的模式。他们不会沉沦在自己的情绪之中，而是专注于解决自己的问题。他们从被动的受害者，转变成积极的代理人。

4 号可以利用 1 号在细节上精益求精的特质，来帮助自己保持专注力。这平衡了他们夸大事实或被事件打倒的倾向。他们可以一次只有一种感觉，或者一次只走一步，然后再考虑需要做什么来应对眼前的情况。他们保持特别，拒绝一般化和戏剧化。就像电视剧《法网》（Dragnet）系列里的弗莱德警官一样："夫人，他们只想知道事实。"

1 号的视角帮助他们保持分寸和平衡。他们客观地进行工作，既不放大外部的刺激，也不夸大自己的反应，他们完全根据场合的不同，平和地做出反应。

他们能够说出并且相信"我很好"或者"我足够好"。他们与内在的优势、善良和完整性建立联结，而不是认同自己的缺陷、恶劣和不完整性。

在 1 号的棱镜下，他们可以在必要时对抗他人。他们与愤怒建立联系，关注它，发泄出来，利用它来得到自己需要和想要的东西。这扭转了他们通常的做法，即将愤怒转向自己，感到受伤害和沮丧，认为自己不配或不可能拥有自己想要的东西。他们可以果断地要求得到自己想要的，并清楚地说出自己的需要。

即便这个世界是有缺陷的、让人不满的，他们仍然可以向这个世界投入自己的存在和行动，并全心全意地为自己的信仰努力。

总而言之，1 号的视角帮助 4 号保持了专注，采取行动，而不是困惑和疏远。

（3）戴上 1 号的扭曲棱镜：让你的视野更模糊

在自认为安全的条件下，4 号也有可能在追求完美的同时偏离目标，转向 1 号的低等一面。在这种情况下，他们像救世主般狂热地改造这个世界，或者将其转变成符合自己的观点，并热情地投入到他们的理想主义愿景和原则中去。4 号自保副型的某些无畏精神就体现在这里："我必须投身我终生的使命。"

4 号可能会变成工作狂和极度活跃分子。他们过度承诺，感到疲倦和沮丧，感觉自己被误解，退缩，然后又重新回到 4 号的强迫性循环中。

他们也变得像 1 号一样挑剔，尤其对人际关系吹毛求疵，致力于处理和改善它们，而不是让它们按照自己的节奏顺其自然发展。

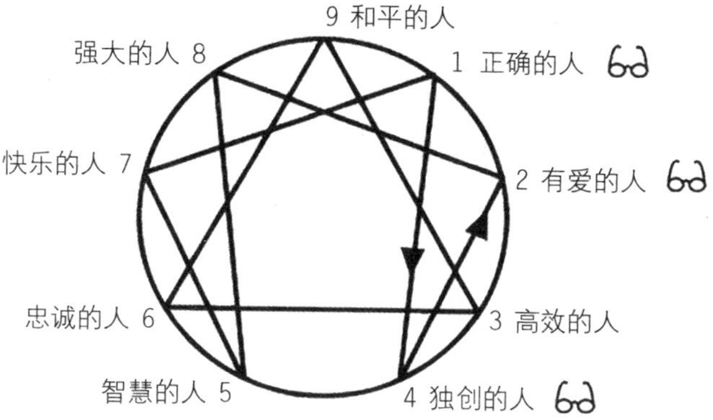

向侧翼的转换

4号浸染了两侧的3号和5号的色彩。这两者的正确或扭曲棱镜，要么弥补和澄清了4号的视野，要么缩小和扭曲了他们的视野。

（1）戴上3号的正确棱镜：有益的侧翼视角

当4号认可3号的积极特质，他们就能平衡内心工作和外部的高效工作。3号的棱镜使得4号与世界建立了联系，在这个世界他们可以实现自己的创造性幻想，并以鼓舞和振奋他人的方式表达自己和自己的灵感。他们发现，一旦分享和普及，那么自己最独特和私人的部分也变得最平常不过了。

3号的社交能力拓展了4号的人际范围。具有强大适应性3号翼的4号，是应用艺术的体现。3号的诚实美德有助于4号在拒绝戏剧化的同时保持真实性。

（2）戴上3号的扭曲棱镜：无益的侧翼视角

当4号认同3号的消极特质，他们可以被描述成没有什么内涵的人。他们变得浮夸，用戏剧性的外表和行为来夸张地表达他们的真实自我。他们表达、表演，而不是参与和生产。拥有扭曲性3号翼的4号可能逃避到工作中，而不是有效地处理自己内心的混乱不堪；纠正自己，而不是试图理顺这个世界。当4号在忧郁的情绪中再增添忙碌的一面，他们常常被描述成烦躁的抑郁症患者。

（3）戴上5号的正确棱镜：有益的侧翼视角

当4号认同5号的积极特质，他们在直觉、激情、主观印象与理性、冷静、客观观察之间取得平衡。模糊的感觉被清晰的愿景所明朗化，情感的混乱被情感的控制所取代。通过更加客观地看待这个世界，4号可以较少从个人角度看待事物。执着的阴与超然的阳自此相遇。4号用自己内心的公正见证者的平和存在，来缓和他们的情绪反应。他们的冲动为克制所疏导。他们重视客观事实，也重视内心信念。思考与感觉相连；科学与神秘相遇；启蒙与热情联姻。

（4）戴上5号的扭曲棱镜：无益的侧翼视角

当4号戴上5号的扭曲棱镜，他们将5号的过于理智的倾向加入自己过于分析的倾向之中。他们的思考陷入死循环。在消极状态下，4号觉得自己被边缘化，变得格格不入。通过采取5号的抽离和远离社交方式，他们在社会上的边缘化越发严重。4号将过多精力投入到自己的幻想之中，而较少投入现实层面。当4号将5号的非适应性倾向——抽离、隔离和冻结——加在自己的忧郁上，他们可能会被诊断为迟钝的抑郁症患者。

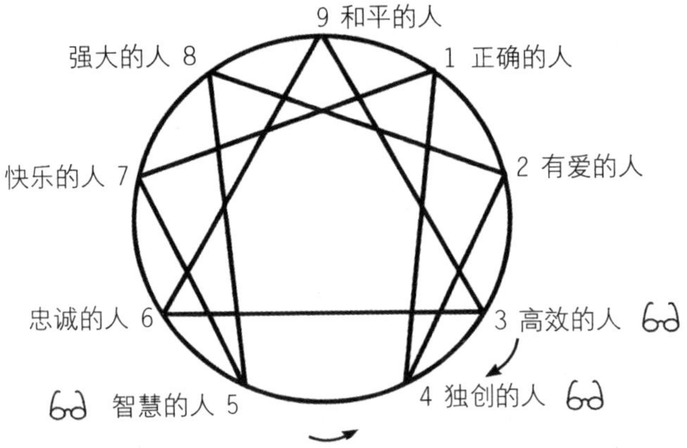

副 型

（1）性本能副型

当嫉妒的恶习渗入并扭曲性本能，由此产生的激情或驱动力就是竞争。这种竞争出现在所有的关系中，尤其是亲密的一对一的关系，比如与配偶的关系。在这种关系中，嫉妒也会产生。4 号性本能副型希望成为伴侣唯一真正爱过的人。或者他们想成为自己治疗师的特别的顾客。他们可能为所爱之人竞争，或与所爱之人竞争。他们的典型特征是和别人比较，评估竞争力，然后超越对手或同伴。“我要让你看看我到底有多好。”4 号性本能副型希望在另一半眼中自己是有价值的，他们的假设是：“如果我比你优秀，你就会尊重我，觉得我有吸引力。”

性能力可以用来从别人身上赢得某些东西，例如尊重、欣赏和认可。性也可以用来获得自信，弥补内心的缺陷、不足和丑陋。4 号性本能副型会让自己变得美丽、迷人、优雅来引诱他人，随后又拒绝他们。他们试图以此来控制自己对于被抛弃的恐惧。“在你拒绝我之前，我会先拒绝你。”

为了控制沮丧和嫉妒，4 号性本能副型的愤怒可能会加剧，变成对竞争对手或冷漠伴侣的仇恨。贬低他人的价值会让其不那么令人羡慕，而自己则相对显得更有吸引力。

当 4 号性本能副型将他们的愤怒内化，他们可能会有自杀的幻想。“当我离开你的时候，你才会意识到我是一个多么好的人，你会意识到你对我做了什么。”

4 号性本能副型通常是与众不同的衣着考究之人，你往往可以在时尚杂志上看到他们迷人的身影。

（2）社群副型

当嫉妒的恶习进入并污染社群本能时，羞耻就此产生了。4 号为没有达到自己的精英标准或团队标准而感到尴尬。他们将自己的成就与他人相比，觉得自己远远不够好。他们因为自己没有在社交游戏中游刃有余，或者自己在游戏中处于劣势地位或角色而羞愧。他们自我感觉很糟，认为自己不值得被爱，对社会上的侮辱非常敏感。他们认为自己达不到标准，觉得自己无家可归，没有立足之地。

4 号社群副型常常相信，其他人能够凭直觉发现他们的内在缺陷。我记得有位女孩曾说过，她每次走在街上都很尴尬，因为她相信即便陌生人也能看穿她的错误和缺陷。

4 号社群副型对于被误解尤为敏感，他们认为自己的命运就是受苦。但是，他们可能会在暗处这么做，因为他们不想让别人看到自己的缺点。

此副型经常困惑或迷失方向。由于他们认为自己没有达到标准，他们在社会群体中会觉得自己很丢脸，或者变得麻木。他们害怕发言，以免显得自己很愚蠢。这一点与他们的 5 号近邻相同。为了弥补内心世界的混乱不堪，他们可能会依赖他们的社会形象、他们在精英组织中的成员身份，以及其他形式的公众认可。这一点恰与 3 号相同。

（3）自保副型

当嫉妒的恶习渗透到自保本能时，冲动、冒险、勇敢的行为就此产生。

4 号自保副型会通过重复性的强迫行为，通过自己的鲁莽行为，去重新创造失去的可能性，来控制他们对被抛弃的沮丧和恐惧。他们不顾后果地冲动行事，在灾难边缘游走，就像走钢丝的醉汉一样，一直过着危险的生活，只为了获得活力或吸引注意力，从而为自己创造能量。他们比 4 号其他副型更容易紧张，很可能一听到巨大的响声，就立马从悬崖边上跳下去。

他们想要某物或某个人，得到它，扔掉它，然后再次渴望。如此一来，他们始终处于欲望、失去、得到、失去、欲望的循环之中。这就是他们保持“失去”这一非适应性模式的办法。

尽管有缺点，4 号自保副型还是决心取得成功。他们感到自己有缺陷，但是无论怎样，他们最终还是要成功。尽管他们潜意识认为自己不够好，但还是决心要获胜。他们会为成功而奋斗，在对抗或竞争的过程中保护自己，不让自己被吓倒，或者变得灰心丧气。

他们常常表现出尽职的态度，服从内心的标准，关心自己的家庭传统。他们无所畏惧的态度表现为：“别挡我的路。如果我想，我就会这么做。我有责任去执行。我必须捍卫和保护家族的传统。”

4 号：独创的人

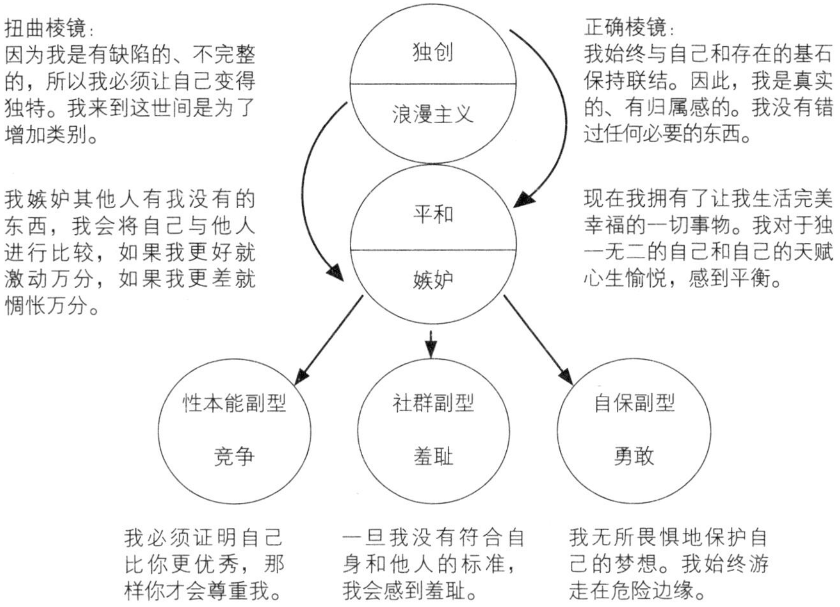

总　结

美的棱镜代表一种创造力、原创性和个性化的愿景。这是一种浪漫的生存方式，致力于内心的旅程，理解生活中的悲剧一面。走上这条路的人对品质拥有一种与生俱来的感知力。他们非常敏感，充满诗意，恋旧。他们渴望将这个世界打造成一个更美丽的地方。他们本着平和的精神做这件事。

浪漫主义的范式表现为对于独特的夸大了的需求。他们对于自己被抛弃、被忽视或者被误解尤为敏感。他们关注自己缺失的东西。浪漫的幻想取代了他们相信自己已经失去的东西。遵循这一愿景的人可能会沉沦于向往、渴望和痛苦，沉浸在幻想的感觉，却丢失了真正的感觉。他们很容易变得忧郁和戏剧化。他们的错误信念是：“我是特殊的，所以我不会被抛弃。”嫉妒驱使着这种方式，并把能量转移到无用的攀比上。

价值观：真实性；美。

愿景：让世界变得更美丽。

适应性认知模式：我已经是独创的，我可以与自己的源头和他人相联结。

适应性情绪模式：平和；我是平衡的，对于自己具备的独特自我和天赋感到满足。

适应性行为模式：类别；好品位；高审美品质；敏感又热情地投入。

非适应性认知模式：除非我独一无二，符合精英标准，否则我会被别人抛弃。

非适应性情绪模式：嫉妒；我欠缺和错过某件东西，而你拥有它，我很难过。

非适应性行为模式：戏剧化；喜怒无常；沉浸于幻想之中；情感上大起大落。

主要脆弱点：被抛弃。

回避区域：变得平凡而普通；复制品。

防御机制：内向投射，将丢失的东西带入内心深处；艺术升华，戏剧化你的体验。

有益的范式转换：我已经拥有了一个家；爱在我心中；我可以采取行动，而不是不知所措；做一些普通的日常活动。

无益的范式转换：越发感到被放逐和沮丧；放弃自我，服务他人；痛苦的仆人。

5 号棱镜　智慧的视角

5 号的自我判定

根据以下陈述与你的契合程度进行评分：

1 几乎从不

2 很少 / 罕有

3 有时 / 偶尔

4 经常 / 频繁地

5 几乎总是

____ 对我来说，分享自己和自己的东西并不容易。

____ 我不怎么在别人面前展现自己，但我喜欢观察、了解他们。

____ 我会小心地保护自己的思想和感情。

____ 我为自己的求知欲而深感自豪。我会探究一些东西，直到我彻底了解了它。

____ 我愿意具备一些冷门领域的专业知识。

____ 我是或者将会是一名优秀的学者。知识能够给我满足感。

____ 我很有洞察力，因为我乐于观察正在发生的事情。

____ 只有完全掌握了某个事物，我才会做出决定或者采取行动。

____ 独自一人时，我切身感受最多。

____ 比起感受和行动，我更喜欢在家思考。

____ 我会退后一步，保持中立的姿态，以免自己的情感深陷其中。

____ 我的个性倾向于干练和知性。

____ 我有囤积癖。

____ 比起遵从内心和直觉，我更多地用脑子去思考。

____ 我远离人们，为的是避免与他们产生亲密或对抗关系。

____ 我很矜持，也不会过多地展现自己。

____ 对我来说，思考和解释的简洁性是很重要的。

____ 我尽量低调，以免自己受到伤害。

____ 我有时会被贪婪所控制。

____ 我不会干涉他人，也会给他人很多空间。

____ 总分

核心价值观

激励 5 号的价值观是理解、知识、学习和智慧。智慧是一种能够看到全局、将所有的拼图碎片拼成一个完整体的能力。5 号喜欢独到的见解，建立联系，收集和综合自己获得的信息。他们热爱学习，这个激情发自心灵深处。在书店里，5 号总会逛一下所有的图书分类区域，因为他们对很多事情都感兴趣，想知道所有的知识。

存在的四大属性合一、真、善、美中，吸引 5 号的是真。他们想知道什么是正确的、真正的，会彻头彻底地调查他们感兴趣的东西，直到了解有关的一切为止。5 号对现实持客观的态度，他们通常是优秀的研究人员、教师或者顾问。

智慧还包括基于知识、经验和理解而做出正确判断，采取最合理的行动方案。5 号的评价是充满智慧的，因为它们来源于观察性的小我的超然之地。

冥想流派往往谈及内心观察者、公正见证者或内心的朋友，以及我们过往的想法、感觉、幻想、感觉等背后的存在。观察者是一种纯粹的觉知，它只是原原本本地看到事物的样子。5 号时常出入内心观察者的这个空间，并提醒我们要留意它。

从这种超然的观察者的角度，5 号可以看出事物原来的样子，分析和抽象出事物的本质，并将这些信息整合成一幅有意义的画面。5 号的棱镜帮助他们透视事物的本质，深入事物核心，并以简洁的方式表达出这种理解。

有人曾询问耶稣会哲学家伯纳德·洛内根（Bernard Lonergan）对污染问题的看法。他们本来期待一场博学的论述和讨论，没想到得到了一句隽语。洛内根简短地回答道："污染的问题是双重效应原则。"这就是需要说出的全部，它概括了整个困境。工业只有一个目的，即制造产品（第一效应），但得到了污染这一副产品（第二效应）。这就是双重效应原则。洛内根的回答正体现了 5 号的特质，即简明扼要地说出困境的本质。

顺便说一下，据说洛内根就属于 5 号，还著有一本名为《洞见：关于理解的理解》（*Insight: On Understanding Understanding*）的巨著。他是一位能够写出自己最喜欢和最擅长内容的专家！

回想一下我们前面提过的，《巴尔的摩教义问答》中对于人生目的的回答："我们来到世间，是为了认知、爱和服务上帝。"5 号会赞同认知，并且提出教义之所以将认知放在首位，是为了突出它的优先地位。另一方面，2 号会说，爱之所以处于三者的中心，是为了凸显其重要性。而 3 号则认为，服务才是留到最后的、最好的部分。

生命的目的就是去理解它。在德日进[①]的想象中，永恒之物是指那些进入男男女女思想和精神中的任何东西。既然精神是不朽的，那么我们的任务就是尽可能多地了解人类的创造物，如此一来，它们才会与我们永远同在。

5 号会同意托马斯·阿奎那的观点，他曾说过，理智才是人类最高级的能力。而其他哲学家（很可能是其他人格类型的人）会说，最高级的能力是意志，因为爱是流动的，爱是人之所以为人的所在。

范式视角、专长与格言

5 号具备寻找模式、主题、结构和联系的能力。或许世界上许多流派的哲学家都属于 5 号。心智结构有利于 5 号与世界互动。对于 5 号来说，在没有框架或不知晓规则的情况下本能地互动是一种既困难又冒险的行为。例如，当他们

① 德日进（1881—1955），法国人，哲学家，古生物学家，神学家，耶稣会士，曾在中国工作多年。——译注

需要担当某个角色，例如一名教师或会计等，他们的表现和互动相当不错。但是，一旦处于一个没有规定任何特定角色的、非结构化的社交场合（比如鸡尾酒会）时，他们则倾向于退缩，或者互动得很少。后面提到 5 号的缺点时，我们会谈到这一点。

5 号注重和欣赏的是安静和独居。也许正是一个 5 号构想出贵格会的名句："不要说话，除非它比沉默更好。"他们也肯定会赞成乔治·埃利奥特（George Elliot）的世俗版本："无话可说、不愿为事实长篇大论的人是有福的。"

5 号往往性格内向。他们需要独处来给自己充电。此时，他们可以发自内心地做真正的自己。然而矛盾的是，在回顾事件时，比起真实地经历事件，5 号在自己、他人和情境中会更有存在感，因为他们喜欢在事件最激烈时抽离。

以下是 5 号认为自己的人格类型对团队的贡献：

· 他们带来一种综合的能力。
· 他们带来一种非典型的生活方式。
· 他们带来一种冷静的观察力。
· 他们是很好的倾听者。
· 他们带来清晰明了。
· 他们能够看到大局。
· 他们带来事实（数据）和信息。
· 然后他们又将它们转化为知识、深刻的见解和智慧。

以下是 5 号从自己的视角给出的一些建议：

· 寻求真理、知识、理解和智慧。
· 重视你的智慧。
· 做一个好的倾听者，尊重他人的空间。
· 看重你的判断和公平。
· 看重你的特长。
· 看重你的内心生活。
· 不要满足于快速的解决方案。

以下是一些反映 5 号观念的格言：

· 我思故我在。

· 有时我思考，有时我存在。

· 知识就是力量。

· 独行者走得最快。

· 真相会让你获得自由。

· 浑浑噩噩的生活不值得过。

· 一个人只有在独处的时候才能做他自己；不爱独处的人没有自由；因为只有独处时，他才是真正自由的。

· 有了好篱笆，才有好邻居。

· 人多误事。

· 眼不见，心不烦。

· 三思而后行。

· 沉默是金。

· 不要说话，除非它比沉默更好。

· 不说话，你就不会受到责怪。

· 笨人难聚财。

正确棱镜 / 适应性认知模式

让 5 号与现实一致的模式、态度或信念，是正确的智慧观。它认识到，真正的理解来自经验、参与、投入、与真实的人和事进行互动。完整的知识来自身体—情感—心理—精神，而不仅仅来自大脑皮层。

通过认同意识领域的空无，也就是说，认同内心的观察者或公正的见证者是其真实自我，5 号体验到他们在本性上是全知的。这便是他们的正确棱镜教给他们的。

而在扭曲棱镜中，5 号认同自己的心智所建构的理论和类别，然后通过认同纳入类别的内容，进一步限制了自己的视野。这种对部分现实的认同带给他们的只是虚幻的全知。另外，和其他类型的人一样，5 号也会过分认同自己的优势，这意味着认同自己的观察者的角色，夸大自己的超然物外。

在禅宗中，“空无”被比喻成当佛陀的金像（有形）被熔化时所缩成的一种熔融的无形状态（无形）。这种空无或空白空间就是弗里茨·佩尔斯在格式塔疗法中提到的“丰富的空虚感”。在这种“丰富的空虚感”或无所不在的状态中，产生了创造力和清晰明了。

不幸的是，这条通往真正的智慧之路恰恰是5号所要躲避的。对于5号来说，无形状态下的空无是一个令人不舒服的空间，因为他们已然习惯了自己的类别。抓住结构不放导致了僵化和停滞。

当5号溶解自己的黄金偶像（他们钟爱的理论），回归到没有形态或类别的空无状态之时，他们就处于自发的、创新的最佳状态下。巴克将这种状态称作范式的顺应（与范式的停滞正对应）。它进一步扩展，就是范式的消解。

拉姆·达斯（Ram Dass）曾经在门宁格诊所对一群心理健康专业人士做过一次演讲，阐述了这种性格，并随后发表在《仅存的舞蹈》（*The Only Dance There Is*，1974）一书中。拉姆·达斯指出：“你能给予他人的唯一东西，永远是你自己的存在状态。”

在做治疗或咨询时，拉姆·达斯说道：

> 我完全清空了自己的思维。所以，如果你愿意，我只是一面镜子，因为我不会玩什么把戏。没有任何东西。我所做的就是关注自己、集中注意力，这就好似我正盯着蜡烛的火焰一样。（1974，第25页）

从这种中心化的空无状态出发，咨询师只是单纯地将真实自我的优势呈现给客户，而没有其他多余的东西。在这种自由又开放的空间中，没有了先入之见和预先准备的策略，那么无意识的创造性反应和解决方案便会出现。

这便是5号范式的高等一面。范式的低等一面则打算以理论、解释、策略和答案做武装，来到谈判桌前。5号的非适应性信念是，他们自身没有什么可以提供的，但是他们带来了自己的知识和解释。当有疑惑时，强迫型5号会拿起一本书，然后退出；而觉悟型5号会拿起他们的本体，并将自身延伸至其他人的本体之中。

格式塔疗法将实验和练习做了区分。实验是在紧急的治疗时刻出现的、自发而有创造性的建议。练习是从治疗工具箱中取出来的、被不加区别地应用的、固定化的技术。实验源于清晰的头脑，而练习是从凌乱的、充满各种条条框框的头脑中而来。实验源于本体，而练习来自小我。

保持透明也是一种智慧。当 5 号掌握了这个真理，他们就会保持开放的心态，与宇宙法则保持联系。他们的扭曲棱镜让他们变得不可见、隐蔽、不透明、与现实脱节，作为一种安全的方式。但是，真正的智慧包含了与他人和世界建立联系。相信你和别人无干，或者你是隐形的，或者你在某种程度上置身于宇宙的法则之外，这些都是头脑创造的幻觉。5 号已经处于人生游戏之中，其他的都是错觉。事实上，每个人都是宇宙中亲密的一部分。量子物理学和量子心理学正在展示，我们是如何在最深层次上真正地成为一个整体。而这也是宗教信仰和东方哲学长久以来所提出的洞见。除非是在精神幻觉中，否则不存在分离或异化。

笛卡尔的西方哲学对精神上的分离是如何产生的进行了说明。

有些人认为笛卡尔其实就是一个 5 号。在开创认识论的时候，他做了一件非常像 5 号做的事情。他离开这个世界，将自己放进烤箱（或他的房间），关上门，然后扪心自问："我怎么知道我存在？"以及"我能确定什么真实存在？"。而他的结论对于大多数 5 号来说并不陌生："我思故我在！"他从思想与世界的分离、思想与身体的分离出发，于是他必须想办法让它们重新联结起来。如果从一开始他就没有中断联系，而是假设自己已经被联结，那么他可能不会得出哲学二元论。

对 5 号来说，智慧还包括"我感觉，所以我存在"和"我触摸，所以我存在"，从而联结到他们的心和情感中心、身体中心、头脑中心。重要的是在自己的体内感知客观自然规律，而不只是抽象地思考它们。

5 号扭曲的思维模式相信，全知提高了他们隐藏和生存的能力。当自己知道了一切，他们就不会再感到惊讶，或者无法处理事态。这一点与他们的近邻 6 号一致。

正确棱镜提醒着 5 号，要想处于本体、无所不知的境地，那么他们必须从隐蔽之处走出来，让自己暴露于大众视线下，允许自己被人看见，也看见别人。要做到这一点，他们需要克服被他人看见而产生的羞耻感。正如埃里克·埃里克森所指出的，羞耻是在你准备好被人看到之前，先被人看到（不管是被你自己还是被别人看到）而出现的一种反应。和其他大多数人一样，5号想要控制和剪裁自己暴露在公众面前的那部分。他们想在公布于众之前看到并处理好自己的形象。对于5号来说，最不舒服的就是即时性，它会自然而然表露出自我。就好像用宝丽来相机咔嚓拍下你所见的东西一样，在你还没来得及修饰的时候，图像就已经形成了。

存在或本体追求的是显露自己，不害怕被人看见。与之相反，人格想要的是掩盖。

全知是认识到上帝通晓一切，慈悲为怀；全知的神灵也是无所不爱的。正如以赛亚继承耶和华一样："从你在母体腹中之时，我就已经了解你了，而且我是爱你的。"因此，隐藏、匿名、隐身的需求和希望真的没有必要。

评价和轻视来源于小我及其非适应性模式，而认知和同情则来自本性及其适应性模式。

当5号感觉到自己处于人生游戏之中，而且与他人建立了联系，他们就会采取行动，甚至相信自己能够提供一些东西。当他们认为自己置身于游戏之外时，他们会感到力不从心、消极，甚至不相信自己能说什么或贡献什么。

通过恰当的棱镜，5号看到的愈多，就愈能够步入生命，对生活有愈全面的了解。

美德 / 适应性情绪模式

伴随着正确棱镜而来的美德是超然。超然是以潮起潮落的方式表达的一种爱意。进来的，总会出去；免费得到的东西，也将会免费施予出去。超然的人不认同那些并非本性之内的东西。他们知道什么才是维持生命所必需的部分，不需要储存自己需要之外的部分。他们不夺取，不依附，不抓着不放，而是追求和接纳自己需要的东西，其余的就不管了。

开悟的5号对生命有着轻松的领悟。他们在旅途中张开双手，而不是紧紧地握紧拳头。他们允许上帝将自己想要的东西放到他们的手中，或从他们的手中拿走。生命的能量没有任何阻碍，自由地在身体和精神之间穿梭。

超然是公正的见证者的性格特征。这个见证者冷静而准确地观察和倾听，承认事情的本来面目。禅宗故事中的许多智者都展现了这种超然的精神。

不执着的人不会在参与之前去知道一切。小时候，我们就坚信自己所知道的东西足够让我们与人相处，直到周围环境说服我们改变，或者直到我们的大脑开始怀疑体内蕴藏的与生俱来的智慧。

之前说过，5 号需要脱离他们的理论、类别、结构、形式等，适应无形或空无的状态。当 5 号抛弃自己的系统和分类，他们就会被现实所填满。然而不幸的是，对于无意义或自己被掏空的恐惧引发了他们的执念。

一位大学教授想了解禅宗，于是去拜访一位禅师。大师说先喝点茶水，将一个杯子放在教授面前，开始倒水，直到水溢出，流到桌子上，甚至流到地板上。此时，教授说道："师父，我的杯子已经倒满了。"禅师回答道："是的，我知道。你来找我，脑子里已经充满了关于禅的想法。除非你清空所有这些先入之见，否则你永远不会理解或者被填满。"

当 5 号消除自己的崇拜的形象，新的创造性灵感就会从这种无形的状态之中涌现出来。在看似空无的沃土之中，丰富的洞见得以出现。当 5 号愿意像看待自己一样地看待每一个人、每一种情况，而不是充斥着各种想法或分类时，当他们愿意只是活在当下，他们会对这种自然而然产生的东西惊讶不已。本体包括了一个人的感情、本能反应以及思想，而智慧就存在于本体之中。当 5 号愿意放弃自己的严格控制时，他们才是真正的智者。

在开悟的状态下，5 号可以脱离他们的藏身之处，公开露面。他们不再需要保护自己的"匿名性"。每个人生下来都是处于一种非自我意识的、裸露状态的。被人看到裸体，并不会烦扰婴儿。只有当小我或虚假人格形成时，真实的自我才被隐藏起来，虚假的自我羞于展示它。进化了的 5 号不仅愿意自己被看到，也愿意看到。

说出你是谁、你在想什么、你感受到了什么，要比隐藏你自己更加安全。如果你一直隐藏自己，或者将自己当作一个空白的屏幕呈现在别人的面前，那么他们就会把各种各样的想法、感情和意图投射到你的身上——没有哪一个是准确的或逢迎的。既然自然界憎恶空白，那么人们就会用自己的投射物来填补它。因此，比起不可见，看得见要更加明智。5 号的正确棱镜了解这一点，但是他们的扭曲棱镜并不相信。

扭曲棱镜 / 非适应性认知模式

当 5 号脱离本体，当他们疏远、分离、抽离与客观的宇宙自然规律时，他们会感到这些规律在自己的体内不再起到任何作用。他们失去了与天生智慧的联系。为了弥补这一损失，保护好自己，5 号会退后一步，不参与其中。他们形成了一种新模式，坚信自己是独立的、被疏远的。他们感觉自己就像身处异乡的陌生人，从一个安全的、超然的藏身之处去观察周围的环境。就像笛卡尔在他的烤箱里一样，5 号也想知道如何与世界建立联系。既然知识不再来自自己与生活的接触，那么他们会怀疑自己是否真的知晓生命这个游戏的全部。信息的收集取代了通过体验得来的智慧。

范式的补偿

5 号通过过度投入到认知和感知之中，来弥补他们内在的不充分感和对无知的厌恶。他们曲解了内心观察者的真实本质，脱离生活，回到自己的头脑中，进入一个安全的观景台和控制塔之中。从这个有利的位置，他们可以看到整个全局。观察代替了存在和行动。他们错误地认为全知意味着“感知一切”，由此得出结论：我感知，故我在。

理想化的自我形象

为了应对自己的无能和格格不入，5 号的补偿模式应运而生。这种模式具体体现在他们的自我形象方面，即“我是智慧的，我有很强的洞察力”。

这种状态下，5 号与他们的系统进行互动，而不是与人们互动。正如我们在前言中所看到的，头脑的天生功能之一就是，对反复出现的现象和经历进行归类，这有助于我们预测、预见和掌控未来的事件。5 号利用自己分门别类的能力进行防御。他们甚至可以通过系统地研究哲学，或者写一些关于人格类型的书来谋生。他们过分地依赖类别、结构和形式，对人和事物进行分门别类，从而帮助自己与他人进行互动。当 5 号知晓了游戏的规则和角色时，他们会更加容易参与其中。回想一下，在老师、领导人或女主人这样的角色上，5 号可以相当自信地发挥自身的优势。但是，一旦处于一个没有明确指示和角色的社会环境中，他们就会变得安静、局促不安和尴尬。他们不再相信自己的自发性，转而依赖于自己的知识背景，所以他们可以控制，但不可以交流。

在小说和同名电影《富贵逼人来》（Being There）中，那位园丁就具备 5 号的很多特质。他通过替代性的体验，而不是直接参与生活，学习到一切。尽管他很少离开自己的住所，但他的人格魅力却展现出一种智慧的光环，以至于工业巨头和总统都希望他能够出山。当被问及他都做了些什么时，他的回答是："我观察。"对于 5 号来说，这是一个很不错的表述。

对 5 号来说，除了了解和弄清楚事情之外，另一种补偿方法就是隐藏或消失。这个策略就好似那些为了生存而融入周围环境的动物一样，比如狐狸或者鹿；而不是像大象和犀牛等动物，既然没有什么会打扰到自己，就毫不介意在周围环境中脱颖而出。

5 号变成隐形人，是为了保护自己。你无法射击到自己看不见的目标；你不会因为别人从未说过的话而责怪他们。就像鱿鱼一样，5 号被烟幕弹包围着。如果你询问他们对某件事的看法，那么他们通常会给你一个模糊的回答，比如："这很有趣。"如果你询问他们的意见，他们会给出所有可能的答案。或者，如果你坚持让他们回答的话，他们会说道："我得考虑一下，过一年左右再来找我吧。"

德尔菲神谕（Delphic Oracle）[①] 可能就属于 5 号。每次人们请教神谕时，它都给出模棱两可的答案。例如，当被问及谁将赢得第二天的战斗时，神谕的回答是："获胜的军队。"无论谁问了这个问题，通常他们都会认为胜利者就是自己。如果输了，他们永远离开，不再回来；如果赢了，他们就会留下深刻的印象。

5 号拥有一种过度发展的疏远机制。根据凯伦·霍妮的模型，他们喜欢的人际交往方式是远离。如果犹豫不决，那么就选择退却。如果你的个性倾向是退却，那么你很难在感情上做到感同身受（当退出时，你很难施以援手），或者果断地对抗（当后退时，你很难挥拳打人）。

---

① 古希腊人建立了德尔菲神庙，用于供奉阿波罗神，并在有大事发生时请教神谕。——译注

5号具有被动的攻击倾向，而不是武断或好斗。他们会通过退出和拒绝参与游戏，来约束自己。当5号生气的时候，他们会很冷血，就好像干冰一样，冷到会烧着的程度。他们会表现出一种冰冷的、无情的沉默，甚至冻住了其他人。

对于5号来说，回避的极端情况就好似紧张症。在这种情况下，人变得不能移动。5号会将自己封冻在里面，而将别人冻在外面。这种紧张症有时会连续几天保持同样的水平。他们会退回到洞穴深处，直到自己想好做些什么，或者危险已经解除，或者听到欢迎的声音和接到邀请，才会开始行动。处于紧张恍惚状态下的人完全意识到甚至超意识到周围发生的一切，即便他们彼时可能并不在场。他们是警觉的，但不愿意与周围的环境互动，除非是通过他们的感知。

为保证安全，5号也会对周围的环境非常敏感。如果你密切关注敌人，那么他们就不会让你吃惊。这是一种生存策略，就好像谨慎的6号一样。

范式的维持

5号的非适应性模式锁定并维护着他们的错误认识和非适应性行为。

为了获得认知能力，了解全局，5号后退一步，退出全局。在退出人生游戏并进行观察之后，5号必须想办法回到游戏当中——这也是笛卡尔将自己锁在房间后陷入的两难处境。5号的扭曲棱镜认为，他们不在游戏之中，没有被联结，因此他们必须做些什么，来建立联系。然而，现实情况是，他们的本体或真实自我一直是被联结的，处在生命之中。只有人格或带有错觉的小我，才处于现实之外。5号认为他们没有进入游戏，需要获得许可才能加入，需要知道社会规则才能玩游戏，这些假设以及他们下意识撤退的倾向，使得他们的非适应模式得以就位。

从他们的扭曲棱镜来看，这个世界要么剥夺他们，要么侵入他们。无论如何，它让他们变得徒劳无功。在此两种情况下，5号的策略都是撤退，拉起城墙，准备围攻，等待逃离的时机。

有时候，他们体验到这个世界充满了剥夺，就好似母亲的干瘪乳房。5号认为，这个世界不会给予他们需要的东西，所以他们不敢提出要求。他们的一个非适应性信念就是，这个世界不容许协商。因此，他们退回到自己的世界里，完全依靠自己的资源。“如果妈妈不给我奶喝，我就自己去买，或者以代乳品为主食。”5 号通常都比较孤僻，单独行事，也只为自己做事。与其忍辱负重地提出要求然后被拒绝，那还不如放弃，或者自己一个人去争取算了。因此，如果 5 号打算换住所，他们很可能会自己搬家，而不是寻求帮助。

通过相信自己无法要求和协商想要的东西，放弃，或自己一个人做事，而不是互动的方式，5 号得以维持着自己的非适应性模式。

当 5 号体验到这个世界具有侵入性的时候，他们的策略近似于撤退。像其他内向的人一样，在自己和世界之间，他们并没有发展出强大的边界。正如艾米莉·狄金森（Emily Dickinson）写道：“这个世界对我们来说太多了。”除了逃离，5 号没有其他能够过滤这个世界的办法。不像一些 8 号会说出“请你安静点好吗？”（另一些 8 号会更加直接地说出“闭嘴！”两个字），5 号更有可能干脆就退到某个安静的地方。或者，即便自己的躯体无法离开一个房间，但是他们在精神上是抽离的，已然逃到了一个更加宁静的地方。这就好似一个热气球在松开系泊之后，飘到了人群的上方一样。第五维度（Fifth Dimension）组合所唱的流行歌曲《起来，起身离开》（Up，Up，and Away）可能很对 5 号的胃口。如果他们能够弄清楚第五维度的含义和所在，那么生活在第五维度也会很有吸引力。

温尼科特描述婴幼儿的生存状况时说，他们轮流体验两种状态：一种是需求的状态，这种状态下，他们依赖于看护人的同理心，来感知和满足他们的需求；另一种是需求满足后的“继续存在”状态，这时他们更愿意独处。如果孩子没有获得同理心，他们就会觉得自己被剥夺了；如果不让孩子独自待着，他们会觉得自己受到了侵犯。两种情况都或多或少地发生在我们所有人身上。5 号对这些处理方式相当敏感，而且特别容易受到来自显而易见的剥夺和侵入的伤害。

5 号的扭曲棱镜的问题在于，他们给予外界的信息太少，让人很难与他们产生共鸣。5 号都是守口如瓶的人。他们不向别人透露自己的想法或感受，这就很难从他们的身上反观一些事情。因此，经常发生的情况是，其他人将自己的解释投射到5号，而5号感到自己被误解（他们的近邻4号也有类似遭遇）。5号并没有纠正他们所得到的反馈，反而变得更加沉默。他们要么认为别人是傻瓜，要么认为自己从一开始开口说话的时候就是一个傻瓜。

具有讽刺意味的是，5号的退却策略恰恰导致了他们一直试图远离的事情，也就是侵扰。由于自然界厌恶无知，5号越是收缩自我，人们就越想与之接触。因此，他们的沉默反而带来了侵扰。

5号的扭曲棱镜将他们置于一个智慧/愚蠢的情境中。他们认为自己是聪明的，尽可能避免自己看起来愚蠢。5号害怕说错话，因为这会让他们看起来很愚蠢。他们对自己的言辞和感受都持谨慎的态度。在开会时，在别人先发言以及先行了解情况之前，他们往往表现得很安静。他们也会避免表达自己的情绪，因为愤怒、悲伤、高兴只会让自己显得愚蠢。不表露情绪的另一个原因是，人们会知道他们的立场。既然情绪与自我有着密切的关系，那么一旦它们被人看到，别人就会知道你的真实面貌。

由于5号想让自己看起来聪明一些，他们害怕被人认为过于简单化。如果有人说“我很惊讶你没有想到这一点”，他们会感到非常尴尬。于是，他们会在发言或写东西之前尽可能多地阅读资料。他们通常先会写一个面面俱到的20页综述，接下来是一篇紧扣主题的5页论文。

5号不希望自己受骗上当。他们对欺骗尤为敏感，所以在购买东西或同意某件事情之前，他们都会仔细检查。这部分可归结于他们极其节俭的习惯或者贪婪的恶习，部分则是出于希望变聪明。因此，他们需要先退后一步，以免自己被骗。

5号也害怕自己受到情感方面的欺骗。由于没有充分养成和利用果断的特质，他们很难做到拒绝或推辞。因此，他们会选择退出这一防御策略，来避免情感被抑制、被迫害或者受到约束。这非常符合凯伦·霍妮对远离或超然模式的描述。这一倾向的实践者即使身穿紧身衣，也会经常开玩笑。

5号将其他人所认为的需求和要求看成一种限制。在面对期望时，他们会明显表现出远离或退出的行为。相反，弗里茨·佩尔斯会当着别人的面说道：“我来到这世间不是为了满足你的期望，而你来到这儿也不是为了满足我的期望；我做我该做的，而你做你该做的。”对于5号来说，这句话听起来有些过于断言、有对抗性、敌对了。

由于他们的正确棱镜会发出警告，使他们与他人的期望联系起来，所以只有在别人建议或给予选择的情况下，5 号才可能会感知到需求。

5 号会领悟到养育孩子真的很不容易，因为孩子们对父母的要求是永无止境的，而且通常不会给父母太多的私人空间或时间。他们可能会因为打算离开孩子而感到内疚。

他们通常不会主动去做任何事情，除非是迫于压力而不能拒绝的情况下。如果投入一件事情过多，就会看起来很蠢，而且势必要放弃自己的私人时间和空间。因此，5 号往往会选择躺平，保持一种超然的姿态，让自己看起来很酷。

为了维持补偿模式和理想化的自我形象，5 号也会采用另一种方式，即贪婪这一恶习。

恶习 / 激情 / 非适应性情绪模式

对于 5 号来说，扭曲的情感态度或恶习就是贪婪，它所产生的能量可以维护"我是智慧的"这种自我形象。越想变得聪明、有把握，他们就越是贪婪地获取信息，寻找与世隔绝的地方。贪婪驱使着他们要获得更多。

这里的贪婪涉及两个方面。5 号是收藏家和囤积者（弗洛姆称之为囤积型性格）。我们发现 5 号宁愿用光手里的资源去做所有的事情，也不愿意主动寻求帮助。他们会为将来可能的需要而储存物品，集思广益，网罗知识，收集书籍和材料等。如果你被允许进入 5 号的私人房间，你可能会发现书籍、回形针、工具（任何你需要的东西）等惊人的收藏。因此，一旦缺少什么，你可以去问问 5 号，他们很可能都会有。

然而不幸的是，他们可能不会把这些东西给你，因为贪婪的另一面就是吝啬。5 号接纳、抓住、坚持、控制。进去了，就留在里面。他们有精神上的便秘。5 号对于自己的财产、时间、精力、感情、想法乃至他们自己都很吝啬。他们正积极地参与过去他们曾被动经历的事情。在成长阶段，他们是以压抑的方式与这个世界相处。现在的他们还会选择这样做，拒绝对自己和他人施以安慰和爱意。

5 号将自己的退缩投射到别人的身上，来维持“这个世界是剥夺性的”这一非适应性模式，然后以压抑的方式体验着这个世界。同样，他们通过将自己的好奇心投射到他人的身上，来维持“这个世界是侵入性的”这一非适应性模式，然后以探听的方式体验着这个世界。

和其他类型的人一样，此处的矛盾性在于恶习（这里是指贪婪）滋养了小我或虚假人格，但没能为正在饥饿难耐的自我做出什么事情。因此，5 号的贪婪让他们拥有一个肥胖的小我以及瘦削的自我。另外，因为人们通常在更深层次，往往是情感层面上感到饥渴，所以他们就会变得愈加有欲望、贪婪和吝啬，试图以一种错误的方式将自己填饱。

吝啬也会出现在 5 号的警句或俏皮话中，也就是他们对于自己观察所得或立场的简明扼要的陈述。从积极的方面来看，5 号言简意赅；从消极的方面来看，他们的回答干巴巴的。你不会从他们口中得到很多细节。如果你问他们是否喜欢某本书，他们可能会回答你：“这本书很有煽动的意味。”而且，仅此而已。

范式的回避

5 号通过避免表现得无知，来避免激发出自己的非适应性模式，即不胜任、无知或愚蠢。因此，他们会展现出智慧而冷静的人格面具，而将自己无知的线索压制到阴影中。他们将自己的无知投射到别人的身上。于是，他们必须容忍这些蠢人的存在，同时又发觉自己被一个笨蛋同盟所围绕着。

通过不分享自己拥有的东西、放弃施予所带来的活力和快乐，5 号避免了非适应性心理模式以及对空无的恐惧。他们选择退出，而不是说“不”，从而避免了自己被掏空的情况，而且也不必对失去自己珍视的东西感到恐惧和痛苦。

他们还在人际关系中保持孤立和隔离，从而避免感受到自己的普通，尤其是自己的愚蠢。我们很快就会看到这部分内容。

回避区域

被掏空或者变得空无是 5 号要避免的可怕经历。他们的人格就是用来防御侵扰的。他们恐惧和避免自己被吞噬、被骗、被替代、被抑制、被束缚、被抽干或被耗尽。因为不相信自己可以重新获得或收回已然失去的或施予的东西，所以他们会紧紧握住自己所拥有的东西。他们的非适应性模式幻想着世界会发生灾荒。因此，面对接连不断的大萧条，他们需要首先囤积好资源。

因为 5 号的自我形象是“我是智慧的，我有很强的洞察力”，他们会逃避显得不明智和迟钝。对于他们来说，空无意味着没有可以用来理解和掌控现实（尤其是人际关系的现实情况）的形式、结构、类别。前面在论述适应性模式和美德时所谈及的空无，也适用于他们的回避区域。在东方传统中，“空无”代表了一种无形的状态，也是铜像或瓮被熔化后的状态。一旦失去了形状或形式，它们便是熔水和流体，而不是固体和不可改变的事物。5 号喜欢模式。他们害怕不了解、不知道以及没有答案。如果他们不理解，或者没有想到所有事情，那么他们可能会显得很愚蠢。因此，他们寻找类别和固定形式，寻找意义和目的。

讽刺的是，他们的非适应性模式恰恰导致了他们所希望避免的事情。因为选择了不参与、不活跃，所以他们的体内存在着空无。因为选择了压抑自己的感情，将其安放于自己的头脑中，所以他们的内心、人际关系和承诺中，都存在着空无。因为不投入、不建立联系或者在情感上不与人亲近，所以他们可能缺乏意义和目标。结果，他们从理智上寻找生命的意义。而如果他们更投入，他们本可以在自己的经历中找到意义。

5 号试图用思想、知识、好奇心等来填补他们的空无。他们紧紧抓住自己和自己的财产，以防身边没有足够的东西，别人不给他们需要的东西，或者别人试图夺走他们仅有的一点东西。

下表中，“我”栏目下是一些与 5 号的自我形象一致的特征，“非我”栏目下则是不一致的特征。

我	非我	我	非我
聪明	愚蠢	反省	活跃
善于观察	不留意	综合考虑	短视
安静	吵闹	含蓄	装腔作势
尊敬	侵扰	远离	可看见
隐私	透明	讲道理	空想
简要	喋喋不休	节俭	慷慨
小心谨慎	鲁莽	心平气和	鲁莽
深思熟虑	冲动	怕生	好交际
客观	有偏见	过时	时髦
冷淡	热情	独立	不独立
理智	情绪化	自给自足	穷困潦倒
有学识	无知	精炼	啰唆
容纳	剔除	枯燥无味	伤感、多情
不动感情	充满热情	抽象	具象
复杂	单纯	有礼貌	死缠烂打

5号就好像被一群吵闹的、喋喋不休的、有偏见的虱子包围一样，他们变得安静而矜持。毫不奇怪，他们不愿意说出自己想要的东西。你能指望与一些无知、单纯的、短视的傻瓜进行什么样的对话呢？把时间花在读一本书上，要更有好处。

正是因为5号的身边都是一些头脑发热的傻瓜，所以他们才需要讲道理、泼冷水或者离这些人远远的，从而让这些人冷静下来，浇灭这些人的激情，或者让这些人找不到他们。5号可能会成为职业教师、研究人员、治疗师、调解员或孤独的流浪者。

请注意，那些属于“非我”范畴的特质，既不能让他们在感情上靠近别人，也不能在主张上对抗别人。然而，属于“我”范畴的特质，却能够帮助他们以一种类似于星际迷航式的逻辑方式离开这个世界。

当5号与7号、8号的积极特质产生联系时，5号会获得平衡。然而，这些资源都隐藏在5号给它们贴的令人厌恶的标签之下。例如，他们可能不愿意转向8号的对抗的一面，因为这会让他们变得鲁莽、吵闹、死缠烂打和冲动。这样做可不会有什么好处。然而，如果他们能重新定义这些特质，他们就会变得勇敢、善于表达、果断和积极主动。

如果 7 号范式意味着一个人看起来很愚蠢、喋喋不休、装腔作势，那么谁会愿意朝着 7 号的方向迈进呢？然而，如果你用“机缘巧合”“善于交际”“充满感情”和“探索性”等辞藻来形容的话，靠近的举动听起来就不那么糟糕了。

因此，5 号需要去了解（以及钟爱）他们身上充满激情的、愚蠢的小冒险家。5 号需要对内心的傻瓜（idiot）友善相待，并且拥抱它。这个傻瓜不了解一切，感到害怕、悲伤、疯狂或快乐。在古希腊语和拉丁语中，idios 的意思是“普通的”和“无知的”。它也指某人自己的。当我们谈到 5 号的脆弱点时，我们看到他们真正想要的是，在交流中做自己。非常讽刺的是，为了找到真实的自我和联结中的自我，5 号需要成为一个白痴、一个普通的傻瓜，而这恰恰是他们极力避免的。

5 号需要一个包括“我”和“非我”两个维度的综合性自我概念。他们可能是“聪明的傻瓜”或“宫廷的小丑”（中世纪的一类骗子，他们可以巧妙地对皇室成员说一些经过观察的、诚实而不奉承的话，但仍然可能会丧命）；或者作为一个“学习者”，既重视已知的，也重视未知的；或者作为一个“研究者”，既收集又传播数据，分享收集到的数据。

防御机制

为了防止自己被控制、被掏空，5 号采取的防御机制是划分和隔离。划分就是将一个人生命中的某一时刻或某一时期与接下来的时刻或时期分开。有种说法认为，精神分析对 5 号来说是无用的，因为他们既不会回到自己的过去，也不会重新与以往的情感联结起来。他们可能会理智地回忆某个事件或者事实，但是不带有任何情感的触动。对于 5 号来说，这便是“眼不见，心不烦”的境界。这与他们的近邻 4 号的“距离产生美”形成了鲜明的对比。

5 号也会将自己的事业与社交或个人生活划分开来。因此，当配偶在他们工作的时候打来电话，并询问他们是否一直在想着配偶时，他们可能不得不撒些小谎。他们更喜欢将工作伙伴与灵魂伴侣或者玩伴分开来看，诸如此类。

隔离是指在经历事情时，思想和情感自动分离。通常情况下，当你经历某件事情的时候，你会对它有所思考、有所感受。但是对于5号来说，这种感受会被压抑，他们的注意力会转移到思想上。当你询问他们的感受时，他们却回复自己的看法或者想法。或者，他们会开始思考他们应该做何感受。“在这种情况下，人们会做何感受呢？”既然他们是以头脑先行的方式体验着生命，那么5号就必须让位于自己的感受。

大多数人的情感都处于情感蓄水池的顶端。如果你问他们感觉如何，他们会把手伸进水里，然后回复你生气、悲伤、孤独等。5号则将自己的感情压制到池底。因此，他们必须放下水桶，让一些情绪先流进去，将它提到水面上来，然后一探里面究竟发生了什么。这可能会花上几分钟、几个小时或几天的时间。因此，当询问5号做何感受时，你必须要有耐心。一开始，你可能会先得到一个空洞或疑惑的表情，而且通常紧随其后的回答是：“我没有任何感受。”但是最终，在常年孤寂的状态下，他们的感情终将浮出水面。

对于5号来说，受到伤害后的压抑是家常便饭。在经历事件的时候，这种环境太过于公开、不安全，以至于他们不会做何感受，或者表达自己的情绪。在隐秘而安全的巢穴中，他们才会流露出自己的情感。

主要脆弱点

5号的主要脆弱点包括感觉自己被剥夺、被掏空；感觉自己被侵犯、吞噬；感到自己被暴露、显得愚蠢。对于自己变得高调、被他人评论或贬低、有不足和失落情绪、依赖他人或者按照别人的方式生活，他们也非常敏感。他们的防御方式，便是要阻止这些创伤再次发生。

一旦这些敏感地带被触及，那么5号的非适应性模式就可能启动：

“我不太明白。”

“我不知道怎么办。”

“我做不到。”

“我不干了。”

“我有不足。”

“我是愚蠢的。”

“我是糟糕的。”

“我不能依赖别人。”

“这个世界没有商量的余地。”

“如果我知道得足够多，不去感受，不去参与，就这么一个人待着，那么我是安全的。”

5 号的超级雷达一直在扫描着任何侵入、占据、期望、需求、剥夺或嘲笑的迹象。一旦这类威胁的迹象出现在自己的保护伞下，他们就会部署远程和智能化设备；他们会被知识和隐藏的贪婪所驱使，避免自己去感受和介入；他们会脱离、让位，甚至像直升机一样尽可能地远离现场。

不幸的是，5 号的这个策略恰恰导致了他们一直试图避免的事情的发生。既然大自然憎恶空无，那么一旦 5 号退却，其他人就会跟随其后。他们的撤离导致了侵入的加剧。或者，如果他们仍然呈现空白状态，而且什么也不说，那么其他人就会投射自己对 5 号的想法、感受的认知来填补这个空白。这些投射可能比 5 号真正想象的还要糟糕得多。

在一次工作坊上，一个特别傲慢、聪明的 5 号最后惹怒了自己的一位同事，以至于同事将自己的记事本扔向了他。这里说到的就是邀请侵入！

5 号的消极策略让他们躲得远远的，让他们处于安全状态下，但这并不能满足他们更深层次的归属感。他们真正需要和想要的是在恋爱中做自己，在不否认自己的前提下与他人交往。他们想要的是相互依赖，而不是过分独立；他们想要的是隐私，而不是孤立。5 号想要的是理解，别人能够理解他们，自己的才识能够受到别人的赞赏。他们想要有竞争力，无论是在身体、社交或者情感方面，还是在智力方面。

当 5 号感觉脆弱的时候，他们需要以本体为中心，从藏身之处走出来。但是，在与他人交往的时候，要保持与自己的联结。他们需要从占有转为共处。换句话说，他们需要停留在游戏中，向他人靠近或者与他人对抗，而不是远离正在发生的事情。

成长经历

5 号的家庭情况，我在前面已经提到过了。5 号可能会觉得这个世界（父母）是剥夺性和压制性的。他们也许没有从父母身上得到太多依靠，所以会认为这个世界上没有足够的东西可以分享。

因此，5 号决定自己操刀每一件事，自己争取需要的东西。他们非常能够自给自足。或者，他们会选择放弃自己需要的东西，而不是冒着不被倾听或者被拒绝的风险，主动去请求。5 号坚决不会再忍受这种丢脸的事。

正因为他们在成长过程中没有过被人倾听的经历，因此，除非 5 号确定人们想听自己说话，否则他们是不会开口的。然而，他们没有意识到的是，为了让别人听得到，他们可能需要大声地说话，而不是陷入沉默。我们将在后面更多地提到这一点。

有时候，5 号觉得这个世界充满着侵扰。他人走进来，拿走孩子手里的所有东西。因此，5 号害怕会没有必要的补给品，自己会被耗尽、被榨干。和内向的人一样，5 号没有强大的界限。逃避到私人空间或全身而退，是他们避免自己被打扰的方式。此时，5 号是安全的，因为这个世界既给不了他们足够的东西，也不会从他们身上拿走太多。由此，他们发展出一种强大的远离的倾向，发现最好的进攻就是优秀的防守。很快，内心世界比外部世界变得更安全，更稳当，更可控，也更加有趣。

5 号制订架构和机制，激励自己获取知识、时间、空间和能量等。他们的防御方式是囤积自己的资源，以便对抗一个会剥夺或耗尽自己的世界。

我记得曾经有个孩子，他父母每隔几年就会搬一次家。在每次搬家前，他们都会先告知孩子，只能留下一个玩具，其余的必须舍弃掉。如此一来，孩子总是体会到自己被掏空的感觉。毫不奇怪，这个孩子长大后变得很难再扔掉任何东西了。不难理解，这种囤积行为成为他生命中的补偿行为。

一些 5 号在人生早期经历过或感受到与母亲的分离。小时候，他们与母亲没有任何亲密关系。可能是出于婴儿早产、母亲生病，或者母亲患上产后抑郁症的缘故，孩子在出生时就和母亲分开了一段时间。结果，他们变得退缩，即使长大成人，也很难与别人打成一片。

在一场九型人格的工作坊上，一名参与者讲述了自己的心酸往事，足以说明，可意识到的冷漠如何对 5 号产生长期且有害的影响。她在小时候被要求动手术。在手术之前的那段日子里，父母是不被允许与孩子共处一室的。因此，她的父母不得不透过门窗去观察她。女孩不了解这些奇怪的要求，所以她认为父母是“冷漠”的、不关心她的。她开始意识到被遗弃感、恐惧感是如此可怕，以至于她决定，以后再也不要感受了。40 多年来，她一直控制着自己的情感，直到最近才开始缓和下来。而这么多年的无感，全部是因为当初的错觉所造成的。直到现在，她才意识到在与自己分开之后，父母是多么痛苦。

其他 5 号可能会认为自己被过度保护了，有一种窒息或被吞没的感觉。为了逃脱，他们可能会躲进自己的房间、思想或书海中，并考虑禁止父母进入。5 号可能会发现自己很成功，并且在学术领域站稳了脚跟。虽然他们可能在社交或运动方面并不出色，但是他们在学术方面做得很好。因此，他们会更加投入自己的头脑层面。

一些 5 号的家庭不鼓励情感的表达。尤其是愤怒或任何充满活力、热情洋溢的情绪，会被极度压制。于是，5 号学会了自我调节，在头脑中体验自己的活力，而非通过肢体表现出来。在这种分裂型的模式中，存在、高调、过度都是禁忌，过度的兴奋会导致焦虑和内疚的情绪。

5 号通过他们的好奇心和探索意识，以自己的方式——至少从智力上而言——变得咄咄逼人。他们想要看到一切，知晓一切，而且他们的好奇会演变成爱管闲事的做派。

身体特征

许多 5 号都戴着眼镜。因为常年的观察、凝视和阅读行为，他们会出现视疲劳的症状。还有一些 5 号的眼窝深陷，你会感到他们正从自己颅骨深处看着你。

5 号通常看起来苍白或者怪异，这可能是因为他们长时间待在图书馆，而不是在阳光下；也可能是由于他们不注意自己的身体，不会进行适当的锻炼；甚至也可能是因为他们想将自己隐藏起来。5 号的原型是间谍。

阿里卡面部分析理论认为，5 号的嘴部右侧更紧张，下巴也会向右侧拉伸。

一些 5 号给人纤细无力之感，而另一些人看上去是肥胖和贪得无厌的。

谢尔顿的清瘦的外形与其高度敏感的大脑和中枢神经系统有关系，这也体现了智力型 5 号的特点。

沟通方式

5 号会给出警句式的回答，或者以论文摘要的方式来阐述自己的观点。一般来说，他们话不多，甚至做评价也往往惜字如金。他们不想说出任何可能让自己看起来很傻的话，并且始终遵循一条明智的建议：如果人们不知道你在想什么，那么你就不会受到批评。

5 号在会议接近尾声时才会发言，他们会汇总其他人说过的话，然后把所有的部分都联系起来。

如果他们发表论文的话，那么文章可能会相当冗长，因为 5 号已经彻底研究了整个课题，希望能够将所有的东西都写进去，以免被他人指责因没有涵盖所有部分而显得片面。

5 号喜欢进行解释、概括和综合。他们经常需要对自己的行为或选择进行理性解释。如果做某件事或者要某件东西，那么“仅仅是因为他们想这么做”这个理由是不充分的。理由需要被汇总整理起来。

范式的转换

在压力或安全条件下，5 号会发生如下范式转换：

	压力条件下	安全条件下
积极面	+7	+8
消极面	−7	−8

压力条件下

（1）戴上 5 号的扭曲棱镜：使用自己老旧错误的棱镜

在压力条件下，5 号会更多地尝试原有的方法来保护自己。也就是说，他们会撤退得更远，脑袋想得更多。他们追随 1970 年的那首老歌《起来，起身离开》的指示，爬上爬下，然后再回升到自己脑部的指挥塔。

他们可能会切断与外界的联系，变得更加疏远和孤立。他们感到更加不适应，认为自己无法影响整个事态。最后，他们可能会选择什么也不做。

当 5 号孤零零地处于群体边缘时，为了弥补自己的格格不入和无法相处，他们可能变得更加蔑视他人。然后，他们会质疑为什么自己开头想要进入这个“呆瓜联盟”之中。因此他们保持着距离，而不是参与其中。

5 号不会表达他们的愤怒情绪，而是继续憋着，变得冷漠。他们将人们拒之门外，而不是与这些人交往，或邀请他人进入自己的世界。

他们可能会变得更加沉默。他们不会说出自己想要什么，不会表达自己的需求或者进行交涉，而是拿着球和球棒回到家，以此拒绝参加任何游戏。

（2）戴上 7 号的扭曲棱镜：使用他人老旧错误的棱镜

当自己一贯的方式和策略不起作用时，5 号可能会不经意地戴上 7 号的扭曲棱镜。

这时，他们更加深入自己的头脑之中，变得更加智能化、系统化甚至精神化，以此避免采取任何行动。他们可能用幽默的方式来淡化事态，大事化小，如此一来，他们就不用再坚持己见了。

5 号可能会继续压制自己的情绪，或者将这些情绪转化为幻想，而不是行为。他们会开始计划着做些什么，而不会真的去做。或者，他们会关注事态好的一面，这样就不用对讨厌的部分表达出任何不满。

除了逃避空无的境地，5 号还会像 7 号所建议的那样，远离痛苦和磨难。他们害怕受到伤害，因此不敢自信，不敢走近社会。他们体会到无力感，心生退缩，动弹不得。

5 号可能会放弃深入分析和探索事态的能力，转而用肤浅的消遣方式来分散自己的注意力。或者像 7 号一样，他们会同时拥有很多兴趣，而没有完成任何一项。他们变得更加迷迷糊糊。

（3）戴上 7 号的正确棱镜：获得一个新视角

压力之下的 5 号还可以采用 7 号的高等一面。他们发现自己可以在 7 号棱镜下看清事物以及做事，而这是他们在自己的棱镜下无法轻易掌握的。

7 号的棱镜不仅允许 5 号向他人靠近，也会让他们远离他人。例如，为了让自己能够融入他人的世界，变得友善和善于交际，5 号可以发挥自己以及 7 号的幽默、轻松一面。他们可以以自己的幽默感打破僵局，而开始与他人进行互动。7 号的策略可以帮助 5 号变得更加自然和有趣，避免在社交接触的过程中锋芒毕露。

对他人发起挑战的时候，幽默或者诙谐的说话方式也有助于他们更加勇敢地面对，变得更加自信。一勺糖确实会有助于你将药物吞下去。

7 号的高等一面也提升了 5 号的视觉和想象能力，加强了他们接受和掌握全局的能力。

最后，7 号认为地球是一个充满机遇和随心所欲的世界，这补充了 5 号的视角，即这个世界一心想要拒绝或剥夺他们。

安全条件下

（1）戴上 5 号的正确棱镜：从自己的角度看得更清晰

在没有任何威胁的情况下，5 号可以体会到自己棱镜的高等一面。他们能够感同身受，也能够分析，能够倾听来自大脑和来自心里的声音。他们不仅对他人富有同情心，对自己内心的“小傻瓜”也是如此，不会因为自己知道得不够多而责备或贬低自己。他们可以直面自己对于愚蠢和犯错的恐惧，而不让焦虑阻碍了做自己想做的事情的步伐。他们不必先了解一切，才敢做出选择和行动。

在这种状态下，5 号相信他们的自发性反应，不会带着任何先入之见、分类和架构去面对事情。

在空无的情况下，他们发觉了一片沃土，它就向着此时此地敞开。他们认同自己内心观察者或公正见证者的开放性，而不认同自己头脑中的分类和内容。作为参与者，他们不再需要先拿到答案。他们允许自己放空，变得透明，呈现自己所体验到的一切，他们开始相信，有效的反应会从自己内心深处的智慧、直觉和情感中自发产生，而非从书本知识中产生。

在安全、可靠的情况下，5 号也可以借鉴 8 号的高等或低等一面。

（2）戴上 8 号的正确棱镜：获得一个新视角

5 号可以利用 8 号棱镜做很多事情，这些事情他们自己的视角和策略可能不会允许，或者可能会导致他们难以看清以及完成事物。

8 号棱镜教会 5 号接触自身的力量。当 5 号采取了 8 号的自我形象“我是强大的，我可以”，他们就会相信自己能够影响和改变整个局面。他们也确实有东西可以提供。当他们与内心世界的权威相联系，他们就会站出来，宣扬自己的信仰。

在 8 号棱镜下，5 号可以与自己的本能能量相接触。情感、思想和身体能量和谐运转，转化为这个世界的有效行动。通过向下和向外的移动，而不是向上和向后，他们得以运用知识，而不是仅仅将知识装在脑子里。他们变成了一位在行动中深思熟虑的人。5 号和 8 号之间的联结恰好体现了“知识就是力量”这一格言。

当 5 号感知到自身力量的存在，他们就能够保护、充实和影响他人，而不再害怕他人，不再需要保护自己免遭他人伤害，不再从他人身边后退。

利用 8 号棱镜，5 号可以在原来的远离他人倾向的基础上，增加对抗的倾向。他们变得有决断力，主动出击，而不是退缩。他们可以说出自己想要什么或不想要什么。他们可以说出自己所需要的，或者扔掉自己不需要的东西。他们可以利用自己的权力和力量，建立和保护更强大的边界，设置界限，而不是放弃自己的领地。他们会待在拳台上，而不会一预料到痛苦或看到对手就逃之夭夭。

像 8 号一样，5 号不再害怕被别人看到或听到。他们允许自己公开透明，走到大众面前，而不是继续隐藏下去。他们相信自己有话要说，也希望人们能听到他们的话。因此，他们会爬到肥皂箱上面，而不是藏在下面。

（3）戴上 8 号的扭曲棱镜：让你的视野更模糊

在自认为安全的条件下，5 号会滑入 8 号的扭曲棱镜。在这种情况下，5 号会变得咄咄逼人，而不是果断坚决。他们也会变得刻薄和残忍，利用自己权力，紧抓不放，并展现出吝啬的一面，而不是宽宏大量和慷慨。他们可能在家里恃强凌弱，而在公共场合却彬彬有礼。

伴随着新发掘的力量和魄力，5 号可能会夸大自己的独立性，从而变得更加自满、孤立和反社会。

或者，5 号会变得报复心很强。在 6 号偏执想法的影响下，5 号可能会认为其他人只是在利用他们，将他们当成傻瓜。继而，他们会变得小心翼翼、高度警惕。极端情况下，他们甚至可能尝试做出恐怖的行为。

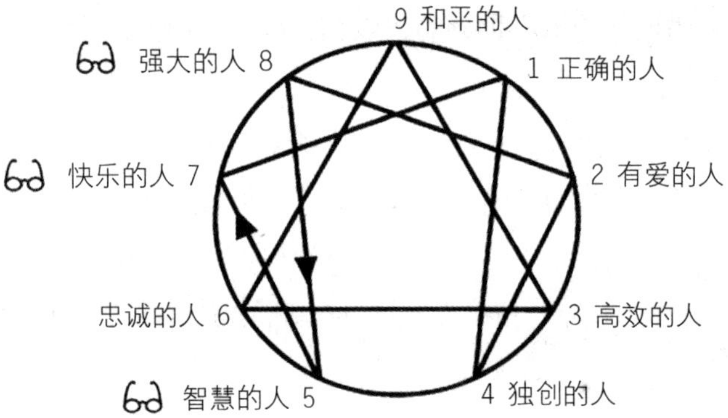

向侧翼的转换

5 号与它两侧的 4 号和 6 号都有细微差别。通过接触这两种人格类型，5 号要么扩展了他们的视角，要么增加了他们的消极反应。

（1）戴上 4 号的正确棱镜：有益的侧翼视角

当 5 号吸收 4 号的适应性特征时，他们的思想便与情感建立了联结。他们在超然的观察姿态与热情的兴趣、对生命的投入之间取得了平衡。真实的亲密关系对他们来说变得重要，并且取代了他们的理论上的兴趣，即关注身外的实体如何彼此交易。通过这两个方面，他们挖掘出自己的创造力、直觉能力、理性以及分析能力。

他们通过艺术这一媒介来表达自己，而不是在沉默中隐藏自己。他们不再满足于幕后指挥，而是以演员的身份登上人生舞台。

（2）戴上4号的扭曲棱镜：无益的侧翼视角

当5号透过4号的扭曲棱镜向外看的时候，他们会强调自己内心世界的与众不同、被误解，以及作为异乡陌生人的疏离感。他们不再与世界进行联系，而是退到更远处去观察，变得更加冷漠。他们可能会变得喜怒无常、情绪低落，加剧了他们对自我能力不足的缺失感。他们会退回到幻想中，而不是与真实的人和问题互动。他们使用象征主义和艺术表达，不是为了与他人交流，而是作为真实自我与他人之间的屏障，来进行表演，而非真正参与其中。

（3）戴上6号的正确棱镜：有益的侧翼视角

当5号具备6号的积极特征，他们会更有能力投入人类与事业中。他们会设定一个立场并为之奋斗。5号往往会以下犯上，不够忠诚。但是，一旦具有6号棱镜的高等一面，他们会对自己和他人更有信心，更忠诚。6号在群体中会有安全感，但是5号在群体中会感受到威胁，孤独才让他们有安全感。6号棱镜帮助5号带着团队精神与其他人建立联系，6号的勇气这一美德则激励5号自信地融入这个世界。

（4）戴上6号的扭曲棱镜：无益的侧翼视角

当5号受到6号扭曲观点的影响，他们不会信任其他人，他们保持观望态度的倾向会加剧。他们的愤怒表现为隐蔽的怀疑思维，而不是以健康且自信的行为表达出来。带有恐惧型6号翼的5号会失去信心，更加怀疑自己。6号的优柔寡断和害怕挑战权威，会使得5号在卷入事件时更加犹豫不决。随着他们越来越在意别人对自己的看法，5号往往变得更加沉默寡言，而不是实话实说，或者为自己说话。

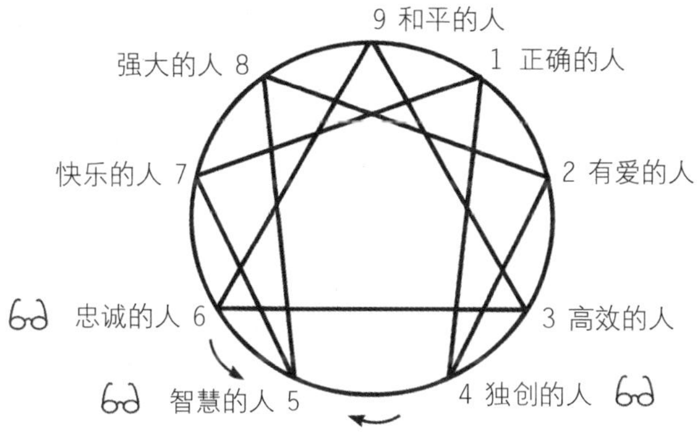

副 型

（1）性本能副型

当贪婪的恶习渗入性本能时，对自信的追求便会显现。5号性本能副型更倾向于通过性生活，而不是通过表达爱意来增强自信心。每一次性行为都会让他们的自信心得到一些提升。令人惊讶的是，他们可以通过性行为，而不是语言和情感的方式来充满激情地表达自己。

5号性本能副型是不羞怯的，而且在扮演特定角色的时候，往往会表现得尤为自信和能干。属于5号的男女演员通常是这种副型的典范。当没有角色的时候，5号会觉得自己有不足，感到脆弱，因而变得缺乏自信。

还有一种联结，一种直接的亲密感，是通过相互信任产生的。没有人能够知道我们曾分享的这些秘密。你可以在忏悔室的反省、治疗师办公室的私密谈话或者知己和爱人之间的交流中发现这种情形。

5号性本能副型戴上自信的面具。他们看起来特别酷，但也可能是骗子，甚至是披着羊皮的狼。他们通过自己的魅力吸引别人，从而得到自己想要的东西。

在思想信念方面，他们具备一种强大的力量。“如果你好好想想，你就会知道我是对的。” 他们可能从思想上就瞧不起别人。正如据称属于5号性本能型的法国作家加缪所言：“根本不存在轻蔑无法攻克的难题。”

（2）社群副型

当贪婪的恶习渗入社群本能时，对图腾的依恋便出现了。5号社群副型通过自己的个性，并依赖于社会原型、习俗、角色以及做事规则，来与他人进行互动，而不是从本体开始自由而自发地联系。

当某人或某物变成图腾，就会受到特别的尊重。对于5号社群副型来说，信息或知识被赋予了最高殊荣。他们不像其他人那样，在办公室外树立图腾柱，而是在书桌上树起图腾柱，将他们的羊皮卷、学位和证书挂在墙上。他们可能会被迫开创某一特殊领域的专业知识。他们通过理解和掌握深奥的领域来获得力量和认可。这个专业领域使得他们在社会上占有一席之地，否则他们会感到自己地位低下，或者认为自己没有做出任何贡献。掌握秘密知识领域给5号社群副型带来一种权力感。

图腾是一种被赋予了超出其实际能力的力量的事物。它们可能成为崇拜或上瘾的对象。例如，收藏家会钟情于自己收藏的邮票、书籍、CD等。他们的贪婪在其收藏品中得到了表达、包容和外显。在小说《收藏家》（*The Collector*）中，一位属于5号社群副型的蝴蝶收藏家就囚禁了他的图腾、爱恋对象——一位年轻女子。

5号社群副型也喜欢与圈子里的核心成员站成一队。他们愿意从核心圈子那里给予和获得建议，认同与自己志趣相投的人。他们不仅想成为学生，还想成为导师的亲信。他们喜欢成为接近或站在权力背后的人物，比如国王的忏悔者、总统的分析师、亚瑟的梅林[①]，等等。

5号社群副型喜欢内幕信息。分享这些非公开的信息或者智力上的八卦，是他们与他人亲近的方式。

（3）自保副型

当贪婪渗入自保本能中，其结果就是，热忱地寻找一个安全的避难所、藏身之处或家庭。5号自保副型寻找一个能够保护他们免遭入侵的城堡，因为这个侵入性的世界很容易通过他们稀疏的边界而渗透其中。他们寻求一个属于自己的空间。在那里，他们可以独处，远离他人的期望和需求，而且小我会感到安全。在这个安全的地方，他们可以自由自在地做自己，思考、感受或者做自己想做的事情。对于5号自保副型来说，拥有自己的空间是非常重要的。在这个安全的藏身之处，他们可以给自己充电，重新获得能量，然后再回到外面的世界。一种说法认为，他们在寻找一个“视野开阔的子宫”，一个温暖而舒适的地方。在那里，他们的要求能够得到满足，他们可以在不受干扰、不会遭到侵入的条件下观察这个世界。

有些5号自保副型可能更像一个路人甲，他们不会对这个世界要求太多，也不会索取太多。

---

① 亚瑟是英国国王，梅林是亚瑟在位期间的著名魔法师。——译注

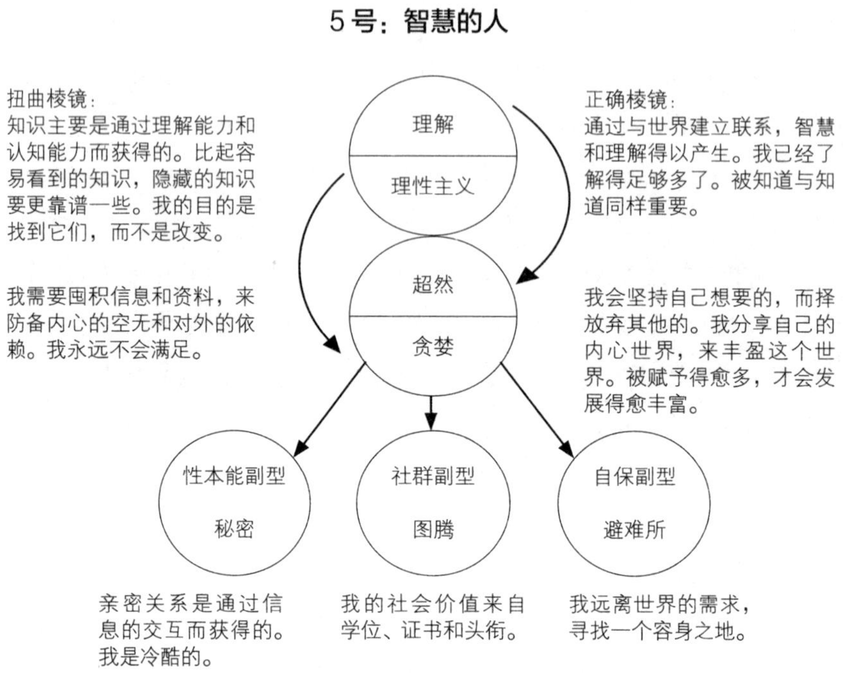

总　结

智慧的棱镜代表了智慧和沉思的愿景。这是一种寻求真理的合理方式。走上这条道路的人既具备看到全局的综合能力，也拥有洞察事物本质的分析能力。他们富有洞察力，敏锐，客观，冷静，是具有原创性的思想者。他们想要了解这个世界，让它变得更加开明。他们在超然精神的引领下做着这些事情。

理性主义的范式表现为对理解和保护隐私的夸大了的需求。具有这一愿景的人对于自己被侵入、被剥夺、被掏空会非常敏感。他们可能过于轻率，过于理智，与自己的情感失联。他们沉默寡言，过于独立。他们提出一些策略和架构，来保护自己的空间、时间、精力等。他们的错误信念是："我思考，我隐藏，那么我就不会被打扰、被掏空、被剥夺。"贪婪驱使着这种方式，并阻碍了能量的表达。

价值观：智慧、理解。

愿景：让世界变得更开明。

适应性认知模式：我已经足够聪明，知道得足够多；真正的智慧来自参与。

适应性情绪模式：超然；只接纳自己需要的，其余的就让它去；从藏身之处走出来。

适应性行为模式：分析和综合能力；寻找智力上的联系和意义；冷静地反应。

非适应性认知模式：看见比被看见要好；不要看起来愚蠢；不放弃任何东西，尤其是自己；缺失的心态。

非适应性情绪模式：贪婪；抓住并囤积；收集信息、书籍、资料等。

非适应性行为模式：没有把握时就躲起来；撤退；远离；保持安静；坚持你自己。

主要脆弱点：看起来愚蠢；在准备好之前就曝光于大众面前。

回避区域：空无；被掏空。

防御机制：隔离：压抑情感去思考；划分：对生命进行严格限制。

有益的范式转换：留意身体和情感；变得更加坚定自信、坦率；重新建立联系；开玩笑地互动。

无益的范式转换：更多的退缩；轻视他人；变得充满敌意、报复性和武断（而不是坚定自信）；自我分心；轻视需要解决的问题。

6 号棱镜　忠诚的视角

6 号的自我判定

根据以下陈述与你的契合程度进行评分：

1 几乎从不

2 很少 / 罕有

3 有时 / 偶尔

4 经常 / 频繁地

5 几乎总是

____ 我比他人更看重是否遵守法律这个问题。

____ 我会告诫自己要谨慎。

____ 我看重、尊敬做事的成规。或者，我挑战权威来看看他们是否值得我尊敬。

____ 我对值得我信任的人和事情忠心耿耿。

____ 在行动之前，我需要其他人支持我的意见和决定。

____ 我要么被质疑自己的忠诚度，要么测试他人的忠诚度。

____ 我很警惕，总是在寻找潜在的问题或威胁。

____ 我恪尽职守，因为对我来说，向周围的人显示我的忠诚是很重要的。

____ 我严格遵守标准操作流程。或者，我几乎是自动自发地违背了标准操作流程。

____ 我关注我想做的事情可能会出什么问题。

____ 我需要很长时间才能信任一个人，但一旦信任，我就会永远和他站在一起。

____ 我在其他人身上寻找忠诚，并以自己的忠诚为荣。

____ 每当我想做什么，恐惧和怀疑都会使我犹豫。

____ 我怀疑那些不站在我这边的人。

____ 我通常是谨小慎微的。又或者，恐惧会促使我做我害怕的事情。

____ 我会小题大做，尤其是当不好的事情发生或可能发生的时候。

____ 我似乎比其他人更敏感，也更了解危险。

____ 我对自己的优点和成功没有信心，所以我总是要做好准备。

____ 我会在别人的言行中寻找隐藏的意图。

____ 我常常怀疑自己和自己的决定。

____ 总分

核心价值观

6 号的价值体系主要围绕忠诚、忠实、承诺、责任、信守诺言。当 6 号投入某件事情或某个人身上时，他们愿意放弃自己的利益，锒铛入狱，甚至为了这个人或这项事业而牺牲生命。他们将自己奉献给自己所信仰的一切。6 号坚守自己的忠诚，捍卫自己的信念，保卫自己的传承。

如果 6 号给出承诺，他们就会履行它。如果他们说好在某个地方和你见面，他们会等上几个小时直到你出现。让他们背弃自己的承诺或誓言真的很痛苦。

赫塞德（Hesed）是《旧约》中用来形容耶和华忠诚的一个词。它是指上帝与子民所立的盟约。耶和华是信实的神，信守他的应许。在《新约圣经》中，耶稣是上帝应许的化身，耶稣是神所保有的世界。

6 号重视、认同这种盟约，并以此作为生活的信念。他们坚信自己应该忠于家人、朋友和传统。古罗马人的“虔诚”的美德很好地描述了 6 号。虔诚的埃涅阿斯对他的父亲和他的祖国如此忠诚，即使在战争时期，他也不会抛弃他们。

6 号以他们的源头为荣耀，忠于他们的血统、宗教传统、政党、文化遗产等。

他们忠于家庭，定期给父母打电话，探望他们，尽职尽责地参加那些其他亲戚不愿意参加的家庭活动。

6 号是亲切的主人。他们会保护那些自己在意的人，表现出一种照料、照顾和养育的态度。他们通过传宗接代来表达他们的爱，也就是埃里克·埃里克森在描述人类发展的倒数第二阶段时所说的美德。这种关心和照顾后辈的面向之一，就是确保他们有一个安全的成长环境。

6 号是认真负责的。他们会履行自己的义务。伟大的德国哲学家康德提出过，人类的最高使命是履行自己的职责。这种高尚的承担会导向自我实现和自我超越。而可悲的是，就像纳粹德国所显示的那样，责任感，就像任何美德一样，是可以被扭曲的。

他们是优秀的追随者和中层管理者，因为他们有能力胜任自己的工作。他们是组织中的维护者和稳定者。6 号也可以是优秀的领导，但通常他们更喜欢让他人来担当权威或指挥，他们会尽职尽责地执行这些人的命令。

6 号会服从、听从权威的意愿。当他们处于健康、平衡的状态时，他们会倾听自己内在权威的声音。但在更强迫性的状态下，他们往往会与内在权威失去联结，并将指导权移交给外部的代理人。稍后我们会看到这是如何发生的。

他们非常尊重法律和秩序，认为自己是守法的公民。当他们处在积极面向时，他们不被法律的条文所禁锢，而尊重法律的精神。他们欣赏法律保护人民自由的本质。法律为滋养人类生活的价值观提供了保护伞。但当法律变得过于僵化，条文变得比它所秉承的价值观更为重要时，它就变成了一座坟墓，埋葬着死去的理想。

为了说明法律的作用，G.K. 切斯特顿讲述了一个小镇的故事。这个小镇决定在一座空气清新、景色宜人的高山上为孩子们建一个公园。镇上的人们都为公园感到骄傲，开园日就迫不及待带孩子们去玩。结果孩子们都聚集在公园中心，而没有像平时那样无忧无虑地嬉戏。可以想象人们该有多懊恼。家长们询问孩子们为什么不玩，孩子们回答，他们害怕摔倒在悬崖上，不敢跑来跑去。所以他们都挤在中间安全的地方。于是市民们在公园周围筑起了一道护栏，以防止孩子们从悬崖边掉下去。有了护栏以后，孩子们玩得十分欢快，整个小镇都弥漫着他们的欢笑声。

作为成年人，我们也和孩子们一样，需要一个护栏来保证我们所珍视的那些东西能够持续存在着，例如真理、公正、自由、生命权力等。如果我们成天都在害怕这些价值可能被摧毁或剥夺，我们的生命将受到威胁，那么我们也会生活在一个混乱、迷惑和无序的状态中，难以感到安全、自发和自由。6 号认识到法律在维护价值上的重要性，并努力维护法律被遵守。

范式视角、专长与格言

6 号的正确棱镜培养并增强了精明、谨慎、得体和尊重这类品质。6 号在态度、选择和行动上往往是保守的，他们先看后跳，先想再行动。他们尊重他人，也会留意自己的行为对他人的影响。

以下是 6 号认为自己的人格类型为团队带来的一些品质：

忠诚	同理心	忠心耿耿
幽默	组织性	负责任
可靠	冷静	警觉
故意唱反调	方向感	遵纪守法
集体感	坚持不懈	适应性

以下是 6 号从自己的视角提出的一些建议：

- 与朋友共度时光，发展持久友谊。
- 认出你的天赋，并使用它们来支持你自己和他人。
- 学会信任自己。
- 服从；核实期望值；寻求答案。这会让你有责任感，认真负责。
- 创造 / 提供一个安全的环境。建立相互信任关系。
- 花时间了解他人。对他人敏感些。培养直觉。
- 感知问题并努力解决问题。
- 信念正是经由怀疑而愈加坚决。
- 随着你不断地穿越恐惧，你会越来越有勇气。
- 去做，一步一步地去做。
- 不要害怕。
- 问了，你就会听到。寻觅了，你就能找到。敲了门，门就会打开。

以下是一些反映 6 号观念的格言：

- 团结让我们屹立，分裂让我们衰败。
- 物以类聚。
- 人多势众。
- 众人拾柴火焰高。
- 人多力量大。
- 谨言慎行不吃亏，轻率莽撞必后悔。
- 初生牛犊不畏虎。
- 一朝被蛇咬，十年怕井绳。
- 凡事预则立，不预则废。
- 未雨绸缪。
- 有备无患。
- 时刻准备着。
- 永远忠诚。
- 服从是成功之母，安全是成功之父。
- 神赐福于顺服他的人，信靠耶和华的人有福了。
- 决心履行你应该履行的义务；决心做的事决不失败。
- 人生沉浮取决于一个人的勇气
- 有时，哪怕活着也是一种勇气。
- 事与愿违，怕什么来什么。

恐惧型与反恐惧型的 6 号

6 号在安全和冒险两个极点之间存在着一个连续体。一类 6 号靠近这一连续体的安全极点，寻求安全、结构、秩序、规律性、相同性、可预测性、安全性（恐惧型 6 号）；另一类 6 号靠近这一连续体的冒险极点，寻求变化、兴奋、新奇、挑战、多样性甚至威胁（反恐惧型 6 号）。6 号穿梭在勇气和懦弱、勇敢与害怕之间。两类人的核心驱动力都是恐惧。但他们处理恐惧的方式完全不同，他们在生活中相应的态度和行为也有显著的差异。

反恐惧型 6 号往往更容易冲动，而恐惧型 6 号则更为屈从。恐惧型 6 号为了减少自己的恐惧，会避开他们害怕的东西；恐惧压制了他们。而反恐惧型 6

号为了减轻自己的焦虑，则会攻击或者故意做他们害怕的事情；恐惧驱使着他们。他们的焦虑是如此痛苦，恐惧是如此耻辱，以至于他们必须立即采取行动来摆脱它们。

例如，如果反恐惧型 6 号害怕某人，他们会挑战他并与其对峙。如果他们恐高，他们可能会去跳伞。G. 戈登・利迪（G.Gordon Liddy）可能是个反恐惧型 6 号，在他的自传中，他写下了自己年轻时害怕的三件事：闪电、火和老鼠。为了克服对闪电的恐惧，他在闪电风暴中把自己绑在了一棵树上。后来闪电就再也不会让他害怕了。为了克服对火的恐惧，他把手放在一支燃烧的蜡烛上，直到自己不再把手缩回来。为了克服对老鼠的恐惧，他每抓到一只老鼠，就把它吃下去。后来老鼠们都害怕他了。当然其他反恐惧型 6 号的行动可能没有他那么戏剧化，但所受的驱动力是相似的。

恐惧型 6 号不喜欢含糊不清，喜欢依赖他人，希望有人告诉他该怎么做。反恐惧型 6 号则重视独立性，希望有选择权，自己维护自己。

权威对于恐惧型和反恐惧型 6 号来说都是一个重要议题。恐惧型 6 号往往会把他们的内在权威交给外在权威。而反恐惧型 6 号则倾向于保护他们的内在权威，对外在权威不信任，挑战权威，比恐惧型 6 号更喜欢测试权威。

反恐惧型 6 号没有恐惧型 6 号那么维护传统法律，通常出现在反文化、反政府、反战争或革命性的民众运动中，在这些运动中，他们对自己事业的忠诚，就像恐惧型 6 号对体制的维护一样强烈。他们挑战法规，如果他们认为法规有缺陷，甚至可能把自己置于法规之外。例如，如果他们认为一场战争或某项政府政策是错误的，他们会出于对某种更高法则的拥护和尊重而与之对抗。反恐惧型 6 号和恐惧型 6 号一样有原则性，但似乎更叛逆、更反独裁。因此你可能会看到，恐惧型 6 号守卫边境，以防止逃兵逃出国境；而反恐惧型 6 号则帮助有责任心、有良知的异见人士遵循良心出走国外。

反恐惧型 6 号比恐惧型 6 号更具冒险性，更愿意承担风险，更乐意扩张边界和挑战极限。从表面上看，他们通常像 8 号。然而，他们的驱动力更多是恐惧，而非力量。他们看起来很强硬和咄咄逼人，这是为了吓跑对手，而非像极具进攻性的 8 号那样，是为了惩罚或击败对手。

正确棱镜 / 适应性认知模式

使 6 号与宇宙客观法则保持一致的态度是信仰。他们持有这一基本信念，即宇宙的存在是为了善待你而非为难你。你确信，基于你的存在，你已经与神相连，并且被信任，你不必通过勇敢、忠诚或忠实来证明你自己。你不必想要让神站在你这一边；力量，或存在，始终与你同在。

6 号也持有这种信念，即当你在你的本体中时，没有什么东西能真正伤害你的内在自我。它是不可侵犯的。当你越来越接近自己的本体、灵魂和权威，你就越能够与他人的真实自我或本体联结。当这种情况发生时，你会感到一种真正的安全感。

信仰就像双面神一样，朝向两个方向。

向内的信仰包括你对自己和内在权威的信任，认识到你内在的良善和统一。你明白，上帝的意志透过你真实的自我而得以揭示。上帝的意志不存在于天空中的某些蓝图中，也不单单存在于外在权威的某些声明中（尽管也可以在那里找到）。相反，它是你显露和实现真实自我时被揭示出来的。

所以信仰是解决 6 号的怀疑自我倾向的解药。信仰意味着忠诚于你自己的现实或真相。谢尔顿·柯普（Sheldon Kopp，1972）的著作，书名反映了传统的佛教智慧：“如果你在路上遇到佛陀，就杀了他！”真正的佛陀就在内心，任何外在的佛陀都是虚幻的。柯普总结说：“一个成熟的人不会是任何人的弟子。”

向外的信仰则意味着信任他人。当 6 号与真实自我相联结时，他们就可以接触到他人的本体或真实自我。在这种我—你关系的庇护下，6 号体验到了真正的安定、安全和信任。

当 6 号在虚假自我层面运作时，他们就会与他人的人格层面相联结，导致他们不信任并害怕他人的意图。他们必须隐藏在人格面具后，才能发现他人的真正目标，他们认为这些目标是恶毒和有害的，从而产生了恐惧和怀疑。这些都是处于强迫性、消极状态的 6 号特征。

当 6 号在真实自我层面运作时，他们感觉到自己处在人生游戏中，他们属于游戏，并且不会因为一些违反规则的行为而被赶出游戏。没有哪支队伍输了或者赢了，没有最爱的，也没有敌人。我们都在同一个队伍。

海伦·帕尔默在她的《九型人格》一书中写道，信仰是“这样一种能力，它会将注意力保持在真实的积极体验上，而不是陷入一种有偏见的习惯，在这种习惯中，质疑积极体验看起来更真实”（1988，第 270 页）。正如我们之后将要提到的那样，当 6 号滑入消极面时，质疑代替了信仰，怀疑取代了信任，对最坏情况的想象阻碍了愉悦。

美德 / 适应性情绪模式

勇气（courage）是在心存信仰时自然产生的一种美德。它并非是摆脱恐惧后的自由，而是在恐惧面前行动的自由。这个词源于拉丁语以及后来的法语中代表“心”的单词，cor 或 couer。勇气是面对和处理任何被认为是危险的、困难的或痛苦的事物的态度，不当逃兵。

当个体能够与客观法则相统一时，他们会因为能够与实相的自然法则和谐相处而体验到一种力量和确信。而当人们感到自己不属于这些自然法则时，就会体验到恐惧和怀疑，相信自己必须鼓起勇气和力量。他们会开始质疑自己的能力是否足以胜任这项任务，害怕自己会在一些意想不到的事件面前被压倒和崩溃。

勇气是本体的一个面向。当 6 号与真实自我联结时，他们会在面对危机时以一种直接而有效的方式自发地做出反应。勇气是身体存活和维持生命的自然反应。例如，如果孩子处于危险中，母亲会自发地挺身救助孩子。如果没有那些无谓的恐惧、念头和头脑中纷纷扰扰的阻碍，身体会在我们告诉它该做什么之前就做出适当的反应。空净的头脑是正确行动的最佳配置。禅宗和武术也启示我们这一点。

事实上，6 号在危机和紧急情况下表现不俗。这部分是由于他们的适应性模式要求他们保持警惕，他们会为任何危险或灾难做好预案。他们的危机管理也源于他们平日克服恐惧并存活下去时培养出来的勇气。其余人不需要像 6 号那样勇敢，因为当早上幸福地起床时，他们不会意识到前方潜伏着许多危险。

勇气也意味着对自己的存在负责。要有“存在的勇气”，正如神学家保罗·蒂利希（Paul Tillich）所说。没有人能被赋予这种责任，也没有人能把这种责任从我们身上夺走。在美国匿名戒酒互助会的12步计划中，勇气意味着在此时此刻，一天一天地生活着，承担风险，容忍每一个存在时刻和灵性成长所需要的死亡。

扭曲棱镜/非适应性认知模式

当6号与他们本质的勇气和坚韧失去联结，无法借同宇宙能量和自然法则而获得力量的时候，他们开始感觉到自己与宇宙是对立的。周围的环境似乎不再安全。这个世界似乎是一个危险、可怕的地方，如果他们不小心，就会受到伤害。

范式的补偿

为了替代失去了的本质力量，6号制造了一个虚假人格，认定自己必须聚集小我的力量与世界抗衡。小我展示的任何力量之下，都有一种恐惧，那就是他们没有足够的勇气去面对和处理这个世界带给他们的东西。恐惧型6号会变得惊慌失措，提醒自己和其他人要后撤，以免受伤；而反恐惧型6号会变得咄咄逼人，富有攻击性，从悬崖边上跳下来以证明他们能做到。

如果6号确信自己能做些什么，就会感到更加自信。他们往往需要他人确认来获得内在的确信感，例如“你可以做到”或者“是的，你可以”。

6号变得越来越警惕，以此来补偿他们所遗失的安全感。他们扫描环境中的危险，寻找消极面，想象最糟糕的情况。他们一直在思虑可能发生的问题。一瞬间，头痛就变成了大脑肿瘤，皱下眉头会成为背叛的预兆。警惕性和扫描环境有助于他们做好准备，这样他们就不会措手不及或一头雾水。他们在过去经历过这种措手不及的情况，所以得确保它不会再次发生。

由于他们失去了对自身和内在权威的笃定，6号开始怀疑他们的看法、观点、判断等。一旦他们失去了与真实信仰的联结，就会试图用确定性或可预测性来取代真正的信任。他们在对待权威方面也有问题，要么站在权威的一边（恐惧型 6 号），要么不断地考验权威（反恐惧型 6 号）。

恐惧型 6 号将他们的内在权威转移到了外部，所以必须寻求外在权威的答案和解决方案。他们内心的不确定性变得如此痛苦，以至于他们想要通过某些权威机构或体系解决自己的疑虑，然后把这个权威吸收进来，使之看起来像是他们自己的主意。因此，内心充满疑虑的 6 号反而会在自己和他人眼里显得非常确信，自信满满。他们认同外在权威，消除了疑虑，成为正统的信徒。弗洛伊德针对某个问题提出的观点、教皇所宣布的谕令、最新的共和党或民主党的纲领，都成为他们的个人立场。他们用教条代替信仰。6 号可能成为传统主义者。传统主义被称为活人的死信仰，而传统则代表了活人的活信仰。传统主义试图取代传统，这成为对信仰的讽刺。

反恐惧型 6 号也关注权威，但他们更多的是毫无理由地不信任权威，而非毫无理由地信任权威。反恐惧型 6 号更可能挑战权威，以验证后者是否在正确行使自己的权力，或者在利用自己的权力来强化自己。这个人是否值得信赖？反恐惧型 6 号会激怒权威人士，以便将其背后的真实人物逼出来。你会怎样对待我最坏的样子？如果你在受到攻击时依然保持公正和自控，那么我就能够放心地信任你，不必害怕在我放松警惕时你会攻击我。

当 6 号在真实自我层面运作时，他们透过正确棱镜看向外界，欢迎所有来到他们身边的人。而当 6 号在虚假人格层面运作时，他们的交往范围会缩小到同一阵营中的信徒。6 号的扭曲棱镜只能看到两边：与他们一起的人和反对他们的人。这一非适应性模式设置了一个不是 / 就是的分类。而灰色的模糊区域会威胁这种分类方法。6 号像 1 号那样，有着非此即彼的思维方式，对这种模糊地带会感到很不舒服。

那些站在 6 号这边的人会受到亲切而恭敬的对待。站在对面的则是敌人：流氓、异教徒和分裂分子，需要谨慎地监视和防范他们。他们不会被允许进入 6 号的领地，唯恐他们变成内奸或特洛伊木马。理想情况下，敌人要么被转化，要么被驱逐。当然，时刻需要睁大眼睛保持警惕。

汤姆·科顿在他的录像带系列《轻松驾驭》中，把 6 号的防御策略比作斑马。斑马小心地与敌人（即狮子）保持适当的距离，它们绝不会冒险走到狮子能抓住它们的距离，也永远不会离得太远，以至于它们无法看见狮子。同样地，

6 号的扭曲棱镜让他们害怕看不到敌人，生怕敌人会偷袭、攻击他们。他们不断地监视人们，以确保没有人试图逃避任何事情。考虑到投射这一防御机制，我们会发现，6 号自己可能才是那些试图逃避某些事情的人。然而，他们把自己离经叛道的部分投射给了他人。他们遵循着这一让人沮丧的防守策略："把你真正想要对自己做的事情投射给别人。"

因此，6 号可能会因为你篡改礼拜仪式而向罗马教廷举报，或因为你重新解释了弗洛伊德的理论而将你从精神分析协会中赶出去，或因为你带女生进来而将你驱逐出男生俱乐部，如此等等。6 号常常会加入法院、中情局、警察局或国税局，以确保法律得到遵守。

6 号的扭曲棱镜扭曲了他们的法律观念。这时，法律的作用已经不再是保障价值观的令人敬畏，而是要维持一种强迫性的安全感。法律的存在是为了让人们各安其位，确保人们不会被抢劫、强奸、致残、互相残杀。这导致了霍布斯式的人性观，它认为人类基本上是一种野蛮动物，需要社会和法律来控制，否则就会互相残杀。弗洛伊德的心理学延续了这一传统，它描述了超我（社会性）和本我（本能性）两种对立的力量，以及夹在两者中的自我，它试着调和前两者之间无法避免的冲突。

这种世界观与 7 号的卢梭式视角截然不同。卢梭的人类哲学认为，文明及其束缚是暴力和侵略的根源。人性本善。如果解除社会对我们的限制，让我们赤身裸体在森林里奔跑，一切都会好起来的。人本主义心理学也反映了这种传统，比如马斯洛和罗杰斯就描述了一种渴望自我实现的天然倾向，这种倾向并不必然反对社会力量。然而对于这种危险的哲学，6 号的反应是警告我们："穿上你的衣服，远离树林！"

6 号的扭曲棱镜也造成他们优柔寡断。他们希望确保自己的决定能为自己提供安全保障，这样他们就可以活命了。他们从一种可能性切换到另一种可能性。如果说 1 号遭受着自己的"应该"思维的暴政，那么 6 号就是被自己的假设所恐吓。"如果我这样做会怎样？""如果我那样做又会发生什么？""会有什么后果和结局，有什么潜在的缺点和危险吗？"随着他们在认知层面反复无常，思维也越来越接近强迫症。根据墨菲定律，由于 6 号总是在想象着最糟糕的情况，那么任何可能出错的事情最终会真的出错，预感成真。

正如我们所指出的，6 号通过拥护和内化一些权威的原则和信条，来消除自我怀疑的困境，并依此做出决定。恐惧型 6 号遵循别人要求他们做的事，履行自己的职责，遵循组织的标准操作程序，遵守十诫、《古兰经》、霍伊尔规则等。反恐惧型 6 号则会做与他们被告知的事情相反的事。不管哪种方式，恐惧型和反恐惧型 6 号都被外在权威所束缚，未能根据内心实际想法行事，去做自己想要的。他们等待着权威发言。恐惧型 6 号为了感到安全而遵守规则，反恐惧型 6 号则通过破坏规则来逃离。埃里克・埃里克森将青春期出现的这种对抗倾向称为“负面认同（negative identity）”的形成。反恐惧型 6 号会习惯性地越轨，这是保持自我意识的一种方式。

恐惧型 6 号尤其不喜欢改变。改变会威胁到他们的安全。当外部规则或形势发生变化时，他们会感到焦虑，因为他们已经将自己的内在与外在结构分开来了。因此，外部形势的变化会要求他们改变自己的个人身份认同。这对任何人来说都是挺可怕的一件事。

当 6 号与他们的内在权威和指引失去联结时，他们需要向其他人寻求建议和指导。他们会从一个权威转到另一个权威，征求他人的意见。你觉得我该怎么办？我要怎么做？我应该做什么决定？他们的天线伸向外面，想要获知自己应该做什么或被告知要做什么，而不是朝向内部，找到自己内心真正相信和想要做的事情。

6 号在寻求神的指示时，常常以为那会是某个他们需要了解的外在蓝图，而没有想过在真实自我的自然呈现中发现上帝的意志。正确棱镜会让他们看向自己内心的罗盘，找到自己的方向，相信他们最深处的渴望正是上帝对他们的核心指示。扭曲棱镜会让他们为了以防万一而询问上帝：“你确定这是你想要我走的路吗？”6 号为了寻求指引而祈祷时，常常得到的上帝的回复是：“选择你真正想要的。要知道我信任你，我会支持你的。”虽然这可能是神圣的正确答案，但未必是依赖于回答的 6 号想要听到的。

理想化的自我形象

6 号将忠诚、奉献和毅力等理想化，造就了他们理想化的自我形象——“我是忠诚的，我做我应该做的”。他们希望成为忠实的管家、门徒和勇敢的战士。

就像殉道者们被扔进角斗场一样[①]，6 号想要证明他们的勇气，并且担心自己是否有足够的勇气来承受这场竞赛。我会遵守自己的信仰和诺言吗？我会有足够的勇气去做自己应该做的事吗？ 6 号幻想着自己是与恶魔、恶龙或其他犯罪分子斗争的英雄。

范式的维持

6 号维护其范式的一种方法是收集可以证实他们预测的证据。由于他们的范式倾向于在任何地方都能感知到危险，6 号常常在没有危险的地方看到危险。他们会故意令自己陷入可能导致灾难的危险境界，挑战不存在的威胁，就像是堂吉诃德与风车的交锋。也许你只是问了 6 号一个天真无邪的问题，他们却质疑道："你这是什么意思？" 6 号经常会对他们虚构出的恐惧做出反应，因此会显得比实际情况更为激烈。他们会在不需要的情况下莫名地鼓起勇气。焦虑是他们的燃料。他们从威胁自己的事情中获得力量。这种作风固化了他们的非适应性模式。

回想一下，我们的范式越僵化，我们就越会扭曲所接受到的信息以充实我们的范式。6 号越是警惕、怀疑、谨慎，他们的处理方式就越是偏执。

一位 6 号讲述了他在培训中扮演治疗师的故事。在一次录了像的角色扮演练习中，他的老师扮演来访者，他作为治疗师来练习对峙和挑战的技能。这一安排让他感到非常担忧：1. 他担忧自己会害怕老师的权威性而不敢开口；2. 他必须练习对峙，这意味着他必须调动起自己的侵略性；3. 他正在被监视！他发誓说当他在角色扮演过程中与老师对峙时，老师猛地颤了一下，好像被打了一样。他很担心老师会生他的气。但重放录像时他发现，当他向老师挑战的时候，老师根本没有动。这个治疗师只是想象他看到老师退缩。他满是恐惧的范式令他的看法出现了偏差；他的信念扭曲了数据。

6 号维持其范式的另一个主要方式是通过恐惧这一激情。

---

① 基督教形成于罗马帝国时期，早期曾被皇帝宣布为非法，有些基督徒甚至被扔进角斗场，命丧猛兽之口。——译注

恶习 / 激情 / 非适应性情绪模式

6 号的非适应性模式将世界视为一个充满危险和威胁的地方。扭曲的视角把他们的心理和情感能量引导到恐惧中，以便保持警惕，让自己准备好避开危险。恐惧使 6 号保持警惕。他们留意到圣歌《诗篇》（Psalmist）的作者（也许他自己就是一个古代的 6 号）的警告，他提醒人们要保持清醒，因为敌人正在四处游荡。6 号或许小时候就在被哄睡着后受到猝不及防的惊吓。或许他们的家长权威是前后矛盾的，一段时间对他们很好，但后来却出人意料地体罚了他们。6 号的激情旨在防止这种情况再次发生在他们身上。

恐惧可以起到预防作用。如果你保持警觉、警惕，不断地扫描和筛除灾难，并把注意力集中在最坏的情况下，那么你一定会准备好采取必要措施来逃离危险。像美国海岸警卫队一样，6 号的座右铭是："时刻准备着！"

恐惧助长了 6 号对世界的误解和强迫性认识。他们对许多事情都很担心。而如果他们消除了恐惧，一时间没有什么可害怕的，那么他们真的会感到焦虑。防护屏障消失了。那个忠诚的伙伴——恐惧——已经不见了。他们觉得缺乏保护，就编造了一些新的东西来担心。"我害怕，所以我是有保障的，我是安全的。"

当被问到最害怕什么时，6 号常常会回应说，害怕无法应对自己被要求做的事情。如果他们无法胜任此项任务，那就变成了既不忠诚、也不能履行自己职责的人。

6 号在危机情况下表现不俗，主要是因为他们比其他人准备得更充分。他们已经准备好应对任何可能出现的情况，做出有效的反应。矛盾的是，由于长期在紧急情况下生活，他们反倒成为优秀的危机干预者，如警察或急诊室医生和技术人员。然而，每次危机之前和之后，他们都是一场灾难，事前担心不已，事后也担心不已。"如果发生这种情况，我该怎么办？""如果发生那种情况，我会怎么做？"

"懦夫死千次"这句话也许是 6 号脑子里的话语。恐惧是他们最大的盟友和敌人。他们担心自己的假想而把自己吓得半死。

从积极面来看，因为 6 号一直在寻找危险，这赋予了他们一种对危险的直觉。当这种直觉失控时，6 号会在没有危险的地方看到危险。偏执狂是这种主观范式的终点。由于他们生活在一个充满潜在危险和敌人的世界里，他们必须时刻保持警惕。恐惧型 6 号会寻找一些权威来保护自己，反恐惧型 6 号则会寻找逃跑的路线，一些必要时可以偏离主路的岔道。

恐惧也会表现为优柔寡断。当他们有想要去做某件事的冲动、欲望或概念时，就会出现恐惧，从而阻碍了冲动，或者以逆向思维的方式阻挡灵感，担心自己的行动会带来伤害。6 号可能会有一种带有强迫性和忏悔性的思维过程，致使他们在不同观点之间徘徊，反复无常："我这样做会如何？如果我那样做呢？"

6 号没有意识到这是他们自己内心的阻挠，相反他们可能会责备其他人阻止自己做想做的事。"我必须完成我的使命。不要试图阻止我。"或者他们会认为，是权威阻碍了他们获得幸福。我们很快会看到，投射是 6 号所使用的独特的防御机制。

恐惧型和反恐惧型 6 号以不同的方式管理着他们的恐惧。恐惧型 6 号利用恐惧来阻止他们的冲动；相反，反恐惧型 6 号利用恐惧来推动他们的冲动。对于反恐惧型 6 号，他们的恐惧变得如此强烈和痛苦，以至于需要做自己害怕的事情来驱散它们。反恐惧型 6 号的心理倾向是："我必须克服这种恐惧，摆脱它"；而恐惧型 6 号的心理倾向是："我将忍受这种恐惧，并在它背后生存下去"。反恐惧型 6 号就像一个害怕的孩子，退到角落里或躲在床下来躲避一些可怕的袭击者。但是躺在床下或背靠在墙上是如此难受，如此耻辱，以至于反恐惧型 6 号就站了出来，为了消除焦虑而进攻。

这种反恐惧的态度解释了为什么反恐惧型 6 号更可能会加入警察或消防部门，成为职业军人，加入雇佣军，当间谍，或者在高中教书。他们选择有助于消除恐惧的职业。

范式的回避

6 号通过屏蔽可能引发范式的画面或念头，通过阻隔可能被范式激发的情感，通过参与自动或强迫性行为中来转移能量，或者通过完全回避可能引发痛苦范式的情况，来避免触发痛苦的范式。

回避区域

恐惧型 6 号想要回避的区域是异常行为，因为他们希望得到权威认可和保护。而反恐惧型 6 号想要回避的区域是无助感，因为出于自我保护，他们想要有一种方法来逃避权威和其他有害因素。

由于他们理想化的自我形象是“我是忠诚的”，恐惧型 6 号尤其需要避免任何他们认为与其自我概念相反的异常行为、反叛、犯罪、不道德、无节制等。6 号所谓的反叛和背离，在其他人眼中只不过是追随自己的内在权威或良心。6 号害怕触犯法律或违反某些标准流程。他们会在一种强迫性的状态下，选择法律的条文而不是法律的精神。遵守法律，法律会保护你；按他人的吩咐去做，权威会照顾你。

正如 7 号从痛苦中看不到任何可能的好处，9 号从冲突中看不到任何好处，3 号无法想象任何因失败而带来的好处等，6 号也看不到任何因破坏规则而带来的好处。虽然其他人可能会指出法律是不公正的，或者超越法律会带来更大好处，但 6 号是不会相信的。

6 号和其他人一样，都想保护自己的边界和内在空间。他们也和其他人一样，对权力的侵犯感到愤慨。然而，他们倾向于顺从外部，而对抗内部。1981 年我做了一个研究，比较了九型人格类型和伊奥多雷 · 米隆的类型学（1969）中的八种人格类型，其中 6 号所对应的类型在米隆那里被称为顺从、自律、消极矛盾。当个人不能决定自己是想依赖他人还是想独立于他人时，就会出现消极的矛盾心理。因此，他们顺从并依赖于外部，同时保持其内部的独立性。

反恐惧型 6 号倾向于从表面上表达他们对权威的矛盾心理。他们表现出叛逆的一面，试图远离权威，摆脱权威。但是，正如我们所看到的，他们最终可能会像恐惧型 6 号一样，被权威所束缚。恐惧型 6 号会对权威说：“告诉我该做什么，我会去做。”反恐惧型 6 号会对权威说：“告诉我该做什么，这样我就能做相反的事。”前者紧随其后，后者则揭竿起义。然而，两者都不能自由地选择他们想要的。

下表中，“我”栏目下是一些与 6 号的自我形象一致的特征，“非我”

栏目下则是不一致的特征。

我	非我	我	非我
谨慎	鲁莽	警惕	疏忽
寻求安全	爱冒险	怀疑	轻信
细心	粗心	遵纪守法	违法乱纪
传统	爱自由	履行义务	不尽责
服从	叛逆	细致	粗枝大叶
负责	不负责任	谨慎	幼稚
明智	粗暴	犹豫	冲动
虔诚	爱捣蛋	始终如一	不一致
坚信	易变	正统	非正统
充满恐惧	勇敢	忠诚	背叛
担忧	无忧无虑	谨慎	莽撞
可靠	不可靠	合作	难相处
敬畏	无礼	准备充分	缺乏准备
慎重	过度	纯真	耍花招

因为6号的恐惧有两个面向，所以当我们读到恐惧型6号的“我”栏目下内容时，把它们反过来就是反恐惧型6号的自我意识。也就是说，恐惧型6号的“我”就是反恐惧型6号的“非我”。加深人们怀疑和困惑的是，许多6号说在自己身上既有恐惧型倾向，又有反恐惧型倾向。因此，6号可能会在两类描述之间摇摆不定，让自己和对手都失去平衡和警惕。

当6号向外投射出他们的敌意、内心的叛逆和对自主的渴望时，他们会发现身边充满了鲁莽、粗心、不负责任、爱捣蛋的违法乱纪者！难怪恐惧型6号总想着提防并控制这群捣蛋鬼。你要么教他们道路规则并密切监视他们，要么就把他们锁起来。你绝不会想让他们离开你的视线。这样看来，6号成为警察、军人、国税局和中情局特工、缓刑监督官、代码检查员、环境保护人员、主教等就一点也不奇怪了。

恐惧型6号需要重拾一些“叛逆”的特质。他们可能会发现，那些所谓的异常其实是他们内在良心的对话，这些声音是非常值得信赖的，不会让你惹上麻烦。他们也会在自己的阴影面中发现一些既坚定又易相处的特质。

另一方面，反恐惧型6号则需要再多一些“正统”的特质。他们可能会发现一些外在权威是值得信赖的，不需要挑衅。与尽快克服恐惧相比，保持恐惧而不是冲动地克服恐惧可能更有效。合作有时比斗争更能稳妥地带来安全和保障。

反恐惧型 6 号可能把自己的担忧、警惕和犹豫投射到他们的看护人身上。一个充满恐惧、谨慎的权威人士不会激发信任。反恐惧型 6 号可能需要把自己和他人身上的这类特征重新定为“有觉知”“敏锐”“善解人意”。

如果 6 号认为他人是站在自己一边的，那么他们往往会靠近他人。让 6 号远离他人挺困难，因为这样做会导致他们看不到对手。所以尽管像九型图描绘的那样，6 号在安全条件下会自然地向 9 号迁移；但如果他们将后者的立场理解为缺乏准备、疏忽、不可靠等，他们可能不愿意这样做。他们需要重新将其定义为“冷静专注”“充分准备”和“可靠”，这样他们才可能允许自己体验 9 号远离他人的策略。

在压力条件下，6 号迁移到 3 号有利于调动他们坚定对抗他人的能量，自信满满、一心一意地（而不是受到冲突和怀疑的干扰）朝着他们的目标前进。但如果 3 号被视为鲁莽、粗暴和要花招，那么毫无疑问，6 号是不愿意那样做的。通过与自己的攻击性能量交朋友，6 号能够减少一些向外投射，世界也就看起来就不那么危险了。

6 号需要扩充他们的自我概念，将“我”与“非我”两个维度都涵盖进去。提出反对意见意味着你既可以站在某人一边，也可以挑战他人。一个有良知的反对者亦可以是一位忠言逆耳者。

防御机制

正如我们所看到的，投射是 6 号最容易使用的防御机制。他们把自身的不良行为和不诚实的一面投射到别人身上，所以看起来是其他人在试图逃避责任。因此，维护法律和秩序的责任就落在了 6 号的肩上。6 号常常表现出一种义务警察的心态，以确保别人不会扰乱事物的自然秩序。在 6 号的黑白世界里，他们是警察，别人是罪犯；他们是信仰的捍卫者，别人是异教徒；他们是爱国者，别人是反叛者。另一方面，反恐惧型 6 号可能更认同这些对立面的另一方。

投射的一个倾向就是把自己无法接受的冲动、感觉、想法、态度等抛给他人，由此造成的结果就是他们转而在他人身上体验到这些东西。因此，6号把自己的侵略和权威抛出去，然后体验到朝向自己的敌意、危险和威胁，所以他们必须保护好自己。当6号害怕时，他们其实是在自相矛盾地害怕自己。他们是在对自己的侵略性、目无法纪和冲动感到震惊。由于害怕失去对自己的控制，他们把不守规矩的冲动藏在他人身上，试图通过控制他人、限制他人、在他人周围建立法律、警告他人不要走得太远等方式来控制。

真正的偏执在于，6号不喜欢被暴露或被看到。因为世界是一个危险的地方，他们不想太过暴露。但他们又想知道其他人的位置和来源，因此他们要表达或暗示的疑问是："你是支持我们还是反对我们？"

主要脆弱点

6号的主要脆弱点是被背叛和猝不及防。6号太多次受惊、失望、受伤，以至于他们形成了一种自我保护的性格模式，确保自己不会再措手不及。他们的棱镜会寻找隐藏在背后的意图，然后保持警惕，以保护自己不被偷袭。

我认识的一位6号讲述了她五岁时发生的一件事。有一天，她父亲回家告诉她，要带她去冰淇淋店。她很高兴，兴奋地跟着父亲上了车。他们开车经过了冰淇淋店，然后去了牙医诊所！你明白为什么6号会怀疑了吗？为什么他们对权威的态度是矛盾的，为什么他们想知道别人真正的意思，为什么他们会养成多疑的习惯，为什么他们会提议由他们开车？

6号对背叛他人和被背叛一样敏感。如果他们泄露了别人的秘密，或者如果他们不能做他们承诺要做的事，他们可能会严厉地批评自己。

他们在不安全感面前很脆弱，反感他人的不一致，对紊乱和缺乏秩序很敏感。他们害怕被赶出团队，或被赋予超出能力的责任。他们不喜欢感到被困住，对被欺骗、不公平对待、没有被听到或重视很敏感。

当这些敏感情况出现时，6号的非适应性模式就会启动：

"我无法信任自己。"

"我对自己没有把握。"

"我怀疑自己。"

“我是矛盾的。”

“我很脆弱，容易被伤害。”

“我可能会崩溃。”

“世界正在受到威胁，而且越来越紧迫。”

“被看到和暴露是危险的。”

“事情远比看起来复杂。”

“安全源自数量和架构。”

6 号真正需要和想要的是感到安全和可靠，体验一致性，归属于一个他们觉得被接受并且可以接受的群体，他们的观点能够被听到、被接受，害怕的时候能够有所依靠。

虽然他们的非适应性模式看上去似乎能保证他们的安全，但这无法保证他们更深层次的需求能够得到满足。矛盾就在于，正因为他们的偏执，人们必然会开始在背地里议论。他们的恐惧会吸引掠食者，他们的怀疑会让其他人取代他们。他们越是严格地限制己方的边界，被排除的潜在朋友和盟友就越多。他们的恐惧会放大，在没有危险的地方制造出危险。

当 6 号感觉到危险、欺骗或背叛时，他们就会动用自己的人格武器。他们开始扫描敌人和隐藏的意图；他们增强担忧和恐惧的程度以保持警惕，做好准备；他们把自己的不良意图投射到他人身上，以便让自己感到清白；他们拥抱、避开或挑战权威，以便获得安全感。

当 6 号的主要脆弱点被突破的时候，当他们害怕自己被蒙蔽、猝不及防或被背叛的时候，他们需要在本体中寻求庇护，在那里有终极的安全，因为除了他们的自我怀疑之外，没有任何东西能破坏他们的本体。在真正的自我中，他们会找到勇气，这种坚毅能够为 6 号提供丰富的能量，让他们得以面对和体验恐惧，冷静并直接地面对它们。

成长经历

一些 6 号的性格，可能由于他们的父母表现出前后不一而加重和夸大。他们的父母一会儿是善良、和蔼可亲、迷人的，一会儿又变得残酷、谩骂和攻击性强。童年时的6号因此发展了一种谨慎的生活方式，因为他们觉得这个世界不安全，必须注意下一次袭击是从哪里来的。他们要么关注权威，观察权威在哪里（恐惧型策略）；要么不得不挑衅权威，促使其公开露面，这样他们就知道自己在和谁打交道（反恐惧型策略）。

一些6号的父母显得很独裁。他们定下规则，孩子们要么觉得必须遵守（恐惧型），要么就找到绕过它们的方法（反恐惧型）。这些6号认同他们专制的父母，通过模仿而变得像父母一样。

这些孩子必须取悦父母，按照父母的要求去做。他们的父母未能对他们的需求、想法或者感受产生同理心。随着6号慢慢长大，他们对外在权威的关注越来越多，对内在权威的关注越来越少，对自己的信念和欲求的关注也越来越少。

也有些6号的父母过于保护孩子，孩子从他们那里感染了对生活的恐惧态度，认为这个世界是个危险的地方。一位6号记得他母亲总是很恐惧，要求他只可以在围起来的院子里玩耍。如今，他对任何限制都很恼火，包括领带和紧身衬衫领子。

还有一些6号需要保守家庭秘密。他们在家庭内发生的事情和家庭外公开的事情之间建立了明确的界限。脏衣服不可以晾在外面；做事要考虑到邻居的想法；家族要联合起来，要忠诚于家族，以此来对抗外部世界。

有些6号尚未准备好就必须扮演成年人的角色，成了家里的顶梁柱。但他们觉得自己不称职，他们还没有准备好接受这个成年人角色，所以他们开始怀疑自己和自己的权威。或者他们可能遇到了不称职的父母，导致他们开始怀疑所有权威。

一些恐惧型6号在接近权威时体验到了安全、保障和奖赏。他们因为有责任心、服从、努力工作而受到认可。另一方面，反恐惧型6号发现，反抗权威是一种更好的生存方式，因为当权者是不可信的，而且可能滥用权威。

恐惧型6号学会了遵守法律，这带给他们一种保护和幸福的感觉。遵守十诫，遵循公司条例，找到规范和架构，并且在其中工作。一些圣人被封为圣徒，主要是因为他们遵守了宗教团体的规则。有些6号则信奉传统道德，害怕违法会受到惩罚。他们希望通过遵守规则而得到奖赏，得到上帝和社会的认可，并获得救赎。如果你遵守法律，法律就会保护你。

反恐惧型 6 号则不太看重规则。他们想避开法律或者保护自己不受法律侵害，对权威及其规定持批评态度，对其提出挑战。

身体特征

根据阿里卡面部分析理论，6 号通常有一张“下颚宽厚”的面容，下巴居中，嘴两侧张力相等——有点像忠实的牛头犬。美国前总统理查德·尼克松就是这类面容的典范。

6 号的脸看起来也很谨慎，眯着眼睛到处寻找危险。他们可能显得焦虑、担忧、烦躁不安。当他们的能量变得紧张时，可能会变得坐立不安，或者出现身体上的紊乱甚至疾病。反恐惧型 6 号往往显得紧张、愤怒，可能会表现出质疑、攻击性、对峙。恐惧型 6 号则倾向于更加内敛、试探和谨慎。

沟通方式

6 号的交流模式的一个特征是警告和设置限制。“小心点。”“不要走得太远。”“以前从来没这么做过。”恐惧型 6 号喜欢待在规定的范围和参数内，并警告其他人待在社会允许的界限和法律之内。相比之下，反恐惧型 6 号则会挑战限制和规则，挑战习以为常的立场。

6 号对权威和站在自己一边的人可能会友好而逢迎。“让我们团结起来。”“别害怕我，我是你的朋友。”

他们太过关心对自己的指控，这让他们听起来有些过分保护，像家长似的：“我们都注意点，别给信众丢脸。”

6 号常常语速很快。他们会表达出疑虑和忧虑，会摇摆不定地把正反立场都提出来。

范式的转换

在压力或安全条件下，6 号会发生如下范式转换：

	压力条件下	安全条件下
积极面	+3	+9
消极面	−3	−9

压力条件下

（1）戴上 6 号的扭曲棱镜：使用自己老旧错误的棱镜

在压力条件下，6 号可能会继续保持自己的风格，继续用扭曲棱镜来审视世界。他们可能会更加优柔寡断和忧心忡忡。随着他们变得愈加恐惧，他们也愈加担心自己是否有足够的勇气去完成要求他们做的事，他们开始试图证明自己的能力。

当压力增强了他们的偏执程度时，6 号会变得更加怀疑别人。他们可能会开展更多政治迫害，残害更多异端分子等。他们会变得高度敏锐和警惕，为了感到安全而花更多力气来确保每个人都遵守规则。

为了感觉更安全，6 号可以变得更加教条主义，坚守他们的信仰。越是怀疑，就越是教条。他们越来越不信任他们的内在权威，而更转向信任外在权威；或者，他们会反抗权威，变得更加叛逆和好战。

6 号要么变得更加依赖（恐惧型策略），要么夸大他们的伪独立性（反恐惧型策略）。

（2）戴上 3 号的扭曲棱镜：使用他人老旧错误的棱镜

压力可能会导致 6 号戴上 3 号的扭曲棱镜。这意味着转向一种更为低效的范式。6 号没有得到放松，反而加快速度，变得更忙碌。此时的 6 号不仅只在头脑里发愁打转，而且还卷入了更多疯狂的活动，开展了更多的项目。通过加快速度，他们可以一举两得：既避免了内心的恐惧，又获得了权威的认可。6 号通过把注意力分散到外部事务来避免面对他们的内在冲突。

他们没有归于真实自我的中心来寻求安全感，而是用一个外部角色来代替，或者用一些形象来美化自己。对于自己是什么人，自己真正信仰什么，自己真实所想、所感觉、所需求，他们自欺也欺人。6 号和权威成为一体。

恐惧型 6 号通过努力工作、忠诚、言行一致、扮演好自己的角色等来取悦权威，并赢得他们的信任。

除了远离自己的回避区域外，6 号也开始回避 3 号想要远离的东西，即失败。他们尝试让自己看上去很成功，让自己感觉良好，以增强安全感。

讽刺的是，这只会让他们更不安全。形象会动摇根基；只有建立于一个人本体之上的东西才能够拥有稳定的根基。

（3）戴上 3 号的正确棱镜：获得一个新视角

在压力下，6 号也可能会使用 3 号的视角来找到自己。这是一个积极的转变。

6 号与他们采取行动的能力相联结。他们与自己的能力和控制力相联结，变得更加主动而不是被动。他们在行动中会感到更积极。

6 号把精力投入目标和具体计划中，而不是聚焦在恐惧和最坏的情况上。他们把注意力集中在自己能做的事情上，而不是集中在可能出错的事情上。

行动理顺了 6 号纠结循环的思维。行动让他们从头脑层面的优柔寡断、恐惧和羞怯，转移到身体层面的肌肉、力量和决心。

像 3 号一样，他们对自己感到确信，充满自信，不再感到无能和胆怯。他们敞开自己，让自己被看到，甚至会推销自己。他们并不害怕被人看到和知道。

因为他们变得更加热情，他们的能量也就被引导到生产活动中。我认识的一位 6 号说她在组织、工作时感觉很好，她可以在很短的时间内完成一个项目。她并不想一直生活在勤奋的 3 号范式里，但她喜欢自己的成就和对时间的有效利用。

安全条件下

（1）戴上 6 号的正确棱镜：从自己的角度看得更清晰

当 6 号处于安全可靠的环境中，他们在真实自我中保持平衡，归于中心，他们通过正确棱镜来看待世界，在自己范式的高等层面运作。

他们相信自己的本能和直觉，有自己的观点和看法，而且不会过度依赖他人的确认。同时，他们不会严格地与他们的正统观念保持一致，他们会开放考虑其他人的信仰和观点。他们建立了一种相互依存的媒介，既不完全依赖他人的观点和权威的声明，也不会对他人的观点保持过分独立和谨慎的态度。

进化了的6号与他们的内在权威有着良好的联结，在自己内心感到安全，不需要从外部寻求保证。他们对自己和自己的能力有着切实的评价和信心，他们相信自己，信任指引自己找到幸福的内在罗盘。他们发现“上帝的意志”是在自己的真实本性中，而非在外部的榜样或文案中展开的，他们相信自己真正想要的也正是上帝对他们的意志，因为是上帝把这种渴望放进了他们的心里。

他们拥有勇气的美德，拥有“存在的勇气”，这意味着，他们为自己的选择承担责任，无私而勇敢地行动。他们自发地做他们需要做的事情，而不会被恐惧、想要证明自己的冲动或者想要服从权威的鲁莽所阻碍，变得消极。

平衡的6号信任自己本能的能力来保护、维护自己和所爱的人。他们意识到，没有什么能伤害他们的本体。

由于他们与自己的内在权威保持联结，他们不再将自己的权威和侵略性投射到他人身上，因此不再需要提防他人的敌意。他们与自己的真实本质有联结时，就更容易与他人的本体产生联结。所以他们会更富有同情心，更少担心害怕。他们的内心明白“爱能驱除一切恐惧”这句话。6号建立起了一种相互信任的关系，他们信任自己和他人的真实自我，相信每个人都在尽力做到最好，而不是试图逃避某件事。

从他们的正确棱镜看，6号意识到颁布法律和规则是为了他们的利益和便于使用。安息日的存在是为了人类的利益，而不是反过来让人类为了安息日而存在。他们不必成为法律的奴隶，也不必成为法律的挑战者，他们可以自由地捍卫法律的精神而非法律的文字。

在本体层面，他们意识到自己已经在人生游戏中，已经是关系或组织的一部分。他们不必为进入和逗留辩护，也不必担心因为违反规则而被赶出去。

他们的正确棱镜允许他们既看到积极的结果，也看到消极的结果。而扭曲棱镜则把他们的注意力集中在可能出错的事情和最坏的情况上。那样的话，他们就是自己最可怕的敌人。想到可能出错的事，他们就不愿意去做；想到顺利的情况，他们就受到激励和促进。

他们能够直面自己的恐惧，评估其是真实而能够拯救生命的，还是虚幻而狭隘的。

（2）戴上 9 号的正确棱镜：获得一个新视角

在放松、积极的状态下，6 号可能会透过 9 号的正确棱镜向外看。他们的自我形象转变成“我很安定”，一改以往对自己感到沮丧的感觉。在 9 号的状态下，他们能够自我安慰，能够冷静下来。他们会变得安定而宁静，让自己骚乱的头脑平静下来。他们明白解决困境的答案就在内心。在宁静的内心里，解决方案会自然浮现到意识里。

他们不再大惊小怪，而是用 9 号的观点，大事化小。他们会说：“有什么大不了的？我干吗这么不高兴？”

在这种积极的状态下，6 号带着一种放松的心态，以往那种“天哪，我这样做了该有多么糟糕！”或者“我那样做了会是怎样的结果！”的扭曲思维，也变成了“那么，如果我这样做了会发生什么？”，或者“如果事情那样发生了会怎么样？”。他们开始顺其自然，开始信任过程，放松下来，随遇而安。他们意识到挣扎并不是解决办法，在本体上放松才是。这种向 9 号的迁移，会帮助 6 号发现事情不同层面的真相，对问题或者情况持有多种视角。这矫正了他们把问题极端化、非黑即白的倾向——一边都是真实的，另一边都是假的。他们会少一些分裂，多一些整合。

（3）戴上 9 号的扭曲棱镜：让你的视野更模糊

在安全无威胁的情况下，6 号可能会无意识地溜进 9 号的低等一面。他们让自己变得麻木，不再面对自己的恐惧，不做决定，也不采取行动。他们把自己抛入日常琐碎的工作中，以避免那些会引起焦虑的情况。他们通过处理不重要的事情，来拖延和分散自己的注意力，不去做他们真正需要做的事情。像 9 号那样，他们可能会觉得难以区分轻重缓急，难以接触到他们真正想要的东西。他们会变得更加怀疑，反复考虑，优柔寡断。

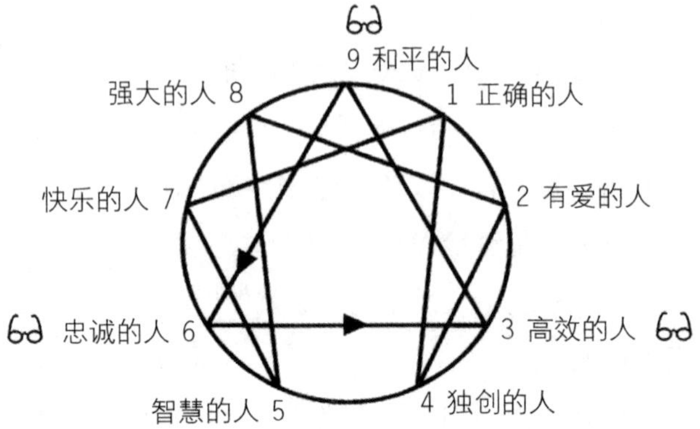

向侧翼的转换

6 号会受到两翼人格类型的影响，即 5 号和 7 号。两者的正确棱镜或扭曲棱镜会缩小或扩大 6 号的视线，他们的视角也因此变得更狭隘或更清晰。

（1）戴上 5 号的正确棱镜：有益的侧翼视角

当 6 号使用 5 号的积极面时，他们能与自己的内心观察者和权威有着更好的联结和信任。他们相信自己的体验和推理，相信自己是明智的，能够做出正确的判断，无须寻求他人的认可。5 号的客观性和分离、观察以及收集信息的能力，有助于 6 号正确地看待自己的恐惧，消除它们。

不再做困兽之斗，走出竞技场，这有助于 6 号看清楚到底发生了什么。然后他们可以做出合理的决定并采取行动。5 号对多种观点的开放性，扩展了 6 号有时狭隘的视野和党派偏见。拥有强大 5 号翼的 6 号往往是安静、保守、内向的。

（2）戴上 5 号的扭曲棱镜：无益的侧翼视角

当 6 号通过 5 号的扭曲棱镜来看待世界时，他们会逃避面对问题，不采取行动。他们更容易翻来覆去琢磨同一个念头，被自己的恐惧欺凌。他们躲进头脑里，而没有和他们的感觉和身体联结，花了更多精力在思考上而较少做出决定，这进一步阻碍了他们的行动力。他们向后退缩，怀疑地看着，变得冷淡。他们把 5 号的“依赖 / 独立”的问题加到他们自己的“冲突”这一问题中，加剧了他们的矛盾心理。他们依靠教条和严格的命令系统来增强对自己的信心，加强他们的人际交往。

（3）戴上 7 号的正确棱镜：有益的侧翼视角

当 6 号利用 7 号的正确棱镜时，他们会更乐观，较少去想象最坏的情况。他们甚至可能会接受一项事业所能带来的好处。他们更外向，更幽默，更轻松，更有趣，更善于交际，也更迷人。他们更相信他人的良善，对世界也更加乐观，他们相信这个世界除了麻烦以外，还为他们提供了其他东西。他们更能在黑暗中嘲笑自己的恐惧和警惕。拥有强大 7 号翼的 6 号可以想象出多种视角和选择，而不是将现实视为非此即彼的阵营——自己的阵营和敌人的阵营。他们也更具创新性，不那么执着于标准的操作程序和约定俗成的做法。

（4）戴上 7 号的扭曲棱镜：无益的侧翼视角

当 6 号进入 7 号的消极面，他们会采取更为逃避性的行为，而不直面眼前的问题。他们可能会逃避到思考或计划中，以推迟行动，或者通过一些琐碎的事情来分散自己的注意力。他们将自己对受伤的恐惧与 7 号对痛苦的回避结合起来，从而更加逃避生活中的困难和摩擦，害怕受到伤害。

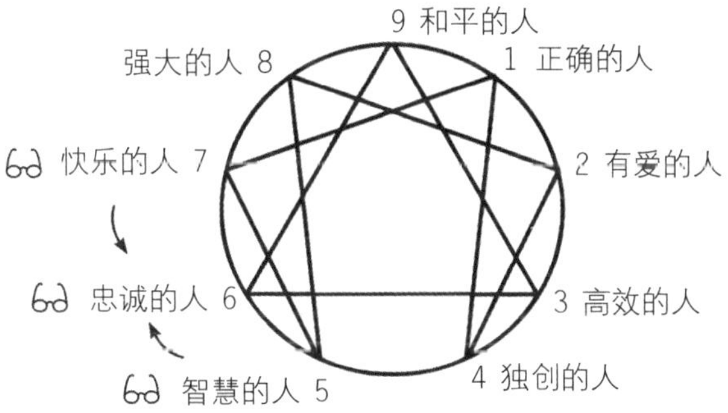

副　型

（1）性本能副型

当恐惧的激情渗透到性本能中，导致的结果是男性试图通过获得力量，表现出威慑力来抑制或补偿恐惧；女性则呈现出美，在性方面变得迷人、有诱惑力，来抑制或补偿恐惧。你可能会认为这是 3 号使用的一些技巧，但 6 号在压力条件下也会使用它们。通过聚焦于动人的环境和迷人的外表，6 号性本能副型减轻了他们对软弱感或不被接受感的焦虑。他们可能会寻求与强大或美丽的伙伴结盟，以获得保护。如果他们和伴侣在一起时感到安全，那么他们就不会那么害怕了。

他们很可能会成为士兵或武术师。通常，但不是所有情况下，反恐惧型6号就是性本能副型，他们用对抗作为先发制人的策略。他们的形象会让其他人望而却步。这一型的男人追求能够对抗恐惧的力量；而女人则扮演致命女郎的角色。他们被阴谋和危险所吸引，并可能参与反主流文化团体和运动。

（2）社群副型

当恐惧的激情渗透到社群本能时，6号通过履行责任和遵守游戏规则来确保他们在团队中的地位。自发的我—你互动变成了很官方的行为。如果你按要求做，就会被组织接受，不会被开除。6号社群副型会满足他人的期望。他们往往是顺从的、保守的，认同威权。他们努力按照老板、指挥官或上级的意愿行事。就像哈姆雷特一样，他们认为自己有义务履行对父亲的敬意。6号社群副型相信，通过遵守规则和礼仪，参与社会可接受的行为，并表现出一致性，可以建立和保持群体凝聚力。他们往往是“好员工”。

6号社群副型很优雅，手腕灵活。他们希望让别人感到舒服。他们期待他人做到最好，自己也会给出最好的一面。

另一方面，那些不遵守政策和程序的人可能会被驱逐出组织。而那些世界观不同的人可能会被赶走，或者根据该组织的价值观和愿景重新编整。

（3）自保副型

当恐惧的激情与自保本能相互作用时，6号试图通过表现出温暖和友好来避免危险和恐惧。如果你能让人们喜欢你，让他们看到你对他们没有威胁，那么他们就不会想要伤害你，你也不必害怕他们。你可以通过赢得别人的支持来舒缓他们的愤怒。6号自保副型往往带有可爱的小男孩或小女孩的品质。他们会很热情，关心他人，或是像2号那样奉承讨好。这个副型也常常和爱助人的2号混淆。

如果你看起来无害，人们就不会感受到你的威胁。因此，6号自保副型往往会自我贬低，显得胆怯、焦躁，在人际关系中表现出依赖或无助的样子。

恐惧型6号可能会显露出软弱以赢得他人的保护，同时测试他人是否会在他们暴露出自己软弱的一面后仍然喜欢他们。另一方面，反恐惧型6号更容易展示力量、挑战和挑衅他人，以确定对方是否值得信赖。这两种人际游戏都是为了减轻焦虑和恐惧。

6号自保副型往往是些有趣的人，具有像伍迪·艾伦（Woody Allen）那样谦卑的人格面具。和其他自保副型一样，6号自保副型相比更加外向的6号社群副型或6号性本能副型，会显得更焦虑和更自我克制。

像5号自保副型一样，6号自保副型可能把自己的家视为抵御外部世界袭击的避难所。他们在家里感到受保护和温暖。

在一次工作坊里，我们做了一个幽默但有启发性的练习——同类型人一同设计他们理想的卫生间。结果，2号自保副型的按摩浴缸大到可以容纳他们所有的朋友。5号自保副型给门上了一把锁，把所有人都锁在外面。只有6号自保副型担心浴室的电线是否符合规定，地板上还要有防滑瓷砖。如果外面不安全，至少得确保家里是安全的！

6号：忠诚的人

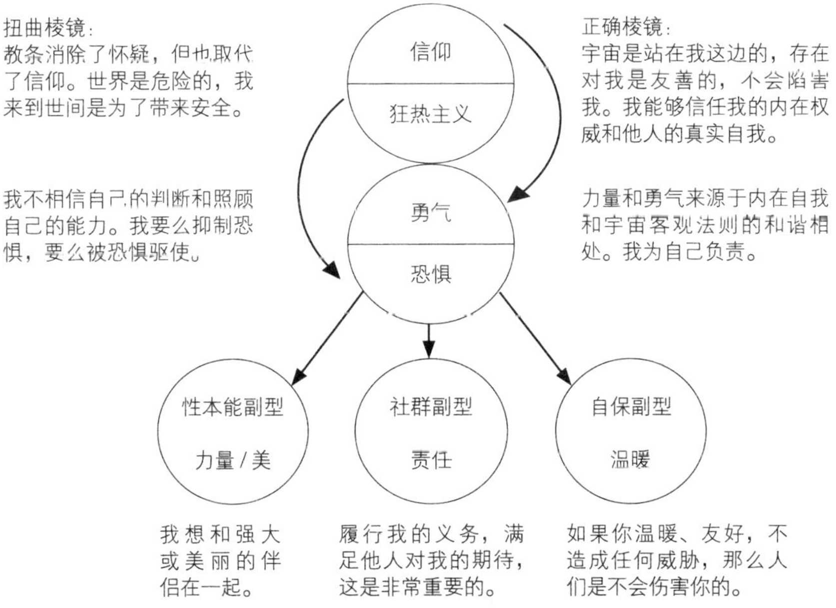

总　结

忠诚的棱镜对应着的愿景是承诺、契约和责任。这是一种遵纪守法的方式，敬畏正确的秩序。走上这条路的人们是忠诚的、负责任的、敬业的。他们敬重并保护他们的遗产。他们是“永远忠诚”的[①]，随时候命。他们希望让世界成为一个更安全的地方，希望誓约在这里得以实现。他们的行为都是出于勇气。

狂热主义的范式表现为对安全和保障的过度需求。怀疑取代了信仰。正统成为在危险世界中获得确定性和可预测性的一种尝试。注意可能发生的问题、最坏的情况。遵循这一愿景的人往往会遇到过度依赖或过度怀疑权威的问题。他们具有的错误信念，要么是“我忠诚，所以我不会受到伤害”；要么是“我挑衅，所以我不会被困住，也不会被抓到”。恐惧驱动着这种方式，并扭曲感知，消耗能量。

价值观：忠诚；忠实；履行承诺。

愿景：让世界更安定、更安全。

适应性认知模式：信仰；宇宙是站在我这边的，我信任它；我可以信任我内心的指引。

适应性情绪模式：勇气；对自己负责；勇敢去做；自然的保护性姿态。

适应性行为模式：“永远忠诚”；随时待命；时刻准备着；能攻能守。

非适应性认知模式：如果可能出错，那就一定会出错；世界是一个危险的地方；不要让自己猝不及防；该怀疑的时候就怀疑。

非适应性情绪模式：恐惧；想象最坏的情况；不信任自己和他人；我很脆弱，容易受到身体伤害。

非适应性行为模式：怀疑、警惕、警觉、质疑、寻求隐藏的意图；抑制恐惧（恐惧型）或被恐惧驱动（反恐惧型）。

主要脆弱点：被背叛；猝不及防。

回避区域：越轨，叛逆，无路可逃。

---

①《永远忠诚》（Semper fidelis）是美国海军歌曲。——译注

防御机制：投射；如果有怀疑，就把它扔出去。

有益的范式转换：信任内在权威；相信自己可以处理好事务；感受到安定而非沮丧；恰当地看待事情，没有什么大不了的。

无益的范式转换：更恐惧、更怀疑或更教条、更多疑；逃到某种角色和形象中，利用责任来逃避；过分忠于群体。

7 号棱镜　快乐的视角

7 号的自我判定

根据以下陈述与你的契合程度进行评分：

1 几乎从不

2 很少 / 罕有

3 有时 / 偶尔

4 经常 / 频繁地

5 几乎总是

____ 我是个有趣的人。

____ 我希望我不会错过生活中任何冒险和经历。

____ 我有很多兴趣和爱好，但并没有很深入地了解。

____ 我是个有远见的人。我喜欢想象未来的情况。

____ 我很爱玩。

____ 我非常讨厌艰苦的工作，只要有可能，我就把它变成一场游戏。

____ 我是个梦想家。我会花更多时间在幻想上，而不是行动上。

____ 我会被自己激动人心的计划打动，以至于不去关注周围发生的事情。

____ 我很乐观，在云端寻找希望。

____ 我努力避免痛苦。

____ 我的生活中充满幻想。我总是在计划我能做的事情。

____ 如果事情变得不愉快，我总是有另一个计划。

____ 我的社交能力很强。

____ 相比过去或现在，我更注重未来。

____ 我一直在寻找快乐。

____ 我会放纵自己，因为我讨厌得不到想要的东西时的痛苦。

____ 我感到无忧无虑对我很重要。

____ 我对于兴奋的感觉上瘾，总是在想办法让自己感觉很好。

____ 我会启动一项任务或项目，但很快就会感到无聊，然后继续做一些更有趣的事情。

____ 许多东西都会让我着迷。我对新奇的东西尤为兴奋。

____ 总分

核心价值观

快乐是吸引 7 号的价值观，也是他们所散发的东西。当你问起 7 号他们生活的目的是什么时，他们会热情地回答："要快乐！"人们被安置在伊甸园里就是为了享受它。7 号非常懂得品味生活。任何场合，包括死亡，都是庆祝和举办聚会的机会。重要的是要有乐趣，尽可能多地体验生活。

美国心理协会主席爱德华·托尔曼（Edward Tolman），建构了目的性行为主义理论，经常被指责在建构理论的时候没有表现得很认真和专注。他的作品充满了奇思妙想和趣闻逸事，他还专门为挪威白鼠写了一本书。他在谈到自己的理论和研究时写道："这个系统可能不符合任何科学程序的规则，不过我也不太在乎。说到底，唯一确定的标准就是玩得开心。我，玩得很开心。"（托尔曼，1959，第 140 页）托尔曼除了是一位年轻的认知主义者外，也可能是位年轻的 7 号。

"欢乐"的拉丁语是 gaudium，意思是光。无忧无虑、轻快、闪闪发光，这些都是用来形容 7 号的词汇。生活之乐趣（joi de vivre）是 7 号性格的核心。

7 号的棱镜带来一种天生乐观向上的人生观。有一些类型的棱镜总是专注于发现生活中的错误（比如，1 号和 6 号棱镜），7 号则总是会发现生活中的美好。7 号是积极的类型。"一切都会顺利的""总有一线希望""透过玫瑰色的眼镜看世界"等流行短语都是在表达这种生活方式。乐观主义者认为杯子是半满的，而悲观主义者则认为杯子是半空的。或者就像诗歌里写的："两个囚犯从监狱里向外看。一个看到泥巴，另一个看到星星。”不用说，7 号肯定是仰望星空的那个。他们是希望、成长和复活的代言人和倡导者。

威廉·萨洛扬（William Saroyan，1939）在他的戏剧《你一生的时间》中捕捉到了这种 7 号精神：“在你的生命里，活着——在那奇妙的时间里，不要增添世界的痛苦和悲伤，用微笑带来无限的欢乐与神秘。”

范式视角、专长与格言

7 号很具创造力，有着丰富的想象力，他们也经常锻炼这些想象力。他们乐观的原因之一，是因为他们的范式能够产生无限的可能性。抑郁和悲观往往是缺乏选择的结果。所以，如果你感到沮丧，陷在一个死胡同里，没有选择，那就和 7 号聊聊天吧。他们会唱着歌给你“四十种离开爱人的方法”。

作为空想家，他们着迷于未来，喜欢想象未来会是什么样子。他们是文明的先驱者，早早地就在扫视和搜索新大陆。一个项目的前沿部门如果有一些 7 号人士，那会很好，因为他们可以将自己远远地投射到未来，设想所有工作带来的长期影响，同时头脑风暴为该项目提供多种可能性和选择。

7 号对世界有一种孩子气的反应，这也是他们快乐、闪耀和懂得欣赏的一部分。他们既能与当前的事物联结，也能与未来联结。就像孩子们一样，一切都是新鲜的、崭新的、有趣的。对于 7 号的生活来说，冒险是令人兴奋的礼物。

有这样一个故事。一位残酷的父亲在儿子生日那天给了他马粪，而不是儿子想要的马。当早晨听到儿子充满活力的笑声时，可以想象这位父亲该有多惊讶。他问儿子在做什么，儿子回答说：“既然有马粪，那这里一定有一匹马。”7 号总能看到好的一面，对任何事情都充满希望。

7 号是活泼的、快活的、多姿多彩的。他们友好、合群，有一种轻松的幽默感，善于鼓舞人们。7 号能够自嘲，以便让他人笑起来，感觉好起来。他们可以成为和蔼的艺人或者庆典主持人；他们喜欢讲故事；喜剧演员圈里常常聚集了很多 7 号。

以下是 7 号认为自己的人格类型为团队带来的一些品质：

乐于助人	酌情处理	多技能

疯狂	敢于冒险	聪明才智
折中方案	乐观积极	一线希望
寻找乐趣	轻松	外向
无尽渴求	快乐	包罗万象
善于交际	创新	自发性
灵活	讨人欢喜	精力充沛
宽容	反常	逗趣

以下是 7 号从自己的视角给出的一些建议：

- 自由放任。
- 给世界带来欢乐和幸福。
- 美味佳肴。
- 见多识广。
- 趣味相投。
- 心想事成。
- 自由地给予爱。
- 相信自己。
- 实现梦想。
- 说走就走。
- 美不胜收。
- 放声笑，尽情玩。
- 乐享人生。
- 过分严肃是万恶之源。
- 让阳光照进来。
- 此处不留爷，自有留爷处！
- 问题就是机会。
- 愈多愈好。
- 万事如意。
- 对所有新体验敞开心扉。
- 让希望激发你的活力。

- 全然地活在当下。

以下是一些反映 7 号观念的格言：

- 人毁于没有远见。
- 幽默感就是分寸感。
- 自己活，也让他人活；相互谦让。
- 多样性是生活的调味品。
- 只工作不玩耍，聪明的杰克也变傻。（更不用说吉尔这个呆女孩了。）
- 天涯何处无芳草。
- 天无绝人之路。
- 不要孤注一掷。
- 覆水难收，不要徒劳悲伤。
- 多多益善。
- 男孩就是男孩。女孩们只想玩得开心。
- 条条大路通罗马。
- 滚石不生苔。
- 好来好走。
- 生活满是美好。
- 你笑，世界和你一起笑；你哭，你是独自在哭。
- 人们心中的希望永不泯灭。
- 保持年轻的秘诀是保持对快乐的炽热激情。
- 适度是极其致命的事情，过度带来的成功是无可比拟的。（王尔德悖论）
- 习以为常就不美妙了。

正确棱镜 / 适应性认知模式

当 7 号在他们的非真实自我层面运作时，他们遵循宇宙计划或者事物的神圣安排而生活，脱离了他们用来代替真实事物的虚幻世界。正确棱镜能够让 7 号与现实统一。带着这种客观的人生观，7 号会意识到每个人在人类进化中都有自己的角色。我们每个人都有满足自我实现的个人工作，我们的社会工作是为了更广大集体的福祉。如果我们热爱自己所做的事情，那么工作就是玩耍。虽然当我们投入到自己激情所在的领域时，事情会显得轻而易举，但并不意味着这项工作总那么轻松，有些工作也需要奋斗，需要恪守纪律，需要经历痛苦。只有着手于当下的工作，未来的计划才能够实现，上帝的意志才能够完成。来世论也是通过此地此刻的劳动而实现的；经由每日的劳作，天启就在此刻。

透过正确棱镜，7 号明白实相是存在的，并且只能在当下抵达。生活的满意与喜悦也都是在此时此地体验到的。

持有这种客观立场，我们明白地图不代表领土。我们的思想只有在当下被表达出来并得到执行，才能够成为完整的现实。你可以毫不犹豫地精心绘制一幢房子的设计图，但你的头上仍然没有屋顶。你得花时间精力，一砖一瓦地盖房子。同样地，你可以去接受很多年的心理治疗，详尽地了解自己，从一个痛苦的神经病变成一个快乐的神经病。但是，除非你在咨询室之外辛苦地改变自己的想法、形象、态度、感受和行为，否则向身心健康运作的转变是不会发生的。

正如海伦·帕尔默所指出的，工作意味着集中精力，坚定方向，让自己完成某个行动、项目或者关系，投入到你真正相信的事情中，并为实现它而努力。这意味着要牺牲其他选择，接受对自己的限制。你的力量和能量也必须既聚焦又发散。工作也意味着即便事情不那么好玩、轻松、有趣和被社会赞誉，也得坚持做下去。

神圣的工作需要一种意志，即不论这一刻有什么意义，都愿意停留在当下，保持体验，甚至在跌入黑暗和沮丧的低谷时，也愿意与之同在。不太醒悟的 7 号则更喜欢立在浪尖上，而当浪尖开始下降时，就跳到下一个浪尖或体验的高峰上。

总的来说，7 号通过在当下与他们的本体联结而变得完整、平衡。这样做的同时，他们也与自然法则或宇宙计划相联结，因此不需要创建自己的计划作为替代。只有通过当下的存在和行动，才能充分体验和消化真实世界的乐趣。

美德 / 适应性情绪模式

节制是与 7 号相关的美德。节制意味着活在当下，过一种平衡的生活，只接受你所需要的，只消耗你所需要的能量。节制让 7 号的能力聚焦在一点，帮助他们保持在正轨上，不飘到有趣的消遣或无谓的幻想中。它协助 7 号得以善始善终，即使过程可能会变得无聊和痛苦。

节制也包括接纳当下。坏的和好的、不愉快与愉快的、痛苦的和轻松的、凄凉与慰藉、阴影与光明、阴与阳，都被接纳。7 号倾向于积极的方向。当他们节制的时候，他们会处在一种超然的状态，平衡，镇静，能够朝着上帝的意志的任何方向前进，亦即朝着真实的方向前进。

7 号会沉迷于令人兴奋或得以安慰的东西。节制使他们与现实保持联结，让他们有信心，即使在孤独、安静、荒凉和黑暗中也能成长。

节制意味着一步一个脚印，一次只做一件事，践行禅宗的原则——专注于你正在做的事情，而不是边做边思考其他事情。

节制意味着满足于简单、原始的给养。在补偿的状态下，7 号想要让生活经历更刺激，使他们感到更加兴奋，突破极限。他们有必要在平常的生活中增加一些东西。他们认为思想和幻想在某种程度上是有营养的，能为他们带来给养。但这是一种幻念。把一张美味苹果的照片吃下去，并不像吃真正的苹果那样有营养。

扭曲棱镜 / 非适应性认知模式

当 7 号与他们的本体或真实自我失去联结时，他们对自己和宇宙自然展开的信心就会减弱。他们需要用自己的未来规划和宇宙理论来弥补与自然目的论和发展上的脱节。当他们的注意力和能量转移到未来而不是关注现在时，他们开始认为真正的现实存在于未来。即将到来的，不仅是最好的，也是真正真实的。

7 号致力于理想化的未来，并生活在理想化的未来中，努力使未来变得更加完美，更加愉快。他们会孜孜不倦地比较自己所想象的未来状态是比当下的现实更好还是更坏。他们要么因为幻想了一个更好的世界而感到优越，要么认为自己不如别人而感到低人一等。在扭曲的视角之下，他们会幻想出比现实世界更加贫瘠或更加富足的场景。

在 7 号的非适应性模式中有一种自恋的味道和两极分化。在较好的一端，他们认为自己注定要有一番伟大的成就。他们的小我或虚假人格会变得膨胀。他们用精心设计的计划取代了真正的工作，成天躺在床上做计划。而在较坏的一端，他们感到渺小、不足、不胜任、沮丧、瘫痪等。他们的自尊心减退了，成天躺在床上郁闷不已。

两种极端都是虚幻的。这两种立场代表了同一个自恋硬币的两面。它随机抛出，任何一面都可能正面着地，而另一面则暂时性地被遮挡和遗忘了。真正的自我存在于两个极端之间的中庸位置。

范式的补偿

7 号扭曲棱镜限制和聚焦于未来而不是现在，只关注积极面，消除消极的一面。以电脑来比喻的话，这就像是一个遭受 7 号病毒入侵后的软件，被编程成只计算好的东西，不好的东西会被抛出循环。不好的数据和信息要么不进入计算机，要么被修改成令人愉快的东西。7 号的补偿模式使他们不得不乐观。他们把下巴抬起来，在乌云中寻找银色的衬里，透过玫瑰色的眼镜看世界，相信一切都会变好的，等等。

如果你问 7 号是如何忍受世界上所有垃圾的，他们会回答："什么垃圾？"他们要么看不见，要么把它称作别的东西。"你是说那边那堆肥美的肥料！"7 号依靠保持乐观向上的一面活着。从他们的扭曲棱镜来看，心理治疗毫无道理可言。"为什么你要沉溺于生命中的痛苦和令人窒息的东西？那有什么用？"或者就像一个正在接受治疗的女孩的父亲所说："如果我看到路上有一堆狗屎，我肯定会跨过它或者绕着它走，绝不会踩上去。你在治疗中扯那些玩意儿有什么意义？"

7 号将他们的注意力聚焦在积极的方面，只看好的和可以变好的。沉溺于消极的事物只会让他们失望，毫无意义。7 号很难相信有办法走出黑暗。他们像飞蛾一样，飞向光亮。

7号的非适应性模式总是在快乐和痛苦之间波折往返。它的任务是最大限度地享受并减少痛苦。如果不好玩，那就不值得做。根据这种模式，优先顺序是：首先做你喜欢做的事，然后做你必须做的事。生命短暂，先吃甜品。这和1号形成鲜明对比，1号首先做他们应该做的；然后，如果还有时间，比如生命中最后的几分钟，他们会做他们想做的。

7号沉迷于令人兴奋的东西。他们的灵魂在幻想中翱翔，他们很少着陆加油。甚至他们的声音也常常很高很轻。他们被彩虹、蝴蝶、氦气球所吸引。似乎有很多7号在兜售气球。他们把氦罐放在办公室里，这样当人们进来时，就可以给来者气球。或者当他们去看望病人的时候，就会带上气球让对方振作起来。（这是真的，不是我编出来的。）

7号往往兴趣广泛。他们对任何新奇的事物都很好奇，不想错过生活中的任何机遇或机会。他们可能订阅了涵盖各种主题的杂志。一次工作坊上，有个7号说他订阅了100多种杂志书籍，其中还有几本是重复的，因为他订阅了太多，所以无法一一阅读。

7号喜欢旅行和看新鲜事物。比如我的一位7号同事，有他和家人一起去过的所有度假场所的照片。他在床头柜上放着他将来可以去的所有度假胜地的小册子。每当他感到沮丧的时候，他就会看着这些令人愉快的地方，立刻振作起来。这个家伙偶尔也会严肃起来，想知道生活是不是为了享乐。可当他微笑着回忆起最近发生在朋友身上的一件趣事时，这节制的思维很快消失了。7号到旅行社工作，不是为了薪水，而是为了先看看旅行社正在推广的景点。

7号的扭曲棱镜带来的问题是，他们可能会变得浅薄，对许多事情感兴趣，但却没有追求任何深度。

因为周围有太多令人兴奋的可能性，所以对7号来说，选择一份职业或一个伴侣意味着限制。如果他们投入到一个行动方案或一个合作伙伴，那就可能会错过一些更有趣的事情或人。

由于他们的棱镜把他们带往未来，7号成为有远见卓识、善于规划的人。但他们的激情更多地在于制订计划，而不是执行计划。当他们把地图误认为是领土时，就会出现问题。例如，7号可能会接触心理治疗并获得一些灵感，但不一定能够改善他们的生活。

7 号用旅行代替工作。每件事都是一次好的旅行，没有不好的旅行。7 号“想”做而不是“去”做。

7 号的棱镜拥有广阔的视野。德日进可能就是位 7 号。他的宇宙理论涵盖了从变形虫到欧米伽射线。宇宙进化的每一个层次都比前者更高、更复杂、更先进。这个系统内置了改进；进化只是不断提升。然而，德日进被批评说他的实相概念忽略了邪恶。邪恶、罪恶、黑暗等在 7 号的世界观中没有太多的地位。

对于偏爱头脑中心的三种人格类型来说，进入生活这场游戏会是一个挑战。6 号很难进入游戏，因为他们觉得生活太可怕，所以不敢进入。5 号处在游戏之外，因为他们不知道如何进入，所以他们站在场边观察。7 号不参加游戏，因为他们忙着计划下一场游戏。

想象一下这三种人格类型在足球比赛中会是什么样子。6 号坐在看台上，拿着规则手册，确保双方都按照规则进行比赛，并惩罚任何违规行为。5 号边看比赛边画图表分析。7 号在露台上聊天、喝酒和吃饭，不关注现在的比赛，而是讨论他们什么时候回来观看下一场比赛。

7 号之所以需要为未来计划如此之多的趣事，其中一个原因是他们没怎么待在当下，以至于他们从未真正得到滋养或满足。这也是他们维护自己范式的方法。他们取来很多商品，但却不曾品味或消化它们。他们就像一个瘾君子，一味地重复。这可能会给他们的小我或虚假自我带来暂时的高潮，但对他们的本体或真实自我没有任何意义。所以他们的小我一直在计划和补偿，而自我却从未感到充实。

7 号相信复活，他们希望最好可以直接跳过死亡和埋葬。没有什么比在神圣的星期六和耶稣一起待在坟墓里更让人愉快的了，死亡什么的好像都没有发生过。7 号害怕他们的翅膀被剪断或幻象破灭，因为那样他们可能会掉进坟墓，无聊至死。

7 号喜欢并相信光明。他们喜欢烟火、兴奋、安慰、刺激、动感、喧闹。他们不相信有任何事物会在寒冷、黑暗、沉默中发生或发展。他们既不喜欢也不相信荒凉。休耕的田地对 7 号没有吸引力。

理想化的自我形象

7 号的扭曲棱镜固化为他们的理想化的自我形象："我很好"。即使他们刚刚失去了爱人，或失去了一片肺，或失去了一笔财富，当你问他们怎么样时，他们会说："我很好。"他们的自我形象和他们想表达的形象都是"我很好""我很乐观""我再好不过了"。

他们的信念是如果他们保持积极向上，那人们就会喜欢他们，接纳他们，会愿意和他们在一起。"没人会理睬一个低迷沉闷的人。"所以"摆出一张快乐的脸"来迎接这个世界吧。

7 号可能会情绪低落，但不会持续太久。他们的个性就像他们放飞的氦气球一样。你可以把他们推到水下，但他们会反弹回来。就像"永不沉没的莫莉·布朗"[①]（Unsinkable Mollie Brown）一样，他们不会在痛苦和凄凉中沉溺很长时间。7 号就是浴火涅槃的凤凰的现实版。弗兰克·劳埃德·赖特（Frank Lloyd Wright）曾经设计过一款没有窗的林肯大陆车型，他说："重要的不是我去过的地方，而是我要去的地方。"

范式的维持

7 号通过使用享乐主义的基本架构——最大化快乐并最小化痛苦，来维护他们的范式：我很好，其他一切都很好。他们夸大好的东西，对不好的就轻描淡写带过。他们关注周遭有什么是令人愉快的，把不愉快的事情抛在脑后。他们更喜欢喜剧而不是悲剧，或者就把悲剧变成喜剧。不论是在现实或是在回忆中，他们的故事都有一个快乐的结局。他们的歌谣总是在歌唱生活的光明面，保持阳光向上，强调积极面，消除消极的一面。

在情感上，他们会表达喜悦和惊喜这类积极的情感，抑制愤怒和悲伤这类消极的情感。

行为上，7 号更多是靠近人和事的，而不是对抗或远离。他们很有趣，很活

---

① 指泰坦尼克号上的美国女英雄玛格莉·布朗，大家都叫她莫莉。由于沉船过程中的勇敢行为，她被人们称为"永不沉没的莫莉·布朗"。——译注

泼，把家务变成了嬉闹。为了避免无聊或限制，他们变得机智敏捷，感受肤浅，快节奏。他们待在阳光下，避开阴影。他们不允许自己长时间处于低谷，总会去到高地，找到更轻快的氛围。

7 号保持他们扭曲棱镜的另一种方式是通过贪馋的恶习，助燃他们对快乐的热烈追求。

恶习 / 激情 / 非适应性情绪模式

7 号的非适应性模式和理想化的自我形象通过贪馋的恶习得以维持，这种恶习会消耗他们的精力，让他们无法专注于做当下令人满意的工作。贪馋是一种想要用享乐来填满小我的贪婪企图。它源于真实自我被抛弃时所感受到的空虚。7 号需要越来越多的快乐；一点点也不错，越多越好。7 号对着潜在的愉悦垂涎欲滴，所以这个部分也被称为“垂涎状态”（slurpy state）。他们津津有味地欣赏着自己的经历，狼吞虎咽地吞下去，还舔着嘴唇。7 号期待美好的时光，并快乐地回忆着过去的美好时光。

一些 7 号本有着快乐的童年，随后突兀地停止了，他们往后采取的乐观的生活方式，表明了他们在试图恢复以前的亲密和温暖。

范式的回避

为了避免激活非适应性模式，7 号远离任何可能暴露他们的局限或缺陷的念头、感受或人际关系。与其他类型一样，他们会将自己不可接受的特质投射到他人身上，并使用额外的防御机制来屏蔽令人不安的特质。

回避区域

7 号对痛苦和苦难尤其不舒服，这些情况有悖于他们的理想化的自我形象。他们的范式让他们要振作起来，抬头看，专注于积极的事物，所以他们很难体验沮丧，或者看到任何消极的事物。7 号不喜欢生活的阴暗面，害怕黑暗，避免沉重的东西，尽量保持轻松。他们把自己从消极情绪中分离出来。他们不相信悲伤，他们的愤怒也表现为嘲讽和挖苦。

人生悲剧的一面会让他们感到焦虑，他们的思维方式判定，痛苦和苦难一定也会使他人感到焦虑。他们的任务就是直接关注生活中喜乐的一面，激励人们，让大家活跃起来，振奋他人的精神，让他人开怀大笑，而不是把生活看得太严肃。

7号某种程度上与痛苦和苦难失去了联结。他们要么完全压抑了痛苦，必须得别人告诉他们受了伤；要么意识到了自己的痛苦，但不想让别人知道他们的痛苦。因为他们的自我形象是"我没事"，他们认为自己必须显得又棒又好。他们的棱镜告诉他们要减轻别人的负担，而不要倾诉自己的苦难来给别人增添压力，或加重他人的负担。只有当7号真正信任另一个人时，他们才会向对方显露自己的痛苦。

他们的另一种避免不愉快感受的方法是把悲伤投射到别人身上，然后疑惑为什么每个人都这么沮丧。7号可能会指责其他人的病态和悲观，并指责他人给自己的激情浇冷水，太过冷静、严肃，真扫兴。

威廉·詹姆斯（William James）在他的《宗教经验之种种》（*Variety of Religious Experiences*，1902）中谈到了心软和心硬的人、健康思想和病态思想的人、直接信道和改宗信徒（once-born and second-born）。前三者对世界有一种孩子气的乐观态度，因为他们没有经历过或者不允许自己经历很多痛苦。后三者即便经历了苦难也继续信任并充满希望。7号往往属于心软、直接信道者。以下是詹姆斯对这类个体的描述：

对许多人来说，快乐是生来就有的，是不可被收回的。"宇宙情感"必然会以激情和自由的形式出现。我不仅是说那些获得动物性层面快乐的人。我所指的，是那些当不幸来临时，毫不犹豫拒绝体验的人，他们认为这是残忍和错误的东西。我们在每一个年龄段都能找到这样的人，他们不管自己处境多么艰难，也不管所置身的邪恶神学，扑向生活中美好的一面。从最开始，他们的宗教就是与神合一。（第78页）

我可以在这些个体身上看到一种气质的存在——他们从根本上被赋予了欢乐的一面，若是像与他们气质相反的人那样逗留在宇宙的黑暗面上，这对他们来说是致命的。在某些个体身上，这种乐观主义可能会变得近乎病态。即使是体验短暂的悲伤或片刻谦卑的能力，似乎也被像某种天生的麻醉剂所切断。（第82 页）

如果我们把着眼于所有事物好的一面的倾向命名为健康的思想，那么这种健康思想可以分为非自主式的和自主式的，或者说逻辑式的。非自主式的健康思想指的是立即对事物感到快乐的方式。而自主式的健康思想，则是通过抽象的方法将事物视为美好的。每一种抽象的构思方式，都会选择事物的某一面向作为其暂时的本质，而忽略其他面向。自主式的健康思想认为善是存在的本质和普遍面向，因而从视野中故意排除了邪恶的一面。

快乐，就像其他情感状态一样，对对立的事实视而不见，无动于衷，因为它是保护自己免受干扰的本能武器。当真正拥有快乐时，邪恶的思想就会显得不那么现实；就像当忧郁的情绪主导时，善良的思想显得不现实一样。对于一个积极快乐的人来说，无论出于什么原因，在那个时期是不可能相信邪恶的。他必须忽略它。而在旁观者看来，他似乎反常地闭上眼睛，屏蔽了它。

通过刻意采用某种乐观的心态来改变思想，从而进入乐观主义的思想哲学，这种做法一旦成功，就很难再追溯它的合法性。不但人类的本能会不惜牺牲自我保护去追求快乐，就连高等的内在理念对快乐也很是看重。不快乐的态度不仅仅是痛苦，也蕴涵了卑鄙与丑陋。（第 86 ~ 88 页）

威廉·詹姆斯在差不多一百年前得出了这些非常准确的观察。虽然他不熟悉九型人格理念，但也非常准确地描述了 7 号范式。

下页表中，“我”栏目下是一些与 7 号的自我形象一致的特征，“非我”栏目下则是不一致的特征。

7 号把他们不接受的特征投射给他人，因此他们会体验到周遭充满了无聊、沮丧、不感兴趣、离群、毫无幽默感的死气沉沉者。也难怪他们会花如此多的时间和精力来逗趣。被一群沉闷无聊的人包围着，换了谁都会很关心会不会无聊，会不会受限制，会不会感到低落。任何人陷在这忧郁的泥潭里都会变慢，沉下去。我想起一位 7 号说她和配偶住在一起，就像是腿上绑着一根木头在树林里走路！

我	非我	我	非我
开朗	忧郁	刺激	压抑
乐观	悲观	联翩起舞	沉闷
充满激情	平淡	愉悦	沮丧
活泼	呆板	合群	离群
爱玩	严肃	感恩	忘恩负义
轻松	沉重	幽默	毫无幽默感
自发性强	可预期	善于创造	思维僵化
主动规划	死气沉沉	有魅力	无魅力
多样化	拘泥	多才多艺	乏味
明亮	昏暗	机灵	昏沉
向上	向下	健谈	沉默寡言
有趣	无聊	感性	克制
令人着迷	不感兴趣	左右逢源	不知所措
积极	消极	天真无邪	腻烦
多种可能性	受限	爱冒险	恐惧

7 号会成为娱乐家、喝彩者、鼓舞人心的大师等，这是有道理的。因为 7 号把他们的痛苦、悲伤和沉重倾注到周围的人身上，并通过尝试减轻和缓解别人的痛苦来处理自己的痛苦。

所以 7 号需要找到宁静、受限、昏暗和呆板的好处。也许这会让其他人的光或神圣灵感照进他们的黑暗中——他们由于自身的光辉而看不见这道光。他们可能会开始欣赏没有气泡的酒，发现它们和冒泡的香槟一样有趣。

当 7 号的心灵寻求平衡时，自然会呈现出 5 号和 1 号的高等一面。其实这些范式的优点早就存在，只是被他们拒绝了而已。例如，他们将 5 号干巴巴地描述为离群、无魅力、沉默寡言、平淡等，但这些特质也可以认为是客观、安静、平稳等，它们能够平衡 7 号身上冲动、激进、喧闹和飘飘然的倾向。

7 号所贬低的严肃、可预期、死气沉沉，其实是 1 号的美德严肃、稳定、辛勤工作，它们校正了 7 号贪馋、易变、逃离单调的工作等倾向。

7 号会自然而然地受到世界乐趣的吸引并奔向它们。对他们来说，远离或离开是很困难的，因为他们将困难投射到了外界，并给它们贴上了沮丧、拘泥、无魅力的标签。也许，5 号超然的美德可以有效地平衡 7 号的贪馋。

当你说环境是让人腻烦、死气沉沉、沉闷的时，与环境对抗也就没有了任何吸引力。1 号的奋进、专一、有始有终的顽强意志，有助于校正 7 号逃跑、改变计划和知难而退的倾向。

7 号需要一个贯穿整体的自我概念，好让他们对自己的对立两极都感到骄傲——就好像静如处子动如脱兔，或者能上能下的升降机。

防御机制

合理化是 7 号超越痛苦和伤害的方式。每当不愉快的念头和情感接近他们的意识时，7 号就会焦虑，而合理化这一防御机制会自动启动，使他们对任何痛苦的形象或感觉产生缓冲。

7 号将一切合理化为美好的，他们用上帝的意志或好运来诠释灾难。当他们用爱尔兰守灵方式[①]来庆祝逝去的人时，他们甚至在死亡中找到了生命："妈妈现在去到了天堂，这难道不美好吗？"或者他们会通过预测疾病对意识状态产生的改变，来合理地消除患上脑瘤的恐惧。

哈佛大学心理学教授蒂莫西·利里（Timothy Leary）于 20 世纪 60 年代离开学界，成为嬉皮士，后来又鼓吹"激发热情，内向探索，脱离体制"，并在互联网上公布他患上致命疾病的消息。他以经典的 7 号方式，预测了从身体死亡到脑电波停止之间大脑的精妙变化，品味着人类所能拥有的最后体验。对于想要体验生活中一切的 7 号来说，死亡是最后的旅程。在遗嘱中，利里要求将骨灰发射到太空中，在那里他可以像活着时候一样，环游世界。

一些宗教派别要求在葬礼上穿黑色丧服，以强调死亡带来的损失和痛苦。也有一些派别穿白色丧服，以庆祝复活和亡者的新生活。"生命没有结束，只是改变了。"7 号一定是支持白色丧服的那一派。

---

① 在爱尔兰人的葬礼上，亲朋好友会聚在一起喝酒，轮流讲述他们和死者的故事，以此来缅怀死者。——译注

主要脆弱点

7号对选择受限特别敏感。他们也非常害怕无聊或感到无聊，比如例行公事或一段平庸的关系。7号认为他们应该拥有一切，或者至少要尝试一切。对他们来说，感觉被束缚、被约束或是许下承诺，是相当焦虑的事情。感觉被困住、动弹不得、瘫痪、生病或没有生命力都是这个主题的变种。

7号也对疼痛、窒息、抑郁、伤害和其他烦躁的感觉非常敏感。他们在缺乏希望或鼓舞的情况下是很脆弱的。

他们对抗聚焦或被限制的防御方法就是分散。移动的目标，比如狡猾的郊狼或蹦蹦跳跳的袋鼠，是很难捕获的。7号在他们的幻想中跳跃，因此被认为是“浮躁”的人；在职业生涯中频繁转行，成为懂得各行各业的万金油；穿梭在不同的人际关系中，交游广阔；或环游世界，四海为家。用繁多的兴趣让自己散乱，借幽默抚平他人，这都是7号避免陷入困境的方法。

当他们感到受威胁时，一些7号的非适应性模式可能会出现：

“我不是很好，但我最好表现得好点。”

“我感到了限制，这太可怕了。”

“我必须有选择。”

“自由意味着让你的选择保持开放。”

“承诺是一个陷阱。”

“越多越好。”

“我有资格。”

“我必须计划。”

“过程比结果更重要。”

当7号开始感到受限制、有缺陷、不好的时候，他们会吹嘘自己的自我形象“我没事”，激活他们的贪馋恶习，“找地方热闹一下”，以避免任何不愉快或痛苦，将快乐提升到最高点。

矛盾的是，追求无限的快乐本身就是一种限制。当7号获得了流动性，就失去了稳定性；他们去旅行了，但却没有家；他们获得了多样性，但错过了深度；他们有了阴，就没有阳。他们生活在一个阳光永驻的地方。这是多么无聊呀！

像其他人一样，7 号真正想要的是幸福。他们希望既自由又恪守承诺；他们希望在承诺中有选择。他们的扭曲棱镜为他们提供了选择，但并不会给他们带来令人满意的长期关系。

当 7 号感到脆弱时，他们需要保持节制，保持专注、信任，保持与现实的联结，这可能包括苦难和痛苦。亚里士多德认为，真正的快乐是行动的副产品。如果直接寻求快乐，那么它是转瞬即逝的。快乐是通过在当下，不断地在现实层面工作而体验到的。

成长经历

通常情况下，7 号有着幸福快乐的童年。当他们听到别人在成长过程中经历的苦难和痛苦，他们会感到惊讶。他们快速回弹的能力表现为他们总能感知到环境中的积极因素，因此避免了或者没有意识到任何消极的经历。或者也可能他们一开始并没有太多需要面对的消极情况。

有些 7 号有着快乐的童年，然后突然就结束了。他们记得在创伤发生前的喜乐生活，所以他们相信天堂是存在的，他们想要重新找到天堂，并计划如何回去。

也有些 7 号有过受伤和被剥夺的童年经历，但他们尽力通过开玩笑、说笑，或用更积极的眼光重新叙述童年的故事来克服痛苦。

7 号可能会因为逗乐和鼓励亲人与他人而受到奖励。他们轻松、愉快、不抱怨的性格受到看护人的认可，并得到了他们想要的。婴儿很快注意到自己的微笑会引起他人的微笑。7 号利用这一现象，并以此为生。

7 号发现，最好的生存方式就是尽量减少自己的痛苦。如果他们可以笑看自己的苦难，那就不会感到低落。眼不见心不烦，他们学会了避开黑暗，这样他们就不会被黑暗所困扰或感到害怕。7 号一边踩着垃圾一边走。

他们在计划一件事时比实际去做时更快乐，更少痛苦。这些幻想变得比他们的工作更令人愉快。

7 号通过将恐惧转化为无尽的可能性来处理恐惧。他们学会了躲进头脑里，以避免痛苦，通过想象，通过旅行到未来令人愉快的地方，来逃避当下的不愉快。

身体特征

不难想象，7 号往往面色愉快，脸上露出快乐、圆胖、可爱的表情。他们不会因为内疚或担心而过度紧张，所以比起其他类型的脸，他们的脸较少衰老和有皱纹。

阿里卡面部分析理论认为，7 号的嘴左侧更加紧绷，导致下巴被拉到左侧。

虽然 7 号的恶习是贪馋，但他们并不一定超重。大多数人的身体比例维持得很好。

沟通方式

7 号喜欢讲故事，经常用夸张、拈连的手法阐述事件和人物特征。这些故事给生活增添了趣味。而且在复述故事时，7 号又一次美滋滋地体验了一遍过去的事。

7 号性格外向，健谈，喜欢让事情保持轻快来娱乐大家。他们是很好的礼仪大师。喜剧演员中也常见 7 号。

他们喜欢谈论人，不是诽谤，而是以一种取悦他人和开玩笑的方式。

7 号会用一种概括性的语气说："这将是一项有趣的研究。"他们喜欢"迷上"事物，只要他们只是谈论而不必采取任何行动就行。他们经常用类比和比喻的方式交谈，因为这样更容易避免痛苦的现实。

他们的音调往往很高，像女高音一样，仿佛他们的声音也随着他们的想法和想象一起翱翔。"喔！""哇！""真的！""好极了！"都是 7 号口中经常听到的感叹词。

范式的转换

在压力或安全条件下，7 号会发生以下范式转换：

	压力条件下	安全条件下
积极面	+1	+5
消极面	−1	−5

压力条件下

当 7 号经历内外部压力时，他们可能会发现自己不由自主地通过扭曲棱镜来看待世界。或者他们可能戴上 1 号的扭曲棱镜，让自己的视线更加模糊。或者他们采取更积极主动的适应性立场，透过 1 号的正确棱镜来看待现实，让自己的视线更清晰。

（1）戴上 7 号的扭曲棱镜：使用自己老旧错误的棱镜

当 7 号戴上自己的扭曲棱镜，他们会更深地进入头脑中心，更多地运用理智、灵性和合理化的手段。他们对感受和行为轻描淡写，他们的反应范围会缩小到他们在想象或想法中能做什么。

随着他们越发追求最大化快乐和最小化痛苦，他们更加执着于体验高峰，避免低谷。他们试图通过取笑环境、不把自己或他人看得太认真，来让事情变得更加轻松。

他们可能试图通过专注于未来或过去的快乐来避免当下的痛苦，逃避当下的时刻。他们投入更多精力来规划未来可能产生的快乐，这让他们距离当下和眼前的工作越来越远。

7 号可能会继续加入各种激情满满的团体或聚会，来克服他们的恐惧。

如果反复这样做还是不起作用的话（通常会如此），7 号就会开始使用 1 号的扭曲棱镜来看待世界。同样，这种转移也是自动发生的，7 号会无意识地倒退到 1 号的扭曲棱镜。

（2）戴上 1 号的扭曲棱镜：使用他人老旧错误的棱镜

透过 1 号的扭曲棱镜，7 号变得愤怒而充满怨恨，因为他们的生活没有他们希望的那么愉快。他们快乐的期望没有得到满足。然后，就像 1 号一样，他们会避免或否认自己的愤怒和怨恨，同时避免自己的痛苦和苦难。

因此，他们的愤怒会以讥讽、讽刺或批评的形式表达出来，也会表现为对生活不公平或毫无乐趣的怨恨。他们抱怨其他人破坏了游戏，指责他人泼冷水、戳轮胎，扰乱了他们愉快的梦。

如果7号没有表达出他们的愤怒和失望，那么他们可能会把愤怒转嫁到自己身上，变得自我贬低，接着变得抑郁。当他们从乐观向悲观转变时，他们不再试着显得很好，也不再微笑。

当7号放弃了对生命的自发的欣赏之情，放弃了在一切事物中自然地发现价值的能力，他们就会变得挑剔而刻薄，留意那些失去的东西，不再能发现美好的祝福。而且，正如经文里所说的，这些衍生出来的恶魔，比原始的更可怕。

（3）戴上1号的正确棱镜：获得一个新视角

以上是坏消息。好消息是，和其他类型一样，压力可以带出7号最好的一面。在压力下，7号会戴上1号的正确棱镜，练习1号的适应性行为。他们会变得更有纪律，更专注，并坚持执行他们的计划和项目，完成它们。

他们会先做他们应该做的，然后再开展愉快的活动。他们的优先度转移到了当下。不像从前那样只做有趣的事情，现在他们有动力去做正确的事情，或者去做那些环境需要他们做的事情。他们立足于当下，而不是超然当下来避免当下的情况。

当他们变得更加专注时，也会变得更加仔细，不那么飘忽不定，更多地以当下为中心，而非以未来为导向。就像健康的1号一样，他们把自己飘忽不定的理想塑造为现实，在当下工作，实现他们的理想和梦想。以他们自己的方式，7号同样可以像1号一样专心致志。

他们可以使用7号的友善的接纳性靠近他人，也可以像健康的1号那样，带着坚定与专注对抗他人，恰当而真挚地表达自己的愤怒，努力改变不公正和不公平的情况。

安全条件下

（1）戴上7号的正确棱镜：从自己的角度看得更清晰

当7号发现或进入一个安全稳定的状态时，他们通过自己的正确棱镜来看待世界。在这个客观视角下，他们能够在所有境况下保持当下，观察并接受所有的好与坏、快乐与痛苦、光明与黑暗、高与低。他们可以同时拥抱对立两极。

在这种节制的状态下（这与无聊不同），7 号可以在当下与自己待在一起，而不把自己投射到未来。他们遵循禅宗的戒律去做他们正在做的事情，而非用幻想来分散自己的注意力。了解到快乐取决于为自己和社区工作，他们会去做值得做的事，而不仅仅只做有趣的事。或者他们会意识到，两者实际上是可以共存的。

7 号认真对待自己和自己的处境，相信自己的洞见是非常重要的，需要努力去实现它们。他们很有信心，哪怕遇到沉重的境况，也不会骤然跌落。他们相信就算松开翅膀和气球，也不会掉进坟墓。即使真的跌倒了，他们也相信黑暗、凄凉和沉默会促使人们成长。在这种视角下，7 号可以忍受痛苦，而不必试图回避、合理化或升华痛苦。

（2）戴上 5 号的正确棱镜：获得一个新视角

当 7 号转向 5 号的正确棱镜，他们用上了 5 号理想化的自我形象“我是智慧的、富有洞察力的”。这有助于他们重视自己的洞见和理解，并鼓励自己努力应用这些洞见和理解。这也有助于平衡他们认为自己不重要、注意力无法集中的扭曲信念。

5 号的视角会引导 7 号散乱的想象和能量，让它们更集中。5 号有组织的架构也会让 7 号迸发出创造力和直觉。他们变得专注、贯彻始终和有条理，为下一步制订具体目标和采取行动做好了准备。

5 号的视角为 7 号的幻想提供了一个管道和容器，就像 1 号的视角有助于纠正和引导 4 号的幻想和感受那样。这两种让思绪聚焦的棱镜都会自然而然地让他们参与到现实世界中的行动里。

5 号往往会彻底搞清楚他们感兴趣的东西，有系统地探索某一主题，直到他们真正理解它。字斟句酌的研究减缓了 7 号蜻蜓点水的倾向。用这种向内看的方法，7 号得以咀嚼、消化和吸收他们的经验，不再像吃自助餐时那样狼吞虎咽，胡吃一通。

在 5 号的棱镜下，7 号学会了品味沉默、静谧和孤独。他们发现，不论是在宁静中，还是在兴奋、超负荷的感官体验中，生命都能够绽放。带着5号的视角，7号可以保持安静，仔细观察，滋养他们的内在和本质自我。通过强化他们的内心观察者或公正见证者的地位，他们能与当下境况保持和谐，不沉溺于自己的幻想中。

当7号训练自己超然，那么他们在面对发生的事情时既可以采取远离的立场，也可以采取靠近的立场。他们在被卷入事情的同时也可以保持一定的距离，这为7号提供了一个更为客观的视角。

（3）戴上5号的扭曲棱镜：让你的视野更模糊

在安全、无威胁的情况下，7号也可能会使用5号的扭曲棱镜，显得高瞻远瞩。在这种情况下，他们就像5号那样，强迫性地后退很远，试图撤退并消失。这时他们可能会脱离现实，变得更加迷恋他们的梦想和计划。他们可能会把他们贪馋的生活方式与5号的贪婪结合起来，想要积累更多的体验、旅行和小饰品。

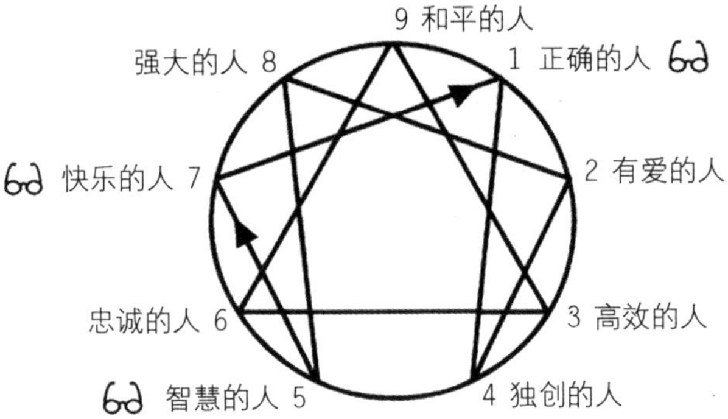

向侧翼的转换

7号会受到它两翼的6号和8号的正确或扭曲棱镜的影响。在使用这些棱镜时，7号要么拥有更多高效的可能性，要么增加了不必要的观念。

（1）戴上6号的正确棱镜：有益的侧翼视角

当7号获得6号的积极特质时，他们会忠实于一个选定的行动方案，纠正了他们一有新事物就想尝试的低效策略。他们不再只是浮于表面，而是通过深度探索来弥补。6号的忠诚帮助他们与有限的群体结盟，从而让他们对无限自由和归属的渴望得以落地。6 号在 7 号的无忧无虑心态中注入了清醒、严肃和克制，增强了他们节制的美德。理智地考虑可能出现的问题，平衡了他们认为一切都会好起来的盲目乐观倾向。6 号的视角为 7 号的计划、游戏和追求快乐增添了义务感和责任感。6 号在面对责任的时候能够延迟满足感，中和了 7 号只想做有趣和愉快的事情的欲望。6 号的勇气也让 7 号更加关注当下，和眼下的工作有更好的联结。

（2）戴上 6 号的扭曲棱镜：无益的侧翼视角

当 7 号被 6 号的消极特征所影响时，他们会夸大自己潜在的恐惧，这可能会使他们变得更加反复无常和逃避现实。自我怀疑加大了 7 号将计划付诸行动的阻力。这让他们不太可能坚持自己的计划。权威问题也越发突出，黔驴技穷之下，他们会把人和事分为三六九等，通过评估谁的计划更好等方式划分高低贵贱。带有强大 6 号翼的 7 号，在不负责任或未履行承诺时，可能会感到内疚；他们也可能会感到被义务所拖累，没有自由。他们对自由的一种理解是：我们是自由的，所以我们可以做我们应该做的。7 号社群副型常常感到责任是一种负担。

（3）戴上 8 号的正确棱镜：有益的侧翼视角

当 7 号转向 8 号积极面时，他们更容易使用自己的权力。他们很坚定，接过项目，马上从计划到行动，快速抓住要害，在开诚布公和与他人的互动中表现得更诚实。8 号的视角拴住了 7 号高飞的态度，让他们落实到具体的努力和成果上。8 号天真和诚实的美德，中和了 7 号对自己的能力和成就抱有的欺骗性乐观态度。他们感到自己的热情、坚韧和力量都更加强大，不那么害怕被伤害了。疼痛是一种挑战，是生活中正常的一部分，无须恐惧和避免它们。拥有强大适应性 8 号翼的 7 号显得非常宽宏大量。

（4）戴上 8 号的扭曲棱镜：无益的侧翼视角

当 7 号戴上 8 号扭曲的棱镜时，他们的坚定就变成了攻击性。他们把自己的计划强加于他人，并坚持让他人按自己的方式做事，主要是鼓励他人玩得开心。对于更多体验的贪馋和 8 号纵欲的驱动力交织在一起，他们渴望立即得到他们想要的东西。在他们想象的等级制度中，他们占据显赫的地位，他们是他人的领主。他们对别人的感觉或想要的东西不太敏感，变得更加自我沉溺，为了自己的快乐和利益而利用别人。

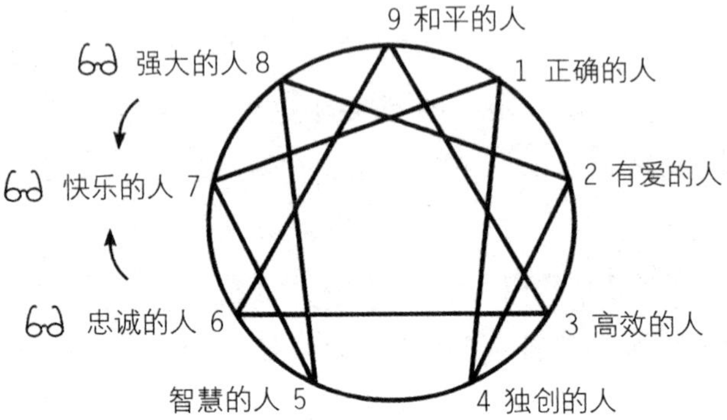

副　型

（1）性本能副型

当贪馋的恶习污染了性本能，导致的结果就是暗示和迷恋的状态——尤其是迷恋于新关系出现的可能性。7 号性本能副型对脑海中浮现出的念头立即接受，或者不加判断就轻易付诸行动。他们的想法多到他们不知道如何是好。脑海里出现任何建议或可能性，很快就变成了像现实一般真实可信。这一副型很容易被说动参与到某件事情中，而来不及清醒地考虑自己到底要做些什么。这种本初的迷恋，让他们对流程、产品、人员和他们不太了解的地方充满热情。一个 7 号性本能副型在参加了一场入门性质的工作坊后，就带着传教士般的热情讲述“九型人格”。当人们问起他关于这个体系的更深层次的问题时，他才意识到自己几乎不了解自己在兜售的东西。

“猴子的心”尤其诠释了这种副型的普遍状态。大脑冲动地从一个有趣的想法跳到另一个，分散于各种新兴事物，乱了方向。

虽然所有的 7 号都喜欢多样性，但 7 号性本能副型尤其渴望多样性。他们迷恋新奇的、具有异国情调的事物。他们的专注度和人际关系往往都很短暂。他们的体验往往是强烈而短暂的。

7 号性本能副型喜欢漫游去看新的地方，进行新的探险。他们往往周游世界各地，在环游地球的旅途中来一次邂逅，而一旦定居太久，就会变得无聊。

7 号性本能副型可能会倾向于唐璜主义[①]、性滥交，尝试各种性方面的新体验。对他们来说，性的“旅途”比长期的关系更有趣，也更令人兴奋。尝试同性恋、双性恋等体验，在 7 号性本能副型中并不少见。

像 4 号那样，7 号性本能副型也会让他们的关系很浪漫，以避免日常交往的单调和局限。他们把自己的幻想投射到伴侣身上，实现自己的幻想，而不是与真实的人接触。

（2）社群副型

奇怪的是，当贪馋的恶习转移到社群本能时，7 号会为了家庭或所属社区而牺牲自己的选择，限制自己的可能性。这是 6 号社群副型的“责任”在 7 号版本下的演绎。对他人福祉的责任让他们限制了自己的可能性。这也削弱了他们的贪馋，但只是暂时的。因为 7 号社群副型希望，一旦每个人都快乐，或者一旦他们的孩子长大了，他们就能继续实现他们所有的可能性。

一群有趣而刺激的人因相同愿景和目标而聚在一起是非常美好的。不幸的是，有时小组会议会变成乏味的殉道者活动。7 号社群副型为了与志趣相投的群体合作而接受了这些社群局限性。为了在家庭、政治团体或宗教中追求他们的理想，他们愿意放弃或牺牲一些个人自由——这也有点让人联想到 1 号的理想主义。

18 世纪政治哲学家、作家卢梭的社会哲学正诠释了这种副型。卢梭相信并哀悼，社会的限制是导致人类苦难和堕落的原因。一旦消除了文明对我们的自由表达和发展的限制，我们就回到了真正的幸福、仁慈、高尚的野蛮人时代。人文主义心理学也带有这种乐观的气氛。

（3）自保副型

当贪馋与自保本能相遇时，你会想要通过归属于一群志同道合的人来维护安全感，而这群人所相信、追求和捍卫的事情和你所做的一样。电视连续剧《干杯酒吧》（Cheers）描绘了这样一种 7 号自保副型的氛围，在其中，酒吧里的朋友成为一个人家庭，它和一个人的原生家庭或核心家庭一样重要，甚至更重要。5 号自保副型和 6 号自保副型寻求内心的避难所，而在 7 号自保副型那里，外部

① 唐璜是世界名著《唐璜》中的主角，生活放荡，喜好享乐。——译注

的大家庭成为安全的避难所。

7 号自保副型喜欢穿梭在各种圈层里，他们会被社区、社交圈子、酒友、旅游团或其他聚在一起玩的俱乐部所吸引。他们表现出一种“四海皆兄弟”的性格，希望大家都谈笑风生，不聊严肃的问题。

7 号：快乐的人

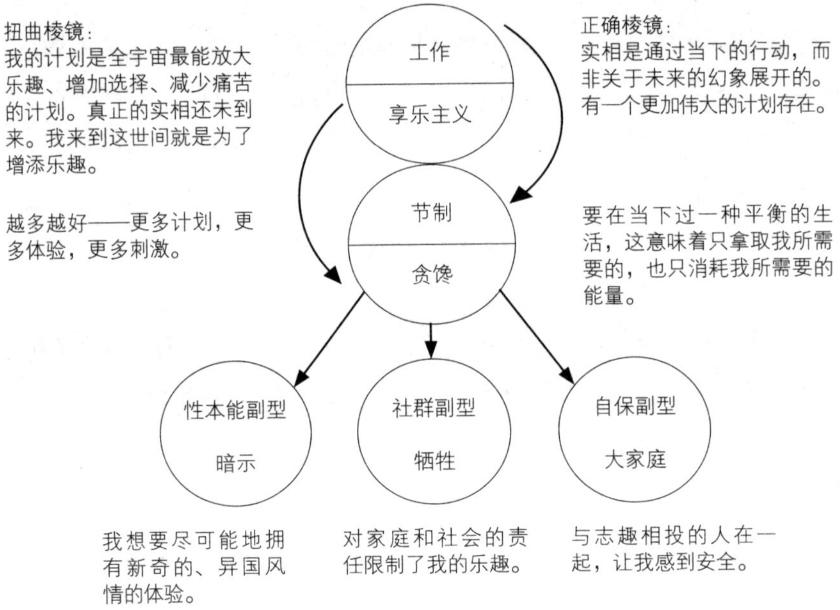

总　结

快乐的棱镜带来了欢庆和喜悦激情的愿景。它代表着希望和令人振奋的可能性。走在这条道路上的人拥有一种乐享人生的态度，能够凭借直觉发现每件事好的一面。他们活泼、开朗、孩子气，喜欢交际。他们想要让世界变得更加愉快，并本着节制的精神发展下去。

享乐主义的范式表现为一种对享受乐趣、避免痛苦，并确保无限可能性的夸大了的需求。他们用计划代替行动。他们的关注点是美好的未来。遵循这一愿景的人会沉溺于高峰体验，避免苦难和辛苦工作。他们会变得强迫性乐观，浅薄，追求快乐。他们错误的信念是：我正在体验每一件事，并且过得很愉快，所以我不会感到无聊。贪馋驱动着这种方式，并消耗了更多能量。

价值观：快乐、热情、多样化。

愿景：让世界变得更加轻松美好。

适应性认知模式：生活，工作，让自己活在当下；在当下工作能够带来真正的满足和满意；少即是多。

适应性情绪模式：节制：一次只做一件事；一心一意；只接受和消费需要的东西。

适应性行为模式：乐观、活泼、创造性地参与世界；令人振奋的可能性 + 不辞辛苦的工作。

非适应性认知模式：一切都必须是积极的；没有糟糕的旅行；限制和无聊比死亡更糟糕；如果有疑问，那就创造更多的选择。

非适应性情绪模式：贪馋：一点点也不错，越多越好；如果不好玩，为什么还要这样做？

非适应性行为模式：追求更多的刺激和体验；沉溺于高峰体验；在生活中游手好闲。

主要脆弱点：受到限制。

回避区域：痛苦、苦难。

防御机制：合理化；给所有事情披上积极的面纱。

有益的范式转换：专注；深入；坚持；稳定；同时接受阴与阳、快乐与窒息、光明与阴影。

无益的范式转换：当事情不按你的方式发展、没有乐趣时，你会变得易怒，充满愤恨；更多的思考和幻想，更少的行动。

---

8 号棱镜　实力的视角

8 号的自我判定

根据以下这些陈述与你的契合程度进行评分：

1 几乎从不

2 很少 / 罕有

3 有时 / 偶尔

4 经常 / 频繁地

5 几乎总是

____ 我喜欢做一个激进分子。当事情需要改观的时候我就来搅搅局。

____ 我争强好胜，喜欢使唤别人。

____ 我生命中没有太多时间来哀叹感伤。

____ 我不喜欢拐弯抹角或甜言蜜语。

____ 我为我是一个自主和自决的人而自豪。

____ 别人对我不公我就惩罚别人，自己行为不公我就惩罚自己。

____ 我比大多数人更独立和自决。

____ 我是个坚定务实的人。需要做出困难的抉择时我就会挺身而出。

____ 相较于多情和矜持而言，我更喜欢积极进取。

____ 我一疯起来就会报复。

____ 必要的时候我也会动粗和怒怼。

____ 为了得到我想要的，必要时我也会恐吓他人。

____ 我善于嗅出虚伪，我会不停地逼迫虚伪的人原形毕露。

____ 我会为自身权利挺身而出。如果我不那样做，还能指望谁呢？

____ 一旦我得到了想要的东西，我就会把它消耗殆尽。

____ 在这世界上，相较于阴柔的姿态，我更喜欢阳刚的气场。

____ 公正对我很重要。我密切地关注着是否每个人都得到了他该得的那一份。

____ 我以自己心理和情感上的强大为荣。

____ 如果局势纷乱，我愿当领头羊。

____ 能施展巨大的影响力对我来说很重要。

____ 总分

核心价值观

8 号所看重的资产是实力（strength）。无论何时，他们都懂得如何去获取权力、维护权力、使用权力和扩充权力。他们对力量（force）有种天生的直觉。他们一走进房间就能感觉到谁在主导局面，如果他们要掌控这个房间的话必须去和谁交涉。

8 号所注重的价值还包括自主、独立、保持自我本色、做自己的事情。他们不喜欢被别人指使去做这做那；他们自己就能解决问题。8 号在正确棱镜下展示出男性精神——阿尼玛斯（animus）[①] 最好的一面。但不幸的是，他们在扭曲棱镜下的表现则代表了男性中最糟糕的一面。这对男人和女人来说都是一样的。

当 8 号从更好的自我出发来行事时，他们会动用自己的权力来为他人谋福利，构建社会共同体。他们会愿意与他人分享自己的实力，鼓励和帮助别人。他们的范式使其成为强有力的领导者。

8 号展现出来的神性一面是权能和实力。路德唱道："上帝是我们的坚固堡垒。"上帝被称为"全能的"，一些 8 号并不反对将这样的称号套在自己头上，他们通过自己的无比自信的方式来展现上帝的实力。在 8 号的仪态中，存在着某种父系权威或母仪天下的品质。在狂风骤雨的危难关头，他们是有能耐的领导者、优秀的庇护者和人们可以投靠的安全港湾。

---

① 阿尼玛斯是荣格提出的心理学概念，指女人无意识中的男性性格与形象。——译注

8 号的处事风格往往是慷慨大方和宽宏大量的。他们对自己的资源和友情从不吝啬，只要你以真诚和公平之心待他们，他们就会与你成为终生挚交。

在 8 号的价值层级结构中处于很高地位的另两种价值是真诚和正直。8 号往往是直白和坦率的，说话直来直去。他们从来不拐弯抹角说废话，也希望别人这样对他们。他们不喜欢弄虚作假和说一套做一套，往往能敏锐地嗅出任何虚情假意和矫揉造作。然后他们就会对对方施加足够的压力，让对方摘下面具，现出原形。

8 号看重公正，特别是平等意义上的公正——权力的平等分配。8 号受不了某人或某物有太大的、凌驾于他们之上的权能。他们会为每个人的平等权利而奔走呼号。他们常常是社群的组织者，四处游说，为那些被剥夺公民权的群体打气和争取权利。索尔·阿林斯基（Saul Alinsky）论述社群组织的书所讨论的，正是 8 号如何管理权力。

如果你问 8 号生命的意义何在，他们会说他们生来就是为了让这个世界变得更正义和公正，或者他们来到这世间就是为了宣称他们的权能、自主权和成熟性。他们要在这世界掌管自己的命运，掌握各种能力，掌控自己的生活方向。他们要在这世界实现自己的自由，做一切依其意愿来选择做的事情。专为弗兰克·辛纳屈（Frank Sinatra）而写并由他演唱的歌曲《我行我素》（I Did It My Way）正是 8 号的圣歌。

8 号的空间是一个填满能量的仓库。可以说，他们比任何其他人格类型都更充满了原生的能量。他们在做每一件事情的时候都饱含着激情。“生命只有一次，所以要倾注你全部热情来度此一生。”8 号工作尽力，娱乐尽兴，祈祷尽诚，学习尽心，凡此等等。他们只要一开始，就会全身心地投入进去。他们也很擅长聚合他人一起投身事业， 并激发他人内在的力量、勇气和信念。

8 号一面对挑战就会兴奋，在遭遇矛盾冲突和困境时反而生龙活虎。他们天生就对解决纠纷和争斗很在行。当其他人躲在床底颤颤巍巍、不敢作声时，8 号却正一跃而起，付诸行动。

在电影《巴顿将军》（Patton）中有一个不可思议的、表现 8 号的场景：当敌机猛烈轰炸巴顿的营地时，其他人都急忙跳水隐蔽，唯有乔治·巴顿将军双腿呈人字形撑开，站立在空地上，向空中举起两把手枪，朝敌人的战斗机开火。

8 号内心充满自信，并且怀有一种健康的自尊心，通常不会被太多的内疚感所困扰。由于内疚感会阻碍意志、意向、目的和行动，而 8 号很注重并且投入精力来实现这些价值和品质，所以内疚感所能耗费掉的时间和精力可谓微乎其微。

范式视角、专长与格言

以下是 8 号认为自己的人格类型对团队的贡献：

- 把握重点的能力。
- 热忱和激情。
- “去行动”的能力和精力。
- 冒险精神。
- 通过压制自己的恐惧心来提高别人的信心。
- 激励、挑战别人。
- 辨识诡计的能力。
- 洞见该做什么。
- 保护弱势群体，为他们伸张正义。

以下是 8 号从自己的视角提出的一些建议：

- 诚实、公平和正义总是好的。
- 精力充沛、有主见和强大总是好的。
- 生动活泼的讨论是好的。
- 自由是好的。
- 有时候，缓慢但沉稳确实能让你赢得比赛。
- 我有一个梦想。
- 力量就是爱。
- 力量成就善。

以下是一些反映 8 号观念的格言：

- 权力成就权利。

· 不许践踏我。
· 去死吧！鱼雷！全速前进。
· 乱世出英雄。
· 复仇的滋味是甜美的。
· 行胜于言。
· 没有金刚钻，不揽瓷器活。
· 船在人在，船亡人亡。
· 好人没好报。
· 进攻是最好的防御。
· 我来，我见，我征服。
· 我就是国家。
· 谨慎是更大的勇气。
· 有抱怨的人，是对生活有追求的人。
· 耶和华对摩西说："你为什么向我哀求呢？你吩咐以色列人往前走。"
· 正义是行动中的真理。
· 迟到的正义就是没有正义。

正确棱镜 / 适应性认知模式

当 8 号的棱镜与现实一致时，他们对真理和公正的理解就是正确的。他们相信并确信宇宙法则本质上是公正的。不是不报，时辰未到。"主说，伸冤在我"可不是 8 号的风格。当他们认为公正不再时，他们能够让公正复归其合法的原位，重新回到上帝和作为整体的宇宙中去。而当他们不希望被公平对待时， 他们就会用其乖僻的个人真理和自己所理解的公正，来取代普世的真理和权利。

8 号的正确棱镜认为，天地宇宙的本意是要公平地对待他们，而不是要灭绝他们。当他们这么理解的时候，他们那原本强烈的控制欲就得以舒缓下来。

现实就存在于此地此刻。体验这种现实之真相的方式，应该是完全清新地面对每一个当下的瞬间，不带任何期望，也不带任何先入之见去预想应该会发生什么事情。这也就是一个天真的人的态度，而天真正是8号的美德。

美德 / 适应性情绪模式

当8号以他们的真实自我来生活，并且当他们能够正确地理解真理和公正之时，他们才能体验到天真这个美德。这个美德就是爱，就像孩子对当下这一刻的那种天真反应所表达出来的爱。对每时每刻都应以焕然一新的状态去体验，不携带任何记忆，不附加任何判定，不预设任何期望。与此形成鲜明对比的是，防御型8号拖着疲惫的身躯走到当下，总担心自己受到伤害或被人利用，总以为人们的目的就是要欺负他。天真意味着自然而然和简简单单地活在当下，性情坦荡，无论现实如何残酷都不会伤到自己。

天真（innocence）的拉丁词根是innocens，意即“不会伤害”。一个天真的人会用这样的态度来对待每一个人和每一件事：“为什么我要去伤害别人呢？又为什么我要被人伤害呢？”天地宇宙是绝对公正的，而不会像我们印象中的某些奥林匹亚神祇[1]那样记仇和充满报复心。

当8号处于健康状态时，他们呈现出一个自然、迷人、令人陶醉的少男或少女的品质。他们对生命充满喜乐和感激，而不会想去碾碎或虚耗它。

天真也一定意味着对生活本身感到十分满足，而不是贪婪地总想去攫取更多，后者意味着8号能量的缺陷和扭曲。

扭曲棱镜 / 非适应性认知模式

一旦8号脱离了他们的本体，他们就感知不到天地宇宙是正义和公平的。由于他们不再相信凡事都遵循着公平的原则而展开，他们必须让自己成为正义的创造者。为了保护和保存自己，他们成为评判何为公平、公正和正当的仲裁者。他们心中的虚假自我和小我用其个人的、偏颇的正义来替代客观的、普世的正义。现实社会从来都不够公正，因为它从来不曾达到8号所预想的应该的

① 古希腊罗马神话中的诸神都居住在奥林匹亚。——译注

样子。复仇和算账取代了公平和正义。“伸冤在我”，8 号如是说。

8 号通过他们的扭曲棱镜怒视着外界，他们所体验到的世界是严酷的、不公正的和冷漠无情的。在成长的过程中，他们并没有感觉自己受到足够的保护，或被自己的看护人喜爱和认可；现在他们要掌控一切，以便让自己感到安全，能够照顾好自己，并确保别人会倾听他们的诉求。只有在掌权的时候，他们才会感觉保险，知道自己说话有分量。

范式的补偿

8 号的主观范式仅仅是他们的客观范式的一种夸大。为了补偿他们所失去的存在感、所迷失的自己以及他们因此丧失的影响力、效能和安全感，8 号从信心满满走向了富于攻击性。他们运用手头的权力来对抗世界，而不是恩泽天下。权力沦为他们为小我服务的工具，而不是表达真实自我的高尚的方式。

如果你问 8 号如何才能存活在这个世上，他们会宣称：“要成为整条街上最凶悍的孩子王。”“宁可我负天下人，休叫天下人负我。”“先发制人。”“最好的防御是进攻。”“乱世出英雄。”“要振聋发聩，众人才会倾听。”“耶！尽管穿行在黑暗之谷中，可是我一点儿都不害怕邪灵，因为我就是山谷里的一只母狗最残忍的儿子。”权力是 8 号人格的撒手锏。

8 号的范式赋予了他们对权力的直觉感，他们懂得如何获取优势并保持到底。他们本能地知道如何迫使其他人退居守势，从而维持自己的核心地位，有效地控制住那些人。

多年前我认识一个大学毕业的男生，他认为自己就具有 8 号人格。一天，一位女教授把他叫到她办公室。这时就出现了权力上的失衡。他那时还只是个学生，而教授是个权威人物。教授占据先机，拥有主动权，把他叫到她的办公室。她知道会谈的内容是什么；但他不清楚。所以她在这种情境下占有优势。既然学生不知道会谈的内容，所以他就无法事先有意识地酝酿该说些什么或该做些什么。于是他走进办公室，随口对女教授的动作评论了一下，那个时期正流行这种说话方式。女教授猝不及防，马上转为守势，产生了防御心。8 号在暂时失手的不利位置时，会先下手为强（或者打出第一记拳），让对手头晕目眩，然后反客为主，控制局面，一直到会谈结束都维持着主导权。所有这一切都是本能地进行，可能根本未曾被双方所意识到。8 号懂得如何获取、使用和保持权力与控制权。这是他们生存的秘诀，而且他们在这方面很有一套。

8 号坚韧不拔，常常脱颖而出并稳踞巅峰。如果他们还不是领袖，那么他们会对目前的领袖充满尊重和敬意，因为 8 号将会向他们发起挑战，同他们较量，以证明自己的英勇气概。他们从来不会承认自己是失败者，即便看起来某个人可能曾击败过他们。对于 8 号来说，只要他们还没赢，游戏就没有结束。在他们的思维中，交锋时刻在进行，他们在未来某个时刻总有机会撒手一击，终获凯旋。复仇则是 8 号为结束游戏和取得最终胜利而在扭曲的心灵下采取的策略。

理想化的自我形象

8 号的扭曲棱镜是围绕着“我强大无比，我能做到”这个理想化的自我形象而建构起来的。8 号过度确信自己很强大，并为自己直接采取行动的能力感到十分自豪。他们相信自己能够胜过任何其他人。一位后来当上了校长的 8 号教师在一次晚宴上不动声色地说：“我认为世上没有什么是我做不到的。”在他说话的语气里并没有流露出明显的傲慢；他只是就事论事地做一番陈述而已。

8 号对自己充满信心。他们信任并依赖自己的实力。

8 号的自我形象的另一面则表现为独立、自主和注重自身。他们强调个人发展中的分离和个性化的方面。他们较少去关注与他人互相依存、缔结关系、彼此关联和团结一致的情境。

弗里茨·佩尔斯可能就具有 8 号人格。他的《格式塔祷文》（Gestalt Prayer）是一篇经典的 8 号的演说词。

> 我做我的事情，你过你的生活。
>
> 我入此红尘，并非为满足你的期待；
>
> 你来此世间，也不为实现我的愿望。
>
> 你就是你，我还是我，

若缘分让我们相遇，自然美好不过；
但若时机未到，天意不可强求。（佩尔斯，1969：4）

佩尔斯宣扬以自我支持取代外部支持。自足性和个体性上升到前台，而依存性和关联性则撤退至后台。一个能同时维持两种极性的超级坐标将具有“在外部环境中自我支持”或“在关系中保持自我关联”的特征。

佩尔斯的《格式塔祷文》还有一个修正版，它对人的自主—关系本质的双重特征均给予同等的尊重。

如若我只做我的事情，你只过你的生活，
彼此恐失之交臂，
自身亦不可幸免。
入此红尘，我虽不为满足你的期待，
但来此世间，我只为确证
你是独一无二的存在，
也希望得到你的证言。
相互关联，我们方能成就自身；
离开了“你”的“我”，瞬间瓦解土崩。
与你相遇，非因缘分；
与你相识，乃因我不停歇地寻寻觅觅。
不甘坐等一切从天而降，
我能安排自己的命运。
的确，我只能发轫于自体，
却决不能终结于孑然一身。
万物皆成双。（塔布斯，1972 于都柏林，1977：142）

佩尔斯原创的祷文与 8 号的扭曲棱镜和非适应性模式一致，而修正版的祷文则更符合 8 号的正确棱镜和适应性模式。

范式的维持

8 号维持非适应性模式的方法，是在其生存环境中仔细搜寻能够为其灰暗的厌世观提供合理化理由的蛛丝马迹。他们的先入之见巩固了他们的模式。于是他们陷入了满腹牢骚、愤世嫉俗的心态，到处找碴儿，时时与人为敌，总以为自己会被人欺骗、利用。令人惊讶的是，这种心态居然真的导致他们预想成真。进攻引发了回击。8 号总发现自己的权力要么被拱手让渡了出去，要么受到了别人的挑战。

一方面，8 号把自我形象（强大）中的阴暗面（软弱）投射到其他人身上，其他人因此被视为具有胆小、懦弱、娇气、优柔寡断、黏黏糊糊、心肠软、愚笨、感情脆弱、不独立、轻信以及其他类似的让人讨厌的性格特征。于是那些人就可以被推来搡去，可以被控制、使唤、操纵、利用、使用等。既然世界上每分钟都会诞生一些傻瓜，所以 8 号要把他们控制起来真是易如反掌。

另一方面，8 号也把自己的愤怒和实力投射到他人身上，结果返之于己，收获的是来自对方的攻击。所以他们感觉整个世界都对自己充满了敌意，都想要迫害他们。8 号常常没有意识到，那些他们以为是其周围人所具有的特征，其实恰恰是他们自己特质的一个镜像，他们正是搬起石头砸自己的脚。

有时被称作"精神分析之母"的梅兰妮·克莱因（Melanie Klein），曾谈到儿童如何将自己的脾气和愤怒投射到其父母身上，然后把父母对他们的愤怒反应视为一种敌意。她在其中发现了一些有意思的东西。克莱因像佩尔斯一样认为，攻击是比性更重要的本能。

如此，8 号总会发现自己被一群懦夫或攻击者所包围。有时候即使根本没有人挑战他们的权力，他们也会感觉受到威胁。

一位 8 号曾讲述了自己在一家食品杂货店购物时发生的事。她已经在那家店里买了 20 多年的东西。结账时，收银员算出她的账单总金额，她递过去一张支票。他又递还给她，让她在上面写下电话号码。这本是一个相当常规的要求。但是从一个 8 号的观点来看，这个行为可能被视为一种对抗，一种对其权力的挑战，并涉及控制权的问题。她把支票再递给收银员，说她是那家店 20 多年的老主顾，以前从没有人要求她在支票上写电话号码，所以她这次当然也不会这样做。这位新店员回答说这是店里的规定，如果不写的话他不能接收支票。她说：“好吧，把经理叫过来。”就此双方形成了僵局，一场战斗难以避免。经理现身了，他重复了收银员说的话，而她也重申了她的立场。她背后排起了长长的结账队伍。她才不管那么多。她感觉自己的荣誉和正义感受到了挑战，所以她不打算退让。最后，经理宣称他不能接收她的支票，她便回答道：“行，你们可以把所有这些东西（大概有 10 个购物袋那么多）都放回货架上去，我要走了。”经理思忖再三，决定退让一步，接收了“没有”写电话号码的支票。据我所知，那家店里再也没人向她提这个要求了。

当我把这个故事复述给一群 8 号听时，其中一位建议那位顾客这样回答：“你需要一个电话号码吗？来，我给你。911！因为这里有紧急情况，我处于危险之中！”

如果你为自己的权力感到自豪，并且要靠它生存，你就不能把它拱手相送或轻易让它流失。你得每天都练习使用它，并且不断去获取更多权力，就像锻炼你的肌肉一样。这种对权力的实践和练习，正是 8 号维持他们的范式的方法。

8 号维持他们的理想化的自我形象的另一个基本方法是通过纵欲这个恶习。

恶习 / 激情 / 非适应性情绪模式

驱动和维持着 8 号扭曲棱镜的被错用的能量是纵欲。这里说的纵欲，在 8 号的世界里不仅仅局限于性能量，而是包括了所有过度和强烈的能量和欲望。这种对生活的贪欲常在这样的言辞中被淋漓尽致地表达出来：“要轰轰烈烈地过一生”；“不到黄河心不死”；“背水一战”；“去死吧，鱼雷！全速前进！”

8 号对极端事物充满了激情。在烈度上他们与 4 号有些相似，只是缺乏后者的微妙和精明。8 号的被扭曲的能量具有一种强迫性的、贪得无厌的和贪馋的性质，有点像 5 号的贪婪和 7 号的放纵。只是 8 号会更加公然地展露其占有欲，更急切地想攫取。

8 号会轻易地宣示责任和所有权。他们的领地边界会扩张到囊括他周围所有人和物。他们会谈及“我的”配偶，“我的”孩子，“我的”人民，“我的”学生，“我的”事业以及“我的”教区，等等。6 号会以一种偏执狂的方式来与他人协议确定自己的边界，通过投射的方式，将可能属于领地内部的东西置于他们自身之外。而 8 号相反，通过偷梁换柱的方式，将本来属于别人的东西纳入他们自己的领地之内，当然事先已经说服自己，认为这东西原本就是他们的，他们对其拥有支配权。

8 号的贪欲会导致他们去消费民众。施利茨啤酒曾经用过这样一个广告，宣扬这样一则为 8 号所赞同的格言：生命只有一次，要让生命之花尽情绽放。抓起你的啤酒罐，仰脖子一饮而尽，把罐子挤扁，扔进垃圾桶，再来一罐。这里隐喻的是 8 号能以同样的方式攫取民众，榨取他们的生命，然后抛弃他们，继续寻找下一个目标。这种情况可能发生在私人关系领域，比如要求每一任伴侣都尽其所有地提供金钱、物资等支持，直到把对方吸干，然后将其抛弃；这也可能发生在商业领域，比如 8 号为了扩大自己的商业规模，不惜榨干所有资源和员工。

强迫型 8 号的内在驱动力是沉闷无聊。他们的贪欲和行为的烈度是因为感觉自己内心死气沉沉，毫无生气。为了变得强大，他们严重地压制自己的善良、温存、爱、敏感、柔和、亲切——他们觉得这些都已经在他们心中消亡。结果他们感到内心不满和躁动不安，极度渴望获得满足。他们试图用纵欲来重新点燃这种寂如死灰的情绪，填充他们的空虚。8 号因其内心感到沉闷无聊和恐慌而不加选择地吞噬一切；兼并吸收为 8 号的非适应性模式提供了动能。一旦他们投身于某件事情，他们就不想停下来。克制在他们眼里是懦夫行径。他们宣称自己很享受这个过程，即便被捕也在所不惜。他们确实经常被捕。因为他们不想限制自己的行为，所以政府经常不得不介入进来，阻止或逮捕他们。

8 号讨厌别人对他们设置任何强制令。他们希望不受限制、不受束缚、不受妨碍地我行我素。“不用告诉我该做什么。”“不要对我指手画脚。”他们只想做自己的事情。只需给他们一个任务，让他们去自由发挥。在“迈尔斯 – 布里格斯类型指标”（Myers–Briggs Type Indicator）中，8 号往往在

“知觉”（无界限）维度上的得分比在“判断”（加以限制）维度上的得分高。他们不喜欢任何形式的结构、障碍、约束，包括类型学强加给他们的束缚。

8号不知道如何应对自己和他人的能量。因为他们很难恒定下来，停留在某个层面，他们喜欢到处走来走去，保持积极活跃的状态——这有点像一种人格诱导的注意力缺失症（personality-induced ADD）。青少年犯罪和反社会行为就常常是这种状态造成的后果。由于8号很容易感觉无聊，他们经常会更换伴侣、工作、职业和居住地等。他们可能因对生活伴侣失去新鲜感而出轨。而外遇让他们的婚姻或两性关系重新充满生机。

前面说过，九型图顶部的人格类型，包括8号、9号和1号，都很难保持安静和沉默、进行冥想和注意倾听等。8号总是顽固地拒绝倾听别人的想法；别人一说话，他们就先呼呼大睡起来。9号一开始还能倾听，但很快就分心和游离开去。1号过分忙于为自己抗辩，以及思考如何才能让自己的正确观点被别人理解，而无暇顾及任何其他事情。

纵欲这个恶习是为小我服务的，所以8号的本体并不能从他们的非适应性情绪模式中得到任何好处。虽然可能会有极短暂的刺激、满足或小我膨胀的感觉，但真实自我却仍然不能圆满。纵欲从根本上来说是自欺，而不是让自己变得更强大和生机勃勃。

范式的回避

8号通过回避任何可能暴露脆弱点的念头、情绪或行为的办法，来避免触发他们的非适应性模式，以及由于自己不够强大、不能控制局面或感到不安全而产生的焦虑情绪。他们担心一旦显露出任何脆弱点，就会让自己容易被他人利用和控制。

回避区域

既然8号专注于实力和权能，那些被隐藏起来、没有进入适用焦点范围的领域就成为脆弱点。如果8号展示出任何摇摆不定，或让任何一种弱点进入其体系中，就意味着他们将不得不放弃权力，或给别人一个机会在他们头上作威作福。所以，他们尽力避免和不去暴露任何形式的脆弱。脆弱点包含的面非常广。任何属于“阿尼玛斯”原型的内容都会进入意识层面；而任何属于“阿尼玛”[1]原型的成分都会受到猜疑并可能被排斥，包括温存、善良、敏感、接纳、被动、柔和、深情、亲切、宽容、恐惧、窘迫、脆弱、伤痛和歉意等。

九型人格导师、作家克拉伦斯·汤姆森讲了个故事：分别属于 8 号、7 号和 5 号的三人参加鸡尾酒聚会，无意中听到有个人向另一个被踩到脚的人道歉：“如果您感到疼的话，那我实在很抱歉。”对此，5 号说道：“您说的‘感到’是什么意思？”7 号问：“您说的‘疼’是什么意思？”然后 8 号感到很纳闷：“您说的‘我实在很抱歉’到底是什么意思？”

8 号很容易愤怒和攻击。愤怒通常是第一种浮现出来保护 8 号和掩藏他们其他情感的情绪。8 号有一种发达的对抗别人的能力。8 号越是表现得坚定自信，他们靠近和远离别人的能力就越差。所以他们能轻易地感受和表达出强硬的情感（诸如愤怒和恼火），而柔和的情感（诸如爱和深情）和脆弱的情感（诸如悲伤、恐惧、伤痛和窘迫）则不会被他们轻易地承认和流露。

下页表中，“我”栏目下是一些与 8 号的自我形象一致的特征，“非我”栏目下则是不一致的特征。

一旦 8 号将那些他们不能接受的品质投射到别人身上，他们就发现自己已被具有“非我”缺陷的懦弱无能的人所包围。考虑到这些性格的属性特征，就不奇怪为什么 8 号不情愿把权力移交给一群柔和、谦恭、需要帮助、束手无策的仆从了。如果有人要夺取话语权、占有一家公司或者控制一个国家的话，谁来阻止他们？当然不能靠一帮胆怯、畏惧和谦恭的废物。正如 P.T. 巴纳姆（P.T.Barnum）所说：“每分钟都会有傻子诞生。”所以，看到 8 号胆敢利用那些顺服、任人摆布、容易对付的追随者，你也就见怪不怪了。

如果 8 号的自发的对抗倾向能够得到拓宽而实现平衡，那么它就自然会拥

---

① 阿尼玛是每个男人心中都有的女人形象，是男人心灵中的女性成分。——译注

有 2 号（靠近）和 5 号（远离）的优点和观点。但是一旦 8 号将这两种性格倾向投射出去，甚至还对它们百般诋毁，那么要实现这种平衡就变得困难起来。如果你根本不认同自己的温情和柔和的特质，那你就很难去认同 2 号的天赋。谁会希望自己成为一个被公认为弱势、依赖和他人导向的人呢？

我	非我	我	非我
强势	弱势	直截了当	拐弯抹角
独立	依赖	一呼百应	无人搭理
直率	躲闪	精明世故	被人利用
坚定有力	优柔寡断	称职能干	束手无策
自信	不自信	主人	仆从
活跃	淡漠	大方	吝啬
公正	不公	庇护者	受害者
有主见	顺服	自我导向	他人导向
领导	随从	直白	含糊
强硬	温情	勇于维权	忍气吞声
冷酷	柔和	态度明确	犹疑不定
勇敢	懦弱	冒险者	逃避者
进取	胆怯	无畏	畏惧
张扬	谦恭	不可战胜	脆弱
无限	有限	坚韧不拔	有始无终

8 号需要友好地对待他们内心中那个脆弱、畏惧的小孩，而不是向他或她大声吼叫，让其强悍起来。然后他们就会发现，当自己弱势的时候，能够得到他人的支持，感受到来自更高权力者的力量。他们发现，颇具讽刺意味的是，正是当他们温情、柔和和依赖的时候，人们才会靠近他们，想和他们在一起，而不是满怀恐惧逃离。那些进取、称职能干和一呼百应的人（具有“我”特质的人），几乎和那些忍气吞声、不自信和束手无策的人（具有“非我”特质的人）一样，不需要发展人际关系。另一方面，正如重量级职业拳击手穆罕穆德·阿里曾经说的那样：“世上最强大的人同时也是最孤独的。”那些追随别人的步伐的人，不需要什么事情都独自一人来扛。

同时，谁愿意因为远离和退缩而被别人看成是不自信、畏惧或喜欢逃避的人呢？在这种思维框架下评判 5 号，就会难以认可和认同他们身上所具有的洞察、审慎和冷静的天赋。

8 号需要利用他们已经相当豁达外向的天性，并进一步扩展他们的自我概念，对“我”和“非我”的所有特征兼容并包。这样，他们可能会认为自己是一个“合适的爱人”，或“能用温柔的手段实现正义”的人，或“公正而慈悲”的人，或“人民公仆”，或“哲学王”。

防御机制

因受到否认这种防御机制的怂恿，8 号一直维持着“我是强大的”这一自我形象，保护自己不受任何死亡征兆和脆弱点的威胁。在强烈排斥自己身上任何软弱、善良、多愁善感或体贴的表现的同时，8 号也同样质疑别人怀有善意或天真的可能性。

8 号的非适应性模式导致他们喜欢毫不留情地揭人老底。他们能轻而易举察觉到诡计、伪装和欺骗，进而将之暴露无遗。格式塔疗法中有一项治疗策略，颇有其创始人弗里茨·佩尔斯的 8 号人格的味道，就是公然揭露任何虚假的自我形象或角色。这么做的目的就是要将治疗对象推向真实的存在状态。在电影三部曲《精神疗法的三种途径》（Three Approaches to Psychotherapy）中有这样一个例子，患者格洛丽亚（Gloria）接受三位治疗师的采访：卡尔·罗杰斯、阿尔伯特·艾利斯和弗里茨·佩尔斯。罗杰斯是典型的慈父般的、包容的性格，艾利斯是典型的说教和教育型的，而佩尔斯是典型的强硬、务实和喜欢顶撞的人。在某个时辰，格洛丽亚假装成一个小女孩的模样，希望佩尔斯救助她，但佩尔斯却宣称：“你是个骗子。你压根不是个小女孩，你已经是个成年妇女了。”这里，8 号揭露对方的自欺欺人，向对方发起质疑和挑战，迫使她独立自强，做回真实的自己，做到自强和自力更生，而不是去乞求外部的支持和帮助。格洛丽亚通过这种方式恢复了自己多姿多彩的生活。

海明威的性格在面对外部世界时也经常展现出 8 号的特征。他书中的男女主角们都具有大男子气概，独立，自主，为了自己的领地和尊严不惜一战。海明威对年轻作家提出的忠告就是：作家要有台内置的垃圾检测器。

他自己的写作风格验证了他确有这么一台检测器。他的小说行文简洁，干净利索，绝不拖泥带水，没有废话和狗血。

8 号会为他们对别人表露出的任何仁慈和同情心感到难过，会像他们揭露别人的伤疤一样无情地奚落自己。如果你为他们所表现出的任何关心体贴而感谢或赞扬他们，他们会说“甭提了”或“别当回事儿”。

主要脆弱点

在诸多脆弱点中，8 号特别敏感的是被不公平和不公正地对待、被忽视和内心感到消极。他们不喜欢那种受限制、依赖、从属和无法把控的感觉。他们想要按照自己的意愿为所欲为。

必须在一个不称职或者滥用权力的当局面前表现得俯首帖耳，对 8 号来说可谓是可忍孰不可忍。他们不喜欢被他们所不尊重的人捆绑、束缚和限制言论自由。恰恰相反，阻止这种情况发生才是他们一贯的风格。8 号只有在说出自己的想法、表达出自己的反对意见和看着别人出丑时，才会感到舒服，即便这意味着他们可能会被解雇、闹离婚或被排挤等。他们宁可离开后去组建一个新的公司、家庭或团伙。

如果自己的诉求不被他人倾听或不被他人重视，8 号的应对方式不是像懦夫一样退缩到场外，以求引起注意，也不是像外交官一样采取巧妙的协商和斡旋。8 号是凭其强劲的说服力而引起大家的重视的。如果你第一次没有听见他们的话，他们会跟你再说一遍，并且一遍一遍地重复，直到你承认他们的地位为止。

或者他们会制造一场骚乱。让人窘迫难堪和进行恐吓威胁，也是 8 号与他人打交道的手段。比如，如果他们街坊的垃圾桶没有被及时清理掉，他们可能会先给市议员写一封彬彬有礼的信。但如果没有收到任何回复，他们就会发动所有邻居把垃圾收集起来，倾倒在那个议员家的草坪上，还用尖木桩把他家房子围起来，直到这些羞辱和负面宣传促使对方采取行动。胜利不是靠委婉来争取的。

当身处逆境或不幸降临的时候，8 号的某些非适应性模式也随之而生：

“示弱是不行的。”

“光是担心害怕是不够的。”

“我不能就此承认自己消极。”

“我只能信赖和指望自己。”

“这个世界充满了敌意、艰辛和残酷。”

“我有危险。”

“生活就是奋斗。为了生存，我必须抗争。”

“强者生存。”

8号的生活方式就是力图确保他们不再会被不公正、不公平地对待。他们成了正义的制定者，执掌赏罚。他们为自己的利益和那些被剥夺了公民权利的人挺身而出，不允许别人随随便便地从他们手中夺去权力。他们信奉“以牙还牙，以眼还眼”的外交政策，把复仇当作一种可以有效恢复平等和权力均衡的方式。

最后8号发现，他们对生活所采取的这种进攻性的方式，带来的恰恰是他们所害怕的结果。怨生怨，恨生恨；进攻总会遭到反击；高压政策招致反制策略；独裁激起革命；整个世界确实就会陷入敌对和危险之中。如果8号变得太过于反社会，他们就会被投进监狱，在那里，他们最害怕的失去自由和主控权的结局反而成真。

8号真正需要和想要的是让他们感到能够掌控自己的命运和周遭的事物，让自己受到尊重，被他人接纳，被认可和赞同，被公正平等地对待，成为一个完整和有荣誉的人，凡事能够自决并按自己的意愿来生活，自身权利能够得到维护和辩护。他们的扭曲棱镜可能会让他们掌握权力和成为一方之主，但这并不一定能给他们带来尊重、同情和友谊。

在感觉受到威胁时，8号应该固守自己的本体，而不是切换到他们那低劣卑鄙、好勇斗狠的人格里去。他们的真实自我流露出一副无辜的样子：“为什么会有人想要伤害我，而我又为什么要去伤害别人呢？”如果由一个比他们层次更高的力量来主持正义，让他们充分信任并把自己交托给这个权威，那么他们就会发现自己以某些方式变得强大无比，这是他们之前所未曾想象的。

成长经历

童年时期的各种事件和 / 或家庭动力都可能造成 8 号的行为风格。

还是孩子的时候，8 号可能曾在家庭或邻里关系中经历过严重的打斗和攻击场面，并且可能他们自己就曾被虐待过。他们认为外部世界是敌对和不堪重负的，对此采取的防御策略，就是让自己变得更强硬和冷酷，并给予还击。如果你采取恐吓行动，二话不说，我不会忍受你这种惹麻烦的做事方式，我不会威胁你，但会把你撂在一边。8 号学会了最好的防御就是有效的进攻这个道理。“宁可我负天下人，休叫天下人负我。”“先下手为强，后下手遭殃。”

8 号也不是总到处寻衅滋事。他们其实并不是特别需要以此来宣示自己的存在。但是万一碰到争斗，他们不会径直走开。而其他小年轻可能会向操场上最强的孩子发起挑战，以此来证明自己。怀有不安全感的人就想要充当一个统领一切的枪手的角色。

8 号在年幼的时候就可能觉得他们被不公正地对待了，所以他们把正义掌握在自己手中，以确保自己能被公平对待，并获得应有的权利。如果他们的看护人独断专行或处事不公正，他们就学会制订出自己的规则，并遵从和强制执行这些规则。

既然 8 号要搜寻不公正并与之对抗，所以他们常常夸大自己所碰到的羞辱和蔑视，并满怀愤恨地起身捍卫自己。正如一位 8 号曾经说的：“我挺好，而你却不好。所以是你的问题。”

当他们的看护人不能承担起照顾的责任，无法为他们提供安全庇护的时候，8 号就承担起管理的角色和责任，然后才感到安心。如果在一个空间或机构内一片混沌和混乱，人们缺乏领导，8 号会将自己的能量扩张到该局面和情势中来，反客为主，夺取控制权。其他类型在有自己信任的人当领导的时候可能会感到很安全，但 8 号只有在能够依靠自己的时候才感到最安全。当他们感觉自己所迫切需要的人不在场时，就不得不自己挺身而出，走到前台。

8 号可能直接或间接地从看护人身上得到教导：面对羞辱和不公正不要忍受，要反击回去。在他们的家庭里，他们可能已经学到了这样的道理：

“我们不是疯狂，我们是要平等”　“乱世出英雄”。

8 号明白，如果他们要长久生存，就不能显露出任何弱势。有些动物为了生存会蜷曲身体或装死。而 8 号的一贯做法是鼓励自己成为其他动物所害怕的那些动物。

凭借其天赋的能量和力量，8 号发现自己有巨大的能力。他们学会了如何利用这种能力，并因自己的强大而获得了回报。

8 号也很急切地想通过欺凌他人或高声而持久地宣称自己要求的方式，来获得自己想得到的东西。他们总能被别人注意到，因为他们就是那些哭得最响的孩子。通过掌握负强化的技巧，他们可以实现自己的愿望，因为人们总想以此把他们打发掉。

为了获得自己想要的东西，他们精心考虑着如何运用自己的力量和说服力。“让我给您提个建议，您一定不会拒绝的。”8 号所用的棱镜使得他们对别人脆弱点的直觉更强，他们知道如何利用这些脆弱点来为自己铺路。

身体特征

根据阿里卡面部分析理论，8 号鼻子的左边常常有张力，以致鼻孔看起来有点上翘，或鼻子有时会下凹。有些人的鼻尖则会歪向左边或左边鼻孔偏小。

一些 8 号的脸看起来沟壑纵横、饱经风霜和粗糙扭曲，好像这个人已经遭受了很多折磨。而这些惩罚和折磨通常是他们自作自受。8 号往往将自己毫无保护地暴露在自然因素下。

有的男性 8 号具有桶状胸。与 4 号的轻快、优雅的外表相比，他们往往具有运动员的外表。很多 8 号具有强壮的运动型体格。

8 号也常常具有低沉、有力和洪亮的嗓音，不禁让人想起达斯·维德（Darth Vader）。他们说话之所以能引起别人的注意，是因为他们说话最大声，或者说话像“教父”一样镇定和充满决心。

8 号在和对手说话时，通常保持强烈而直接的目光对视，把对方瞪到局促不安，或至少眼神一动不动地盯着对方。他们的神态和声音中似乎充满了强壮的肌肉，他们的怒视中也充满了力量和气场。

我相信我的高中校长就是个 8 号。他可以气定神闲地走进一个挤着 1200 位荷尔蒙爆表的青春期少年的体育馆，然后仅仅用威严的目光一扫，就能立刻让一片嘈杂变为鸦雀无声。

至于女性 8 号，海明威在他的一部小说里用一个精彩段落描写了一位意志坚强的“侯爵夫人”。他写道，当她回头看你的时候，就像是把坦克的炮筒移过来对准了你，并一直锁定你。

沟通方式

揭伤疤是 8 号最典型的说话方式。他们往往会贬低和打击他们不喜欢或不明白的事物。他们最喜欢说的词是“胡扯”。这种揭短的态度在阿齐·邦克（Archie Bunker）身上发扬光大，是否认这一防御机制的表现。8 号常常在话语上打击和贬斥对他们来说软弱、不堪一击、傀儡等的对象。

他们认为现实是敌对的和负面的，所以对现实采取对抗的立场。8 号对大多数事物一开始的态度都是反对的。他们能轻易地说“不”，但很难去说“是”。回想起来，8 号很容易生气和发怒，这几乎总是他们表露出来的第一种情绪，并且常常是唯一一种情绪。

一方面，8 号不想上别人的当，心里总是防着被别人利用，无论这是现实还是他们想象出来的。为了确保没人能够占他们的便宜，他们宣称：“甭想让我感到难过和内疚。”

另一方面，8 号经常把人们看作是软弱无能、容易上当受骗和被利用的傻瓜。具有讽刺意味的是，他们通过告诫别人“不要让任何人操控你”的方式来操控别人。

范式的转换

在压力或安全条件下，8 号会发生下列范式转换：

	压力条件下	安全条件下
积极面	+5	+2
消极面	−5	−2

压力条件下

在压力条件下，8号可能会堕入自己范式的低等一面，或者采用5号的低等一面，或者利用5号的高等一面。

（1）戴上8号的扭曲棱镜：使用自己老旧错误的棱镜

在压力状态下，8号会进一步强化自己的风格。他们会耗散更多的精力和能量，变得更具攻击性，不断挑战和威胁。为获得更大的安全感，他们会运用更多的实力和控制权。他们会变得更加言过其实、态度激烈，更富有占有欲和贪欲，更暴躁易怒，而这只是为了掩盖他们内心可能感受到的恐惧、伤痛、悲哀或失望。

（2）戴上5号的扭曲棱镜：使用他人老旧错误的棱镜

如果采取了更多同样的行动后仍毫无成效，8号可能会采用5号的扭曲棱镜。

在九型图上，8号和1号有某种相似性和可比性，1号将愤怒和怨恨转向自身，从而变得情绪沮丧低落，并展现出强迫型4号的抑郁特征；8号则将自己的权力转向对抗自己，从而变得情绪沮丧低落，展现出隐退型5号的退缩特征。

如果把愤怒宣泄在别人身上毫无效果的话，他们可能会把气撒在自己身上。他们不是去惩罚别人，而是为身上存在的软弱、不足和非正义而责怪自己。这时他们不是向外爆发出自己的能量，而是内爆——把这能量引向自身内部，不是通过愤怒来沟通外界，而是将自己与他人隔绝开来。

把能量回弹到自身的行为的一个后果，就是让其内心感到更加心灰意冷和空虚。向内心的挤迫将8号拖入其人格的黑洞中。并且，就像宇宙中的黑洞一样，这种内迫的能量会吞噬其周围的一切事物。

如果你曾经参加过这样一个会议，会上一个非常有权力的人物在那儿生着闷气，全场鸦雀无声，你很快就会明白，每个人的注意力都被推入那股沉闷中，即便那个领导人只是一声不吭。所有人都在等待着某种爆发。

所以 8 号会以 5 号的方式来抽身而退。他们可能会撤回自己栖身的洞穴中，独自一人待着。这时常常需要另一个强大的 8 号来把他们拽回去。

8 号可能变得容易轻生，而且经常自杀成功，因为他们非常冲动、任性和意志强大。他们不仅活得轰轰烈烈，而且死也死得壮烈。

或者，即便 8 号没有轻生的念头，他们在试图填补自己内心空虚感的过程中也可能变得更加暴烈和孤注一掷。所以他们会变得更加贪婪、沉迷等，在他们自己的纵欲恶习之外，还加上了 5 号的贪婪。

当 8 号对其与生俱来的权能和实力的禀赋感到绝望，并且对自己的本能失去信心时，他们开始感到消极，觉得自己无法左右事情的局面。这是一种典型的在 5 号的扭曲棱镜下展现的性格倾向。

他们因此可能会远离他人，这是强迫型 5 号的特质，而不是像 2 号那样靠近他人，或像 8 号本身所偏好的那样起身对抗他人。他们远离人群，将自己孤立起来。

他们拒绝接受别人的支持和安慰，将自身被夸大了的要求独立和自治的需求，同 5 号想仅凭一己之力做好所有事情的愿望混合在一起。8 号甚至会变得像“独行侠”和“游骑兵”。

当他们远离别人的时候，也就远离了自己的本能直觉，陷入了自己的头脑中，变得过于理智，并运用思维来捍卫自己、谴责他人和谋划报复。当他们进一步在身体和情感上远离共情联结时，他们就会变得更加暴力，更容易对他人造成伤害，因为他们已经对自己和别人的痛苦无动于衷了。

（3）戴上 5 号的正确棱镜：获得一个新视角

即便如此，8 号也可以通过采用 5 号的正确棱镜来获得清晰的头脑。如果能够站在健康的 5 号视角这个有利位置上，以此为出发点，8 号就能够做到三思而行。通过一种健康的远离，他们就能创造一种思考的间隙，也即给自己留出一个空间来反思和考虑其行为的后果，而不是一时冲动地付诸行动。他们因此会重新调整原本自己的“准备—开火—瞄准”行为序列，转而采取更加有用的“准备—瞄准—开火”（或者也可能经过反思后不再开火）这样一个行为进程。

5 号的公正见证者和内心观察者的性格特征，能帮助 8 号清楚和不带感情色彩地了解别人，而不是夸大地认为别人一心要欺负自己，或把别人讽刺为窝囊废。8 号带有偏见的先入之见，正好可以被 5 号的客观观察者所纠正。

与 5 号一样，8 号也能够出于掌握和追求知识本身的目的来学习知识，而不是把它当成一种凌驾于他人之上的手段。

一旦 8 号能够把他们的头脑、直觉和内心情感联结在一起，他们就真正地做到了活在当下，活得自然自在，并且充满慈悲心，不再因内心与外在的分裂而感到孤独，充满暴力和惩罚心。

安全条件下

（1）戴上 8 号的正确棱镜：从自己的角度看得更清晰

在安全条件下，8 号可能会发现，自己在看待世界的时候所采用的是自己的正常棱镜，并使用了适应性模式。从这样一个不受威胁的处境出发，8 号相信，即使没有他们的干预或讨回公道，正义和公平也会实现。他们相信，目前还轮不到他们上场来实现正义和平等。

他们以一种清新、不谙世故的方式面对当下每一刻和每一个局面，从不担心被伤害或被利用，全然忘记过去所犯的错误和所受的羞辱。他们摊开双手，坦然面对对方紧握的拳头，表达着自己天真无辜的态度。

站在这种均衡的立场上，8 号更愿意暴露出自己的脆弱点，让自己所信任的人看到自己内心受到惊吓的小孩。他们会接受别人提供的支持，同意别人为他们说话，而不用总站出来，为自己和他人争取权利。他们会向他人走近一步，用互相依赖的态度来取代极端的自满自足和对依赖性的恐惧。

8 号尊重他人的权利，同时也要求别人尊重自己的权利。他们满怀同情地陈述事实，而不是把事实生硬地塞到别人的怀里。这种方式更让人乐于接受。

当 8 号对别人的处事动机更加放心时，他们就会变得没那么强迫性地总想去挑衅别人，揭露人家的伪装和动机。

（2）戴上 2 号的正确棱镜：获得一个新视角

在安全条件下，8 号会发现自己戴上了 2 号的正确棱镜。从 2 号高等一面出发，8 号得以将共情与权力相结合，将他们心中的正义与怜悯、慈悲相调和。他们把自己的精力和权力运用在社群的建设中，而不是把它们耗费在对抗社群、保护自己甚或摧毁社群上。他们用自己的权力来帮助和鼓励别人，帮助人们回归社会，而不是让他们变得更脆弱。

通过采纳2号的理想化的自我形象“我乐于助人，我在给予”，8号对自己和别人的需求和情感就会更具共情和敏感性。他们满怀爱和深情地靠近他人，而不是带着愤怒和仇恨与他人对抗，或者孤独地远离他人。现在8号触碰到了他们内心文雅温柔的一面。正如圣弗朗西斯·德·萨莱斯所言：“没有什么比真正的温柔更强大，也没有什么比真正的力量更温柔。”8号将其刚强化为温存，将其力量与慈悲相调和，并使他们内在的阿尼玛斯和阿尼玛互相保持了均衡。

但这并不就意味着8号从老虎变成了猫咪。他们仍然保留了自己的权力和旺盛精力，只是将之展示和运用得更加温和。你可以想象一头母老虎小心翼翼地把它的孩子捧在威猛的虎爪里。

（3）戴上2号的扭曲棱镜：让你的视野更模糊

在8号认为是安全的条件下，他们也可能会堕入2号的低等一面。如果是这样，那么8号会利用自己的帮助行为来控制他人，使其一直处于非独立的地位。就像强迫型2号一样，8号会怂恿人们依赖于他们，以此来确认自己的实力。两者之间的很多关系被极化为这种强—弱、虐待狂—受虐狂的连续统一体。8号会通过阴谋手段或恐吓的方式，来让别人求他们提供庇护服务。黑帮就很热衷于提供这种“保护”服务。同样8号也会利用他们的“教父”或“教母”的地位来扩大个人权势和提高自尊。

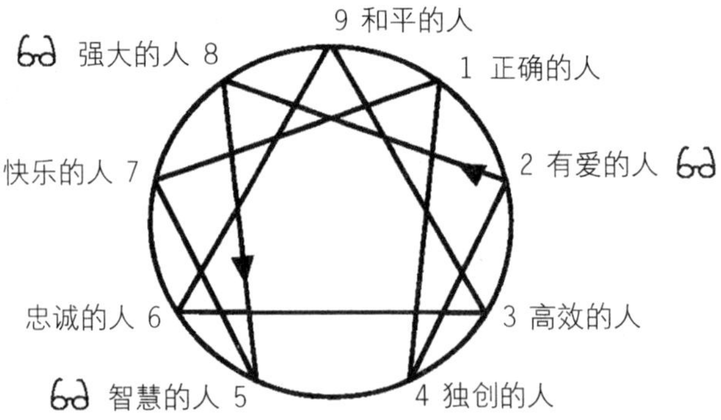

向侧翼的转换

8 号自然会受到它两侧的 7 号和 9 号的正确和扭曲棱镜的影响。8 号借助它们来扩大或缩小自己的视野，要么成功地把自己的认知、情感和行动清晰化，要么进一步将自己的态度、情绪和行为反应扭曲化。

（1）戴上 7 号的正确棱镜：有益的侧翼视角

8 号在他们的为人处事的方法中加入 7 号的积极特征后，就为他们原本落落大方的情感和行动增添了一个宽广的视野。他们不再独来独往，而是与其他人联结在一起，互相交换观念。他们能够权衡再三，在迫切地行动之前懂得规划的重要性，同时也考虑清楚自己冲动任性的做法的后果。他们也会重视将自己的想法综合后进行表达，并将空想付诸实践。他们可能会像 7 号那样更多的是视觉导向型的。当内心充满阳光的时候，他们会更轻松愉快地穿行在世界中，从而更加公正无私地、而非冷酷无情地掌管和执行正义。7 号所拥有的节制的美德，中和了 8 号身上走极端、暴烈和拉帮结伙的特性。

（2）戴上 7 号的扭曲棱镜：无益的侧翼视角

8 号要是呈现出 7 号的消极特征的话，会在他们原本汲汲于获得更多满足的基础上，更增添拼命获取生活体验的心态。拥有强大非适应性 7 号翼的 8 号，可能会把全部心思用在如何让自己获得快乐和满足上，从而对自己的行为后果不做太多反省。他们更容易具有成瘾性。或许只有被送进监狱才能阻止他们。

（3）戴上 9 号的正确棱镜：有益的侧翼视角

当 8 号融合了 9 号的积极特质，他们就会以更加悠然自得的对待生活的方式，来平衡其冲动和任性。他们往往会变得更加冷静，更容易接纳他人。他们不再依靠自己强势的干预和影响力来开展工作，而是更愿意让事情顺其自然。9 号的团结、关联和融合感，能够均衡 8 号强烈的独立自治、个体性和分离感。由此 8 号能够置身于一个更博大的系统中，更多地考虑到别人的观点，更愿意为所有人的福利而与他人齐心协力，而不是只一心攫取自己想要的东西。

（4）戴上 9 号的扭曲棱镜：无益的侧翼视角

当 8 号与 9 号的消极特征相结合，他们就会与内在自我相脱离，为了工作、无所顾忌的嗜好、成瘾性的行为和其他冲动任性的做法而忽视其自身。他们不会去内省和反思自己到底需要什么。他们在处于退缩模式时，会将自我厌恶与懒散、破罐子破摔的挫败态度混合在一起。他们也可能在将注意力转向内心的时候变得沉思和悲观，或者在面对外部世界时过于拘泥于细节和架构。

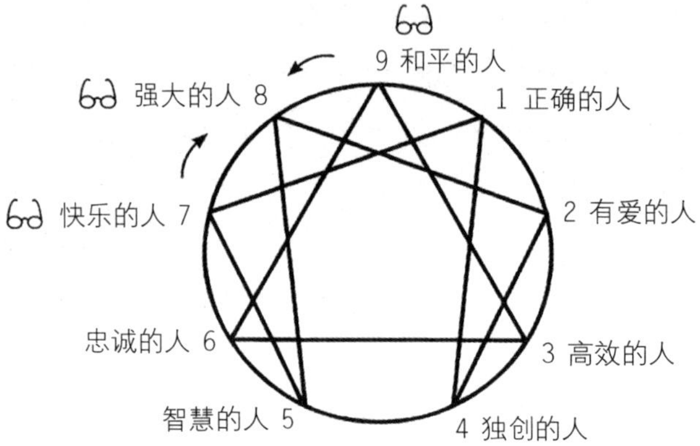

副　型

（1）性本能副型

一旦某个人在性本能方面沾染了纵欲的恶习，他就会试图去占有整个地球，或至少是占有他自己的地盘、伴侣、孩子和员工等。“占有”意味着深深地介入和控制他人的生活，这是8号用来称呼真正的亲密关系的代名词。

对于8号来说，对控制权的争夺本身就是与他人进行联结的方式。如果其他人坚持自己的立场，并且一直保持着直率、强势和恭敬礼貌的态度（也即是说像8号那样），那么8号可能会信任他们，并向其交出部分控制权。

一旦8号走向2号的低等一面，他们就会对其伴侣过度关注。如果他们对对方起了疑心，就会对其进行跟踪和报复。他们对异性的热烈追求掩盖了其深层的依赖性。

8号性本能副型的孩子在街坊中容易犯事，成人则在公司中容易疏于职守。他们叛逆起来都不在乎有没有理由。他们喜欢牢牢钳制住一切事物，敲骨吸髓，极力榨干其价值。“生命只有一次，所以要倾注你全部的热情来度此一生。”他们喜欢飙车、酗酒和消费任何他们能够弄到手的东西。控制和占有成为他们逃避焦虑、脆弱和两性关系的方式。

对于 8 号性本能副型来说，谁是最高层，谁在掌权，谁最后说了算，是让人心潮澎湃、经久不衰的问题。要他们表现出臣服的姿态是极其困难的。我有时候很好奇，他们是如何做爱的。他们一定老是颠来倒去的，因为他们不喜欢伴侣在他们上面压得太久。

（2）社群副型

一旦纵欲的恶习与社群本能相结合，就会导致对友谊的强烈向往和忠诚。在这个同类相残、弱肉强食的世界上，你需要值得依靠的朋友。8 号社群副型会是你一生的朋友。他们会关照你，在你需要的时候随时伸出援手。他们从与伙伴和好友的密切关系中获得巨大的满足。街头团伙、社交俱乐部和那些拉帮结派的小圈子，都是这型人经常混迹的地方。

他们深知自己在死党心目中的位置，所以经常在深夜向后者宣泄情感。对朋友忠诚是他们的标志。当权力和控制权微妙地替代了互相之间的亲密关系和脆弱时，这种强烈的友谊就显得有些成瘾和过度了。“我会保护你，你也保护我，我们联手就能主导这世界。”

海明威的小说中通常充满了 8 号社群副型，在那里，友谊经常成为谈论的话题或者剧情的核心。

需要得到保护或想获得力量的个人常常会与 8 号社群副型走到一起。

（3）自保副型

一旦自保本能被纵欲的恶习污染，就会导致只满足于存活的状态。世事艰难，生活不易，但是你还活着。这种生活虽然算不上什么大富大贵，但是你拥有了一切自己想要的东西。四处应对各种困难替代了自我保护；努力满足生存的需求取代了对更高需求的关注。8 号自保副型生活在马斯洛需求层级的最底层，他们只关心生存和安全需求，而无心去满足更高层次的社会关系、自我实现和自我超越的需求。一旦你的基本需求得到满足，你的补给线建立起来，你就大功告成了。你不再需要别人，自己一个人就能摆平。如果你能完全掌控自己周边的外在因素，如果你有了“一个干净明亮的地方”（借用海明威短篇小说的题目），那么一切就都很好了。

在生存狂运动中经常能找到 8 号自保副型。他们沉迷于靠自己个人的力量来确保安全生存，而不信任宇宙——或至少他们的邻里的善意。他们想要掌控住自己的那一亩三分地，修建自己的堡垒来抵挡核弹攻击。在这种达尔文主义的环境里，只有强者才能生存。

8 号：强大的人

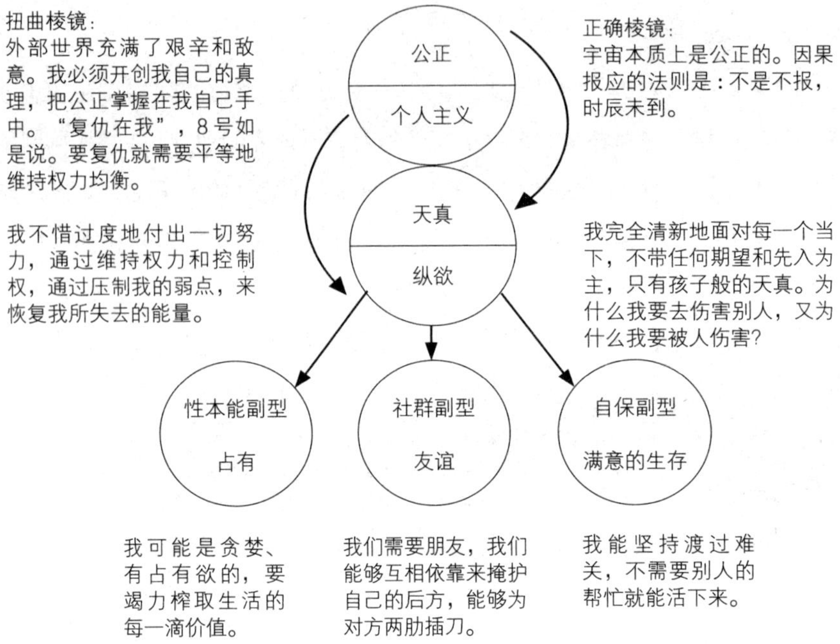

总　结

权力的棱镜对应着实力和宽宏大量的愿景。它是对他人施加影响和赋权的途径。遵循这条道路的人拥有一种可获取、使用和维持权力的直觉能力。他们珍视自治和独立，性格直爽、坦诚、不拐弯抹角，充满能量，自信甚至自大。他们关怀失意和受压迫的群体。他们想让世界变得更公正，并以一种天真的精神为之奋斗。

个人主义的范式表现为一种夸大的、想要掌控一切和立于不败之地的需求。它的注意力集中在自己受到攻击、挑战或被不公平地利用这些方面。复仇可能替代了公正。冲动会直接转化为行动，而不经任何反思或体察。它强调精神中的“阿尼玛斯”，即男性精神的一面。追寻这种向往的人可能会争强好斗，容易发怒，而很难做到温存和慈悲。他们有种错误的信念：我很有权力、很强大，所以我不会被人忽视或被人利用。纵欲是这种方式的背后驱动力，并强化了其能量。

价值观：权力，实力，独立，平等。

愿景：让世界变得更公正。

适应性认知模式：世界是公正的，不是不报，时辰未到；因果律是有效的；主说，伸冤在我。

适应性情绪模式：天真；为什么有人想伤害我，又为什么我想要去伤害别人；抱着清新的欣赏心态，而非无聊的期待的心态。

适应性行为模式：有主见，自信，直爽，行为落落大方；掌控并赋权于人。

非适应性认知模式：这世界充满了敌意，并会利用你；宁可我负天下人，休叫天下人负我；“复仇在我”，8 号如是说。

非适应性情绪模式：纵欲；生命只有一次，所以要倾注你全部的热情来度过这一生；要做，就要做得轰轰烈烈。

非适应性行为模式：欺凌，强迫，攫取，控制，压服，恐吓；争强好斗而非有主见。

主要脆弱点：被利用，被不公平对待，主张被忽视。

回避区域：软弱。

防御机制：否认；不见，不闻，不承认，不为之道歉。

有益的范式转换：触碰内心温存的一面；慈悲 + 对峙；成就而非整垮他人；顺服；以脆弱示人。

无益的范式转换：和光同尘并退避三舍；过于理智化并将自己孤立起来；因伤害了别人而郁郁寡欢。

---

9 号棱镜　和平的视角

9 号的自我判定

根据以下陈述与你的契合程度进行评分：

1 几乎从不

2 很少 / 罕有

3 有时 / 偶尔

4 经常 / 频繁地

5 几乎总是

____ 为了避免冲突，我把决定权交给其他人。

____ 生活中我很难给事情排列优先顺序。我常常迷失在细节和琐碎信息中。

____ 我需要周围和谐愉快的气氛来抚慰自己。

____ 当我在生活中建立起规律和惯例时，我会感觉更舒服。

____ 照顾自己太麻烦了。

____ 当我与别人交谈或互动时，我不会很兴奋。我喜欢保持平稳。

____ 在表达自己的需求和偏好的时候，我会变得迟钝或心不在焉。

____ 我很容易看到事物的两面，而忘记自己的立场。

____ 我被琐事缠身，看不到我真正想要的东西。

____ 我会对其他人感同身受，沉浸在他们的经历中，不关注我自己。

____ 看到冲突来临时，我会变得麻木。

____ 我喜欢随波逐流，不喜欢自己掀起浪花。

____ 我懒得做对自己利益最大化的事。

____ 我认为大多数事情都没什么大不了的。

____ 拖延是我的一个大问题。

____ 我对大多数事情都很满意。

____ 我很谦虚，不爱摆架子。

____ 我是个随和的人，不愿意为事情烦恼。

____ 安定下来对我很重要。

____ 为了避免冲突，我真的尽力了。

____ 总分

核心价值观

吸引9号的价值观是和谐。他们喜欢平静，珍视和平，欣赏规律。圣奥古斯丁将和平定义为“秩序的平稳性”。9号对事物有没有各司其职、各占其位有一种本能的感知。9号有一种直觉反应，在他们的身体里能感觉到什么时候事情是“开启”的，什么时候事情是“关闭”的。他们可以从内在感知到所有现实的一体性，他们在神秘主义方向的主题是融合。9号常出现在普世主义运动中，主张在不同传统之下，潜藏着人类的共性。在灵性领域，他们认为个性在最好的情况下也不过是一种障碍，最坏的情况下甚至可以说是一种幻觉。这种观点截然不同于主张个人自主性的8号。

9号也对混乱的事情有着尤其敏锐的觉知。他们对冲突非常敏感。当9号处于积极状态时，他们能够立即处理冲突；而处于消极状态时，他们会熟练地绕开冲突。

如果你问9号生活的目的是什么，他们会回答，他们来到这世间就只是想简单地存在着。古训说：“因无为，而立于天地之上。”而他们的座右铭与之相反。在电影《伟大的格拉波夫斯基》（The Great Grabowski）中，男主角说：“男人耐得住寂寞。”9号需要留出时间来给自己。

在最佳状态下，9号的原型代表了人类活在本体或真实自我中的状态。他们带着觉知，与自己、他人、自然相一致，相统一。不论他们认为自己的终极实相是什么样子，都能够和自己待在一起。

在最糟糕的状态下，也就是他们与真实自我失去了联结时，9号的原型代表了人类对自己的本体和周围环境毫无觉知、本体沉睡的状态。我们在描述 9 号的扭曲棱镜时，会更多讲述这一点。

范式视角、专长与格言

9 号的适应性模式帮助他们看到问题的所有方面。他们可以像 5 号一样客观、冷静。他们会成为优秀的评估者，公正客观地倾听他人，不求回报，他们可以是有条不紊的外交官、法官和和平人士。

9 号脚踏实地，自在安逸，是优秀的公民。他们不需要炫耀，也不需要被看作自己以外的人。他们很满意。他们以一种积极的方式，完全接纳自己的一切，不需要证明自己。9 号以一种平静、无忧无虑的方式生活着。他们像乌龟一样，是安稳的和平缔造者。

他们表现出一种平静、安心的状态。他们对自己感到很舒服，和他们在一起也会让人感到很舒服。正因为 9 号不摆架子，其他人也不必在他们面前卖弄风头；他们完全接受人们的本来面目。有人认为卡尔·罗杰斯和他不判断、不指导的治疗风格，表明了他是以 9 号的姿态对待他人。他们采取自由放任的生活方式，让人和事件以自身的步伐和方式展开。他们认为，宇宙正在按照它应有的方式展开。

他们的风格是平和的，不张扬，没有威吓性。他们以一种接纳、允许的姿态对待生活。道教对 9 号来说可能是一种颇为适意的宗教：要从自己的条条框框中走出来。这种方式适合那些随波逐流，相信宇宙规律和自己本体的人。9 号不会催促河水流快点，情愿它们以自己的速度，朝着自己的方向流动。这与他们的邻居形成了对比：1 号总感觉河水流得不够快，努力拉直河道，加快流速；8 号则逆流而上，因为："该死的河水不会告诉我该往哪个方向游！"

以下是 9 号认为自己的人格类型为团队带来的一些品质：

看到所有立场	例行公事	和平缔造者
手腕灵活	融合	看到可能性
关爱	归属感	大局为重
冷静	团队协作	对立两极之间的平衡

友谊	整合	和谐
允许	沟通	统一 / 一体性
接纳	平衡	团队搭建
视角	识别能力	伯乐
公平	理解力	良好的倾听者
灵性维度	连通性	恭敬
容忍	慈悲心	激发良善
信任	注重过程	进行筛选 / 摘要
桥梁	落地感	团队发展
便利	肯定	看到所有面向
现实的视角	人人平等	积极的世界

以下是 9 号从自己的视角提出的一些建议：

- 学习如何与他人团结、和谐、和平相处。
- 看到所有立场。
- 对不了解或不喜欢的人有耐心。
- 不评判。
- 原谅，宽容，接纳。
- 有些事情会自己好起来的。
- 慢慢就好了。
- 别这么认真。
- 不要把精力浪费在你无法改变或影响的事情上。
- 找到重要的事情并去做它。
- 在所有创造中发现它们的一体性。

以下是一些反映 9 号观念的格言：

- 欲速则不达。
- 从容图之。
- 不要因小失大。
- 团结就是力量。
- 团结让我们站起来；分裂让我们倒下。

- 要和平，不要战争。
- 随遇而安。
- 所有事情都要适度。
- 静水流深。
- 该来的总要来的。
- 无知是福。
- 温顺的人将继承地球。
- 时间可以治愈所有伤口。
- 不惹麻烦，别多事。
- 待人宽容如待己。
- 不要捣乱。
- 学会与之共存。
- 不做决定就是一种决定。
- 外交是战争的和平替代品。
- 当人们和睦相处时，这是多么美妙，多么愉快。
- “合作”这两个字意味着：我们。
- 以不变应万变。
- 你们凡疲乏负重的，都到我这里来，我必使你们得安息。
- 如果我们要模仿神，那我们的灵魂必须是平静的。
- 耐心等待往往是上帝之道的最高方式。
- 一盎司的耐心胜过一磅的头脑。耐心胜过学习。
- 最伟大和最崇高的力量往往是简单的耐心。
- 心急吃不了热豆腐。
- 道什么也不做，但也没有什么没做。

正确棱镜 / 适应性认知模式

9 号的正确棱镜持有一种正确的理解和信念，即爱是实相的核心。这也是让他们与自己的真实本体保持一致，与宇宙的真相保持一致的普世法则、态度或者愿景。这一掌控宇宙进化展开和运作的法则最终催生了有机生命。生活是积极的、温暖的、专心的、关心的、有目的的。因为宇宙的法则有目的，或者说有方向，所以这些法则所经过的每一个人的生命也是有价值、目的、方向和意图的。

爱是自由而愉快地去关注。当我们关注并参与自己的生活时，我们会感到被爱，感到有价值，相信自己有能力去爱，而不是对自己和他人的福祉漠不关心。当我们发现自己的目标和方向时，我们会变得越来越有意识，越来越主动。

爱帮助了 9 号，也帮助了我们所有的人，让我们认识到自己与现实不是分离的。在每个人身上都有着同样的法则，所有的事件都是在这法则之内运作的。9 号本身就已经在这里了，无须去融合或试图融入。自然的客观法则赋予了 9 号一种内在的意义和命运。而当这种认识被蒙蔽时，9 号便会寻求外界的滋养和指导。

美德 / 适应性情绪模式

9 号的美德是从爱的棱镜下自然产生的行动。当我们体验到自己是被爱的，并且有能力去爱时，我们会自然地、自发地说“谢谢你”，并希望做一些事情作为回报。诸多著作都描写了爱与行动之间的联系，如 15 世纪伊格纳修斯·洛约拉在《灵性练习》结尾所写的《获取神性之爱的沉思》，建议我们思考上帝是如何在所有事情上为我们工作。上帝在我们心中点燃了感激之情，而这又激发起我们希望以某种形式的服务来报答的愿望。后来，奥斯卡·伊查索将 9 号的“行动”这一美德描述为：希望延续下去的爱。

生命在于行动。行动是生命和存在的一种属性，生命体通过与存在或其他生命的联结来实现并超越自己的真实本性。那么，行动就代表了内在活动和相互作用。

行动源于我们与环境和谐相处的需要和愿望。这是适应的原则。有效的行动源于我们的真实自我，所有必要的工作都是以发展、强化自我以及与他人的关系为导向的，不会受到小我的扭曲棱镜的干扰。

当我们与真实自我有联结时，我们知道自己的需要和欲求。而且，我们知道需要做些什么才能得到自己想要的。

相反，当我们与我们的本体脱节时，我们不知道自己需要什么，不知道自己真正渴望的是什么，我们也不知道该如何做。当 9 号处于补偿人格时，他们不会意识到自己真实的需要、思想、感觉和欲求。他们表现出优柔寡断的特质，从外部寻找自己可能是谁的一些迹象，寻找生活的某种方向感。他们也可能用伪造的满足感来代替真实的需要。例如，他们可能缺乏蛋白质，但却点了冰淇淋。

当 9 号意识到自己是备受照顾的，并且很有价值时，他们就会变得果断而积极。他们会关心并重视自己，反过来也会珍惜并照顾他人。他们与自己的思想、感觉和欲求保持联结，对其进行整合、表达，这时他们会发现重点，有清晰的优先顺序，有目标感和方向感。

扭曲棱镜 / 非适应性认知模式

如果 9 号与他们的真实自我失去联结，他们就失去了在宇宙中的归属感。他们在身体层面不再能感受到宇宙的自然法则在自身运作。他们失去了被爱的感觉，感受不到流往他们、充满他们的爱，原本这份爱会经由他们充满爱的行动，再次回流到世界上。他们的小我开始相信自己没有得到应有的爱，感到被忽视了。于是 9 号开始使用他们的非适应性模式，认为自己不重要、不值得、无关紧要，因此也没有什么可以提供的。

范式的补偿

9 号通过重复对自己的强迫性忽视来补偿感到被忽略的状态。他们忽视自己的本体，远离了真正的自我。他们开始在自己之外寻找归属感和目标感，试图通过与他人融合并融入环境，来重新建立失去的一体感。当他们透过扭曲棱镜看出去时，其他人变得越来越重要，而他们却变得无关紧要。所以他们忘记了自己，对自己的福祉变得漠不关心。讽刺的是，9 号这种试图与一个变得更重要的世界融合的补偿策略，出发点正是为了感受到自己的重要性。

为了抵御内心不被爱、不被重视的体验，9 号对生活采取了一种听天由命的态度。如果他们感到会被别人抛弃，就先抛弃别人。

他们随遇而安，降低自己的期望，不允许自己有任何大的希望或计划。他们让事情自然发生。反正生活很快就会结束，所以没什么大不了的。并且，无论你做什么都没那么重要。或者更准确地说，你并不重要。为什么今天要打扫房间，反正明天又会变脏？为什么要担心事情会怎样？担心又不能改变任何事情。反正大环境决定了结果，何必制订周密的计划呢？生活就像在沙滩上写字，很快风一吹雨一刮，就什么都没有了。

9 号的扭曲棱镜对生活采取了被动的态度：随波逐流。无论生活为你打开哪扇门，你都穿过它，看看它通向哪里。他们以随大流作为与宇宙合一的一种方式，通过与发生在身上的一切和谐相处，来寻找自己的目标和命运。

在一次九型人格工作坊上，一个 9 号说他现在的工作是因为 25 年前他在街上走着，看到一个需要帮助的标志，他走了进去，然后再也没有离开过。另一位 9 号是名律师，他进入法律行业是因为他大学毕业后不知道自己想干什么，一个朋友要上法学院，所以他就一起去了。

由于 9 号的棱镜把注意力都集中在外部，他们失去了与内在欲求、渴望、信仰、价值观、偏好等的联结，而正是这些才能为他们提供内在的目标感和方向感。9 号善于知道别人想要什么和需要什么，却忘记了自己的渴求。

9 号的生存策略是不要让自己陷入麻烦。他们不让任何事情成为一件大事，信奉并实践了《疯狂》（*Mad*）杂志中的男主角阿尔弗雷德·纽曼（Alfred Neuman）的哲学：“什么，我？会担心？”

9 号会降低自己的能量，保持冷静，不让自己激动或心烦意乱。他们是很好的平均主义者，会抹平山上的一切小山丘。“9 号的路是平坦大道。”他们不想让任何东西显得突兀，吸引注意力，或变得太重要。他们的生活和人际关系变得平均化、通用化，没有区别，没有高低。因为没有什么是突出的，所以每件事都有着相同的重要性，或者都没有重要性。有时候，当你和 9 号在一起，你感觉到你是他们的朋友，但其实任何人都可以是他们的朋友。你并不特别，你只是碰巧在那里。

在九型图上，9号处于8号和1号之间，面临调和这两种不同生活方式的内在困境。8号想成为自己，坚持自己的自主性和个性；他们做自己的事，不墨守成规。1号则想要做好事，做正确的事；他们试图使自己的生活符合最高原则和期望。

9号在压力和安全点上也经历了类似的冲突。在压力之下，他们会像叛逆的反恐惧型6号那样，抵制周边的文化；而安全状态下则会像运动型3号那样，融入周边。

他们必须调和好与坏、顺从与不顺从、正直与叛逆这对立两极。9号陷入了这样的困境：要么冒着被别人抛弃的风险，表达自己；要么冒着被自己抛弃的风险，埋葬自己，从而被他人所接纳。

尤吉·贝拉（Yogi Berra）有过建议："当你走到路的岔口，选一条就走吧。"而9号会在两边摇摆，不选择任何一边。

9号用优柔寡断和拖延的方式来解决冲突。他们坐在冲突的中心，按兵不动。解决办法就是不做决定。他们学会了推迟、观望，让事情顺其自然。他们认为，如果等待足够长时间，决定就会自然出现，或者他们自然就会有所决定。

9号压制自己的能量，这也涉及压制他们自然的侵略性和愤怒。在人生早期，他们表达愤怒的冲动往往遭到不同意见或抵制，所以他们学会了压制愤怒。他们将愤怒压抑到无意识状态里，而不是发泄。9号学会了给自己设定一个程序，然后开启自动驾驶模式，以此来让自己平静下来。他们用自动巡航模式行驶在人生的高速公路上。

食欲可以用来麻醉他们的攻击性。9号也可能选择暴饮暴食的方式来安抚自己，平息愤怒。

在他们平静的外表下，有一座火山，偶尔会不可遏制地喷发出来，吓坏了周围的庞贝人[①]，也吓坏了他们自己。

---

① 庞贝是古代意大利首都，公元79年火山爆发，全城被火山灰掩埋。——译注

理想化的自我形象

9 号的扭曲棱镜奠基于“我是安定的”这一自我形象。然而，他们并没有真正安住在其内在本体上，而是持续稳定地与某种姿态或状态融合，或者表现出虚假人格中听天由命的姿态。9 号对不安定感到不舒服。他们喜欢在平静的水域航行。

9 号没有清楚地描述他们想要什么，也没有积极地去追求它，而是迁就于他们已经得到的，给什么就要什么。如果得不到爱，舒适也能让他们满足。如果缺乏交际，他们就会选择看电视。如果没有令人满意的性关系，他们就会选择自给自足。如果没能从真正的亲密中体验到满足感，他们就满足于酒精、毒品或食物带来的效果。

范式的维持

9 号通过不断地让自己处于某种麻醉状态来维持他们的非适应性模式、感觉和行为，例如：“这不要紧”“你不重要”“没什么事情值得大动肝火的”“别太把它当回事了”“我不在乎”“我不知道”“它没有打扰到我”，等等。

每当有个人的感受、欲望、偏好、愿望或意见出现时，他们就会忽视自己，分散自己的注意力，让自己分心或者放空，来维持范式。9 号更清楚自己不想要些什么，而不太清楚自己想要些什么。由于在童年时期就没有人问过他们想要些什么，所以长大以后他们也不会记起或考虑自己的喜好是什么。

如果他们需要坐下来完成一些对自己来说很重要的事情，他们就会想方设法分散自己的注意力，清理下桌子上的抽屉，再喝一杯咖啡，突然想起要打电话给一个朋友，然后再躺下几分钟，打个盹，等等。几个小时过去，他们才想起来自己还有些事要做，不过觉得现在做已经太迟了，就推迟到了明天。拖延是 9 号维持非适应性模式的一种方式。

9 号维护非适应性模式的另一个主要方式，则是怠惰这一恶习。

恶习 / 激情 / 非适应性情绪模式

伴随着 9 号“我是安定的”这一理想化的自我形象而来的恶习或非适应性情绪模式是怠惰，他们用这古老的能量来作为生活的动力（对他们来说，应该是减少动力）。这在古老灵性传统中被认为是一种原罪，意即心理灵性上的惯性。这不是说 9 号很懒，他们有时还会很忙碌。这种怠惰是针对他们自己的，针对他们的本体。他们不太关心自己，也不愿意把最好的给自己。

他们可能不会很好地照顾自己的身体，也不会很好地照顾自己的灵魂或心灵。他们不认为自己是重要的。他们忽视自己，自我遗忘。他们不会倾听自己内心的声音或内心的使命。他们并没有体验到自己就是存在，是独一无二的。他们的形象就是没有需要、没有欲望、没有意见、没有感觉。一切都融入了背景。

9 号做内在功课会进展很慢。他们也很少去接受治疗，因为这可能会激怒他们。他们通常不会进行灵性上的静修，除非是需要休息。就算他们去尝试，也很谨慎，不会投入太多的精力。追求精神宁静的宗教与 9 号志趣相投。什么都不要做，让上帝来做吧。安息在亚伯拉罕的怀里，直到他唤醒你。正如一位 9 号所说：“我喜欢慢慢地开始，慢慢地结束。”

怠惰就像 9 号的断电器。当一种欲望或冲动出现时，怠惰会使欲望和行动之间的联结短路。如果本体的能量积聚太多，怠惰就会把它关闭。正如我们看到的，9 号分散注意力，散漫，让自己无法聚焦在某件事物上。或者他们突然感到很疲倦，就躺下来，直到想要工作或去锻炼的欲望消失。

9 号在管理能量方面有些困难。这体现在他们的惯性强大。一旦停下来休息了，他们就很难重新开始行动。一旦行动了，就很难停止，或改变方向做其他事情。惯性带着他们维系相同的工作或关系。有人问起一位 9 号怎么看他 20 年“炼狱般”的婚姻，他回答说还可以，他懒得费力去寻找其他人。

9 号还会通过将精力转向非必要的活动来维护他们的范式，不做他们真正需要或想要做的事情。他们可以花费大量精力在壁球场、花园，按字母顺序排列书籍，或者在火烧眉毛的紧要关头四处游荡。

9 号从外部世界寻求意义、目的和方向的倾向，还表现在他们对无关紧要的事情变得活跃和兴奋。由于他们已经麻醉了自己的本体，他们寻求外界的刺激，寻找一些能使他们活跃起来的东西。他们把内心的能量调低后，再渴望从外部获得能量。

我记得有一次工作坊时经历了一场暴风雨，两位 9 号站在室外看着，他们觉得这太令人兴奋了，而我们其余的人都蜷缩在大楼中央。对于 9 号来说，关于内在功课的讲习班没有外面的闪电那么有意思。

节约能源也是 9 号的议题。为了休息，他们要寻找节能设备。而迄今最好的节能设备就是别人。如果他们等待别人去做事情，那么他们自己就不必去做了。他们也喜欢建立可以自行运转的组织结构，一旦建立就无须他们再投入任何注意力。9 号会尽可能多地使用自动驾驶模式。

在过去，宗教团体的牧师或房屋管理人员必须定期出现，因为社区成员需要向他们索取牙膏、汽车等必需品。如果一名 9 号牧师被分配到这个职位，他会做的第一件事就是在橱柜储备大量物资，让人们在需要的时候可以随时随地取用。他还会起草一份每月汽车使用登记表，这样人们就可以把自己的名字写下来预约使用车辆。然后他就可以不受干扰地打高尔夫球了，其他人也很满意。

格鲁乔·马克斯曾经说过，上帝发明的两件最伟大的事情就是性和坐卜。而 9 号的座右铭就是："可以坐的时候，为什么要站着？可以躺下的时候，为什么要坐着？" 9 号尤其喜欢放松地躺在沙发或地板上。

范式的回避

9 号极少表达自己的偏向、观点、感受、欲求和嗜好等，以避免触发他们感到自己不重要、不被重视的非适应性模式。他们的扭曲棱镜认为，其他人可以表达他们的需求，但他们自己不可以。在他们看来，表达自己的需求或意见总会导致混乱，或者弄得大家不欢而散。

其实他们担心的是，如果他们真的表达了自己的需求或偏好，人们是不会关心或注意到的，或者人们会因为他们说出自己想要什么而感到不安。冲突往往是由于意见分歧、价值观分歧、立场对立等而产生的。9 号认为如果他们能够避免冲突，就能够避免自己和他人的愤怒，从而避免分离、被忽视、独自一人的可怕后果。

回避区域

冲突不符合9号的扭曲棱镜，与他们“我是安定的”这一自我形象相对立，是他们的回避区域。没有人特别喜欢冲突，但对于9号来说，这尤其令人不安和沮丧。正如7号认为痛苦不会产生任何好处，9号同样也看不到任何来自冲突的好消息。他们不相信这种可能性。他们不认为危机会是一个机会，他们不会像卡伊洛斯（Kairos）那样体验冲突，也不相信会出现任何重大的转折点。

对于9号来说，冲突具有破坏性。它会撕裂自己，痛苦地破坏他们的生活、关系和平静。由于他们不知道如何处理冲突或管理冲突，他们会压制并避免冲突。

9号听不到杂音。他们很少感到错误，保持着与宇宙的伪和谐感。如果他们的生活偏离轨道或失去控制，他们也不会发现。他们可能在身体或心理上出现病症却意识不到。

他们觉得问题和热情是一种威胁。因此，他们拒绝一切紧迫性或重要性。没什么大不了的，没那么重要，也没那么紧急。没有什么东西值得他们使用自己保存的能量。

9号通常都会采取阻力最小的道路，所以他们也几乎不需要做出选择。他们走向生活带领他们去到的地方；而环境会为他们做出选择。

由于9号对内心冲突感到不安，他们会将这种冲突投射到其他人身上。别人才是那个心烦意乱、动荡不安、陷入困境的人，而9号需要让对方冷静下来。他们四处平息风波，调息纷争。“冷静下来”“不要那么难过”“放轻松”“这不是什么大不了的事”“放手吧”“别担心”，这些是9号常用来控制冲突、管理危机的短语。

下表中，“我”栏目下是一些与9号的自我形象一致的特征，“非我”栏目下则是不一致的特征：

我	非我	我	非我
满足	沮丧	随遇而安	目标导向
坦然	野心勃勃	外在指引	内在指引
舒适	锋芒毕露	包罗万象	排外
冷静	烦恼	拖延	准时
和平	战士	沉睡	警醒
头脑开放	固执己见	散乱	聚焦
融入	突出	容忍	偏执
自由放任	咄咄逼人	调解人	麻烦制造者
低调	激烈	温和	情绪激动
灵活变通	爱评判	稳定	飘忽不定
允许	控制	朴实	艳丽
调停	苛求	普世	片面
不炫耀	炫耀	例行公事	无法预测
有耐心	发狂	能忍耐	暴躁
顺其自然	变革促进者	乖巧	调皮

当9号抛弃“非我”部分时，他们会发现自己周围满是烦躁、固执己见、苛求、尖刻、不耐烦、咄咄逼人的人。难怪他们想避免与他人发生冲突，他们不愿表达自己的意见或偏好也就不足为奇了。在一群偏执、锋芒毕露、爱评判的麻烦制造者面前，你能做什么？谁会想要捅这马蜂窝呢？

9号会觉得愤怒和果敢是不可接受的特质，从而将其投射在他人身上。保持警醒、激烈、野心勃勃和目标导向都需要投入相当大的精力。当9号越来越多地认同远离、懒散、他人导向的人格面具，他们就与自身积极主动的内在指引和变革促进者失去了联结。而这些都是3号对抗他人的适应性特质，9号需要使用它们来让自己更加平衡。9号却将其视作野心勃勃、咄咄逼人、发狂等，从而对这些特征予以否定。

9号需要重新认识到固执己见和咄咄逼人其实也有好的一面。例如，固执己见、咄咄逼人者知道自己想要什么，并会去追求它。也许这些特征可以重新被定义为“一心一意”和“坚定”。这听起来会好一些。

9号担心，如果他们过于激烈或过于苛求，他们就不会被喜欢，不会被接纳。如果他们要求自己想要的东西，就可能会破坏宇宙的和谐。事实上，宇宙会尊重他们的力量，不论是主动的还是被动的，即使他们的看护人对他们的能量感到焦虑，宇宙依然会保持尊重。

9号还可以使用6号的积极特质来达到平衡。但是如果他们认为恐惧型6号是偏执、片面的，而反恐惧型6号是锋芒毕露、暴躁的，他们会抗拒朝这个方向发展。9号需要利用自己天生亲和力的倾向，去靠近团体的中心，而不是主动边缘化，对团体若即若离。

要同时拥抱对立的两极，9号需要找到一个包罗万象的普世自我形象。也许他们可以认为自己是“和平战士”，带着“毫不费力的目的”，表达的是“开放的意见”。

防御机制

9号通过麻醉这一心理机制，将任何冲突因素从他们的意识中排除出去，脱离自我的感知，脱离关系。也就是说，在面对内部和外部冲突时，他们让自己变得麻木了。麻醉就像是给他们的心理和身体注射鸦片，每当他们说出“没关系”“没什么大不了的”“我真的不在乎”等时，就是在使用这一机制。

9号会中和他们的愿望、喜好、需求、感受和欲望。麻木让所有东西都显得没有区别。如果某事不会带来任何变化，那么它就不会打扰或者伤害到你。如果你不让任何东西影响到你，也什么都不想要，那么你就消除了痛苦和冲突的根源。麻醉是9号对佛陀“无欲无执”的扭曲解读。

9号也可能转向使用化学品、食品和饮料来麻醉自己。酗酒、服用毒品（合法或非法的）、暴饮暴食、沉迷于内部和外部的消遣，这些都是他们自我治疗并让自己平静的方法。

在冲突面前，9号会像鸵鸟一样，把头埋在沙子里。他们可能会否认任何危机的存在：“有什么问题？”他们会把问题转嫁给别人：“你有点问题；也许你需要接受治疗。”或者他们也会让困难最小化：“没事的，这不是什么大问题。”

当9号抑制自己的能量，分散自己的注意力，保持低水平的能量、意识和情感，他们就是在麻醉自己。如果发生严重冲突，他们会直接关闭心门，对必须要做的事情变得没兴趣，不关心，或者感到沮丧。

9号麻醉自己的另一个方面是他们将自己置于自动运行机制。这种机制只需要做最少的选择，面对最少的冲突，使用最少的能量。他们制订了一个时间表并遵循它。他们进入一种常规惯例中，如此度过一天，一周，一年，一生。他们走入一段无忧无虑的婚姻，重大决定都由伴侣来做；或者他们归属于一个公司或组织，过着千篇一律的生活。

正如我们在本章开头所说的，在非适应性模式下，9 号是沉睡者的原型。他们的生活处于一种无意识的状态，这是他们生存和减轻痛苦的方式。

电影《人体异形》（The Invasion of the Body Snatchers）提供了一些有关 9 号的表现。当你入睡时，你会被外星生物接管，然后他们会经营你的生活。对 9 号来说，接管他们的是他们所融入的人和事。在伍迪·艾伦的电影《泽利格》（Zelig）中，主角惊奇地成为自己所钦佩的人，而真正的泽利格仍然是个谜。

9 号错误地认为，如果他们醒来，他们会发现自己并不重要，不受爱戴，不受关注，四处漂泊，充满愤怒。事实上，当他们醒来时，他们会发现自己被爱所包围，发现自己充满了爱。他们一直在爱，也一直在被爱。对 9 号来说，他们始终拥有着他们苦苦追寻的东西——甚至可以说他们唯一追寻的东西。

当 9 号保持清醒时，正如《人体异形》中的男女主角所做的那样，他们是自己船只的船长，是自己命运的主人，可以去往他们自己喜好和选择的地点。

主要脆弱点

9 号的早年创伤源于他们认为自己是无关紧要的，自己并不重要，不值得被人注意或关心。他们对被忽视是很敏感的，对此感到羞耻，被压垮，无法自卫。他们也对冲突、对抗、不和谐以及因伤害他人而受到批评或惩罚很敏感。

9 号不能面对这样一个痛苦的现实：显然，他们在父母眼中没有那么重要，因为父母或看护人并没有给予他们太多的关注。于是，他们采取了不那么痛苦的顺从态度。他们的态度是：那又怎样？这不要紧（这比“我不要紧”要少些痛苦）。有什么区别？何必要大张旗鼓呢？不管怎样，人生苦短。所以 9 号顺从了，他们忍气吞声，降低能量，降低期望，开始了漫长的“冬眠”。

9 号没有被倾听，所以他们学会了不去倾听自己及其需求、偏好、感觉和想法。没有人关心他们的想法、价值或他们到底想要什么，所以他们慢慢地也忘记了询问自己。成年以后，他们也不知道自己想成为什么样的人，想从事什么样的工作，想娶什么样的伴侣。

当9号的敏感点被触及时，他们的非适应性模式便会浮出水面：

“我不要紧。”

“我不重要。”

“我不在乎。”

“别垂头丧气的。”

“我不应该太突出。”

“做个好人比对自己真实更重要。”

“表现出愤怒并不好，因为冲突会带来破坏。”

“我必须避开我的感情，否则我会分崩离析的。”

“一切都是一样的。没什么大不了的。”

“如果我不在这里，我就是安全的。”

每当欲望和需求变得越来越明显时，9号的防御策略就会发挥作用，将他们推向背景中。他们会散焦，分散注意力，变得怠惰，避免冲突，开始沉睡。

而且，正如我们在所有其他类型那里看到的一样，9号的扭曲棱镜最终导致了他们试图避免的局面。9号越是融入背景中，就越是变得平淡无奇，因此也更加被忽视和忽略。拖延会使事情变得更糟，最终加剧了冲突。忽视一个肿瘤并不能治愈它，反而会因为忽略而增大。

虽然9号的扭曲视角可能会让他们保持冷静，但这并不能给他们带来真正想要的东西，也不会满足他们被爱、被照顾和注意的需求。并且，除了在他人眼中被尊重之外，9号还需要自我接纳和自我尊重。他们希望与内心的感情，特别是与愤怒和平共处。他们希望积极主动，为自己代言。与此同时，他们还希望维持自己和谐统一的感觉。他们想要体验一种我中有你、你中有我的感觉。

当脆弱点被刺激到时，9号需要做的是接触自己基本的感受、喜好和价值观；让它们浮现，并根据它们采取行动。他们需要相信，他们的激情不会对星球间的和谐造成不可逆转的破坏。实际上，他们的需求正是宇宙能量系统的一部分，通过分化和整合的过程，使得宇宙运转不休。就像善良的黑格尔主义者一样，9号需要对演化过程中的分化和整合两个维度同样予以尊重。

成长经历

9 号小时候的家庭互动涉及以下部分或全部情形。在 9 号的经验里，他们在成长过程中没有得到足够的重视。他们的看护人没有充分地关照他们，因此他们没有体验到自己的愿望、感受、想法、兴趣得到回应。9 号被忽视了，结果他们也反过来忽视了自己。他们既没有得到关注，也不关注自己。这可能是由于他们的父母要照顾其他兄弟姐妹，或者父母的注意力更多在工作上，或者父母认为自己不应该过分照顾孩子而宠坏了他们，或者仅仅因为父母自己精疲力竭而无力照料。无论父母的动机或缺乏什么，童年的 9 号都感到没有被注意到，没有被照顾好。

在成长过程中，他们可能会在兄弟姐妹面前被忽略而显得黯然失色。他们继而让自己作为背景来融入环境。9 号通常不会脱颖而出，也不觉得这样做有什么意义。与此相反，3 号的策略是刻意显眼，把站到舞台中心作为生存之道。对 9 号来说，这需要付出太多的精力。当你脱颖而出时，你就会为人瞩目。做一个无名小卒或者普通人会更安全。9 号成为典型的凡人。如果你太突出，你可能会挑起事端，体验到冲突。

身体特征

根据阿里卜面部分析理论，9 号的左眼通常比右眼更小，更闭合。眼睛左外角周围经常是浮肿的。

9 号的身体，特别是他们的脸，经常显得消极，毫无表情。由于情绪没有表现在脸上，因此 9 号的外表显得有些平淡和朴素。

很怠惰的 9 号往往拥有内胚层体型，其特征是圆胖，而不是像外胚层体型那样尖锐蚀刻，或像中胚层体型那样恰到好处。并非所有 9 号都呈现出类似福斯塔夫[①]（Falstaff）的外观。也有些是修长苗条的，不一定是鲁本斯式的。

---

① 福斯塔夫是莎士比亚历史剧《亨利四世》中的人物。——译注

沟通方式

9 号的说话风格与他们的范式相呼应。他们以单调的方式谈论事实，缺乏起伏和强调。正如他们的认知模式中，一切都是相同的，没有任何特别突出的，他们的音调和语音模式也没有高低起伏、抑扬顿挫。9 号用一成不变、平铺直叙的风格谈论着中了彩票、失去亲人或者阅读报纸，所以你无法确定对他们来说什么是重要的。他们也经常表示自己不知道或不关心。

9 号几乎没有缓急轻重感，对枝条和主干一视同仁。他们可以闲谈，也可以很少说话，这对他们而言没有什么区别。他们的词汇的特点是缺乏特点和细节描述，他们倾向于泛泛而谈。

范式的转换

在压力或安全条件下，9 号会发生以下范式转换：

	压力条件下	安全条件下
积极面	+6	+3
消极面	−6	−3

压力条件下

在压力条件下，9 号会通过他们的扭曲棱镜向外看，或者转向 6 号的消极面，又或者转向 6 号的积极面。

（1）戴上 9 号的扭曲棱镜：使用自己老旧错误的棱镜

在压力下，9 号可能会跌入扭曲棱镜，使用他们的非适应性模式。他们试图放松自己来找到解决方案，试着避免更多冲突或者可能遇到的对抗。

他们更加昏昏欲睡，不会留意到或听到任何吱吱声，也不再面对和处理手头的问题。他们可能会更加麻木，变得更加自暴自弃，他们会说："又有什么用呢？"

他们可能会更加散乱，更多地做白日梦，并且更多地参与无关紧要的事情，而不是处理好手头的事并做他们需要做的事情。他们可能会变得更加混乱，没有条理，甚至无法采取行动。

他们也可能更加沉迷于枝节，让自己迷失其中，无法完成他们真正需要完成的事情。他们在拖延、推迟、延期方面会愈加严重。

他们会更加依赖他人来照顾他们，避免表明自己的立场或陈述自己的情况。他们可能会变得更加被动攻击，变得顽固不化。

（2）戴上6号的扭曲棱镜：使用他人老旧错误的棱镜

当做上述这些事情依然不起作用时，9号可能会无意识地转向6号的低等一面，用6号的扭曲棱镜来观察世界。

他们的应对策略不再是让自己放松下来，有条不紊地处理问题。他们转而开始担心、恐惧和沉思。他们平常会说："那么，如果我这样或那样做呢？"可现在他们开始像6号那样说："如果我这样做会怎样？接下来会发生什么？"9号开始小题大做。他们不再安定，开始感到不安。

9号更加怀疑自己。他们不再信任自己的内在权威和内心的情感，开始向外界寻求外部权威的认可和肯定，这让他们离内在的自我更远了。

越来越多的恐惧、妄想和思虑进一步阻碍了9号采取行动。他们的怠惰与6号的黑暗面——疑虑携手了。

9号可能变得小心谨慎，过于担心是否遵守了规则和时间表。或者他们会变得过于负责任和尽职尽责，这同样让他们远离了自己的真实自我。

如果他们对别人产生怀疑，他们会变得更加僵硬、顽固，难以行动。

（3）戴上6号的正确棱镜：获得一个新视角

有时候在压力条件下，9号也会转向6号的积极面，戴上了6号的正确棱镜。

在这种情况下，他们发现自己"勇于成为某人"，他们会确立立场，表述自己的立场和情况。当9号能够克服被拒绝、被忽视的恐惧时，他们就会发现自己到底是谁，以及他们真正想做什么。然后他们根据自己的个人欲求和偏好行事。就像健康的6号一样，他们既忠于自己，也忠于他人。

此外，像6号一样，他们关怀他人，慷慨地对待他人，希望给予他人能量，促进他人的成长，而不是抛下他人，或从他人身上吸收能量。并且，在危急情况下，9号会遵循6号的随时候命和忠贞不渝的行为准则，毫不犹豫地介入，以拯救那些有需要的人。

安全条件下

（1）戴上 9 号的正确棱镜：从自己的角度看得更清晰

当 9 号感到安全，并且处于真正放松的位置而不是自我诱导的恍惚状态时，他们可能会发现自己正在转向自己的高等一面，通过正确棱镜和适应性模式来观察世界。

在这种状态下，9 号清醒地认识到他们真实的自我、真实的感受和真正的需要。他们会关注内在自我，开始培养自己的灵性生活。他们抵制沉睡和自我忽略，不再用无关紧要的东西和非必需品来替代真实的需要和真正想要的东西。他们记得被爱、被触摸和被照顾的感觉，自动自发地感谢这些回忆，并用它们来引导行动。

他们也关注自己的外在生活，照顾好事业，照顾好自己的身体和福祉。对于必要的事，他们很快就做了，不会拖延或等待别人来做。

9 号信任他们的内在权威，不需要求助于专家或其他外部资源来获取指导和精力。

（2）戴上 3 号的正确棱镜：获得一个新视角

在安全条件下，9 号可能会发现自己正在转向 3 号的高等一面，使用 3 号的正确棱镜。

在这种状态下，他们相信自己是成功的，自己是重要的。这与他们认为自己是低效且无关紧要的扭曲认知恰恰相反。他们采取 3 号的立场，感到自己是专业高效的。他们可以设定目标，努力完成工作，并因贡献和行动感到满足。

9 号整合了 3 号的对抗他人的倾向，以补充他们自己远离他人的倾向。他们能够更有组织性地关注并向前推进事态发展。3 号棱镜帮助 9 号变得更加专注，帮助他们采取行动，并在行动后保持在正轨上。

9 号在这种机警的状态下变得更加自信。他们能够表达自己的立场和偏好。他们的愤怒会提醒他们想要什么，并激励他们得到自己想要的东西。他们的生命能量有助于他们变得更专注，更具辨别力和差异化，一改以往心不在焉和融入周遭的怠惰倾向。

9 号找到了自己范式的优点，即开始项目并成功完成的能力。他们不仅能够自己完成任务，还能与其他人合作完成任务。

如今他们不再只是“待在那里”了，9 号正在做一些事情、开展一些行动来影响世界。他们意识到了自己本质的良善和能力，他们开始发展自己的能量而不是捕捉他人的能量，他们会变得积极主动。

（3）戴上 3 号的扭曲棱镜：让你的视野更模糊

有时在安全可靠的条件下，9 号可能会转向 3 号的高等一面。当这种情况发生时，他们会忙于工作，这是另一种分散自己注意力或忽视真正需要关注事物的方式。他们会成为工作狂，忙于做许多事情，但从未完成任何令他们满意的事情。9 号可能会开展许多项目来填补空余时间，而不是有意识地过自己的生活。罗马在燃烧[①]的时候，他们却在忙于一些微不足道的事情。

像强迫性的 3 号一样，9 号可能会兢兢业业扮演自己的角色，但仍然不知道自己是谁。他们可能会担任一个组织内的某个职位，并在这个角色中行动，但并未有意识地生活，根据内心的呼唤来做选择。

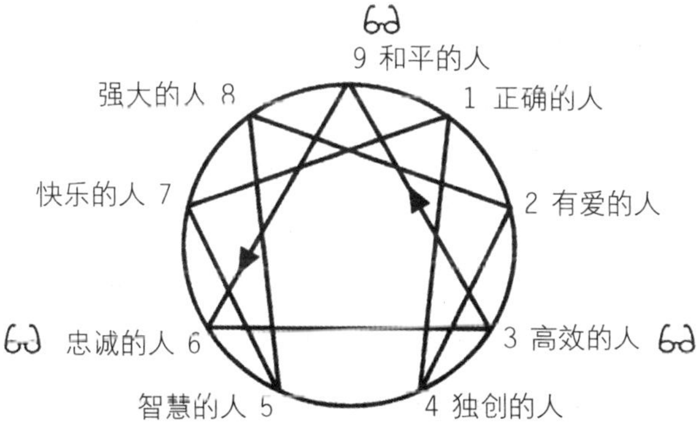

向侧翼的转换

9 号的视角自然会受到两侧的 8 号和 1 号视角的影响，变得更加清晰或更加

① 罗马大火发生于公元 64 年 7 月 18 日，持续一天（也有人说是六天七夜）。当时罗马城的十四个区中有三个被完全烧毁，七个部分受到影响，仅有四个区未受波及。大火造成了数千人死亡，约二十万人无家可归。——译注

模糊。在利用两者的积极特征时，9 号变得专注于自己的感知、感受和行动；或者也可能会经由这两者的扭曲棱镜过滤现实，进一步模糊了自己的视野。

（1）戴上 8 号的正确棱镜：有益的侧翼视角

当 9 号接受 8 号的积极面时，他们会接触到自己内在的力量、自主权和权威。他们通过自己的个性和独特感，来平衡与他人融合的倾向。他们感到自信和有影响力，平衡了他们听天由命的倾向，通过自己的行动来改变命运。一个拥有强大适应性 8 号翼的 9 号意图清晰、主动、专注而直接。他们会申明并宣称自己的权威、议程和立场。8 号的天真美德 “我为什么要伤害别人？为什么会有人想要伤害我？”有助于减少 9 号的恐惧，即担心如果他们表述自己的真实意图和欲望，就会被疏远或被其他人攻击，让 9 号不再认为，他们的愤怒或者立场会伤害到他人。

（2）戴上 8 号的扭曲棱镜：无益的侧翼视角

当 9 号被 8 号的消极面所左右时，他们以爆炸性的方式表达出被压抑的愤怒。他们偶尔的爆发通常都会惊吓到自己和周围人，这种爆发更像是火山爆发，而不仅仅是表达他们的不满，或者坚定地表达需求。滑入非适应性 8 号翼的 9 号也可能会为了满足小我而积极参与，追求快乐，但并没有真正满足其真实自我的欲望和需求。尚未解决的权威问题也可能会凸显出来。

（3）戴上 1 号的正确棱镜：有益的侧翼视角

当 9 号认同 1 号的积极特征时，他们会相信自己，有动力做他们应该做的事情，不会轻易放弃。他们更倾向于努力改变需要改变的东西，而不是满足于现状。1 号的理想主义、道德原则、建构和聚焦的一面会让 9 号更有行动力。此外，他们还感觉自己可以为改善世界做出贡献，这也平衡了他们认为人类事业徒劳无益的非适应性信念。1 号宁静的美德也有助于 9 号在采取行动时保持重心。

（4）戴上 1 号的扭曲棱镜：无益的侧翼视角

当 9 号陷入 1 号的消极特征时，他们会变得更加难以自信地表达自己的需求和愤怒，因为害怕疏远他人或不被他人接纳。当他们越来越沉迷于自己应该做的事情时，他们失去了与真实自我的联系，也失去了想要做的事情。他们可能会成为“模范式的”不引人注目的孩子。他们原本迷失于细节的倾向，与完美主义、有序性以及需要把一切都做好的倾向叠加在一起。努力做到完美会让 9 号更加拖延和散乱，因为他们害怕自己做不好。

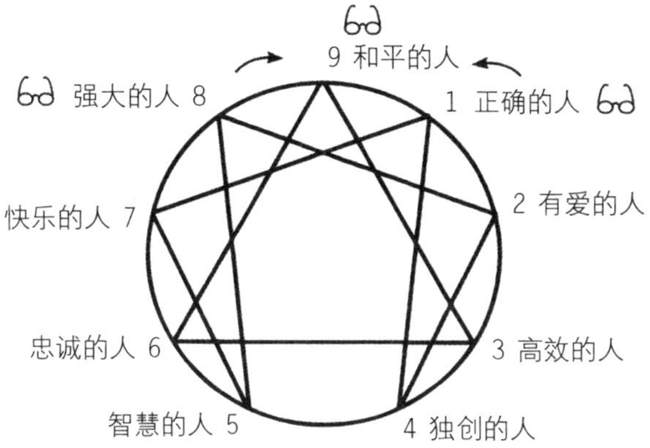

副　型

（1）性本能副型

当怠惰的恶习渗入并影响性本能时，结果就是渴望与他人融合或结合。这是对真正的性的结合的扭曲呈现。真正的性的结合是我—你关系的体现，同时也存在着小我。9 号性本能副型试图与一个没什么要求的人融合，让自己迷失在对方身上，毫不费力地以这种从属于他人的方式来照顾自己。他们并不会强调自己的独特性和个性，反而是模糊了自己的界限，融入心爱的人身上，在某种程度上，这是一种它—它关系，在这种关系中，双方都不觉得自己很独特或特别。在格式塔疗法中，这是一种叫融合的防御机制。融合并非解决之道。9 号性本能副型首先需要把自己区分出来，然后与不同的人进行真正的接触。

这一副型试图通过与对方融合为一个整体，透过这个整体，来重新获得他们失去了的身份感、归属感和与宇宙的联结感。他们感到自己不完整，与生活隔绝，他们希望别人的爱能帮助他们被注意到，成为某人，成为整体，成为一体。他们成为别人而不是接近别人。融合之后的我们取代了我—你关系。

（2）社群副型

当怠惰的恶习扭曲了社群本能时，结果就是社会参与。团体赋予了9号社群副型包容和归属感。他们得到了关注，并在群体中感受到被爱和充满活力。与此同时，他们对群体持有矛盾的态度。这一副型加入团体并迷失于其中，却又抗拒团体对其的影响和期许，所以并没有全心全意地参与其中。他们徘徊在团体边缘，只是三心二意地参加，从未完全投入，但也从不退场。

9号社群副型常常通过团体来逃避自己的事务，或分散自己的注意力，不去满足真正的需要。就像前面提到的那样，他们会进行试婚，一试就是20年不变。一旦惯性形成，他们就永远也找不到离开的能量。或者，并非他们不爱他们的配偶，他们只是找不到能量来表达它。

9号社群副型通过大家一起做一件事的能量来获得兴奋。他们可以利用这种能量来活跃自己，很容易成为“追星族”。

与其他人格类型一样，在社交游戏中，小我或虚假人格只会与其他人的小我相互交往，而真实自我或本体才能够发展真正的人际关系。

（3）自保副型

当怠惰的恶习渗透到自保本能中时，嗜好就难以得到满足而变得失控，为追求欲望而追求欲望。暴饮暴食、酗酒、疯狂购物、去赌场旅行等都是9号自保副型解决冲突的策略，他们看似活跃，实则自我麻醉。

9号自保副型在自己周边放满东西，但却不使用它们。他们收集让自己舒适的物品，并按照自己喜欢的方式摆放，然后几乎不再会去看它们。

他们降低对生活的期望，满足于身体安逸、舒适的日常生活和有限的视野。他们对生活要求很少，欣赏他们拥有的东西，不会破坏现状，扰乱计划。简单的快乐能够让人安心，但却取代了爱。在外面吃东西或在电视机前消磨时间可以让时间轻松度过。“沙发土豆”这个词很可能就是为这个副型量身定做的。

哪怕微不足道的小事也会消耗9号自保副型的能量。“今天早上我清理了抽屉，不得不休息一天。”

9号自保副型通过纵欲和分心来麻醉受伤的小我，而非关注能满足真实自我的基本事物。他们通过纵欲来处理愤怒和焦虑，试图覆盖这些感觉或者填充它们。小我会渴望那些无关紧要的事情，它认为那是生存所需的，这些无关紧要的非必需品取代了真正的需求和欲望。然而小我渴望的那些东西无法满足真实自我，真实自我仍然体验着迄今为止从未被满足过的饥饿感。

9 号：和平的人

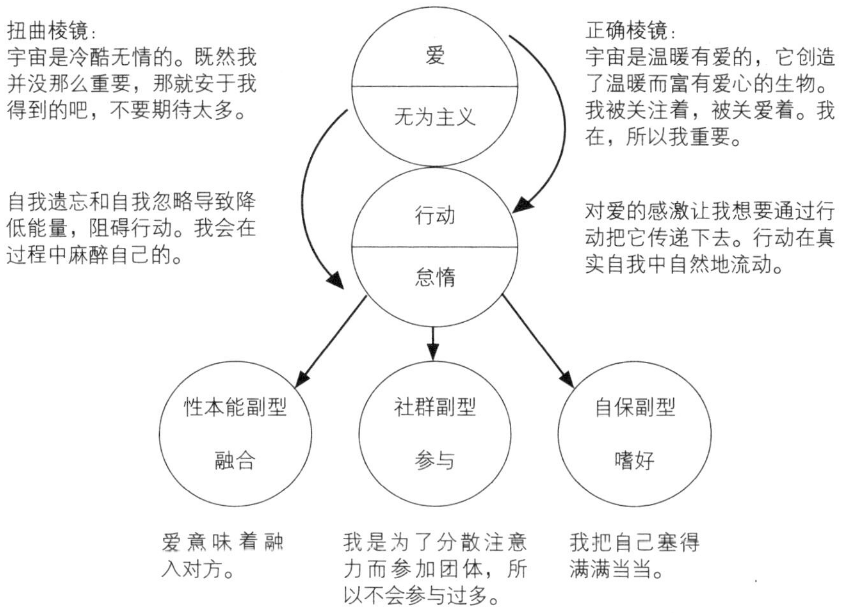

总　结

和平的范式代表了不做抵抗、顺遂而安的愿景。它允许事件以自己的方式，按照自己的节奏展开。这是一种普世的方式。遵循这条道路的人冷静，善于接纳，灵活变通。他们可以感知到事物各个方面的合理性，并调和其中对立的力量。他们希望让世界变得更加和谐，也不吝行动来促成这一点。

无为主义的范式表现为对与他人融合以及对安稳生活的夸大了的需求。知晓和表达自己的观念、立场被视为冲突，并且会极力避免这种冲突。他们的注意力转向他人的立场。个人的重要性和兴趣迷失在琐碎的追求中。追随这一愿景的人可能会患上拖延症，难以集中精力。他们可能会过于随波逐流，融合，并尽量减少差异化。他们错误的信念认为，自己已经安定下来了，所以没有什么会困扰自己。怠惰是这种生活方式的驱动力，它会导致自我遗忘，导致能量停止流动。

价值观：和平、和谐、统一。

愿景：让世界变得更加和平。

适应性认知模式：支配宇宙的法则也同样在我体内运行；宇宙是温暖的、充满爱的，从未忽视我。

适应性情绪模式：行动；对被爱的感激；希望通过充满爱的行动把它传递下去；我是被爱着的，我在爱着。

适应性行为模式：调和对立；达成一致；不干扰事物流动；和平共处。

非适应性认知模式：世界是冷漠无情的；我不重要，也不要紧；不要让任何事情影响到你。

非适应性情绪模式：怠惰，不照顾自己，不处理事务；追求安定、舒适、节约能量。

非适应性行为模式：拖延；与他人融合；推迟决定，随波逐流。

主要脆弱点：被忽视。

回避区域：冲突。

防御机制：麻醉；放松和麻木。

有益的范式转换：专注，差异化，保持清醒；意识到并表达出自己的立场；我很重要，你也很重要，我们的举手投足都很重要。

无益的范式转换：凡事都没什么大不了的；都不重要；担忧、顾虑和怀疑，这些反而加剧了拖延，或者导致过度工作。

后记　杰罗姆与国际九型人格协会

1994 年，在杰罗姆 • 瓦格纳等 10 人的倡议下，国际九型人格协会（IEA）在美国斯坦福大学成立。其他创始人包括：凯西 • 赫尔利（Kathy Hurley），帕特里克 • 奥利里（Patrick O' Leary），海伦 • 帕尔默（Helen Palmer），唐 • 里索（Don Riso，已故），马丽娅 • 贝桑（Maria Beesing），戴维 • 丹尼尔斯（David Daniels，已故），特奥多尔 • 东森（Theodorre Donson，已故），安德烈亚斯 • 艾伯特（Andreas Ebert）， 拉斯 • 赫德森（Russ Hudson）。协会的宗旨在于推动人类社会广泛理解和建设性使用九型人格。

杰罗姆出席了当年举行的国际九型人格协会全球会议，并担任了委员会成员。这次全球会议共分享了 97 个主题，参与者达 1400 名。

2008 年 10 月 2 日，国际九型人格协会中国分会（IEACHINA）成立，旨在让中国会员更好地融入国际九型大家庭，在自己的工作和生活中更有效地使用九型人格。分会开展了许多线上和线下活动，包括两年一度的国际年会、世界服务日、研讨会、主题分享等。

2019 年，杰罗姆在国际九型人格协会中国分会第六次国际年会中进行主题分享。他言语风趣，主线分明，从心理学角度清晰透彻地阐释了九型人格理念，深受 200 多名与会者的赞誉。他对了九型人格的贡献，他在心理学领域的引领作用和洞察力，让人感佩不已。

相信每一颗被杰罗姆感动的心，在读到他的这本经典著作时，会真切感受到他对人和事物的洞察力。

另外，也诚邀读者关注国际九型人格协会中国分会的公众号 IEACHINA，可以解锁更多的活动和资料。 自 2009 年 1 月以来，国际九型人格协会一直向各位讲师、专业人士、培训项目和院校提供资格认证。

国际九型人格协会中国分会

黑版贸审字 08-2020-103 号

图书在版编目（CIP）数据

九型人格：经典版 /（美）杰罗姆·瓦格纳著；王新博，彭淦，张志华译. — 哈尔滨：哈尔滨出版社，2021.2

ISBN 978-7-5484-5628-5

Ⅰ.①九… Ⅱ.①杰… ②王… ③彭… ④张… Ⅲ.①人格心理学—通俗读物 Ⅳ.①B848-49

中国版本图书馆CIP数据核字（2020）第213068号

书　　名：九型人格：经典版
JIUXING RENGE：JINGDIANBAN

作　　者：［美］杰罗姆·瓦格纳　著　　王新博　彭　淦　张志华　译
责任编辑：刘　丹
责任审校：李　战
封面设计：沐希设计

出版发行：哈尔滨出版社（Harbin Publishing House）
社　　址：哈尔滨市松北区世坤路738号9号楼　　邮编：150028
经　　销：全国新华书店
印　　刷：鑫艺佳利（天津）印刷有限公司
网　　址：www.hrbcbs.com　　www.mifengniao.com
E-mail：hrbcbs@yeah.net
编辑版权热线：（0451）87900271　87900272

开　　本：787mm × 1092mm　1/16　印张：25.75　字数：406千字
版　　次：2021年2月第1版
印　　次：2021年2月第1次印刷
书　　号：ISBN 978-7-5484-5628-5
定　　价：68.00元

凡购本社图书发现印装错误，请与本社印制部联系调换。
服务热线：（0451）87900278